Mit digitalen Extras: Exklusiv für Buchkäufer!

Ihre digitalen Extras zum Download:

- Quickcheck: Fünf Stufen der Zielvereinbarung
- Formular: Konkreter Aktions-Plan
- Übersicht: Performance-Management-Spirale

http://mybook.haufe.de/

Buchcode: HCE-5461

Performance Management mit Zielvereinbarungen

Gunther Wolf

Performance Management mit Zielvereinbarungen

Aufwand reduzieren, Nutzen maximieren, Chancen realisieren

2. Auflage

Haufe Group
Freiburg · München · Stuttgart

Bibliografische Information der Deutschen Nationalbibliothek

Die Deutsche Nationalbibliothek verzeichnet diese Publikation in der Deutschen Nationalbibliografie; detaillierte bibliografische Daten sind im Internet über http://dnb.dnb.de/ abrufbar.

Print: ISBN 978-3-648-15023-8 Bestell-Nr. 14046-0002
ePub: ISBN 978-3-648-15024-5 Bestell-Nr. 14046-0101
ePDF: ISBN 978-3-648-15025-2 Bestell-Nr. 14046-0151

Gunther Wolf
Performance Management mit Zielvereinbarungen
2. Auflage, Oktober 2021

www.haufe.de
info@haufe.de

Bildnachweis (Cover): ©biletskiyevgeniy.com, shutterstock

Produktmanagement: Jutta Thyssen
Lektorat: Ulrich Leinz

Inhaltsverzeichnis

Geleitworte

»Performance Management ist teils Handwerk, teils aber auch Kunst. Dieses Buch bietet praxisorientiertes Umsetzungswissen für Unternehmensleitungen und Führungskräfte.«
(Prof. Dr. Dr. Dr. h.c. Franz J. Radermacher, Universität Ulm)

»Mit dem neuen Buch setzt Gunther Wolf genau dort an, wo erfolgreiche Unternehmen ihren Schwerpunkt setzen sollten. Es geht eben nicht um die Frage Führung oder Performance, es geht um Performance durch gute Führung! Führen heißt andere emporheben, das Beste aus Organisationen und Menschen zu machen. Menschen über Ziele zu Spitzenleistungen zu befähigen, schafft eine Win-win-Situation für alle Beteiligten!«
(Prof. Dr. Arnold Weissman, Weisman & Cie.)

»Das Zusammenspiel von Menschlichkeit und kluger Methode beherrscht Gunther Wolf derart perfekt, dass man immer wieder verblüfft ist, welch riesige bisher verborgene Potenziale er auch bei gut aufgestellten Organisationen heben kann. Als gelernter Psychologe, Ökonom, Performanceberater und Führungskräftetrainer baut er Brücken über die Graben, die Handwerker, Technokraten und Künstler in den Unternehmen zwischen sich ausgehoben haben. Weil er sowohl in der analogen wie in der digitalen Welt zuhause ist, fasziniert sein Buch gleichermaßen alte Hasen wie wissbegierige Innovatoren.«
(Peter von Windau, Deutsche Gesellschaft für Mittelstandsberatung, Deutsche Juniorenakademie)

1 Soll ich dieses Buch lesen?

Dieses Kapitel kurz und bündig

!

Dieses Buch richtet sich speziell an Führungskräfte aller Ebenen, Unternehmensleitungen und Fachkräfte des Personalmanagements, zudem an Coaches, Trainerinnen und Trainer, die ihrerseits Führungskräfte auf ihre Aufgaben im Bereich von Performance Management und Zielvereinbarungen vorbereiten. Inhaltlich liegt der Schwerpunkt darauf, Führungskräfte bei der Zielvereinbarung zu entlasten, das Vereinbaren von Zielen für den täglichen Einsatz zu optimieren, Lösungen für alle auftretenden Schwierigkeiten zu bieten und Führungskräfte fit zu machen für die Anforderungen der Zukunft. Es bietet darüber hinaus praktische Tipps und innovative Methoden zur strategischen Gestaltung von Zielsystemen in Unternehmen und Organisationen. Ergänzend steuern 40 führende Experten aus Wirtschaft, Wissenschaft und Politik für dieses Buch exklusiv ihre persönlichen Empfehlungen, Erfahrungen und Perspektiven bei.

Dieses erste Kapitel bietet Ihnen eine Entscheidungshilfe bei der Frage, ob es Ihnen etwas bringt, dieses Buch zu kaufen und zu lesen, oder ob Sie Ihre Ressourcen in Form von Zeit und Geld lieber in andere Medien investieren.

1.1 Wem nützt dieses Buch?

Dieses Praxisbuch bietet primär **Führungskräften aller Ebenen** einen Nutzen. Als Führungskraft haben Sie Verantwortung für den Ihnen unterstellten Bereich übernommen. Damit werden Sie gleichzeitig als verantwortlich für die hier erbrachten Leistungen und Arbeitsergebnisse betrachtet. Auch Ihr eigener beruflicher Erfolg hängt von der Performance Ihrer Mitarbeitenden[1] ab. Unter den vielfältigen Anforderungen, die Führungskräfte heute zu bewältigen haben, ist und bleibt das Führen der Mitarbeitenden die zentrale Aufgabe. Sie finden in diesem Buch zahlreiche erprobte Praxistipps für das Führen mit Zielen und das Management der Performance Ihrer Mitarbeitenden.

Falls Sie der **Unternehmensleitung**[2] angehören, werden Sie viele wertvolle Impulse mitnehmen, die Ihnen die wert-, performance- und ergebnisorientierte Steuerung des Unternehmens ein klein wenig leichter machen. Forcieren Sie die Umsetzung Ihrer Strategien,

1 In dieser Publikation wird eine geschlechtergerechte Sprache verwendet. Dort, wo das nicht möglich ist oder die Lesbarkeit stark eingeschränkt würde, gelten die gewählten personenbezogenen Bezeichnungen für beide Geschlechter.

2 Mit dem Begriff »Unternehmen« sind keineswegs nur Firmen der freien Wirtschaft angesprochen. Dieses Buch bietet Vorgesetzten und Leitungen von öffentlichen Verwaltungen, von parastaatlichen Organisationen, Non-Profit-Organisationen und sämtlichen anderen Organisationen einen nicht minder großen Nutzen.

sichern Sie die Realisation der Unternehmensziele und erhöhen Sie die Unternehmensperformance. Beschleunigen Sie das »Herunterbrechen« der Ziele, verschlanken Sie die Zielvereinbarungsprozesse und optimieren Sie das betriebliche Zielsystem. Mit welchen innovativen Methoden Ihnen das gelingt, erfahren Sie in diesem Buch.

Dieses Buch richtet sich zudem an **Personalleitungen**. Es wird Sie dabei unterstützen, die für zukünftigen Geschäftserfolg und modernes Leadership wirkungsvollsten Systeme, Instrumente und Prozesse auszuwählen. Indem Sie den Führungskräften Ihres Unternehmens schlanke, sinnvolle und nutzenstiftende Tools anbieten, sichern Sie den Wertschöpfungsbeitrag und die strategische Bedeutung des HR-Bereichs.

Innovative Vorgehensweisen und Techniken dürften auch für engagierte Consultants in Human-Resources-, Organisations- und **Unternehmensberatungen** von großem Interesse sein. Nehmen Sie hoch wirksame Methoden und Systeme mit, mit denen Sie die Effizienz, Effektivität und Performance Ihrer Mandanten kraftvoll steigern.

Als **Inhaber/in, Anteilseigner** oder **Mitglied des Aufsichtsrats** liegt Ihnen die nachhaltige Steigerung des Unternehmenswerts am Herzen. Erfahren Sie, wie Sie bereits bei der Zielvereinbarung mit der Unternehmensleitung der Sicherung von Ertragskraft und Wettbewerbsstärke sowie der Wertentwicklung des Unternehmens nachhaltige Impulse verleihen.

Falls Sie für die **Führungskräfteentwicklung** eines Unternehmens verantwortlich sind, halten Sie stets die Augen offen für potenzialorientierte Maßnahmen, die wirklich etwas bringen. Sie haben es in der Hand: Sie entscheiden beispielsweise über diejenigen Trainings, bei denen die Führungskompetenzen auf eine neue Stufe gehoben werden. Dieses Buch wird Ihnen einen Nutzen verschaffen, indem es Ihnen hilft, Verhaltensweisen der Führungskräfte noch besser zu verstehen und noch gezielter zu steuern.

Damit sind wir auch schon bei der letzten Zielgruppe dieses Buchs. Sind Sie ein **Coach, Trainerin oder Trainer**? Bereiten Sie Führungskräfte auf Zielvereinbarungen vor? Wenn Sie erfahren wollen, welche Inhalte künftig unbedingt in ein solches Coaching oder Training hineingehören, wird dieses Buch, nicht allein wegen des Kapitels über Führungskräftetrainings, ein Gewinn für Sie sein.

Führungskräfte haben mit der Führung ihrer Mitarbeitenden alle Hände voll zu tun. Als Führungskraft sollen Sie Ihre Mitarbeitenden zu Bestleistungen motivieren, Richtungsentscheidungen fällen, Bereichsstrategien verfolgen, Schwierigkeiten frühzeitig erkennen und als Herausforderungen annehmen, Anweisungen geben, Arbeitsergebnisse kontrollieren, Mitarbeitende anleiten, Feedback geben, Rückfragen beantworten, Konflikte managen, bei Problemen unterstützen, Informationen austauschen, Lösungen erarbeiten, Kompetenzen ihrer Mitarbeitenden fördern, Low Performer wieder auf Kurs bringen, Talente und Leistungsträger binden, neues Personal auswählen und einarbeiten – und vieles mehr. Alles, selbstverständlich, neben Ihren eigenen Arbeitsaufgaben.

Das Führen mit Zielen kann Sie bei all diesen Gelegenheiten kraftvoll unterstützen, von manchen zumindest teilweise entlasten. Wie, das steht in diesem Buch.

1.2 Was nützt dieses Buch?

Es gibt viele Bücher über Performance Management und unzählige über Zielvereinbarung. Manche bieten motivationstheoretische Hintergründe und erklären Ihnen, weshalb Sie als Führungskraft Ihr Personal eigentlich nur mit Zielen richtig motivieren können. Andere legen den Schwerpunkt auf die Anforderungen an Sie und zeigen Ihnen, wie Sie die Ziele zu dokumentieren haben, den Zielerreichungsgrad rechtssicher untermauern und den Personalbereich mit den dort benötigten Informationen versorgen.

Auf meinem Entwicklungsweg zum Performance-Experten habe ich all diese Bücher gelesen. Nur wenige Bücher haben mir in den letzten Jahrzehnten etwas wirklich Wertvolles und Neues geboten. Alle sagen dem Vorgesetzten nur, dass er es tun muss, was er tun muss, warum er es tun muss und wie er es tun muss. Muss, muss, muss. Kein Wunder, dass nicht wenige Führungskräfte die Zielvereinbarung lediglich als eine Pflichtübung betrachten, die sie aufgrund des im Unternehmen etablierten Zielvereinbarungssystems zu erfüllen haben.

Wozu noch ein Buch über Performance Management mit Zielvereinbarungen?
Genau deswegen. Es sind die Antworten auf vier Fragen, die in ihrem Zusammenspiel dieses Buch einzigartig machen und von der am Markt erhältlichen Literatur abheben.

1. Wie kann mich Zielvereinbarung entlasten, statt mich zu belasten?
2. Wie kann mir Zielvereinbarung täglich nützen, statt nur jährlich?
3. Wie kann Zielvereinbarung Probleme lösen, statt mir welche zu schaffen?
4. Wie kann Zielvereinbarung Zukunft ermöglichen, statt sie zu verhindern?

Lassen Sie mich zu diesen vier Punkten kurz Stellung beziehen.

1.2.1 Wie können mich Zielvereinbarungen entlasten, statt mich zu belasten?

Fast alle Führungskräfte beklagen, dass Zielvereinbarungen hohen Zeit-, Arbeits- und Dokumentationsaufwand erfordern, aber ihnen selbst keinen – oder einen im Vergleich zum Aufwand nur geringen – Nutzen verschaffen. Viele Vorgesetzte schieben die Zielvereinbarungsgespräche mit ihren Mitarbeitenden wochenlang vor sich her, weil sie so aufwändig sind.

Das bringt natürlich nichts: Irgendwann, nachdem die Erinnerungsmails aus der Personalabteilung nachdrücklicher geworden sind, macht auch der letzte Vorgesetzte zähneknirschend Termine für Zielvereinbarungsgespräche mit seinen Mitarbeitenden aus.

Bei der Eroberung des Weltraums sind zwei Probleme zu lösen: die Schwerkraft und der Papierkrieg.
Mit der Schwerkraft wären wir fertig geworden.
Wernher von Braun

Es gibt allerdings auch viele Vorgesetzte, die Zielvereinbarungsgespräche durchaus gern führen. Vielleicht gehören Sie dazu. Sie stellen Zufriedenheit bei Ihren Mitarbeitenden her und beglücken die Personalabteilung. Hand aufs Herz: Was haben Sie davon? Worin besteht Ihr eigener Nutzen? Welchen persönlichen Vorteil realisieren Sie mithilfe von Zielvereinbarungsgesprächen?

Wo ist das Buch, bei dem der Nutzen von Zielvereinbarungen für die Führungskräfte im Vordergrund steht? Hier[3].

! **Das Buch ohne »Sie müssen«**

Die Wortkombination »Sie müssen« wird in diesem Buch nicht ein einziges Mal vorkommen. Denn mein Ziel ist, dass Sie nach der Lektüre dieses Buchs Ihre Mitarbeitenden mit Zielen führen wollen, dass Sie all Ihre nutzbaren Chancen kennen und dass Sie noch viel mehr Freude an Zielvereinbarungen gewinnen.

Ich habe mittlerweile fast 40 Jahre Erfahrung mit Performance Management, Zielvereinbarung, Mitarbeitenden- und Unternehmensführung. Ich weiß, was man als Führungskraft erlebt und durchlebt. Deswegen werde ich mich sicher nicht auch noch mit einem mahnend erhobenen Zeigefinger vor Sie stellen.

Nein, ich möchte Ihnen praktisch umsetzbare Methoden und Tipps an die Hand geben, mit denen Sie Ihren eigenen Aufwand für Zielvereinbarungen senken. Und ein paar Techniken, mit denen Sie Ihren persönlichen Nutzen der Zielvereinbarungen steigern. Also: Tun Sie's gern, tun Sie's für sich und nicht nur für andere.

3 Übrigens: Wo ist die Betriebsvereinbarung, wo der Tarifvertrag, wo das Training, wo die Durchführungsanweisung, bei der der Nutzen für die Führungskräfte im Vordergrund steht?

Prinzip #1

Ein gutes Zielvereinbarungsgespräch dauert höchstens 15 Minuten.[4]

!

1.2.2 Wie können mir Zielvereinbarungen täglich nützen, statt nur jährlich?

Vielleicht gehören Sie zu denjenigen Vorgesetzten, die die Aufwand-Nutzen-Relation all ihrer Zielvereinbarungen bereits optimiert haben. Möglicherweise haben Sie die Zielvereinbarungen auch bereits so gestaltet, dass sie exakt passen: einerseits zu jedem einzelnen Ihrer Mitarbeitenden und andererseits zu Ihrem persönlichen Führungsstil.

Sehr gut! Dann könnte es die Zielvereinbarung vielleicht sogar schaffen, zu Ihrem Lieblings-Alltagswerkzeug zu werden. Zu einem Führungstool, das Sie tagtäglich für Ihre Zwecke einsetzen und nicht nur einmal pro Jahr in Form eines Jahreszielgesprächs.

Das Buch mit Ideen

Mit Zielvereinbarungen können Sie sich täglich mehrfach von operativen Tätigkeiten entlasten und sich Freiraum für bedeutendere Aufgaben verschaffen. Aus diesem Buch nehmen Sie eine Menge Anlässe mit, bei denen Sie von Zielvereinbarungen enorm profitieren.

!

Vielleicht ist die eine oder andere Einsatzmöglichkeit dabei, die Sie noch nicht kennen oder noch nicht nutzen. Dieses Buch will Sie dazu anregen, die Zielvereinbarung als Führungstool zu Ihrem ständigen Begleiter zu machen, auf den Sie nicht mehr verzichten wollen.

1.2.3 Wie können Zielvereinbarungen Probleme lösen, statt mir welche zu schaffen?

Als Strategie-, Ziel- und Performanceberater werde ich oftmals erst dann beauftragt, wenn ein Zielvereinbarungssystem nicht so richtig funktioniert. Zusammen mit meinem Team habe ich festgehalten, auf welche Ursachen wir in all den Jahren gestoßen sind, und diese analysiert. Wir haben drei Fehlertypen identifiziert: Fehler bei der Einführung, Fehler im System und Fehler bei der Umsetzung.

4 Einen Überblick über alle Leitsätze und Prinzipien finden Sie am Buchende in den Kapiteln 13 (Leitsätze des Führens mit Zielen) und 14 (Prinzipien für das Führen mit Zielen).

!

Das Buch mit Lösungen

Dieses Buch wird Ihnen für alle denkbaren Schwierigkeiten, vor denen Sie in der Praxis stehen, eine oder mehrere Lösungswege anbieten.

Sparen Sie sich die Zeit, selbst harte Nüsse zu knacken und Lösungen für Einzelfälle zu entwickeln. Erfinden Sie das Rad nicht neu. Für alle in der Praxis auftretenden Probleme im Bereich der Zielvereinbarung existiert mittlerweile mindestens eine ausgiebig getestete Lösung. Auch für die Schwierigkeiten, die im Verlaufe der Umsetzung bzw. Anwendung durch uns als Führungskräfte auftreten können. Ich werde diese ansprechen und denkbare Lösungen mit Beispielen aus der Praxis erläutern.

Schwierigkeiten, die den System- oder Einführungsfehlern zuzurechnen sind, können Führungskräfte innerhalb des unternehmensseitig vorgegebenen Rahmens nicht im Alleingang lösen. Sie erfordern Eingriffe in das Zielvereinbarungs-*System*. Für Methoden zur Beseitigung dieser Hemmnisse dürfte sich insbesondere die Personalleitung und die Unternehmensleitung interessieren. Dieses Buch gibt Ihnen Einblicke in Techniken, Vorgehensweisen und die erzielbaren Vorteile. Sie gewinnen zudem Argumente, um andere von erforderlichen Modernisierungen zu überzeugen.

1.2.4 Wie können Zielvereinbarungen Zukunft ermöglichen, statt sie zu verhindern?

Unsere Arbeitswelt verändert sich derzeit enorm: Wir haben die Anfänge von Digitaler Transformation und Automatisierung kennengelernt, von New Work und Agilität. Die Bevölkerungspyramide hat sich um 180 Grad gedreht, folglich auch das Verhältnis von Angebot und Nachfrage an den Arbeitsmärkten.

Neue Generationen von Mitarbeitenden mit neuen Werteprioritäten treten ins Arbeitsleben ein. Die herrschende Machtkonstellation am Arbeitsmarkt im Rücken, drücken sie ihre eigenen Vorstellungen von Arbeitsinhalten, Arbeitszeit, Arbeitsort und Arbeitsorganisation in die Unternehmen hinein. All diese Veränderungen werden nicht ohne Auswirkungen auf unsere Führungsweisen und unsere Führungsinstrumente bleiben.

Eine gute Idee darf sich künftig nicht mehr in einem zähen Prozess die Hierarchieebenen hochwälzen oder Prüfungsprozeduren des Betrieblichen Vorschlagswesens überstehen, bis sie die Unternehmensspitze erreicht. Eine Entscheidungsebene, die obendrein von dem Problem, für das hier eine Lösung angeboten wird, so weit weg ist wie der Mond. Die Geschwindigkeit des Wandels nimmt zu, die Halbwertszeit von Technologien fällt rapide, Zeit ist Geld, Tempo ist existenzentscheidend (Schüller, 2020, S. 31).

Es kann nicht angehen, dass die Mitarbeitenden alle Nase lang stehenbleiben und zu arbeiten aufhören, um Entscheidungen ihres Vorgesetzten abzuwarten, der sich seinerseits nach oben hin rückversichern muss. Es darf nicht sein, dass Mitarbeitenden mit ihren Aufgaben und Projekten nicht vorwärtskommen, weil die Beschaffung von Informationen aus einem anderen Funktionssilo unter Einhaltung des Dienstwegs so lange dauert.

Unsere Welt ist verdammt VUCA[5]. Da sind agile, funktionsübergreifend und vernetzt arbeitende Teams angebracht. Teams, die sich vom Bestehenden lösen und die Entwicklung neuer Ideen, neuer Geschäftsfelder und neuer digitaler Services vorantreiben. Damit solche Teams ihre Fragen selbst erarbeiten, die Antworten darauf selbst finden, ihre Schwierigkeiten selbst meistern und ihre Aufgaben selbst bewältigen können, brauchen sie nur eines: Etwas, woran sie sich orientieren können. Ja, genau: Ziele.

Das Buch mit Zukunft !

Dieses Buch gibt der Unternehmensleitung nützliche Methoden an die Hand, mit denen sie die Top-down-Kaskadierung der Unternehmensziele beschleunigen kann, um sie dorthin zu bringen, wo die jeweiligen Teil- und Unterziele operativ umgesetzt werden. Es gibt Führungskräften wertvolle Hinweise, wie sie agile Teams mit Zielen führen.

Häufig fragen Menschen bei meinen Vorträgen: »Herr Wolf, warum schaffen dann immer mehr Unternehmen die Zielvereinbarung ab?« Genannt werden Bosch, SAP, Accenture, Google oder die Zürcher Kantonalbank. Das stimmt schlicht und einfach nicht. Es ist ein Missverständnis, vermutlich dadurch entstanden, dass sich in einzelnen Unternehmen »Zielvereinbarung« als Sammelbegriff für Gespräche eingebürgert hat, bei denen Leistungen beurteilt und Bonuszahlungen festgelegt werden[6]. Doch Zielvereinbarungen sind Vereinbarungen von Zielen, nicht mehr und nicht weniger.

1. Leitsatz !

Zielvereinbarungen verstehen wir als Ergebnisse eines Austauschs unter Experten über die gemeinsame Gestaltung einer erfolgreichen Zukunft.[7]

Da sich Ziele die auf die Zukunft richten, sind Zielvereinbarungen sogar der Counterpart zu den vergangenheitsorientierten Leistungsbeurteilungen[8]. Boni wiederum sind

5 VUCA steht für volatility, uncertainity, complexity und ambiguity, welche als maßgebliche Merkmale der künftigen Wirtschaft und Gesellschaft gelten.

6 Diese Begriffsvermischung kommt beispielsweise im Jahresbericht der Zürcher Kantonalbank deutlich zum Ausdruck (ZKB 2017, S. 7).

7 Einen Überblick über alle Leitsätze und Prinzipien finden Sie am Buchende in den Kapiteln 13 (Leitsätze des Führens mit Zielen) und 14 (Prinzipien für das Führen mit Zielen).

8 Denkbar ist zweifellos auch ein Einsatz der Leistungsbeurteilung zur Messung des Zielerreichungsgrades. Vor- und Nachteile dieser Methode finden Sie in Kapitel 4.1.2.

etwas völlig anderes: Sie stellen eine Entgeltkomponente dar, die man mit Zielvereinbarungen koppeln kann. Oder auch nicht.

Tatsächlich verzichtet keines der genannten Unternehmen auf Zielvereinbarungen: Die Zürcher Kantonalbank hat lediglich den bürokratischen Aufwand für Zielvereinbarungen reduziert und die Zielperiode auf den jeweils überschaubaren Zeitraum verkürzt (Papp, 2016). Abgeschafft wurde die Leistungsbeurteilung. Zwei gute Schritte in Richtung moderne Führung, wie ich finde.

Auch bei Accenture ist lediglich die retrospektive Leistungsbeurteilung und das Forced Ranking[9] entfallen, nicht die Zielvereinbarung (Maaß, 2015). Bosch hat die Zielvereinbarungen ebenfalls nicht abgeschafft, sondern nur die Boni hiervon entkoppelt (Meck, 2015). Auch SAP versichert, dass die Führungskräfte weiterhin mit den Mitarbeitenden individuelle Ziele vereinbaren (Birkner, 2016).

Und Google schließlich hat die Zielvereinbarung nicht abgeschafft, sondern vielmehr im Hinblick auf die eigenen Anforderungen perfektioniert und in OKR umbenannt. »OKR steht für ›Objectives and Key Results‹. Es handelt sich um eine Management-Methode [...], um unternehmensweit Ziele zu definieren, auf Unternehmens-, Team- oder Mitarbeiterebene abzustimmen, den Fortschritt im Auge zu behalten und Ziele messbar zu machen« (Kemp, 2014).

Zukunft gestalten, Mauern durchbrechen
Mauern zwischen Funktionssilos durchlässig machen, Geschäftsfeldgrenzen überschreiten, beim Ausprobieren auch Fehler machen dürfen, heterogene Team-Netzwerke bilden und Zielvereinbarungen optimieren – das scheinen alles gar keine schlechten Ideen zu sein: Über Defizite in der Performance oder mangelnden Erfolg kann sich das Unternehmen, das einst als Betreiber einer Suchmaschine startete, zumindest nicht beklagen. Vielleicht ist ja auch eine Anregung für Sie dabei.

1.3 Lesen Sie nicht das ganze Buch

Mir ist bewusst, dass nicht alles, was ich in diesem Buch ansprechen werde, für jeden Leser gleich interessant ist. Deswegen biete ich Ihnen mit Blick auf Ihren zeitlichen Aufwand die Möglichkeit, sich Ihre persönlichen Rosinen herauszupicken.

Zu Anfang eines jeden Kapitels finden Sie einen Überblick über die jeweiligen Inhalte. Als Leser mit begrenztem Zeitbudget gewinnen Sie hierdurch die Möglichkeit, die

9 Beim Forced Ranking sind Vorgesetzte dazu verpflichtet, einen gewissen Anteil ihrer Mitarbeitenden als Low Performer einstufen, üblicherweise 10 bis 20 Prozent.

für Sie relevanten Fragestellungen schnell aufzuspüren und nur an diesen Stellen in die Tiefe zu gehen. Falls die in dem Kapitel behandelten Themen Sie nicht betreffen: Springen Sie zum Fazit.

Das Fazit finden Sie am Ende eines jeden Kapitels. Lesen Sie es. Sofern Sie zu dem einen oder anderen Aspekt dann doch etwas mehr erfahren möchten, finden Sie die erläuternden Absätze leicht anhand der Zwischenüberschriften.

Menschen führen

Bevor wir starten, möchte ich noch auf eine grundsätzliche Haltung zu sprechen kommen, die ich Sie einzunehmen bitte. Beim Thema Führung geht es um den einzelnen Menschen. Es geht um dessen Reaktion auf Sie als Führungskraft und auf Ihre ganz persönlichen Vorgehensweisen, ihn zu führen.

Sie haben sicher schon häufig einen Kaffeevollautomaten bedient. Wenn Sie dort auf die Taste für großen Latte Macchiato drücken, werden zunächst 150 ml der auf 65°C aufgeheizten Milch aufgeschäumt in Ihr Glas fließen. Ihm folgt ein Espresso, für den 30 ml Wasser bei 9,5 bar in 25 Sekunden bei 90°C durch 8 g Kaffeepulver gepresst werden. Bei dem Kaffeevollautomaten ziehen Ihre Handlungen exakt vorhersagbare Abläufe nach sich. Das ist bei Menschen nicht so.

2. Leitsatz !

Wir wissen und berücksichtigen, dass jeder Mensch anders ist.

Bei manchen fließt in übertragenem Sinne schöner, solider Latte Macchiato. Doch bei manchen kommt nichts oder nur kalter Kaffee, bei einigen kommt nur mühsam mal ein Tropfen, bei anderen fließt direkt viel zu viel. Einer produziert nur Schaum, manche erhitzen sich stark und andere wiederum lässt völlig kalt, was Sie tun.

Reaktionen abschätzen

Und wenn Sie morgen denselben Knopf bei ein und demselben Mitarbeitenden erneut drücken, kommt vielleicht etwas ganz anderes heraus. Die bewussten und unbewussten Reaktionen der Menschen auf Ihre Führungsmethoden sind im Einzelfall selten genau vorherzusehen. Sie können nur versuchen, individuelle Wahrscheinlichkeiten für das Auftreten der gewünschten Reaktion abzuschätzen.

Das Führen von Menschen erfordert folglich von Ihnen eine hohe Toleranz im Umgang mit Unschärfen und Unwägbarkeiten. Zudem ist die Offenheit enorm hilfreich, sich mit den einzelnen Menschen eingehend zu beschäftigen. Obendrein benötigen Sie die Bereitschaft dazu, Ihre optimalen Vorgehensweisen nach der Trial-and-Error-Methode zu ermitteln.

Das gilt erst recht, wenn Sie neue Techniken umsetzen wollen, die Sie aus diesem Buch mitnehmen. Es ist mir wichtig zu wissen, dass Sie hierauf vorbereitet sind.

Manche Menschen reagieren sehr positiv auf herausfordernde Ziele, manche verlieren an Gesichtsfarbe. Die einen spüren durch an Zielvereinbarung gekoppelte Boni einen hohen Anreiz. Die anderen interessiert die Aussicht auf eine Prämie nicht die Bohne. Mancher benötigt viel Sicherheit und will jede Nuance der Zukunft bis ins letzte Detail vorher planen. Andere wissen zwar noch nicht, was sie tun werden, sind sich aber ihres Erfolgs von vornherein völlig sicher.

! **3. Leitsatz**

Es gibt keine Art zu führen, die immer die richtige ist.

Auch wenn viele Führungsratgeber und Managementgurus Sie das glauben lassen wollen: Die eine, für all Ihre Mitarbeitenden zu 100 Prozent genau passende Methode, mit der Sie den höchsten Nutzen aus dem Führen mit Zielen ziehen, gibt es nicht. Das ist bei der Bedienung von Maschinen so, aber nicht bei der Steuerung von Menschen.

In diesem Buch werden wir unter anderem darüber sprechen, warum das bei wem so ist und was Sie als Führungskraft in welchem Falle tun können. Denn es ist gut für Sie, ein Methodenspektrum zu besitzen, dass Sie flexibel einsetzen und situations- sowie personenspezifisch variieren können.

Geht nicht – gibt's nicht

Doch. Manches geht einfach zurzeit nicht. Legen Sie ruhig von all den Techniken, die in diesem Buch beschrieben werden, diejenigen direkt zu den Akten, von denen Sie angesichts Ihrer derzeitigen Mitarbeitenden-Konstellation keinen ausreichenden Nutzen erwarten. Aber werfen Sie nicht gleich alles in den Müll, was heute nicht umsetzbar ist. Die Welt in und um Unternehmen unterliegt einem stetigen Wandel. Vielleicht passt es ja morgen, wenn sich Ihre Mitarbeitenden weiterentwickelt haben, oder wenn sich das Umfeld geändert hat, in dem Sie agieren.

Ich empfehle nur bewährte Vorgehensweisen. Alle hier in diesem Buch auf Sie zukommenden Techniken wurden mehrfach erfolgreich und nutzenschaffend umgesetzt. Öffnen Sie Ihren Werkzeugkoffer und legen Sie sich nicht nur die derzeit geeigneten, sondern auch die in Zukunft nutzbaren Führungssysteme, Führungsweisen, Führungsmethoden und Führungsinstrumente hinein.

Fazit dieses Kapitels

!

- Dieses Buch ist ausschließlich für Unternehmensleitungen, Führungskräfte, Personalleitungen, Führungskräftetrainerinnen und Führungskräftetrainer sowie Mitarbeitende der Organisations-, Personal- und Führungskräfteentwicklung geeignet.
- Falls Sie sich als Führungskraft von operativen Aufgaben aus den Verantwortungsbereich Ihrer Mitarbeitenden entlasten, Ihre Führungswirksamkeit steigern und sich Freiräume für karriereförderliche Aufgaben schaffen wollen, ist dies genau das richtige Buch für Sie.
- Wir legen einen Schwerpunkt darauf, Zielvereinbarung als Instrument für den Einsatz im Alltag zu optimieren, ganz gleich ob in klassischen oder in agilen Unternehmensstrukturen.
- Dieses Buch hegt den Anspruch, Lösungen für alle in der Praxis auftretenden Schwierigkeiten zu bieten.
- Die Reaktionen Ihrer Mitarbeitenden auf Ihre Führungsweisen sind selten genau vorauszusehen. Für optimale Führungserfolge benötigen wir die Bereitschaft zu etwas Trial and Error sowie dazu, uns mit jedem unserer direkten Mitarbeitenden individuell und eingehend zu befassen.

Teil A: Führungswerkzeuge schärfen

Gib mir 6 Stunden einen Baum zu fällen und ich werde die ersten 4 mit dem Schärfen der Axt verbringen.
Abraham Lincoln

In Teil A werfen wir einen Blick auf die Wirkungen, die Führungskräfte mit Zielvereinbarungen erzielen. Es werden Ansatzpunkte erarbeitet, wie die hiermit verbundenen Werkzeuge geschärft und kalibriert werden können, um Ihre Anforderungen optimal zu erfüllen. Damit wird die Basis gelegt für effektive und effiziente Prozesse (Teil B), sei es in der Gegenwart oder in der Zukunft (Teil C).

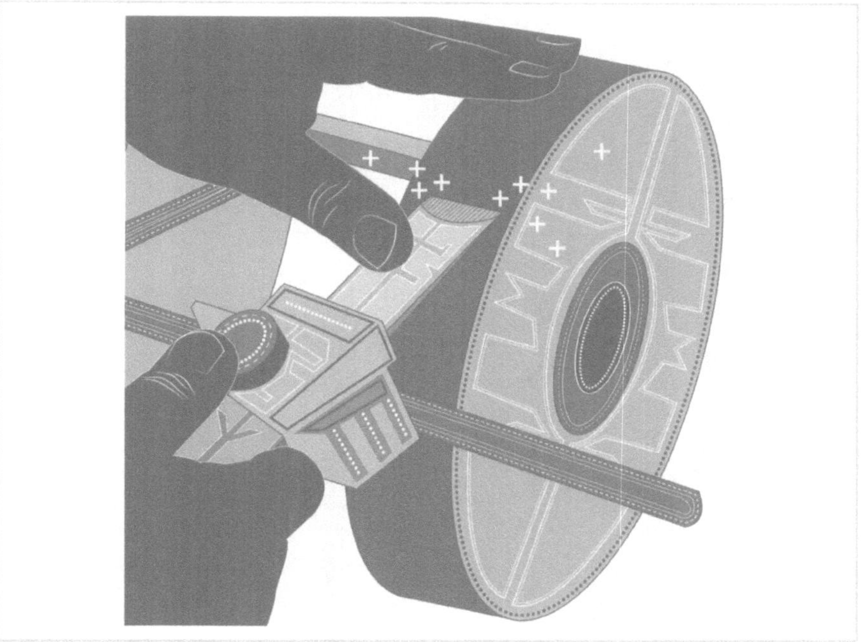

2 Potenziale und Performance managen

Dieses Kapitel kurz und bündig

Dieses Kapitel widmet sich den Mechanismen, die dem Performance Management und dem Führen mit Zielen aus Sicht von Führungskräften zugrunde liegen. Sie können prüfen, ob Sie alle Chancen nutzen, Ihre Mitarbeitenden immer produktiver werden zu lassen und sich dabei zu entlasten. Ich stelle Ihnen einfache, aber hoch wirksame Techniken und Vorgehensweisen vor, mit denen Sie Ihr Methodenspektrum ergänzen können. Dieses Kapitel richtet sich somit primär an Führungskräfte aller Ebenen. Sie werden sicher nicht alles umsetzen wollen: Picken Sie sich die Rosinen raus!

Potenziale und Performance im Fokus

Zielvereinbarungen sind üblicherweise Übereinkünfte über einen vom Mitarbeitenden zu erreichenden Performance-Level. Bisweilen steht allerdings auch ein zu realisierendes Potenzialniveau im Fokus, beispielsweise im Sinne einer Steigerung der Kompetenzen. Grund genug, diese beiden Aspekte genauer anzusehen.

Definition: Performance Management

Performance Management bezeichnet Prozesse und Methoden zur Umsetzung der Strategie einer Organisation, die es auf jeder Ebene ermöglichen,

1. auf die Organisationsziele ausgerichtete Teamziele und individuelle Ziele zu definieren und zu kommunizieren,
2. die mit Blick auf diese Ziele umzusetzenden Maßnahmen zu planen und zu koordinieren,
3. die hierfür nötigen Potenziale aufzubauen und einzusetzen,
4. die erforderlichen Rahmenbedingungen zu schaffen und zu sichern,
5. die sich bietenden Chancen zu nutzen und Risiken zu managen,
6. die Leistungserbringung zu steuern und zu begleiten,
7. die erzielten Ergebnisse zu messen, zu bewerten und
8. zur Beurteilung des Erfolgs mit den zuvor gesetzten Zielen zu vergleichen.

Welchen Nutzen bieten Zielvereinbarungen?

Doch lassen Sie uns zuvor die Frage beantworten: Wozu Zielvereinbarungen? Warum unterziehen sich Menschen in Organisationen den mit Zielvereinbarungen verbundenen Mühen? Ich wollte die wichtigsten Gründe für das Vereinbaren von Zielen ermitteln und habe dazu mehrere Befragungen durchgeführt. Die Liste der Antworten – Sie finden diese im untenstehenden Kasten – wurde von Befragung zu Befragung immer länger. Ich führe sie weiterhin fort, denn durch Veränderungen in und um die Unternehmen kommen immer wieder Antworten bzw. neue Absichten hinzu. So hat mir beispielsweise um die Jahrtausendwende niemand das Ansinnen genannt, mit Zielvereinbarungen seine Mitarbeitenden binden zu wollen. Das ist heute anders.

Ich gebe Ihnen einen Einblick in die Intentionen, die mir von Unternehmensleitungen, Personalleitungen und Führungskräften genannt werden.

!

Wichtig: Nutzenaspekte von Zielvereinbarungen

Unternehmensleitungen, Personalmanager und Führungskräfte wollen mit Zielvereinbarungen …

- Visionen ein Stück näherkommen
- Unternehmensziele erreichen
- Strategien umsetzen
- Unternehmenswert erhöhen
- Purpose und Werte des Unternehmens realisieren
- Performance auf Unternehmens-, Bereichs-, Abteilungs-, Team- und individueller Ebene steigern
- Risiken der Zukunft managen sowie Chancen optimal nutzen
- Führungsgrundsätze Wirklichkeit werden lassen
- Unternehmensübergreifend Kollaboration, Co-Creation, Vernetzung und Zusammenarbeit verbessern
- Performance und Potenzial individuell auf Ebene des Mitarbeitenden ermitteln, um die richtigen personalstrategischen Entscheidungen fällen zu können, beispielsweise bei Personalallokation, Rollenwechsel, Beförderungen, Personalbedarfsplanung, Nachfolgeplanung, Talentmanagement
- Stärken und besondere Kompetenzen bei Mitarbeitenden erkennen, um sie zu nutzen
- Individuelle Schwächen und Verbesserungsbedarfe aufdecken, um Maßnahmen zur Entwicklung abzuleiten
- Karriere- und Entwicklungsziele der Mitarbeitenden kennenlernen und bedarfsorientiert nutzen
- Bonuszahlungen an Zielerreichungsgraden bzw. an Performance orientieren
- Als Arbeitgeber an Attraktivität für Talente bzw. Potenzialträger gewinnen
- Leistungsstarke und erfolgsorientierte Bewerber anziehen
- Bindung und Identifikation der Belegschaft steigern
- Agilen Teams die Möglichkeit zur Fokussierung während der Arbeitsphasen bzw. Sprints bieten
- Belegschaftsmitgliedern kurz-, mittel- und langfristige Orientierung bieten
- Mit Mitarbeitenden Wissen und Informationen teilen, ihnen Verhaltenssicherheit für ihr Tun verschaffen
- Mitarbeitenden Feedback geben und von Mitarbeitenden Feedback erhalten
- Mitarbeitende durch Vermittlung des übergeordneten Sinns motivieren
- Mitarbeitenden Freiräume für die Entfaltung ihrer Potenziale bieten
- Konflikte im Unternehmen vermeiden, insbesondere Ziel- und Maßnahmenkonflikte[10]
- Führungskräfte von Aufgaben, Entscheidungen und Nachfragen entlasten, die in den operativen Arbeitsbereich ihrer Mitarbeitenden fallen

10 Zielkonflikte werden dadurch hervorgerufen, dass sich Ziele beispielsweise von Personen oder Abteilungen gegenseitig durchkreuzen; Maßnahmenkonflikte entstehen durch sich gegenseitig ausschließende Aktivitäten zur Zielerreichung. Ergänzend können hierbei Bewertungskonflikte (Konflikte durch unterschiedliche Wahrnehmung von Relevanz, Prioritäten, Situationen etc.) und Verteilungskonflikte (Konflikte durch sich gegenseitig ausschließende Nutzung von Ressourcen) eine Rolle spielen (Wolf, 2016a).

Vielleicht sind unter diesen »Metazielen« auch ein paar dabei, denen Sie zustimmen würden? Falls Sie den einen oder anderen Aspekt ergänzen möchten, lassen Sie es mich einfach wissen.

!

Statement Malu Dreyer

Gute Führungskräfte kennen die Lebenssituationen ihrer Mitarbeitenden. Sie sorgen für ein wertschätzendes Arbeitsklima, leben Werte, Haltungen und Ziele vor. Familienbewusstes Führungsverhalten gehört zu den Kernaufgaben einer modernen Führungskraft im Rahmen einer familienorientierten Personalpolitik, die in der rheinland-pfälzischen Landesverwaltung gelebt wird. Im Wettbewerb um die klügsten Köpfe hat sich die rheinland-pfälzische Landesregierung selbst Leitlinien für gutes Führungsverhalten gesetzt und investiert in Diversität auf allen Führungsebenen. Neben einem sinnstiftenden, sicheren Arbeitsplatz im Dienste der Allgemeinheit sorgen persönliche Potenzialanalysen, regelmäßige Perspektivgespräche, individuelle Fortbildungen, betriebliches Gesundheitsmanagement oder Mentoring für weibliche Nachwuchsführungskräfte für Arbeitszufriedenheit, Motivation und Mitarbeiterbindung.
Malu Dreyer
Ministerpräsidentin von Rheinland-Pfalz

Hinzu kommen die »direkten Ziele«. Also die Ziele, die zum Gegenstand der Zielvereinbarungen gemacht werden. Diese Liste ist gewissermaßen unendlich. Ein paar Beispiele:

- Jahresergebnisse verbessern
- Umsätze steigern
- Kosten senken
- Marktposition stärken
- Transformationsprozesse bewältigen
- Produktivität erhöhen
- Prozesse optimieren
- Qualität steigern
- Kundenorientierung verbessern
- und vieles mehr

Performance als Zwiebelmodell

Um die mir genannten Nutzenaspekte zu sortieren, clusterte ich sie und bewertete sie im Hinblick auf verschiedene Dimensionen. Als hilfreich erwies sich, Performance-Input und Performance-Output zu unterscheiden. Diese Differenzierung hatte ich 1999 unter der Bezeichnung »Performance-Zwiebel« publiziert. Sie wird heute allerdings häufiger als »Wolf'sche Zwiebel« bezeichnet. Diese sollten Sie kennen, denn sie besitzt eine hohe Relevanz für das Führen mit Zielen.

Die Bezeichnung »Performance-Zwiebel« hatte ich gewählt, weil der Input, der geleistet werden muss, immer größer ist als der Output, der erzielt werden kann – so, wie eine äußere Zwiebelschale immer größer ist, als eine der inneren. Nutzen wir ein einfaches Beispiel aus der Praxis: Indem 300 potenzielle Kunden »kalt« angerufen werden (äußere Zwiebelschale), können hieraus 30 Neukunden gewonnen werden (innere Zwiebelschale).

!

Praxisfall: Vertrieb einer branchenspezifischen Softwarelösung

Die Geschäftsführung eines Softwareunternehmens formuliert als Zielrichtung für den B2B-Vertrieb das Generieren von Neuverträgen. Die Schritte der Mitarbeitenden zum Erfolg im typischen Verlauf lauten:

1. Telefonischer Erstkontakt (»Kaltakquise«)
2. Zusendung von Broschüren und Informationsmaterial
3. Durchführung von Präsentation und Bedarfsanalyse
4. Abgabe eines Angebots
5. Auftrag

Von Schritt zu Schritt – wie Ringe einer Zwiebel [Abbildung 1] – verkleinert sich die Anzahl der verbleibenden potenziellen Kunden. So verbleiben von 300 im Rahmen der Kaltakquise angerufenen Betrieben üblicherweise nur 30, bei denen Verträge generiert werden. In leicht veränderter Form wird die Wolf'sche Zwiebel auch als Sales-Funnel oder Vertriebstrichter bezeichnet. Denn die Grundgedanken und Mechanismen der Performance-Zwiebel können auf so gut wie jede Tätigkeit und so gut wie jeden Prozess im Unternehmen übertragen werden.

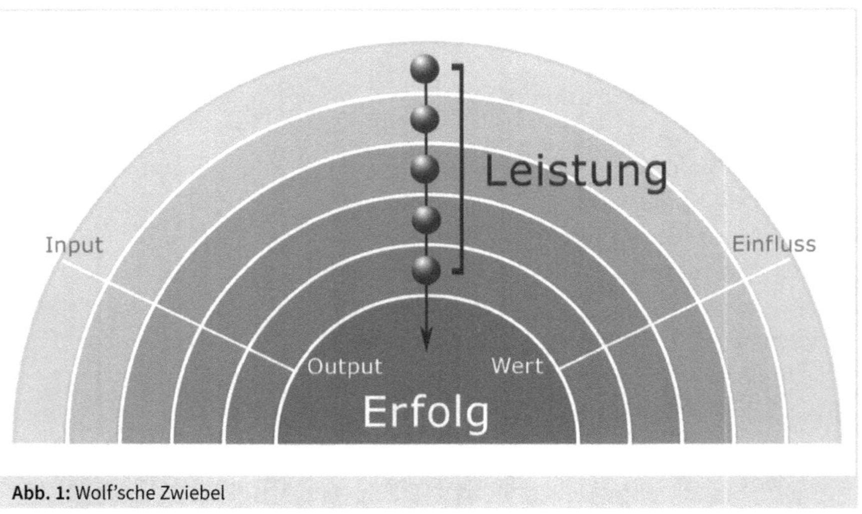

Abb. 1: Wolf'sche Zwiebel

Wenn man nun versucht, die Nutzenaspekte aus der Liste zu integrieren, zeigt sich: Alle oben genannten Gründe für Zielvereinbarungen bauen aufeinander auf, sie bilden eine Reihenfolge der performanceorientierten Führung und Steuerung. Das ist die erste wichtige Erkenntnis der Wolf'sche Zwiebel für die Führungspraxis. Wenn in der Abbildung 1 am Ende des vertikalen Pfeils der Erfolg steht, kann oben vor der Leistung nur das Potenzial stehen.

Doch wie bringt man die Zielvereinbarungsgründe über die Aspekte Potenzial, Leistung und Erfolg in eine Rangfolge? Zunächst habe ich Anfang und Ende nicht gefunden, bis mir klar wurde: Es gleicht dem Versuch, eine Entscheidung darüber zu treffen, ob die Henne zuerst da war oder das Ei. Das ist die zweite bedeutsame Erkenntnis: Es gibt keinen Anfang und kein Ende. Das Ganze ist ein Wechselwirkungskreislauf, wobei auf der einen Seite das Potenzial steht und auf der anderen die Performance mit seinen beiden Bestandteilen Leistung und Erfolg.

Potenzial und Performance als Spirale

Dann war es dem Systematiker in mir möglich, alle Nutzenaspekte, die auf der Liste standen, klar einer der beiden Seiten zuzuordnen oder den Prozessen dazwischen. Diese drei Transformationsprozesse sind:

- Potenziale werden in Leistungen transformiert,
- Leistungen werden in Erfolge transformiert,
- Erfolge werden in Potenziale transformiert.

Diese drei Transformationsprozesse sind in der Praxis das Entscheidende: Setzen Sie als Führungskraft die jeweiligen Tätigkeiten gut um, befruchten Sie die Aufwärtsbewegung des Wechselwirkungskreislaufs [Abbildung 2]. Genau das ist Potenzial- und Performance Management.

Statement Dietmar Eidens !

Unsere Mitarbeiterinnen und Mitarbeiter sind die treibende Kraft für den Erfolg unseres Unternehmens. Aus diesem Grund fördern wir eine starke Leistungs- und Feedbackkultur. Der Performancemanagementprozess bildet einen Rahmen, um Erwartungen klar zu definieren und Prioritäten gemäß unserer Unternehmensstrategie festzulegen. Er unterstützt uns dabei, Leistung zu belohnen und Entwicklungspläne abzustimmen. Er bietet außerdem die Möglichkeit für regelmäßiges Feedback im Rahmen unserer unternehmensweit definierten Werte und Kompetenzen. Das Gespräch über individuelle und übergreifende Ziele fördert zudem die Transparenz und schafft Anerkennung und Motivation. Klare Zielsetzungen und differenziertes und offenes Feedback sind daher wichtige Voraussetzungen für die persönliche Karriereentwicklung jedes Einzelnen wie auch für den Unternehmenserfolg.
Dietmar Eidens
Chief Human Resources Officer, Merck

Wenn nicht, wird das Ganze zu einer Abwärtsfahrt. Am Beispiel des betrieblichen Potenzial- und Performance Managements: Wer sinkende Unternehmenserfolge zum Anlass nimmt, um Potenzialsenkungen in Form von Personalabbau vorzunehmen, nimmt damit billigend in Kauf, dass das verbleibende Personal weniger Leistung erbringen kann, was wiederum zu weiter sinkenden Unternehmenserfolgen führt. Manch ein Unternehmen hat diese Abwärtsspirale bis zum bitteren Ende vollzogen, doch die meisten konnten nach einer gewissen Zeit wieder eine Aufwärtsbewegung einleiten.

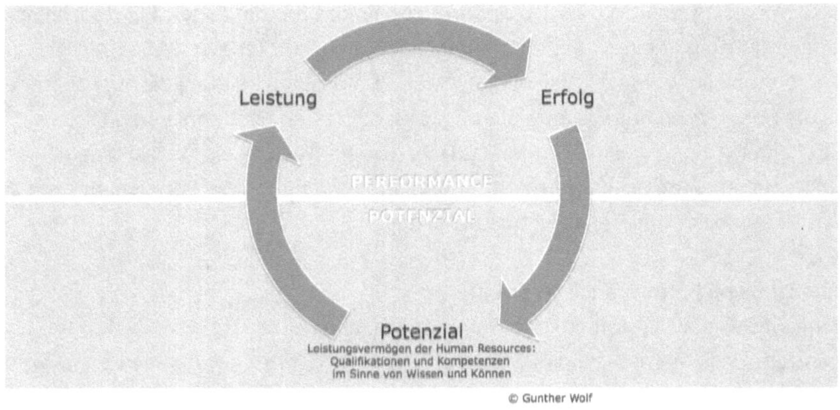

Abb. 2: Performance Management-Spirale

Was ich hier für Unternehmen dargestellt habe, funktioniert in gleicher Weise auf individueller Ebene, bei jedem einzelnen Menschen. Wir können die Spirale aus Potenzial, Leistung und Erfolg sowohl auf der Ebene des einzelnen Menschen als auch auf der Ebene von Menschengruppen erkennen.

Damit sind all die vorgenannten Nutzenaspekte mit einem Schlag unglaublich einfach geordnet. Genau das ist es, was mir an dieser Systematik für das Management von Potenzial und Performance so gut gefällt: Es ist völlig simpel, aber es steckt viel drin. Ich bin gespannt, ob auch Sie es mögen und Ihrer Werkzeugkiste zuführen werden.

2.1 Potenziale nutzen

Wenn ich die Spirale des Potenzial- und Performance Managements jemandem vorstelle, fange ich am liebsten unten in der Darstellung bei dem Potenzial an. Aus Gewohnheit wahrscheinlich, denn genauso gut kann man bei der Performance starten.

Potenzial ist ein Begriff mit mehreren Bedeutungen. Wenn man Sie fragt, ob jemand Potenzial hat, müssten Sie genaugenommen zurückfragen: Zu was? Wenn im Rahmen des Performance Managements von Potenzial beispielsweise eines Mitarbeitenden gesprochen wird, ist damit *nicht* eine zukünftig mögliche (»potenzielle«) Position des Mitarbeitenden im Unternehmen oder sein Entwicklungspotenzial gemeint. Sondern sein derzeit vorhandenes Potenzial dazu, Leistungen zu erbringen. Mit Potenzial ist stets sein Leistungsvermögen gemeint, bezogen auf die augenblickliche Stelle, Rolle oder Funktion mit all ihren Aufgaben.

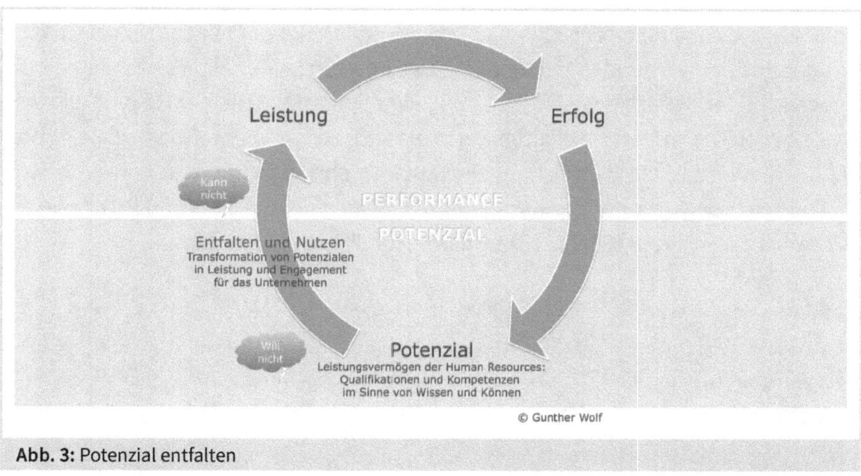

Abb. 3: Potenzial entfalten

Definition: Potenzial

!

Das Leistungspotenzial (kurz: Potenzial, synonym: Leistungsvermögen) eines Mitarbeitenden bezeichnet den individuellen Erfüllungsgrad aller Anforderungen an Qualifikationen und Kompetenzen im Sinne von Kenntnissen, Fähigkeiten und Fertigkeiten, die zur Erledigung der Aufgaben und zum Erreichen der Ziele der bekleideten Stelle, Funktion oder Rolle erforderlich sind. Das Potenzial eines Teams oder einer Organisation ist als Gesamtheit der Leistungspotenziale der Teammitglieder bzw. der Beschäftigten zu verstehen.

Das Potenzial eines Mitarbeitenden beschreibt demnach seine Qualifikationen und Kompetenzen, jedoch stets mit Blick auf die zu stellenden Anforderungen:

- Das *Wissen* (Know-how) beschreibt diejenigen Kenntnisse, die für die Ausübung seiner Tätigkeit erforderlich sind.
- Das *Können* (Do-how) hingegen bezeichnet die stellenbezogenen Fähigkeiten und Fertigkeiten.

Potenziale durch Personalauswahl steuern

Das Vorhandensein dieser Kompetenzen bei dem Mitarbeitenden wird durch die zutreffende Personalauswahl bzw. Stellenbesetzung sowie durch die Aus- und Weiterbildung bzw. Personalentwicklung gewährleistet. Es geht einerseits um fachbezogene, andererseits um fachübergreifende Kompetenzen, beispielsweise Methodenkompetenzen und soziale Kompetenzen. Darüber hinaus sind die benötigten Qualifikationen relevant.

Wer hohe Türme bauen will, muss lange beim Fundament verweilen.
Anton Bruckner

Potenzial ist somit niemals absolut zu sehen, sondern immer relativ, bezogen auf die mit der Position verbundenen Aufgaben. Das Potenzial eines Mitarbeitenden wird in Anbetracht der derzeit bekleideten Stelle, Funktion oder Rolle beurteilt[11]. Beispielsweise hat Herr X in der Buchhaltung niemals »absolut kein Potenzial«. Vielmehr hat er »kein Potenzial, um die Position eines Debitorenbuchhalters« zu bekleiden, weil ihm beispielsweise die nötigen Kompetenzen fehlen oder er nicht sorgfältig genug ist. Dann allerdings hätten Sie als Leitung der Buchhaltung ein Problem.

!

Ermittlung des Potenzials

Für die Potenzialerhebung auf Mitarbeitenden-Ebene werden die individuelle Ausprägung der Kompetenzen und Qualifikationen mit den Anforderungen der Stelle verglichen. Der hieran abzulesende Erfüllungsgrad beschreibt das Potenzial.

Darf ich voraussetzen, dass bei Ihnen überall »der richtige Mensch auf dem richtigen Platz« sitzt? Denn: Falls nicht, ist Ihr Performance Management schon jetzt zum Scheitern verurteilt.

Die zutreffende Allokation für den Mitarbeitenden

In diesem Fall können Sie auch durch Führen mit Zielen nicht viel ausrichten. Bildlich gesprochen: Einen Ackergaul machen Sie auch mit Zielvereinbarungen nicht zum erfolgreichen Rennpferd. Umgekehrt übrigens auch nicht.

Wenn Maßnahmen der Personalentwicklung fruchtlos bleiben – oder von vornherein aussichtslos erscheinen – wäre noch theoretisch denkbar, dann eben Stelle und Arbeitsaufgaben auf den Mitarbeitenden passend zuschneiden. Doch dem sind Grenzen gesetzt.

Um im Bild zu bleiben: Aus einem Rübenfeld machen Sie nicht so schnell eine Rennbahn. Sofern Sie also die Stelle nicht passend zuschneiden können, führt an einer Versetzung auf eine Position, die den individuellen Kompetenzen besser entspricht, kein Weg vorbei.

!

Statement Oliver Maassen

Der weit gefasste Begriff des Performance Management hat viele Aspekte. Ein Aspekt wird in den Unternehmen in Zeiten wirtschaftlichen Erfolgs oftmals vernachlässigt und ist, da er erst in Krisenzeiten wiederentdeckt wird, als Lowperformer-Management in Verruf geraten: der Umgang mit kritischer Performance. Es geht darum, das Auseinanderfallen von geforderter

11 Für die Nachfolgeplanung interessant ist hingegen der Erfüllungsgrad bezogen auf eine Stelle, die der Mitarbeitende künftig einnehmen soll. Das Matching von (individuellen) Kompetenzen und (Stellen-) Anforderungen zeigt auf, welche Kompetenzen noch zu entwickeln sind, damit er diese Position ausfüllen kann.

und tatsächlich gezeigter Leistung der Mitarbeiter oder die Diskrepanz von Leistung und dafür gezahltem Entgelt zurück ins Gleichgewicht zu bringen. Das ist ein legitimer Anspruch im Arbeitsverhältnis. Diesen durchzusetzen ist keineswegs ein Kriseninstrument, sondern ganz klar eine permanente Aufgabe der Führungskräfte unter Anleitung und Unterstützung durch HR. Leistungen, die nicht der Stellenanforderung oder dem Entgelt entsprechen, werden in wirtschaftlich guten Zeiten aus den unterschiedlichsten Gründen, nicht zuletzt wegen der Komplexität der Behandlung, versteckt. Sie belasten aber zu allen Zeiten das Unternehmen und wirken sich verheerend auf die Motivation der Mitarbeiter im Umfeld aus.
Oliver Maassen
Chief Human Resources Officer (CHRO), Arbeitsdirektor und Mitglied der Gruppengeschäftsführung, Trumpf GmbH & Co. KG

Tun Sie es bitte, konsequent. Sie tun nur Gutes: Mit einer solchen Versetzung steigern Sie das Potenzial des Mitarbeitenden, weil ja jetzt die Anforderungen der neuen Stelle zählen. Folglich erhöhen Sie auch das insgesamt im Unternehmen vorhandene Potenzial. Außerdem tun Sie sich selbst einen Gefallen. Und sobald Sie die frei gewordene Stelle mit einem geeigneten Mitarbeitenden besetzen können, erhöhen Sie das Humanpotenzial des Unternehmens ein weiteres Mal. Problem erledigt.

Leistung ermöglichen – zwei Hindernisse beseitigen

Widmen wir uns jetzt den anderen Mitarbeitenden, die sicherlich das Gros Ihres Teams bilden: Die Mitarbeitenden, die auf über die nötigen Qualifikationen und Kompetenzen zur Erfüllung der mit der Stelle verbundenen Anforderungen verfügen. Jeder, der damit also das Potenzial besitzt, um seinen Job richtig gut zu machen, der *könnte* dort auch hohe Leistung erbringen.

Warum nutze ich den Konjunktiv? Es gibt vor allem zwei Hemmnisse (im agilen Sprachgebrauch: Impediments), die eine Entfaltung des individuellen Potenzials zu Leistung verhindern oder vermindern können.

Bildlich gesprochen: Potenziale sind vorstellbar als PS eines Fahrzeugs, die auf die Straße zu bringen sind.

- Hindernis 1: Vielleicht sitzt der Mitarbeitende in einem Boliden, der auf Glatteis steht.
- Hindernis 2: Vielleicht hat der Mitarbeitende auch heute einfach keine Lust, loszufahren.

!

Wichtig: Bedingungen für die Potenzialentfaltung

Trotz ausreichendem Potenzial kommt es nicht zu Leistung, wenn...

- kein ausreichendes Wollen vorliegt (»will nicht«)
- unüberwindbare Leistungshemmnisse bestehen (»kann nicht«)

Diesen beiden potenziellen Schwierigkeiten widmen wir uns auch direkt, damit die Performance Management-Spirale bei Ihren Unterstellten bzw. Ihrem Team Schwung für die Aufwärtsbewegung erhält.

2.1.1 Das Wollen generieren

Manche koppeln den Erreichungsgrad der vereinbarten Ziele mit Boni, um das Wollen zu fördern. Das kann man zweifellos so machen, es wird aber neben dem intendierten Wollen noch einiges mehr verändern. Wer finanzielle Anreize setzen möchte, sollte sich dieser Folgen bewusst sein. Mehr dazu in Kapitel 6.

Bezüglich des Wollens ist bekannt, dass sich hierzulande rund 15 bis 25 Prozent der Beschäftigten kein bisschen mit ihrem Arbeitgeber identifizieren (Gallup, 2019: 30). Diese sind auch nicht bereit, sich auf ihrem Arbeitsplatz in irgendeiner Art und Weise einzusetzen und sich zu engagieren. Von Wollen fehlt also jede Spur.

!

Tipp: Vergeuden Sie nicht Ihre wertvolle Zeit!

Fehlt das Wollen, wird keine dieser 15 bis 25 Prozent der Mitarbeitenden sein Potenzialkästchen öffnen – und dessen Inhalt schon gar nicht Ihnen bzw. dem Unternehmen zur Verfügung stellen. Diese Mitarbeitenden werden Kompetenzen und zeitliche Ressourcen eher noch verleugnen, um zusätzliche Aufgaben zu vermeiden. Kümmern Sie sich im ersten Schritt lieber um diejenigen Mitarbeitenden, die mit Ihnen etwas bewegen wollen.

Beides, bewegen (lat. motivare) und wollen, hat viel mit Motivation zu tun und diese wiederum mit individuellen Motiven und Bedürfnissen. Sofern Sie ein Wollen generieren möchten, sollten Sie nicht versäumen, ein paar der Tipps aus Kapitel 8.1.2 mitzunehmen.

Damit werden Sie den einen oder anderen der Nicht-Woller doch noch erreichen und allen anderen, die ohnehin leistungsbereit sind, einen weiteren Schub geben.

!

Statement: Ildiko Kreisz

Eine transparente Kommunikation und offene Feedbackkultur, die auf klar gesteckten Zielen beruht, ist für die Entwicklung von Mitarbeitenden unverzichtbar. Dabei sind individuelle Stärken und Potenziale ausschlaggebend, damit unsere Mitarbeitenden ihre fachlichen und persönlichen Ziele definieren und somit ihre Karriere mitgestalten. Als Leadership stehen wir als Coach an der Seite unserer Mitarbeitenden, um zu unterstützen und zu befähigen, diese Ziele zu erreichen; um zu fordern und zu fördern, damit sie ihr volles Potenzial ausschöpfen können.
Ildiko Kreisz
Head of HR für Deutschland, Österreich, Schweiz und Russland, Accenture

Das Potenzial eines Menschen, sein Wissen und Können, stellt sein Leistungsvermögen und damit die Voraussetzung für das tatsächliche Erbringen von Leistung dar. Damit aus Leistungsvermögen eine Leistung werden kann, bedarf es einer Leistungsbereitschaft, dem Wollen. Stellen Sie als Führungskraft bei Ihren Unterstellten *immer* alle drei Aspekte sicher:

1. Wissen
2. Können
3. Wollen

Sie erleichtern sich die Führungsarbeit enorm, wenn Sie mit dem Wollen anfangen. Verhaltensänderungen sind nahezu ausschließlich über diesem Weg möglich. Wenn Sie möchten, dass jemand sein Verhalten ändert, zeigen Sie ihm auf, was *er selbst* davon hat.

Platz für Entfaltung schaffen

Als Führungskraft ist es Ihre Aufgabe, für die Entfaltung der bestehenden Potenziale der Mitarbeitenden und für deren Nutzung im Sinne des Unternehmens zu sorgen.

Wenn sich etwas entfalten soll, benötigt es Platz. Das gilt auch für Potenziale. Handlungs- und Entscheidungsfreiräume sind einer der bedeutendsten Treiber für Leistung. Zusätzlich fördern sie die Identifikation und senken die Fluktuationsneigung. Ich nehme an, dass auch Sie sich von Ihrem Vorgesetzten nur ungern in Ihren Freiräumen einschränken lassen, solange Sie diese kompetent ausfüllen.

In meinen Seminaren zum Thema Mitarbeiterbindung frage ich in der Vorstellungsrunde stets alle Teilnehmer unter anderem danach, was sie selbst im Unternehmen hält. Es gibt keine Runde, in der die Teilnehmer nicht die Freiräume betonen, die Ihnen von ihrem Vorgesetzten gelassen werden.

Freiräume haben Grenzen

Zu der Kenntnis der Freiräume für die Kompetenzentfaltung gehört auch Klarheit über deren Grenzen. Unklarheit bei Mitarbeitenden über Rechte, Pflichten und Aufgabenabgrenzung wird in Befragungen stets als einer der maßgeblichen Faktoren für geringe Leistung genannt. Es gilt die alte Regel: Unklare Zuständigkeiten führen zu keinen Zuständigkeiten.

Wenn Sie mögen, nutzen Sie für die Zuständigkeiten erneut einen Dreiklang: Was darf der Mitarbeitende tun, was soll er tun und was muss er tun?

1. Müssen (erforderliches Verhalten)
2. Sollen (erwünschtes Verhalten)
3. Dürfen (erlaubtes Verhalten)

Klarheit schaffen
Sinnvollerweise führen Sie hierüber mit jedem Mitarbeitenden einzeln ein Gespräch. Denn die Grenzen, aber auch Aufgabeninhalte und Verantwortungsbereiche werden Sie bei jedem Mitarbeitenden anders setzen wollen. Wie Sie Freiräume und Grenzen gestalten, werden Sie wahrscheinlich primär von dessen Erfahrung abhängig machen.

!

Tipp: Reformulieren lassen hilft!

Lassen Sie jeden Mitarbeitenden die Freiräume und Grenzen mit eigenen Worten wiedergeben. Damit beseitigen Sie potenzielle Missverständnisse und steigern die Einprägsamkeit.

Machen Sie dem Mitarbeitenden deutlich, dass auch der Freiraum eine Münze mit zwei Seiten ist. Sein Entfaltungsraum ist zugleich sein Verantwortungsraum: Es ist ein Raum, in dem der Mitarbeitende die Verantwortung für seine Entscheidungen, sein Tun und auch für sein Nichtstun trägt.

So realisieren Sie einen wertvollen Nutzen für sich in Form einer gewissen Entlastung: Sie befreien sich von Teilen einer Verantwortung, die ansonsten Sie mitzutragen hätten. Der Mitarbeitende hat also etwas davon und Sie auch: Sie erhalten einerseits Entlastung, andererseits leistungsbereitere und loyalere Mitarbeitende.

Von Verantwortung entlasten
Damit Sie sicher sein können, dass die Freiräume auch Ihren Vorstellungen entsprechend genutzt werden, sollten Sie wiederum passende Ziele vereinbaren. Beispielsweise könnte ein Ziel sein, dass keine Beschwerden Dritter eingehen, die den Verantwortungsbereich des Mitarbeitenden betreffen. Oder das vom Mitarbeitenden verantwortete Projekt soll im Rahmen der gesetzten Zeit- und Budgetgrenzen beendet werden und den zuvor definierten Qualitätsansprüchen genügen.

Mit der Gestaltung und Klärung passender Freiräume, flankiert durch das Vereinbaren von Zielen, haben wir somit Entlastung für uns realisiert, etwas im Bereich der Leistungsbereitschaft – dem Wollen – des Mitarbeitenden getan und auch etwas zur Sicherung des Potenzialerhalts beigetragen.

Wenn man fehlendes Wollen mit *will nicht* umschreibt, kommt jetzt das *kann nicht.*

Das hat nichts zu tun mit dem zuvor angesprochen Können im Dreiklang aus Wissen, Können und Wollen. Das Können im Sinne von Do-how haben wir ja bereits durch die zutreffende Stellenbesetzung und Aufgabenzuordnung gewährleistet. Hier geht es um Leistungshemmnisse: Der Mitarbeitende verfügt über das notwendige Können, aber hat beispielsweise keine Gelegenheit, es anzuwenden. Er kann es also prinzipiell, aber es liegen Leistungshemmnisse vor, aufgrund derer er sein Potenzial doch nicht entfalten kann.

2.1.2 Leistungshemmnisse beseitigen

Um das Bild von eben wieder aufzunehmen: Damit der Bolide seine PS optimal einbringen kann, sollte genug Benzin im Tank sein und kein Glatteis unter den Pneus. Es wäre zudem nicht schlecht, wenn da auch eine Straße wäre, die er benutzen kann.

Nehmen wir in diesem metaphorischen Beispiel an, ein Mitarbeitender besäße die Kompetenz, Autos zu betanken. Salz für alle Unterstellten zu streuen und Straßen vom Eis zu befreien, sei hingegen Ihre besondere Kompetenz, zudem besitzen Sie ohnehin den Schlüssel zum Streusalzbudget. Ein Gelände straßenbaulich erschließen, dafür soll es Ihnen indes in diesem Bild an Qualifikationen mangeln.

- Wenn sich die Ausgangslage so darstellt und Sie maximalen Nutzen aus der Zielvereinbarung ziehen wollen, sollten Sie das Thema Tanken in den Verantwortungsbereich des Mitarbeitenden gepackt haben.
- In der Zielvereinbarung mit Ihrem Chef hingegen haben Sie die Verantwortlichkeiten so definiert, dass dieser Sie nicht als für den Straßenbau verantwortlich betrachtet.

Verhalten bei Startproblemen
Fall 1: Der Mitarbeitende fährt nicht los, weil er mitten auf einem Acker steht. Dann verteidigen Sie bitte Ihren Entlastungsnutzen aus der zuvor getroffenen Zielvereinbarung: Beseitigen Sie keine derjenigen Hemmnisse, die Ihren Mitarbeitenden an der Leistungserbringung hindern, für deren Beseitigung Sie aber keine Verantwortung tragen (Straßenbau). Denn das *können und dürfen* Sie nicht.

Fall 2: Der Mitarbeitende fährt nicht los, weil kein Tröpfchen mehr im Tank ist. Dann beseitigen Sie auch bitte keine der Leistungshemmnisse des Mitarbeitenden, die in dessen Verantwortungsbereich fallen (Tanken). Denn das *wollen* Sie nicht.

Sie streuen Salz, falls die Straße vereist ist. Punkt. Das ist Ihre Verantwortung, alles andere nicht.

Ich, euer Starthelfer?
An dieser Stelle sagte ein Teilnehmer in einem Seminar: »Aber Herr Wolf, warum soll ich ihm denn nicht helfen, wenn er – im übertragenen Sinne – zu tanken vergessen hat?« Da hat er Recht. Helfen Sie ruhig, wenn Sie Zeit und gerade nichts Besseres zu tun haben.

Machen Sie Ihrem Mitarbeitenden aber sehr, sehr unmissverständlich klar, dass Sie dies nur ausnahmsweise tun. Machen Sie deutlich, dass er total viel Glück hatte, dass Sie zufällig in der Nähe waren und gerade nichts zu tun hatten.

Besprechen Sie mit ihm, was er zukünftig tun wird, um das Tanken nicht zu vergessen: Vereinbaren Sie also direkt ein Selbstüberprüfungs-Ziel mit ihm. Entlasten Sie sich von solchen Starthilfe-Einsätzen. Sorgen Sie dafür, dass von Ihren Mitarbeitenden nicht nur auf das Recht auf Freiräume gepocht wird, sondern auch die Pflicht erfüllt wird, diese Räume verantwortungsvoll auszufüllen.

Ich, euer Diener?

Manch ein Vorgesetzter hilft seinen Mitarbeitenden ausgesprochen gerne. Servant Leadership, Führen durch Dienen, hat Robert K. Greenleaf 2002 diesen Führungsstil genannt. Sicher kennen Sie auch solche Chefs. Manch einer kommt damit sogar ganz gut zurecht.

Wenn der Vorgesetzte gern und häufig Hilfe leistet, neigen die meisten Mitarbeitenden allerdings auch irgendwann dazu, sich hierauf zu verlassen. Viele Führungskräfte stellen fest, dass sie damit einen Rückdelegationsprozess in Gang setzen. Der verläuft üblicherweise in drei Phasen.

In Phase 1 häufen sich ganz langsam und sehr unmerklich die Fälle, zu denen der Vorgesetzte um Hilfe gerufen wird. Der eine Mitarbeitende hat nicht getankt, der andere hat eine leere Batterie, der dritte hat die Schlüssel verloren.

In Phase 2 fordern täglich mehrere Mitarbeitende Hilfe an. Der Vorgesetzte erkennt, dass er telefonisch stets erreichbar zu sein hat. Er hastet von Hilfseinsatz zu Hilfseinsatz und stellt irgendwann ernüchtert fest, dass er doch nicht überall sein kann, wo er benötigt wird. Manch ein Vorgesetzter verbleibt jahrelang in dieser Phase.

In Phase 3 schließlich hat der Vorgesetzte die Nase voll davon, all seinen zehn Mitarbeitenden ständig beim Start zu helfen und beschließt: »Dann mache ich es jetzt lieber gleich selbst«. Zur Vermeidung von Starthilfefällen sorgt er für volle Tanks, kontrolliert Öl, Luft und Wasser bei allen zehn Autos und bei seinem eigenen ja auch noch.

Mitarbeitende »zum Jagen tragen«, so nennt das der Volksmund. Nein, lassen Sie es bitte nicht dazu kommen.

Sie streuen Salz.

Verteidigen Sie Ihren Entlastungsnutzen. Schaffen Sie exakt diejenigen Rahmenbedingungen für die Leistungsentfaltung ihrer Mitarbeitenden, die in Ihrem Verantwortungsbereich liegen. Widmen Sie sich beispielsweise den Prozessen in Ihrer Abteilung und den Schnittstellen zu anderen Bereichen.

Nicht können ist der Vorwand, nicht wollen ist der Grund.[12]
Seneca

12 Oder, als deutsche Redewendung: »Herr Kannnicht wohnt meistens in der Willnichtstraße«.

Bei der Steigerung der Leistung steht die Maximierung von Effizienz im Mittelpunkt. Und die vielversprechendsten Ansätze zur Steigerung der Effizienz liegen erfahrungsgemäß in den übergreifenden Wertschöpfungsketten und Arbeitsprozessen. Da es hier jedoch ständig, beispielsweise durch technologischen Fortschritt, zu internen wie externen Veränderungen kommt, die sich auf die Abläufe auswirken, ist es wichtig, die Verantwortungsbereiche zu klären. Widmen Sie sich diesem Feld, nicht dem Betanken der Autos Ihrer Mitarbeitenden. Da ist Ihr Wirkungsbereich, da können Sie richtig viel bewegen.

Klare Verantwortungsbereiche

In dem Fall des B2B-Softwarevertriebs, den ich zur Illustration der Wolf'sche Zwiebel verwendet habe, liegt es beispielsweise in der Verantwortung des regionalen Vertriebsleitung, Headsets mit guter Sprachqualität bereitzustellen. Die Regionalvertriebsleitung sorgt auch für Stellwände zur Abschirmung von Nebengeräuschen und für Möglichkeiten zur Recherche nach infrage kommenden Neukunden.

Zudem stellt er eine Tabelle mit bereits gesammelten Kundenadressen ins gemeinsame Laufwerk. In diese werden von den Mitarbeitenden neben weiteren potenziellen Kunden auch geführte Telefonate eingetragen, um Mehrfachanrufe zu vermeiden.

Für den »Straßenbau« jedoch – in diesem Beispiel fiel hierunter die Auswahl und Implementierung einer CRM-Software für alle regionalen und internationalen Vertriebsniederlassungen – wäre nicht die regionale Vertriebsleitung, sondern die Vertriebsleitung Deutschland zuständig.

Ein Leistungshemmnis tritt auf

Zurück zu den individuellen Leistungshemmnissen. Im Praxisfall: Wie erfährt die Regionalvertriebsleitung, dass ein Mitarbeitender nicht ausreichend Cold Calls durchführt? Wie erfahren Sie überhaupt, dass einer Ihrer Mitarbeitenden seine PS nicht auf die Straße kriegt? Hierfür bieten sich Ihnen zwei Möglichkeiten.

Die erste Möglichkeit: Sie beobachten alle Ihre Mitarbeitenden bei der Arbeit. Wenn das beispielsweise Servicetechniker sind, würden Sie hierfür zu den Einsatzorten fahren und den Mitarbeitenden zusehen. Wenn es Programmierer sind, würden Sie sich neben diese vor den Bildschirm setzen.

Würden Sie das tun? Sie wissen selbst, ob Sie das können, etwa aus zeitlicher Perspektive. Und Sie wissen, ob Sie das wirklich wollen. Denn, falls Ihr Chef genauso vorgehen würde, wie Sie, dann würde er sich dazusetzen und Sie beobachten, wie Sie den Programmierer beobachten. Desgleichen der Chef Ihres Chefs. Und wenn schließlich der CEO Ihres Unternehmens am Ende einer langen Stuhlreihe Platz nimmt, an deren Anfang der Programmierer hockt – spätestens dann versteht jeder, dass es Zeit wird zum Umdenken.

Leistungshemmnisse in Zielvereinbarungen integrieren

Die zweite Möglichkeit: Sie entlasten sich von dieser Aufgabe. Sie treffen mit Ihren Mitarbeitenden eine Verabredung, eine Zielvereinbarung und gehen zurück auf Ihren Platz. Diese Zielvereinbarung hat unter anderem zum Inhalt, was bei Auftreten eines Leistungshemmnisses auf dem Weg zum Ziel zu tun ist. Wann soll der Mitarbeitende Sie benachrichtigen? Was soll er zuvor selbst versuchen, um das Hemmnis zu beseitigen?

!

Tipp: Hilfe zur Selbsthilfe geben! Liste der Hemmnisse

Lassen Sie sich von Ihren Mitarbeitenden im Zuge der Zielvereinbarung typische Leistungshemmnisse auflisten. Alle, die bereits aufgetreten sind und die, die noch kommen könnten. Dann lassen Sie Ihre Mitarbeitenden erarbeiten, welche Maßnahmen zur Beseitigung oder zur vorausschauenden Vermeidung geeignet sind.

Diese Maßnahmenplanung im Wenn-Dann-Format für – mehr oder minder – fiktive Leistungshemmnisse erfordert keine separate Zielvereinbarung. Sie integrieren diese als »Alternative Aktions-Pläne« in die ganz normale Zielvereinbarung mit dem Mitarbeitenden. Wie Sie das am besten bewerkstelligen, erfahren Sie in Kapitel 2.2.2 und 4.3.2.

Aber bestehen Sie darauf, dass diese gedankliche Beschäftigung mit den zukünftigen Leistungshemmnissen erfolgt. Fragen Sie den Mitarbeitenden frühzeitig: Was könnte dich an der Erbringung der vereinbarten Leistung hindern? Was könnte das Erreichen deines Ziels erschweren?

Sechs Vorteile nutzen

Sie realisieren mit diesem Verfahren sechs Vorteile für sich und andere:

- Erstens entlasten Sie sich von der Aufgabe, alle Ihre Mitarbeitenden ständig unter Beobachtung zu halten.
- Zweitens erlangen Sie die Gewissheit, dass Sie informiert werden, wenn ein Hindernis auftritt, das der Mitarbeitende nicht selbst beseitigen kann.
- Drittens erlangt der Mitarbeitende Verhaltenssicherheit, da er weiß, welche Hemmnisse er wie beseitigen soll.
- Viertens nimmt er Ihnen im Eintrittsfall keine Zeit mehr durch die Frage weg, was er denn jetzt tun soll.
- Fünftens ist der Mitarbeitende schneller am Ziel, denn auch er verliert keine Zeit mehr durch Rückfragen und Rückversicherungen bei Ihnen.
- Sechstens kommt es seltener zu solchen Situationen, weil Sie mit dem Mitarbeitenden auch Maßnahmen zur Vermeidung vereinbart haben.

Zielvereinbarungen sind Ergebnisse eines Austauschs unter Experten über die Gestaltung einer erfolgreichen Zukunft. Dazu gehört die Besprechung aller in Zukunft absehbaren und möglicherweise auftretenden Schwierigkeiten sowie der Maßnahmen, mit denen diese vermieden, beseitigt oder sogar zu unserem Vorteil genutzt werden können.

Ziel erreicht
Es ist eines der zentralen Eigenschaften der Zukunft, dass noch genug Leistungshemmnisse auftreten werden, die keiner im Vorfeld erahnen konnte. Aber für all die anderen Fälle hält der Mitarbeitende jetzt Dank der Zielvereinbarung schon mal einen Handlungs- und Ausweichplan in den Händen.

Auch Führungskräfte, die Zielvereinbarungen nur jährlich treffen, stellen fest: Aus der Vorgesetztenperspektive ist der Aufwand hierfür sehr, sehr überschaubar. Der Nutzen hingegen ist recht hoch.

Der Mitarbeitende hat unvergleichlich mehr Aufwand. Das ist normal und logisch, denn es ist ja sein Verantwortungsraum. Das Inventarisieren von Hemmnissen und das Entwickeln von Maßnahmen lassen Sie Ihre Mitarbeitenden bitte im Laufe des Zielvereinbarungsprozesses erledigen. Die Zielvereinbarung soll Sie doch entlasten, nicht zusätzlich belasten: Die Liste potenzieller Leistungshemmnisse und der umzusetzenden Gegenmaßnahmen erstellen keinesfalls Sie. Und bitte: Diese Tätigkeiten erfolgen vor dem Zielvereinbarungsgespräch, nicht im Zielvereinbarungsgespräch.

Aber auch für Ihre Mitarbeitenden lohnt sich die Mühe, zumal sie die Alternativen Aktions-Pläne nicht jedes Jahr neu erstellen, sondern nur überarbeiten müssen.

Unvorhersehbare Leistungshemmnisse beseitigen
Was aber tun, wenn ein Leistungshemmnis auftritt, das der Mitarbeitende nicht erahnt hat? Falls Sie nicht zufällig ohnehin alles mitbekommen haben, werden Sie sicher als erstes erfahren wollen, was genau die Schwierigkeit ist, vor der der Mitarbeitende steht. Denn nur so können Sie erkennen, ob die Beseitigung des Hemmnisses in den Beritt des Mitarbeitenden, in Ihren Verantwortungsbereich oder in den eines Dritten fällt.

Hören Sie Lösungsansätze des Mitarbeitenden, gegebenenfalls die Sicht weiterer, involvierter Personen. Dann fällen Sie eine Entscheidung, wie das Hemmnis beseitigt wird. Und merken Sie das Thema vor, um es für die nächste Zielperiode noch einmal vom Mitarbeitenden genau im Hinblick auf Vermeidbarkeit und auf optimale Beseitigungsmethode durchdenken zu lassen.

Selbstgemachte Ursachen für Minderleistungen
Prüfen Sie sehr selbstkritisch auch Ihren eigenen Einfluss auf die Leistung des Mitarbeitenden. Die häufigsten, von Führungskräften selbstgemachten Ursachen für Minderleistungen sind:

- suboptimale Personalallokation,
- nicht neigungsgerechte Aufgaben,

- zu geringe Handlungs- und Entscheidungsspielräume,
- zu viele Hilfseinsätze des Vorgesetzten und
- ständiges Hineinregieren in den Verantwortungsbereich des Mitarbeitenden.

Falls Sie feststellen, dass hiervon etwas zutrifft, ändern Sie bitte Ihr Führungsverhalten entsprechend.

Psychologische Leistungshemmnisse behandeln
Leistungshemmnisse sind nicht unbedingt externer Natur. Es gibt auch mensch-interne Stolpersteine. Dazu gehört beispielsweise die Ängstlichkeit der Mitarbeitenden, Fehler zu machen, oder mangelndes Selbstbewusstsein bei der Umsetzung von Maßnahmen.

Wenn Sie sich diesen Fällen annehmen möchten, sollten Sie eine gewisse Neigung zu therapeutischer Tätigkeit mitbringen. Sie sollten bereit sein zu erkennen, wann Ihre Interventionen nicht mehr fruchten und der Mensch in professionelle Hände gehört. Und andersherum, wann bei dem betreffenden Mitarbeitenden ein Zustand erreicht ist, mit dem Sie leben können. Wenn es Sie gerade jetzt brennend interessiert: Springen Sie zu dem Exkurs über Motive und Motivation in Kapitel 8.1.2, Stichwort »misserfolgsängstlich«, nehmen Sie die dortigen Hinweise mit und kommen Sie bitte wieder zurück.

Soziale Leistungshemmnisse unterbinden
Das letzte in der Praxis relevante Leistungshemmnis, das wir noch keiner Lösung zugeführt haben, ist der soziale Druck seitens derjenigen, die nicht wollen. Streber waren nie beliebt, außer bei den Lehrern. Die kräftigen Jungs vom anderen Ende der Leistungsskala haben sie in der Pause in den Mülleimer gesetzt und dann auf den Klassenschrank gestellt. Wenn sie gekonnt hätten, hätten sie die Streber auch noch daran gehindert, gute Noten zu schreiben.

Jetzt sind Sie in der Position des Lehrers. Ihre Leistungsträger sind die Streber. Was die Sachlage verändert: In Unternehmen bestehen ausreichend Gelegenheiten für Low Performer, die Leistungen der High Performer zu durchkreuzen.

Wer kontinuierlich hohe Leistung erbringt und entsprechende Erfolge erzielt, erfährt nicht selten soziale Isolierung und stößt mitunter auf geballten Widerstand der weniger strebsamen Kollegen. Das wirksamste Mittel gegen die Nöte der Leistungsträger hat die Personalabteilung in der Hand: Das Schaffen von unternehmensinternen, hierarchie- und bereichsübergreifenden Beziehungsnetzen zwischen Top-Performern.

Fünf Vorteile nutzen

- Ihr primärer Nutzen: Die Leistungsträger können dem sozialen Druck besser widerstehen und werden ihr Engagement nicht ins Mittelfeld zurückziehen.
- Zweiter Nutzen: Sie schaffen zusätzliche Performanceanreize und senken,
- dritter Nutzen, nachhaltig die Fluktuation dieser erfolgskritischen Klientel.
  Eine hervorragend geeignete Methode: Outdoor Events für High Performer. Outdoor bieten sich neue und zum Teil auch ungewohnte Handlungsfelder. Diese machen neugierig und öffnen Menschen für neue Erfahrungen.
  Durch gezielten Wechsel von Outdoor-Aktivitäten und Indoor-Workshops sorgen professionelle Moderatoren dafür, dass sich die Leistungsträger untereinander austauschen: Über Kunden, über Lieferanten, über Produkte, über neue Ideen, über geplante Aktivitäten, über erfolgreiche Vorgehensweisen und andere »Erfolgsrezepte«.
- Der vierte Nutzen liegt in der höheren Kompetenz, die Leistungsträger durch Vernetzung aufbauen.
- Fünfter Nutzen: Bei entsprechendem Design solcher Veranstaltungen finden High Performer mit ähnlichen Interessen und Zielen schnell und unkompliziert zueinander. Sie gründen funktions- und hierarchieübergreifende Teams, um im Unternehmen besonders erfolgsversprechende Ideen umzusetzen und gemeinsam etwas zu bewegen – ohne bremsende Faktoren und ohne das Erfordernis zur Rücksichtnahme auf Low Performer.

Netzwerke – ein Ansatzpunkt für die Bewältigung auch der digitalen Transformation? In Teil C greifen wir diese Frage noch einmal auf.

2.2 Leistung steuern

Kommen wir von dem Potenzial und den möglichen Entfaltungsschwierigkeiten nun zum zweiten Aspekt der Performance Management-Spirale: der Leistung.

Mit dieser Bezeichnung habe ich mich schon bei dem Zwiebelmodell am physikalischen Leistungsbegriff orientiert. Leistung wird als Einsatz beispielsweise von Kraft, Anstrengung, Engagement, Bemühen, Fleiß, Geschick, Hirnschmalz, Ideen oder Kreativität verstanden. Leistung ist Performance-Input.

Definition: Leistung !

Als Leistung wird das Erbringen eines Arbeitseinsatzes in Form von Energieaufwand des Arbeitnehmers, eines Teams, einer bestimmten Gruppe von Beschäftigten oder aller Beschäftigten einer Organisation bezeichnet.

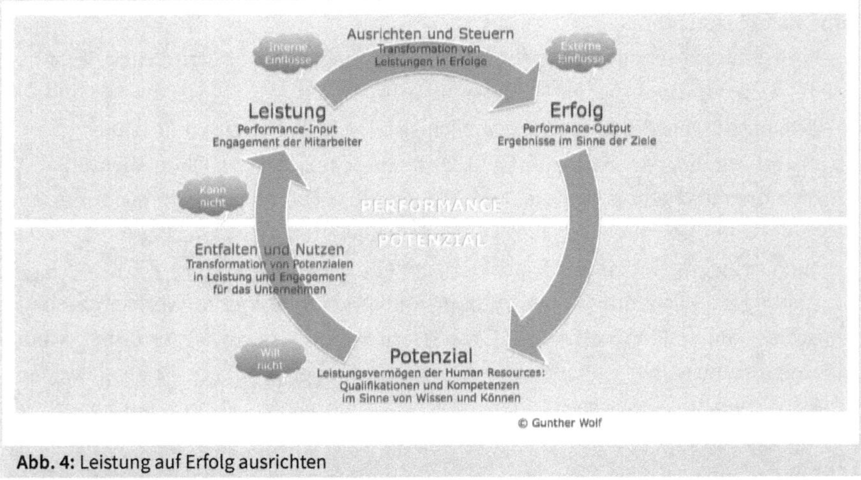

Abb. 4: Leistung auf Erfolg ausrichten

Mit Leistung ist somit stets ein Ressourcenverbrauch verbunden. Aus Sicht des Mitarbeitenden ist es beispielsweise seine Energie, die er dabei verbraucht. Aus der Perspektive des Unternehmens verbraucht der Mitarbeitende üblicherweise zeitliche Ressourcen oder finanzielle Mittel, also Arbeitszeit oder Geld – mitunter auch beides.

Auch in unserem simplen Beispielfall haben die Cold Calls bei den 300 Kunden einiges an Arbeitszeit verbraucht und Telefonkosten verursacht.

!

Leistung ist Ressourcenverbrauch

Leistung umfasst stets den Einsatz (Input) von Ressourcen, sowohl des Mitarbeitenden als auch des Unternehmens.

Hört sich banal an. Doch mit dieser Erkenntnis verbindet sich aus betriebswirtschaftlicher Perspektive ein nicht unbedeutender Punkt: Wenn aus Unternehmenssicht jede Leistung eines Mitarbeitenden vor allem Aufwand und Kosten verursacht, dann schütten Betriebe, die Boni an Leistungen knüpfen, fatalerweise dafür Geld aus, dass der Mitarbeitende Ressourcen verbraucht.

!

Definition: Leistungsorientierte Vergütung

Leistungsorientierte Vergütung bezeichnet eine Gruppe von variablen Vergütungsformen, bei denen die Höhe der Vergütung anhand der vom Vergütungsempfänger erbrachten Leistung ermittelt wird.

Klar, sagt die Arbeitnehmervertretung, das ist ja auch nur gerecht: Er hat Einsatz gezeigt, sich angestrengt und dafür soll er auch einen Bonus kriegen. Dass dabei nichts Wertschöpfendes herausgekommen ist, dafür kann er im Zweifel nichts. Angesichts der Formulierungen in diversen Tarifverträgen könnte man leicht den Eindruck gewinnen, dass dieser Zusammenhang in der Praxis manch einem der Verhandlungsführer der Arbeitgeberverbände gar nicht bewusst ist.

Achtung: Money for nothing!

Falls Sie als Personal- oder Unternehmensleitung die Kopplung von Boni und Zielen erwägen, sollten Sie mit dem Begriff »leistungsorientiert« in Verbindung mit Vergütung eher zurückhaltend umgehen.

!

Ist Leistung daher für die Zielvereinbarung mit Ihren Mitarbeitenden als gänzlich ungeeignet zu bezeichnen? Nein. Leistungen besetzen eine ganz bestimmte, klar definierte Rolle in der Zielvereinbarung. Leistungen sind, wie im Beispiel der Cold Calls ersichtlich, für das Gewinnen lukrativer Aufträge erforderlich. Aber Leistungen sind *nicht* das Ziel.

Leistung ist der Weg zum Ziel

Um was es Ihnen geht, ist doch nicht steigender Ressourcenverbrauch, sondern Wertschaffung. Im Beispielfall ging es um mehr Neukundenverträge, bei Ihnen geht es vielleicht um niedrigere Kosten, effizientere Abläufe, exaktere Termineinhaltung, geringeren Ausschuss, höhere Qualität, weniger Fehler, keine Reklamationen, kürzere Entwicklungszeiten. *Das* sind Erfolge, *das* sind Ziele.

Damit verbindet sich eine von drei Erkenntnissen, die in der Wolf'sche Zwiebel verdeutlicht werden: Das jeweilige individuelle Leistungsniveau hat die Eigenschaft, vom Erbringer sehr unmittelbar und fast ausschließlich selbst beeinflussbar zu sein. Ob ich Bemühen, Fleiß, Ideen etc. einsetze und wie viel, entscheide ich als Mitarbeitender tagtäglich selbst. Ob ich mich dem Druck von Kollegen, von Kunden oder Ihnen, meinem Vorgesetzten, beuge und mehr Leistung erbringe oder nicht, entscheide ganz alleine ich.

Wichtig: Eigenschaften von Leistung

- Hoher Einfluss: Der Mitarbeitende bestimmt maßgeblich selbst über seine Leistung.
- Keine Wertschaffung: Leistung verbraucht Ressourcen.

!

Performance definiere ich grundsätzlich als einen Oberbegriff, der zwei Aspekte einschließt: Die eingesetzte Leistung und den erreichten Erfolg im Sinne der Ziele. Diese Auffassung von Performance ist umfassend und zugleich differenziert.

Definition: Performance

Performance umfasst als Oberbegriff zum einen die erbrachte Arbeitsleistung (Input) und zum anderen die erzielten Ergebnisse und Erfolge als Output eines Arbeitnehmers, eines Teams, einer bestimmten Gruppe von Beschäftigten oder aller Beschäftigten einer Organisation.

!

Wenn Sie mögen, folgen auch Sie künftig diesem Wording. Aber treffen Sie bitte unbedingt die Unterscheidung zwischen »Ziel« (Erfolg) und »Weg zum Ziel« (Leistung).

Wer das Ziel nicht kennt, wird den Weg nicht finden.
Christian Morgenstern

Da diese gedankliche Trennung enorm hilfreich für Ihr Performance Management und auch für Ihre Zielvereinbarungen ist, wird sie sich unvermeidlich durch dieses Buch ziehen. Denn damit wird Begriffsklarheit geschaffen. Aus begrifflichen Unschärfen resultieren Missverständnisse und Probleme, die es zu vermeiden gilt.

Performance Management
Daher ist auch Performance Management keinesfalls mit Leistungsmanagement gleichzusetzen oder mit diesem Begriff ins Deutsche zu übertragen. Mir ist bewusst, dass viele das der Einfachheit halber tun. Aber es greift viel zu kurz.

Erfolg ist definiert als Wert eines Tätigkeitsergebnisses mit Blick auf das Ziel der Tätigkeit [Kap. 2.3]. Im Beispiel des B2b-Softwarevertriebs wurde von der Vertriebsgeschäftsführung eine gewisse Anzahl an Verträgen mit Neukunden als Ziel definiert. Wenn die Leistung als Weg zum Ziel verstanden wird, dann ist das Ziel stets ein Punkt.

! **Der Weg zum Punkt**

- Leistung bezeichnet einen Prozess
- Erfolg im Sinne der Ziele stellt einen Punkt dar

Ziel ist die Stufe 5, der Auftrag. Alles davor, also die Stufen 1 bis 4, sind Leistungen auf dem Weg zu diesem Punkt: der (1) telefonische Erstkontakt, das (2) Zusenden von Informationsmaterial, die (3) Bedarfsanalyse, die (4) Abgabe eines Angebots.

Auf dem Weg zum Erfolg wird noch kein Wert geschaffen. Stattdessen werden weiterhin Ressourcen verbraucht: Arbeitszeit und Kosten für Versand, Kundenbesuche, Angebotskalkulation. All die Ringe der Wolf'schen Zwiebel sind der Weg zum Ziel, zum Erfolg, zum Punkt. Das ist die zweite, wesentliche Erkenntnis, die sich mit dem Zwiebel-Modell verbindet.

2.2.1 Leistung ausrichten

Wir sind jetzt am Herzstück des Performance Managements angekommen: Der Zielvereinbarung. Sie umfasst beides, geplante Leistungen als Weg zum Ziel und das Ziel, die anvisierten Erfolge.

!

Wichtig: Bedingungen für die Transformation von Leistung zu Erfolg

Trotz ausreichender Leistung kommt es nicht zu Erfolg, wenn ...
- die Richtung der Leistungserbringung nicht stimmt
- unüberwindbare Erfolgshindernisse bestehen

Zielvereinbarungen verstehen wir als Ergebnisse eines Austauschs unter Experten über die Gestaltung einer erfolgreichen Zukunft. Zielvereinbarung ist somit eine Form der *Planung*. Sie umfasst einerseits die Planung des Einsatzes (Leistungen, Maßnahmen), andererseits die der hierdurch erzielten Erfolge.

Wie gestalten wir diese Planung möglichst optimal? Wie erzielen wir einen möglichst hohen Nutzen für Sie als Führungskraft?

Nur zielen und schießen?

Oft wird zur Illustration von Artikeln oder Büchern zum Thema Zielvereinbarung ein Bogenschütze abgebildet, der eine Zielscheibe anpeilt. Dieses Bild geht meines Erachtens völlig an der Realität vorbei und propagiert eine absolut unzutreffende Vorstellung von Zielvereinbarung (weswegen auf dem Cover dieses Buches ein anderes Bild verwendet wurde).

Um ein Ziel zu erreichen, ist viel, viel mehr zu tun, als nur einmal genau zu peilen, dann die Sehne schnacken zu lassen und schließlich zu gucken, ob der Pfeil im Bullseye gelandet ist.

Nein, Ihre Mitarbeitenden haben nach dem Start noch einen langen, vielleicht monatelangen Weg vor sich. Sie kommen immer ein Stückchen weiter Richtung Ziel, durchleben Tiefen und Höhen, gehen mal auf vorgezeichneten Wegen und mal querfeldein. Sie kämpfen gegen Drachen und werden von fliegenden Einhörnern mitgenommen, nutzen gute Bedingungen und trotzen widrigen Verhältnissen, halten mal inne und legen mal einen Sprint hin, laufen und schwimmen abwechselnd. Dabei haben sie immer im Blick, in welcher Richtung das Ziel steht. Dort angekommen, rammen sie ihre Flagge in den Boden und sind sehr, sehr stolz auf sich.

Der Weg wird kein leichter sein

Der Weg zum Ziel ist keineswegs eine gerade, gut berechenbare Flugbahn. Diese Erkenntnis findet sich mittlerweile übrigens auch im Bereich agiler Methoden als ein zentrales Paradigma wieder: Wenn der Weg eine solche Flugbahn wäre, bräuchte man keine agilen Arbeitsformen. In der Praxis ist der Weg in weiten Teilen für den Mitarbeitenden unberechenbar. Außerdem ist er häufig mühsam, steinig und hart. In vielen Fällen muss er den im Zuge der Zielvereinbarung geplanten Pfad verlassen, um überhaupt am Ziel anzukommen.

Aber der Mitarbeitende wird auf dem Weg auch positiv überrascht, etwa durch unerwartete Hilfestellungen (beispielsweise Synergieeffekte), günstige Bedingungen und leicht erzielbare Neben- bzw. Zusatzeffekte.

Zum Erfolg gibt es keinen Lift. Man muss die Treppe benützen.
Emil Oesch

Die Aufgabe der Führungskraft
Was ist hierbei Ihre Aufgabe als Führungskraft eines Mitarbeitenden?

- Sie vermitteln ihm mit Zielen die nötige Orientierung,
- fordern ihn mit Fragen zur Planung der optimalen Wege und alternativer Routen auf,
- monitoren ihn auf dem Weg zum Ziel und
- geben ihm bedarfs- bzw. situationsbezogen – sowie natürlich am Ende – Ihr hilfreiches und ermutigendes Feedback.

Wenn Sie optimalen Nutzen aus Zielvereinbarungen ziehen wollen, ist das alles, was sie tun sollten.

Ziele fest, Leistungen flexibel
Wie auch bei der Entfaltung von Potenzial zu Leistung: Der Mitarbeitende benötigt bei der Transformation von Leistung in Erfolg sowohl nutzbare Freiräume für situationsbedingte Modifikationen der geplanten Maßnahmen als auch richtungsweisende Leitplanken.

Nachdem wir das Ziel endgültig aus den Augen verloren hatten,
verdoppelten wir unsere Anstrengungen.
Mark Twain

Wildes Herumrudern hat noch kein Boot zum Zielhafen gebracht. Die Leistung des Mitarbeitenden bedarf einer sehr exakten Ausrichtung, um am Ende in einen Erfolg zu münden. Hier kommen Sie als Führungskraft mit der Zielvereinbarung ins Spiel.

Leistungen mit Blick auf die Ziele optimieren
Werfen wir noch einmal einen Blick auf die Wolf'sche Zwiebel. Demnach bieten sich für den Mitarbeitenden bei der Planung des Wegs zum Ziel zwei Ansatzpunkte:

Ansatzpunkt 1: Mit wie viel Leistung startet der Mitarbeitende in der äußeren Schale?

Nehmen wir einmal an, in unserem Beispiel ist das Ziel, 45 Neukunden zu gewinnen. Da bekanntlich aus 300 Kaltakquise-Anrufen regelmäßig 30 Aufträge werden, oder anders ausgedrückt 10 Prozent der Angerufenen zu neuen Kunden werden, sollten 450 Calls etwa 45 Vertragsabschlüsse nach sich ziehen. Die Frage, wie er seine Ausgangsleistung steigern kann, wird daher am Beginn seiner Überlegungen stehen.

Ansatzpunkt 2 betrifft die Transformationsrate (Conversion Rate). Sie gibt Auskunft über das Verhältnis zwischen Erfolg und Ausgangsleistung.

In unserem Beispiel beläuft sich der bisher üblicherweise erreichte Anteil der Neukunden an den insgesamt Angerufenen laut Vertriebscontrolling auf 10 Prozent. Um das Ziel »45 Neukunden« zu erreichen, würde bei gleichbleibender Ausgangsleistung von 300 Cold Calls ausreichen, die Transformationsrate auf 15 Prozent zu steigern. Der Mitarbeitende hat bei seiner Planung zu überlegen, wie er das bewerkstelligen kann. Anders ausgedrückt: Er beantwortet sich die Frage, wie er die Zahl der von Stufe zu Stufe wegfallenden Kunden – die Absprungrate (Bounce Rate) – minimieren kann.

Quantitative und qualitative Wegstreckenoptimierung
Mit diesen zwei Stellhebeln maximiert der Mitarbeitende die »Ausbeute«, also den Erfolg seiner Leistungen.

Wichtig: Leistungen optimieren !

- Leistungsquantität steigern (Effizienz)
- Leistungsqualität erhöhen (Effektivität)

Diese beiden Ansatzpunkte für die Optimierung des erfolgsorientierten Leistungspfads zu verdeutlichen, war mir ein weiteres Anliegen in dem Zwiebelmodell:

1. Je größer die Zwiebel, desto mehr Erfolg verbleibt nach Entfernen der »Leistungs-Ringe«.
2. Je dünner die äußeren, auf dem Weg zum Ziel wegfallenden Leistungsringe, desto größer die Erfolgsmenge.

In der Praxis der Zielvereinbarungen wird man immer mehrere Maßnahmen für ein Ziel planen. Von denen können sich einige auf den einen und andere auf den zweiten Optimierungsansatz richten.

Bitte übertragen Sie diesen Ansatz auf die Arbeitsaufgaben, Projekte, Tätigkeiten und Ziele der Mitarbeitenden in Ihrem Bereich.

Realismus statt Optimismus
Die Leistungen, verstanden als

1. Ausgangseinsatz und
2. Einsatz entlang des Weges zum Ziel,

sind für den Mitarbeitenden planbar. Was er dazu benötigt, sind *realistische* Annahmen über die zukünftigen Rahmenbedingungen, in denen er agieren wird. Es ist sinnlos, wenn er sich dabei die rosa Brille aufsetzt. Damit steigert er nur die Anzahl derjenigen Schwierigkeiten bei der Zielerreichung, für die er Ihre Hilfe – zumindest

Ihre Zustimmung zu seinem Lösungsvorschlag – benötigt. Dies würde Ihren Entlastungsnutzen zunichtemachen.

Sie möchten sich ja von Aufgaben entlasten, die in den operativen Verantwortungsbereich ihrer Mitarbeitenden fallen. Falls Sie diesen Nutzen für sich mitnehmen möchten, fordern Sie Realismus statt Optimismus.

Viele Führungskräfte machen in Zielvereinbarungsgesprächen leider genau das Gegenteil. Indem sie alle Hindernisse abtun oder ausblenden, sparen sie in den Zielvereinbarungsgesprächen ein klein wenig Zeit. Doch das rächt sich hundertfach und kostet sie in der Zielperiode viel Zeit und Nerven. Denn die Hindernisse werden kommen.

Wenn Ihr Mitarbeitender nicht völlig unerfahren in seinem Job ist[13], sollte es ihm möglich sein, realistische Szenarien zu entwickeln. Dann weiß er auch, mit welcher Ausgangsleistung er ins Rennen gehen will und welchen Weg er zunächst einschlagen wird. Er ist sich bewusst, welche alternativen Wege sich ihm bei welchem Zukunftsszenario anbieten und mit welchen Maßnahmen er die Ausbeute optimiert.

2.2.2 Erfolgswege planen

Im Kapitel 2.1.2, in Zusammenhang mit der Entfaltung von Potenzial zu Leistung, ging es um die Beseitigung von Startschwierigkeiten. Positiv ausgedrückt: Es ging darum, wer was zu tun hat, damit der Mitarbeitende einen guten Start hinlegen kann.

Mit Blick auf die Wolf'sche Zwiebel und die beiden Optimierungsmöglichkeiten: Der erste Optimierungsansatz betrifft die Ausgangsleistung (»größere Zwiebel«). Diese, da maßgeblich vom Mitarbeitenden zu beeinflussen, nehmen wir als erfüllt an: Es werden ausreichend Cold Calls getätigt. Der Start glückt, Dank vollem Tank, Streusalz und einer festen Straße unter den Pneus.

Erfolgshindernisse vorhersehen

Wir nehmen jetzt den zweiten Stellhebel in den Fokus, die Optimierung des Prozesses: »dünnere Ringe«. Im Beispiel wäre dies die Verringerung der Absprungraten von Prozessstufe zu Prozessstufe.

Was könnten die Erfolgshindernisse sein? Anders gefragt: Was könnte auf den Leistungspfad des Mitarbeitenden so einwirken, dass am Ende kein Erfolg herauskommt?

13 Bei einem neu eingestellten Mitarbeitenden ist es häufig sinnvoller, die Verkürzung der Einarbeitungszeit zum Gegenstand der Zielvereinbarung zu machen.

Versuchen wir diese Frage am Beispiel zu verdeutlichen: Stellen wir uns vor, 450 Kaltanrufe wurden getätigt, aber es kamen trotzdem nur 30 Neukunden dabei heraus. Das Ziel ist nicht erreicht.

Lassen Sie uns das fiktive Gedankenspiel weiterverfolgen. Und dabei ermitteln, was von wem zu tun ist, *damit* das Ziel erreicht wird. (Es geht nicht darum, die völlig überflüssige Schuldfrage für nicht erreichte Ziele zu klären!) Es geht darum, dass alle Ihre Mitarbeitenden ihre jeweiligen Ziele sicher erreichen.

Alle Erfolgshindernisse, die Ihr Mitarbeitender schon zum Zeitpunkt der Zielvereinbarung vorhersehen kann, weil sie beispielsweise bereits schon einmal aufgetreten sind, kann er nun in Ruhe durchdenken. Er kann auch hierfür Alternativ-Maßnahmen festhalten, also alternative Wege zu seinem Ziel.

Auf Unternehmensebene wird dieses Durchdenken der Zukunft als Risikomanagement bezeichnet. Nicht wenige Unternehmen sind aufgrund gesetzlicher Vorschriften hierzu verpflichtet. Bezeichnen wir es der Einfachheit halber auf der Ebene des Mitarbeitenden als »individuelles Risikomanagement«.

Individuelles Risikomanagement

Risiken sind definiert als etwas, was auftreten *kann*. Was schon eingetreten ist, ist Fakt und kein Risiko mehr. Risikomanagement umfasst zum einen das Ermitteln und Bewerten von potenziellen Gefahren. Zum anderen inkludiert es das Planen und Umsetzen von Gegenmaßnahmen.

Vollziehen Sie mit Ihrem Mitarbeitenden einen Paradigmenwechsel. Hemmnisse und Hindernisse sind keineswegs ein Grund, um aufzugeben oder um das eigene Engagement zu verringern. Im Gegenteil: Lassen Sie ihn solche Schwierigkeiten als Chance begreifen, sich zu beweisen.

Ihre Aufgabe als Führungskraft ist hierbei vor allem, dem Mitarbeitenden die richtigen Fragen stellen. Fragen, die den Mitarbeitenden zum Nachdenken über seine Erfolgsrisiken und seine Handlungsoptionen anregen.

Prinzip #2
Wer fragt, führt.[14]

!

Externe und interne Einflüsse

Es gibt »hausgemachte« Störfaktoren auf dem Weg zum Ziel, sogenannte interne Einflüsse.

14 Einen Überblick über alle Leitsätze und Prinzipien finden Sie am Buchende in den Kapiteln 13 (Leitsätze des Führens mit Zielen) und 14 (Prinzipien für das Führen mit Zielen).

In der Praxis sind das beispielsweise mangelhafte Leistungen einer im Ablauf vorgelagerten Abteilung, eine durch die Unternehmensleitung angeordnete Beschneidung von Ressourcen oder der Ausfall von benötigten Geräten.

Auch die externen Einflüsse bieten ein durchaus vielfältiges Spektrum: angefangen von externen Störfaktoren, die alle Unternehmen betreffen, wie etwa konjunkturellen Schwächephasen, über nationale Gesetzesänderungen und auftretende regionale Wettbewerber bis hin zu sehr spezifischen externen Störfaktoren wie beispielsweise einem langen Winter, falls Sie etwa im Baugewerbe tätig sind.

!

Tipp: Gefahr erkannt, Gefahr gebannt!

Lassen Sie den Mitarbeitenden alle potenziellen Störfaktoren auf seinem Weg zum Ziel inventarisieren. Dann lassen Sie ihn erarbeiten, auf welche Weise er diese Risiken managen wird, um trotz dieser externen oder internen Einflüsse sein Ziel zu erreichen.

Nur zur Klärung: Dies erfolgt, so wie die Inventarisierung der Leistungshemmnisse und der Gegenmaßnahmen, im Verlauf des Zielvereinbarungsprozesses *vor* dem Zielvereinbarungsgespräch, nicht im Zielvereinbarungsgespräch. Ein gutes Zielvereinbarungsgespräch dauert maximal 15 Minuten.

Das Inventar der Leistungshemmnisse und Erfolgshindernisse einerseits und die jeweiligen Maßnahmen der Mitarbeitenden zur Beseitigung, zur Entschärfung, zur Vermeidung andererseits – all das erarbeiten die Mitarbeitenden ohne Sie. Sie fordern nur im vorhergehenden Schritt des Zielvereinbarungsprozesses dazu auf. Sie teilen ergänzend mit, welche Anforderungen Sie an die Maßnahmen stellen und geben ein Feedback. Mehr dazu in Kapitel 8.1.4.

Sechsfacher Nutzen, kaum Aufwand für Sie

Bei Zielvereinbarungstrainings zweifeln viele Führungskräfte an diesem Tipp: »Herr Wolf, warum soll der Mitarbeitende mühevoll alle internen und externen Erfolgshindernisse durchdenken und mir Lösungen für Fälle präsentieren, die vielleicht gar nicht eintreten? Warum soll er sich nicht erst dann auf Lösungssuche begeben, wenn das Problem auftritt?«

Nutzen 1: Sie wissen nicht, ob Sie und Ihr Mitarbeitender dann, wenn das Erfolgshindernis eintritt, ausreichend Zeit haben, um sich zusammenzusetzen und gemeinsam die passendste Maßnahme auszubaldowern. Vermutlich erreicht Sie dann der Hilferuf auf dem linken Fuß, weil Sie gerade die Aufsichtsratspräsentation vorbereiten oder den Jahresabschluss durchführen. Oder dann, wenn Sie in einem Meeting sitzen oder sich im Urlaub befinden oder gerade noch zwei Hilferufe von anderen Mitarbeitenden eingegangen sind.

Wenn der Störfall eintritt, entsteht Handlungsdruck. Üblicherweise haben weder Sie noch Ihr Mitarbeitender dann ausreichend Zeit für Informationsbeschaffung, Situationsanalyse, Maßnahmenentwicklung, Maßnahmenbewertung und eine optimale Entscheidung.

Schlauer handeln

Lösungen für Probleme, die im Rahmen des Zielvereinbarungsprozesses und frei von Handlungsdruck und Emotionen erarbeitet werden, sind in 80 Prozent der Fälle den ad hoc entwickelten weit überlegen.

Zielvereinbarungen sind Ergebnisse eines Austauschs unter Experten über die Gestaltung einer erfolgreichen Zukunft. Dazu gehört die Planung derjenigen Maßnahmen, die der Mitarbeitende wahrscheinlich umsetzen wird, wenn alles so kommt wie angenommen und zugleich derjenigen Maßnahmen, die zur Anwendung kommen, falls Störfaktoren einschlagen.

Die Liste der – mit Ihnen abgestimmten – Gegenmaßnahmen verleiht dem Mitarbeitenden das Gefühl, gut gewappnet zu sein. Er wird Herausforderungen mutiger angehen. Die Liste gibt ihm Handlungssicherheit, Zuversicht und Energie –.

Nutzen 2: Die bisher genannten Vorteile dieser Vorgehensweise gelten auch für Sie.

Manch eine Führungskraft lässt es »drauf ankommen« und spielt lieber den großen Retter, wenn es brennt. Solche Führungskräfte lassen es mitunter sogar ganz gern zum Brand kommen. Denn das sind Situationen, mit denen sie sich profilieren können – sofern sie den Brand gelöscht bekommen. Dieser Managertypus ist jedoch glücklicherweise ein Auslaufmodell.

Keine normal denkende Geschäftsführung und kein Inhaber will eine Führungskraft im Unternehmen wissen, die das Entstehen von Bränden wohlgefällig in Kauf nimmt, um ins Gespräch zu kommen.

Nutzen 3: Risiko-Prävention. Sie vermeiden Schäden. Denn, wenn Sie bzw. Ihr Mitarbeitender sich erst dann mit der Problemlösung befassen, wenn das Erfolgshindernis da ist, dann ist klar, dass bereits ein Schaden entstanden ist. Sobald etwas brennt, entstehen Schäden – selbst wenn Sie den Brand löschen können.

Auch der Beruf des Feuerwehrmanns hat sich gewandelt: Seine maßgebliche Aufgabe ist heute weniger, Menschen aus brennenden Häusern zu retten und Brände zu löschen. Die Feuerwehr von heute berät Menschen bei der Brandprävention. Das ist zwar weniger spektakulär und verschafft keine tollen Auftritte als Retter, senkt aber Schadensfälle und Kosten.

Für unseren Arbeitsalltag ist die Erkenntnis: Wenn der Störfaktor eingetreten ist, kommt jede präventive Maßnahme zu spät.

Nutzen 4: Der Zielvereinbarungsprozess eröffnet Ihnen die Möglichkeit, Ihre Mitarbeitenden damit zu beauftragen, sich vorbeugende Maßnahmen für potenzielle Erfolgsrisiken zu überlegen.

Dazu gehören getreu der Grundsätze des Risikomanagements

- Maßnahmen zur Senkung der Auftretenswahrscheinlichkeit,
- Aktivitäten zur Begrenzung der potenziellen Schadenshöhe und
- das Identifizieren und Beobachten von Frühwarnindikatoren.

Die Frühwarnindikatoren sind auslösende Ereignisse oder Messgrößen, die uns anzeigen, welche Störfälle in Kürze auftreten könnten.

! **Wichtig: Führen mit Fragen – Erfolgsrisiken vorbeugen**

- Welche Frühwarnindikatoren weisen auf sich anbahnende Störfaktoren hin?
- Welche Maßnahmen können die Eintrittswahrscheinlichkeit senken?
- Welche Maßnahmen können die Schadensauswirkung mindern?

Nutzen 5: Der fünfte Nutzen dieser Methode für Sie liegt in der Möglichkeit, dass der Mitarbeitende ein potenzielles Erfolgshindernis in einen Erfolgstreiber wandelt.

! **Praxisfall: Reisebüro**

In der Augsburger Filiale einer großen Reisebürokette brechen im Oktober die Umsätze ein. Sofort ruft der Vertriebsleiter beim Filialleiter an: »Was ist da los bei Ihnen?« Der Filialleiter entgegnet: »Haben Sie es denn noch nicht gehört? Vor unserer Türe wird die ganze Straße aufgerissen und der Bürgersteig gleich mit. Wenn ein Kunde zu uns kommen möchte, muss er über Holzplanken durch den Dreck waten. Der Vermieter nutzt die Situation, um die Fassade zu erneuern. Es kommt kaum ein Kunde, aber bei dem Lärm ist ohnehin kein anständiges Beratungsgespräch möglich!« »Wie lange geht das noch so?« »In zwei Monaten wollen die fertig sein!« »Na dann hoffen wir es mal ...«

Anders in München. Dort hat der Filialleiter bei der Zielvereinbarung darauf gedrängt, dass seine Mitarbeitenden alle Risiken auflisten. Mit dabei: eine Baustelle. Die Mitarbeitenden machten eine Stelle ausfindig, bei der sie sich über solche Bauvorhaben informieren konnten und ermittelten, dass für Mitte des Jahres eine Baustelle direkt vor der Türe geplant sei. Als sie den Vermieter darauf ansprachen, schien dieser bereits informiert: Er wolle in dieser Zeit die Fassade renovieren. Die Mitarbeitenden des Reisebüros handelten mit ihm aus, dass die 20 x 40 Meter große Fassadenplane vom Reisebüro gestellt wird und mit Werbung versehen wird. Zudem wurde vereinbart, dass während der Arbeiten ein Bürocontainer auf der anderen Seite des Hauses an der Fußgängerzone errichtet werden durfte, um Kunden zu bedienen.

Der Umsatz der Reisebürofiliale in München verdreifachte sich während der Bauarbeiten – Dank der rechtzeitig ergriffenen Risikomanagement-Maßnahmen der Mitarbeitenden.

Die hohe Kunst der Positivierung

Um Negativfaktoren zu positivieren, bedarf es verdammt guter, höchst kreativer Ideen. Dafür, dass die Muse Ihre Mitarbeitenden küsst, ist Muße erforderlich. Die Zielvereinbarung verschafft Ihren Mitarbeitenden genau diese Möglichkeit: Sie können sich aus dem operativen Geschäft herausziehen, um hoch wirksame Einfälle zu entwickeln.

Tipp: Fordern Sie Kreativität !

Fragen Sie Ihre Mitarbeitenden, mit welchen Aktionen es gelingen kann, die Wirkung von erfolgsgefährdenden Störfaktoren zu positivieren.

Aus Ihrer Erfahrung wissen Sie: Es wird noch genug Unvorhersehbares oder Unvorhergesehenes auf dem Weg Ihres Mitarbeitenden passieren, womit er sich, Sie sich oder vielleicht jemand anderes zu befassen hat. In Kapitel 2.1.2 ging es um Startprobleme, also um Hemmnisse bei der Erbringung der Ausgangsleistung. In diesem Kapitel thematisieren wir die Erfolgshindernisse und damit die Probleme auf dem Weg von der Ausgangsleistung zum Erfolgsziel. Wenn wir bei dem Bild des Mitarbeitenden im PS-Boliden bleiben, könnte es eine Panne sein.

Risikoprävention für Sie selbst als Führungskraft

Für Ihre eigene Risikoprävention optimieren Sie den Nutzen der Zielvereinbarung für sich als Führungskraft mit folgender Methode: Lassen Sie alle Erfolgshindernisse aus der Kategorie »Unvorhergesehen« vom Mitarbeitenden in drei Typen aufteilen. Dabei soll er festlegen,

1. für welche Hindernistypen er allein eine Lösung erarbeitet,
2. für welche er Ihre Hilfe nutzt und
3. bei welchen er seinen Weg aufgrund von Aussichtslosigkeit abbricht.

Die Bearbeitung dieser Aufgabe hat regelmäßig zur Folge, dass schließlich auch noch der letzte unvorhergesehene Fall zu einem vorhergesehenen wird.

Sollte der Mitarbeitende wirklich noch einen potenziellen Störfaktor vergessen haben, wird er selbst die im Wenn-Dann-Format festgehaltene Lösung (Alternativer Aktions-Plan) aus einem vergleichbaren Hindernisfall adaptieren.

Nutzen 6: Das ist der sechste und letzte Nutzen für Sie: Der Mitarbeitende baut Kompetenzen im Umgang mit Schwierigkeiten auf. Sie wollen Entlastung, Sie bekommen Entlastung.

Was Sie regeln müssen: Abbruchfälle

Das einzige, was von Ihnen zu regeln ist, sind die oben genannten Abbruchfälle aufgrund von Aussichtslosigkeit. Sie sind dadurch charakterisiert, dass keine noch so gute Maßnahme dem Mitarbeitenden helfen kann, sein Ziel zu erreichen.

!

Beispiele: Abbruchfälle wegen Aussichtslosigkeit

- Von der Unternehmensleitung auf Eis gelegte Projekte.
- Abberufungen oder Versetzungen von erfolgskritischen Mitarbeitenden aus dem Team Ihres Mitarbeitenden.
- Durch widrige Geschäftsentwicklung zusammengekürzte Budgets.
- Eine über uns hereinbrechende Wirtschaftskrise.
- Durch eine Feuerbrunst vernichtete Produktionshallen.

Neue Zielvereinbarung im Krisenfall

Meine Empfehlung: Legen Sie fest, dass im Krisen- und Katastrophenfall unverzüglich eine neue Zielvereinbarung zwischen Ihnen und dem Mitarbeitenden getroffen wird. Auch Krisenmanagement ist Performance Management. In Krisenzeiten sind Zielvereinbarungen sogar besonders wichtig: Woher soll sonst die gerade in solchen Zeiten notwendige Bündelung, Motivation und Ausrichtung der Kräfte kommen?

Die Führungskraft als Vormund?

Noch ein Wort zum Thema »Hilfeleistung«. Viele Menschen engagieren sich in Ihrer Freizeit in Vereinen und Vereinigungen, übernehmen dort Aufgaben, Verantwortung und Leitungsfunktionen. Andere managen den Bau Ihres Eigenheims, bauen ein erfolgreiches Nebengewerbe auf oder nehmen Oldtimer auseinander und bauen sie feuerverzinkt wieder zusammen.

Wir Menschen sind es gewohnt, Rückschläge zu verkraften, uns Alternativen zu überlegen, uns gegen Risiken abzusichern und Ideen zu entwickeln für den Fall, dass mal etwas schiefläuft.

Doch im Unternehmen lassen sich viele infantilisieren und furchtbar entmündigen. Solange wirklich der richtige Mitarbeitende am richtigen Platz sitzt, er wirklich alle Kompetenzen im Sinne von »Wissen« und »Können« besitzt, zudem »Wollen« besitzt, also ausreichend motiviert ist, braucht er Ihre Hilfe tatsächlich so gut wie nie.

!

Prinzip #3

Führungskräfte geben Hilfe, indem sie Hilfe zur Selbsthilfe geben (und Mitarbeitenden die Aufgaben nicht aus der Hand nehmen).[15]

Es gibt sogar Mitarbeitende, die objektiv erfolgreicher arbeiten, sobald und solange ihr Chef im Urlaub ist. Manche Führungskräfte sind derart von der Fürsorge für Ihre Mitarbeitenden getrieben, dass sie sogar schon dann helfen, wenn der Mitarbeitende gar keine Hilfe benötigt.

15 Einen Überblick über alle Leitsätze und Prinzipien finden Sie am Buchende in den Kapiteln 13 (Leitsätze des Führens mit Zielen) und 14 (Prinzipien für das Führen mit Zielen).

Praxisfall: Chef hilft bei Verhandlungen

!

Dem Seniorchef kommt zu Ohren, dass der Außendienstler seit Wochen mit einem Kunden verhandelt. Um den Auftrag zu sichern, ruft er schnell bei dem Kunden an. Man kennt sich ja seit Jahren, es liegt wie immer am Preis des kalkulierten Angebots. Der Senior bietet 3 Prozent Nachlass an, der Kunde schlägt ein.
Der Außendienstler kennt die anderen Angebote, die dem Kunden vorliegen. Er weiß, dass dieser Nachlass gar nicht nötig gewesen wäre. Das wiederum wird der Senior nie erfahren. Er wird davon überzeugt sein, dass sein Eingreifen wichtig und hilfreich war. Denn der Mitarbeitende wird sicher nicht das Diskutieren mit ihm anfangen. Aber ganz sicher wird er beim nächsten Kunden nicht mehr so zäh verhandeln.

Erlernte Hilflosigkeit

Das Beispiel macht die Gefahren des Helfens deutlich: Erstens kann das Ergebnis schlechter ausfallen als ohne Intervention »von oben«. Zweitens kann die Leistungsbereitschaft des Mitarbeitenden sinken. Möglicherweise und drittens fühlt sich der Mitarbeitende bevormundet. Viertens hat er gegenüber dem Kunden einen Gesichtsverlust erlitten. Fünftens könnte sich der Kunde entscheiden, Angebote künftig nur noch mit dem Senior zu besprechen. Sechstens könnte es jetzt generell öfter Rabatte und damit niedrigere Gewinne geben. Siebtens steigt die Belastung für den Chef.

Als *Learned Helplessness* bezeichnet man in der Psychologie den Effekt, dass der Mitarbeitende den Senior fortan wesentlich häufiger fragen wird, ob und wie viel Prozent er geben darf. Fazit: Beim Helfen und jedem anderen Eingriff in den operativen Arbeitsbereich der Mitarbeitenden drohen viele Nachteile.

Achtung: Prüfen Sie, ob Ihre Hilfe ankommt!

!

Prüfen Sie sehr genau, ob Sie einem Mitarbeitenden zur Hilfe eilen wollen. Ist er wirklich hilflos oder verschafft das Helfen Ihnen das gute Gefühl, gebraucht zu werden? Falls Sie sich gezwungen sehen, zu helfen: Nehmen Sie ihm dabei keine Arbeit aus der Hand, geben Sie ihm lieber durch gezielte Fragen eine Hilfe zur Selbsthilfe.

Wir wissen: Wirkliche Hilfe entsteht aus der Fokussierung der Mitarbeitenden auf die Gestaltung einer erfolgreichen Zukunft. Lassen Sie Ihren Mitarbeitenden alle externen und internen Erfolgshindernisse inventarisieren und zu jeder negativen Veränderung der Rahmenbedingungen hilfreiche Maßnahmen zur Problembehebung selbst entwickeln. Dann wird es ihm leichtfallen, für alle anderen Fälle ebenfalls Lösungen zu finden.

Vom Risiko- zum Chancenmanagement

Denkbar ist zudem, den Mitarbeitenden auch alle potenziell positiv wirkenden Faktoren auflisten zu lassen. Wenn Sie Ihren Mitarbeitenden mit Fragen dazu anleiten, Störfaktoren und Risiken zu managen, sollten Sie ihm auch die Möglichkeit einräumen, sich auf Glücksfälle vorzubereiten. Damit vollziehen Sie bei ihm den Dreh vom Risiko- zum Chancenmanagement.

Auch hier gelten die Grundsätze des Risikomanagements, nur mit umgekehrtem Vorzeichen. Drei Fragen sollten den Mitarbeitenden alle denkbaren Maßnahmen finden lassen:

1. Woran erkennt er, dass sich die Chance in Kürze bietet?
2. Womit kann er die Auftretenswahrscheinlichkeit steigern?
3. Wie kann er zur Steigerung der potenziellen Erfolgseffekte beitragen?

! **Wichtig: Führen mit Fragen – günstige Einflüsse nutzen**

- Welche Frühwarnindikatoren zeigen kommende Chancen an?
- Welche Maßnahmen können die Eintrittswahrscheinlichkeit steigern?
- Welche Maßnahmen können die Auswirkung auf den Erfolg steigern?

Bei der ungehinderten Leistungsentfaltung in Kapitel 2.1.2 stand die Effizienz im Vordergrund. Und damit die Frage, wie die Tätigkeiten und Prozesse weiter verbessert werden können, um die Ausgangsleistung Ihrer Mitarbeitenden zu steigern. Ergänzend geht es bei der Planung der Erfolgswege um Effektivität, um möglichst hohe Erfolgswirksamkeit. Und damit lautet die Kernfrage: Tun wir überhaupt das Richtige?

Es ist besser die richtige Arbeit zu tun = Effektivität,
als eine Arbeit nur richtig zu tun = Effizienz.
Peter F. Drucker

Die Zielvereinbarung ist immer auch ein Moment, in dem sich der Mitarbeitende aus dem operativen Schlachtgetümmel herauszieht. Sie bieten ihm damit die Gelegenheit, sich die gesamte Gemengelage gemeinsam mit Ihnen von Ihrem Feldherrenhügel aus anzusehen. Der Nutzen der von ihm hierbei gewonnenen Erkenntnisse sollte natürlich die Kosten seiner Absenz vom Arbeitsplatz überkompensieren, sonst hätten Sie mit Zitronen gehandelt.

Das große Ganze

Ihr Nutzen dabei? Die übergreifende Sicht auf die Dinge schärft den Blick des Mitarbeitenden für Zusammenhänge, die seinen Arbeitsbereich betreffen. Indem er erfährt, welche Bereiche des Unternehmens mit welchem Ziel an welcher Flanke tätig sind, blickt er weit über seinen Tellerrand hinaus. Erwarten Sie hernach höhere Motivation sowie stärkere Identifikation. Denn der Mitarbeitende gewinnt die Erkenntnis, welchen Sinn und welchen Wert sein eigenes Tun für die Gemeinschaft hat.

Von diesen Aspekten profitieren Sie zweifellos direkt nur ein bisschen, aber mittelbar durchaus in recht hohem Maße. Wovon Sie sicherlich direkt profitieren, sind Ideen des Mitarbeitenden, wie man die Kriegsstrategie insgesamt effektiver gestalten könnte.

Die wird er sich möglicherweise nur zu äußern wagen, wenn Sie ihn dazu auffordern. Machen Sie doch einmal den Strategie-Check: Holen Sie sich eine zweite Meinung ein von denjenigen Menschen, die mit der operativen Umsetzung betraut sind.

Dann kommt der Handlungsraum des Mitarbeitenden an die Reihe. Mit Ausnahme des Erfolgsziels, das Sie definieren, können Sie den gesamten Leistungspfad des Mitarbeitenden auf den Prüfstand stellen: alle konkret geplanten Maßnahmen und alle seine Schritte auf dem Weg zum Ziel.

Führen mit Fragen

Auch hier ist Ihre Aufgabe einzig und allein, dem Mitarbeitenden Fragen zu stellen, die ihn zum Nachdenken animieren. Wenn er so aus der Feldherrenperspektive auf seinen Bereich schaut: Tut er das Richtige? Oder gibt es Maßnahmen, mit denen er das Ziel leichter erreichen kann? Ist der geplante Weg der richtige? Gibt es kürzere Wege? Risikolosere? Kostengünstigere? Erfolgversprechendere?

Tipp: Prüfen, ob der Mitarbeitende das Richtige tut! !

Bei der Beurteilung der Effektivität erfolgt ein Vergleich der derzeitigen oder derzeit geplanten Maßnahmen zu sich anbietenden, alternativen Maßnahmen im Hinblick auf deren Wirksamkeit (Effektivität).

In Anbetracht dessen, dass Sie sicher nicht nur ein einziges Ziel für den Mitarbeitenden definiert haben, könnten Sie ihn auch fragen: Gibt es Maßnahmen, die sich zugleich positiv auf die anderen Ziele auswirken? Welcher Weg könnte zusätzliche Nutzeneffekte für die Gesamtziele Ihres Bereichs bieten? Welcher Weg verspricht positive Auswirkungen auf die Ziele seiner Kolleginnen und Kollegen?

Weitere Erfolge »mitnehmen«

Ob und welche Fragen Sie stellen, entscheiden Sie. Anhand Ihrer persönlichen Präferenzen und in Anbetracht der Kompetenzen Ihres Mitarbeitenden. Wenn Sie Ideen hören wollen, wenn Sie das Potenzial Ihres Mitarbeitenden umfassend nutzen wollen, wenn Sie offen für Vorschläge sind: Dann fragen Sie. Stellen Sie bitte nur auf den Prüfstand, wovon Sie sich auch zu trennen bereit sind.

Wenn die Regionalleitung unseres Praxisbeispiels im B2B-Softwarevertrieb beispielsweise den fünfstufigen Vertriebsprozess bezüglich der Effektivität hinterfragt, könnte der Mitarbeitende durchaus disruptive Veränderungen der gewohnten Abläufe vorschlagen. Ausgelöst durch die Frage des Vorgesetzten könnte er erkennen, dass folgendes Vorgehen erfolgversprechender ist: (1) Veranstaltung eines zweitägigen Kongresses zu branchenspezifischen Fragen, bei Pausen und Abendprogramm mit potenziellen Kunden ins Gespräch kommen und deren Softwarebedarf ausloten, (2) direkt ein maßgeschneidertes Angebot zusenden, (3) Auftrag.

Vier Nutzenvorteile mitnehmen

Der erste Nutzen dieses Vorgehens für Sie macht sich direkt beim Zielvereinbarungsprozess bemerkbar: Da der Mitarbeitende von dem höheren Erfolg seiner Idee überzeugt ist, ist er in den meisten Fällen zur Festlegung eines höheren Ziels bereit: 50 Aufträge von Neukunden vielleicht, oder sogar 60.

Ihr zweiter Vorteil wird sich erst beim Prozess der Zielerreichung zeigen. Maßnahmen, die der Mitarbeitende selbst entwickelt hat, treibt er üblicherweise engagierter voran als von Ihnen vorgegebene. Er wird beweisen wollen, dass seine Idee eine gute war.

Dritter Vorteil: Stellt sich sein Vorgehen als doch nicht so erfolgreich heraus, wird er während der Zielperiode weitere Maßnahmen entwickeln, um die anvisierte Anzahl neuer Kunden doch noch zu realisieren.

Potenziale der Mitarbeitenden abschöpfen

Die Entscheidung, ob Sie die Maßnahme bewilligen oder nicht, bleibt bei Ihnen. Wünschen Sie Modifikationen, um guten Gewissens zustimmen zu können? Falls die Regionalleitung beispielsweise die mit 10.000 EUR veranschlagten Kosten für den Kongress scheut, könnte sie dem Mitarbeitenden sein Okay in Aussicht stellen, wenn dieser es schafft, ohne Nutzenverlust die Kosten auf 5.000 EUR zu reduzieren.

Da der Mitarbeitende an der Maßnahme hängt, wird ihm schon etwas einfallen. Beispielsweise, Sponsoren für den Kongress zu gewinnen, die sich mit ihren Produkten oder Services an die gleiche Zielgruppe richten.

Ist die Regionalleitung hingegen durchaus zu der Investition bereit, aber nur, wenn damit 100 Neukunden gewonnen werden, wird der Mitarbeitende möglicherweise seine Kontakte zum Branchenverband einbringen und diesen den Kongress bei allen Mitgliedern bewerben lassen.

Optimierung in Ihrem Sinne ist der vierte Nutzen, den Sie durch Prüfung der Effektivität durch den Mitarbeitenden realisieren können.

2.3 Erfolge erzielen

Jede Leistung führt zu einem Resultat. Jede Tätigkeit, jede Kraftanstrengung, jedes Engagement Ihrer Mitarbeitenden zieht ein Ergebnis nach sich.

Entscheidend ist, was hinten rauskommt.
Helmut Kohl

Was hinten rauskommt, kann auch nach hinten losgehen: Nicht jedes Leistungsergebnis ist als Erfolg zu bezeichnen.

Ob das Ergebnis der Leistungserbringung als Erfolg gelten kann oder nicht, hängt von der Antwort auf eine einzige Frage ab: Was ist das von Ihnen definierte Ziel?

Ziel erreicht?
Wird dieses Ziel realisiert, beträgt also der Zielerreichungsgrad 100 Prozent, ist das Leistungsergebnis unzweifelhaft ein Erfolg.

Definition: Erfolg !

Erfolg bezeichnet den Wert eines Arbeits- oder Tätigkeitsergebnisses von Mitarbeitenden, Teams, bestimmten Gruppen von Beschäftigten oder aller Beschäftigten einer Organisation, wobei sich der Wert des Ergebnisses an dem Grad der Realisierung von zuvor festgelegten Zielen bemisst.

Letztendlich entscheidend im Prozess der Performance-Erbringung ist der Output: Was zählt, im wahrsten Sinne des Wortes und ausdrückbar in Euro und Cent, ist der Erfolg. Auch für variable Vergütungssysteme.

Definition: Erfolgsorientierte Vergütung !

Erfolgsorientierte Vergütung bezeichnet eine Gruppe von variablen Vergütungsformen, bei denen die Höhe der Vergütung anhand der vom Vergütungsempfänger erbrachten Erfolge ermittelt wird, wobei sich der Erfolg an dem Grad der Realisierung von zuvor festgelegten Zielen bemisst.

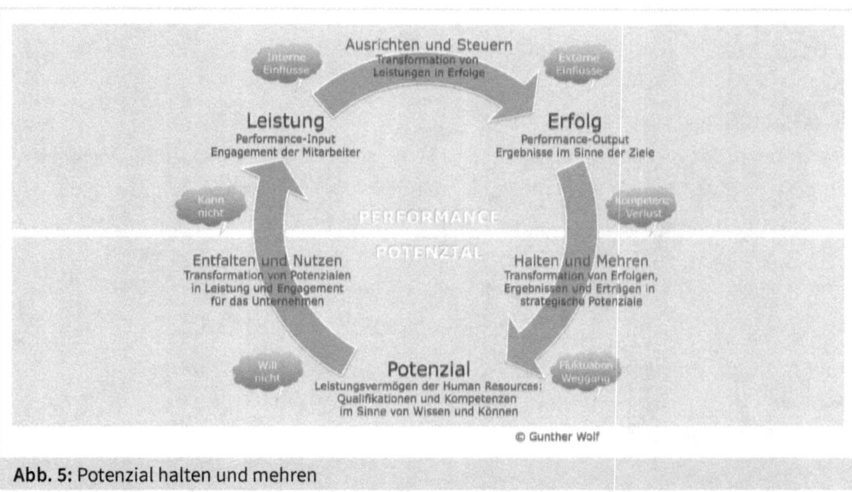

Abb. 5: Potenzial halten und mehren

Erfolg ist das, was Wert schafft

Nur, wenn mit dem individuellen Leistungsergebnis die individuellen Ziele und die übergeordneten Team-, Abteilungs-, Bereichs- und Unternehmensziele kraftvoll unterstützt oder sogar realisiert werden, liegt ein Erfolg vor. Nur dann kann man von Wertschaffung sprechen.

Dies impliziert: Ein Arbeitsergebnis, das in einer bestimmten Situation als großer Erfolg gilt, könnte unter anderen unternehmensstrategischen Vorzeichen bzw. anderen Zielsetzungen als totaler Misserfolg bezeichnet werden. Dieser Aspekt wird uns Führungskräfte bei der Frage beschäftigen, welche Ziele wir für den Mitarbeitenden definieren.

! **Praxisfall: Go West**

Bei einem mittelständischen Unternehmen des Maschinen- und Anlagenbaus verfolgte die Unternehmensleitung vor vielen Jahren das strategische Ziel, einen Fuß in den US-Markt zu bekommen. Als der Vertrieb einen großen Auftrag bei einem texanischen Großkunden gewann, wurde dies als ein großer Erfolg gefeiert. Und das sogar, obgleich hiermit allein die Herstellungskosten gedeckt wurden. Denn mit diesem Referenzprojekt konnten weitere Kunden gewonnen werden.
Heute stellt die Maximierung des Ertrages das unternehmensstrategische Ziel dar. Ein und der gleiche Auftrag würde sicher keinesfalls mehr als Erfolg bezeichnet werden. Der Beitrag zu dem heutigen Unternehmensziel wäre aufgrund des fehlenden Deckungsbeitrags nicht ausreichend.

Performance umfasst Leistungen und Erfolge. Indem Sie als Führungskraft Leistungen als die »Wege zum Erfolg« auffassen, gelingt Ihnen der kulturelle Wechsel von der altertümlichen Tätigkeits- und Verrichtungsorientierung, der das Management by Delegation prägte, hin – zu der modernen und flexiblen Zielorientierung des Management by Objectives.

! **Definition: Management by Objectives**

Management by Objectives and Self-Control (Führen durch Ziele und Selbststeuerung) bezeichnet eine Methode zur Steuerung von Unternehmen, Unternehmensbereichen, Teams und Mitarbeitenden, wobei die Unternehmensziele mithilfe eines Zielsystems in Teilziele und Unterziele aufgespalten und ebenenweise zu genau denjenigen Teams und Mitarbeitenden transportiert und mit diesen auf partizipative Weise verbindlich vereinbart werden, die das jeweilige Teil- oder Unterziel operativ realisieren werden.

2.3.1 Feedback geben

Welche Reaktion lassen Sie auf gute Leistungen und Erfolge folgen? Für manche Chefs ist »nicht geschimpft schon genug gelobt«. Andere Führungskräfte loben nur die herausragenden Erfolge. Reicht das? Nicht jede Zielerreichung ist eine Spitzenperformance. Ist sie deswegen kein positives Feedback wert?

Vergessen Sie nicht die unzähligen kleinen Performance-Steigerungen der vielen Mitarbeitenden im Mittelfeld. Sie sind in Summe sehr entscheidend für den Erfolg Ihres Bereichs, also letztlich für Ihren Erfolg als dessen Leitung. Oftmals sind es gerade die soliden »Abarbeiter«, die den Spitzenperformern den Rücken freihalten und damit deren Erfolge überhaupt erst ermöglichen.

»Ich kann nicht jeden loben.«

Doch, können Sie. Manche Führungskräfte tun sich sehr schwer damit, Anerkennung auszusprechen. »Wenn ich lobe, fordern die nächsten Monat direkt ein höheres Gehalt!« Ja, das kenne ich aus eigener Erfahrung, aber was ist die Alternative? Wenn Sie nicht loben, riskieren Sie, dass all Ihre Mitarbeitenden ihren Einsatz und ihre Erfolge als nicht ausreichend gewürdigt ansehen. Möglicherweise fragen sich Ihre Mitarbeitenden, ob Sie den Einsatz und die Erfolge überhaupt bemerkt haben. Das wäre schlecht.

Vielleicht interpretieren die Mitarbeitenden Ihre Zurückhaltung als Zeichen dafür, dass Sie das gezeigte Engagement als Selbstverständlichkeit ansehen. Falls Ihre Mitarbeitenden diesen Eindruck gewinnen, könnten sie auf die Idee kommen, Ihnen einmal beweisen zu wollen, dass dies keinesfalls eine Selbstverständlichkeit ist. Das wäre noch schlechter.

Kein Feedback des Vorgesetzten zu Erfolgen zu bekommen, frustriert. Frust erzeugt Unlust und keine Lust auf Erfolg ist das Schlimmste, was Ihnen als Führungskraft passieren kann. Sie brauchen schließlich erfolgshungrige Mitarbeitende und Teams.

Raus mit der Kohle?

Betrachten wir es einmal wirtschaftlich: Das Verhältnis von Mitarbeitenden, die direkt eine Gehaltsforderung nachlegen und denen, die sich einfach nur über Ihre Wertschätzung freuen, liegt schlimmstenfalls bei 1 von 5 Mitarbeitenden[16]. Sicher möchten Sie Ihr Budget für Gehaltsanhebungen nicht nach dem Motto »wer am lautesten schreit« vergeben. Deswegen erklären Sie dem einen von fünf Mitarbeitenden einfach, dass er für seine Performance neulich nicht gleich mehr Geld bekommt.

16 Falls Sie den Anteil in Ihrem Bereich höher einschätzen, sollten Sie unbedingt an den Beziehungen zu Ihren Mitarbeitenden arbeiten. Vielleicht liegt es daran, dass Sie aus Angst vor Geldforderungen nicht gelobt haben? Ziele zu vereinbaren, ist schon mal ein guter Anfang, um die Beziehung zu stärken: Ziele verfügen über hohe Bindungswirksamkeit (Wolf, 2020).

Aber Sie haben soeben ermittelt, dass Geld bei diesem Mitarbeitenden ein Motiv ist – also etwas, das ihn motiviert. Das ist eine wertvolle Information! Knüpfen Sie die Gehaltsanhebung an Aspekte, die eine Höherstufung verdienen bzw. in den Tarifverträgen und Betriebsvereinbarungen dafür vorgesehen sind. Das sollte ihn motivieren, diese Ziele intensiv zu verfolgen. Falls er das alles erreicht, können Sie ihm ja dann guten Gewissens auch eine Gehaltserhöhung geben.

Vielleicht ist er dennoch frustriert, weil er sie nicht *jetzt* bekommt. Dann soll es so sein. Hauptsache, die anderen vier sind es nicht. Denn die haben Sie ja ebenfalls gelobt. Würden Sie hingegen generell auf Anerkennung verzichten, wären alle fünf frustriert.

Wie lobt man denn?

Häufig werde ich in Seminaren gefragt, wie man denn einen Buchhalter loben soll, der einfach seine Pflicht tut und bucht, was anfällt: »Ich kann mich doch nicht neben ihn stellen und sagen, ›ach wie toll haben Sie diese Rechnung wieder verbucht', damit mache ich mich doch lächerlich!«

!

Tipp: Loben Sie konkret, nicht abstrakt!

Wenn Ihnen die Fantasie dafür fehlt, was an den vom Buchhalter heute erledigten Aufgaben lobenswert sein könnte, gehen Sie die drei folgenden Dimensionen im Kopf durch:

- Zeitlich (schneller fertig oder kürzere Reaktionszeit als sonst)
- Quantität (mehr als sonst)
- Qualität (besser als sonst)

Wenn nichts davon zutrifft, war es wohl auch keine Performance-Steigerung und damit auch nicht unbedingt lobenswert. Zeigt der Buchhalter jedoch immer gleichbleibend solide Leistungen, können Sie ja auch dafür einmal Ihre Anerkennung aussprechen.

Loben Sie aber bitte nicht von oben herab, sondern auf Augenhöhe. Sprechen Sie Ihre Anerkennung für die Performance des Mitarbeitenden aus.

Erfolge feiern

Die besten Feiern sind die, wo mehrere Menschen zusammenkommen. Hört sich banal an? Im Vertrieb ist Gang und Gäbe, dass jährlich die besten Vertriebler offen benannt und bei Veranstaltungen gefeiert werden. Warum nur dort? Machen Sie doch auch eine Feier in Ihrem Bereich. Nutzen Sie meinetwegen die Weihnachtsfeier dazu, aber nutzen Sie sie konsequent für die Ausrichtung Ihres Teams auf Erfolg.

!

Achtung: Herausstellen, aber nicht bloßstellen!

Beim Feedback gilt die sehr, sehr alte Führungsregel: Lob immer vor allen, Kritik nur unter vier Augen.

Führen Sie ein Team, das zusammenarbeiten soll und kann? Falls Ihnen an der Verbesserung der Teambindung gelegen ist, lassen Sie doch reihum jeden Mitarbeitenden einen Erfolg erzählen, den ein anderer aus dem Team errungen hat. Ich habe gesehen, wie selbst bei gestandenen Mannsbildern die Augen feucht wurden, als sie solch eine Anerkennung aus dem Mund eines Kollegen oder einer Kollegin hörten. So etwas vergessen sich Ihre Mitarbeitenden nicht. Sie schaffen damit wertvolle emotionale und kollegiale Bindungen.

Um die Qualität der einzelnen Beiträge zu verbessern, kündigen Sie es am besten vorher an. Damit vermeiden Sie das bekannte »Ich schließe mich meinen Vorrednern an«. Geben Sie Ihren Leuten den Tipp, mehrere Erfolgsschilderungen vorzubereiten für den Fall, dass Vorredner ihnen schon Fälle weggeschnappt haben.

Ziel nicht erreicht! Was tun bei Misserfolgen?

Das Ziel ist de facto und unveränderlich nicht erreicht, das Kind ist in den Brunnen gefallen? Im Misserfolgsfall unterliegen die meisten Vorgesetzten dem ersten Impuls, den betreffenden Mitarbeitenden zu den Ursachen zu befragen: »Wie konnte das passieren, Herr X?« Die Punkte, die Herr X Ihnen benennt, werden Sie zu beurteilen haben: Konnte der Mitarbeitende tatsächlich nichts *dafür*, dass es zu dieser Panne kam? Konnte er auch (dann oder vorher) wirklich nichts *dagegen tun*?

Handelt es sich hierbei um Begründungen bzw. Ausreden für die in Kapitel 2.1.1 besprochenen, motivational bedingten Leistungsschwächen oder tatsächlich um externe Einflüsse, die außerhalb des Einflussbereichs des Mitarbeitenden liegen? Hat der Mitarbeitende etwa tatenlos zugesehen, wie die Maschine auf die Störung zulief? Hat er sie gar provoziert?

Es liegt in der Natur des Menschen, Gründe für Versagen und Misserfolge eher bei anderen und den Umständen als bei sich selbst zu suchen. Die performanceorientierte Beförderungspraxis in den meisten Unternehmen fördert dies zusätzlich. Der Mitarbeitende behauptet im Brustton der Überzeugung, dass mängelbehaftetes Rohmaterial die Ursache für die vielen Maschinenausfälle war.

Angenommen, Sie schenken ihm Glauben. Was ist Ihr nächster Schritt? Machen Sie klar, dass das Ziel nicht erreicht ist. Falls Boni damit verbunden sind, entfallen diese.

Dann werden Sie mit dem Mitarbeitenden eine zukunftsorientierte Zielvereinbarung treffen: Was kann er tun, damit das nicht wieder passiert? Wie kann er künftig diese Panne vermeiden? Vielleicht kann er das Rohmaterial demnächst vorab genauer prüfen. Das wird, insbesondere bei angeknüpften Boni, Ihren Mitarbeitenden wahrscheinlich nicht zufriedenstellen. Ich empfehle dennoch, die Unzufriedenheit auszuhalten und es dabei bewenden zu lassen.

Führung forscht
Als Führungskraft Ursachen für Misserfolge aufdecken und erforschen zu wollen, um Schuldfragen zu klären, ist nämlich eine ziemlich fruchtlose und zudem echt undankbare Aufgabe: Der Mitarbeitende gibt denen in der vorgelagerten Abteilung die Schuld, die wiederum sagen, sie hätten ihm ja anderes Rohmaterial zugeliefert – wenn er sie nur informiert hätte.

Der sagt, er hätte doch eine Mail gesendet; die sagen, die sei aber nicht rechtzeitig angekommen. Sie als Führungskraft laufen von Pontius zu Pilatus und ob die Ursache, auf die man sich nachher geeinigt hat, der wahre Grund gewesen ist, werden Sie nie erfahren.

Manch ein Vorgesetzter hat für sich daher einen Schlussstrich gezogen: Er spricht mit Mitarbeitenden nicht über Gründe für Misserfolge. Misserfolg ist Misserfolg, basta. Ich persönlich gehöre dazu. Ich will auch keine Gründe hören, denn die Chancen stehen ohnehin gering zu erfahren, ob es die wirkliche Ursache war oder eine Ausrede.

Fokussierung auf die Zukunft – drei Nutzen für Sie
Diese Methode hat drei große Vorteile für den Vorgesetzten:

Erstens befasst er sich nicht mit einer unveränderbaren Vergangenheit und gewinnt mehr Zeit, um sich und seine Mitarbeitenden auf die erfolgreiche Gestaltung der Zukunft fokussieren.

Bei Ausreden ist die Welt voller Erfinder.
Hugo Wiener

Zweitens: Wenn der Mitarbeitende ihm von den am Misserfolg schuldigen Personen oder Umständen erzählen darf, entledigt sich der Mitarbeitende des schlechten Gefühls, dass bei Misserfolgen automatisch entsteht. Indem die Führungskraft dies nicht zulässt, bleibt die kognitive Dissonanz, die Unstimmigkeit zwischen eigenem Anspruch (»erfolgreich sein«) und Realität (»nicht erfolgreich gewesen«) beim Mitarbeitenden. Dieser Effekt intensiviert sich, wenn zudem der Bonus entfällt. Der Mitarbeitende wird sich wesentlich eingehender damit beschäftigen, wie er solche Misserfolge künftig verhindern kann.

Drittens: Die Führungskraft erzielt auf diese Weise ein »Erfolgsklima«, in dem nur über Erfolge berichtet wird und auch gern darüber, welche Schwierigkeiten man auf dem Weg zum Ziel erfolgreich überwunden hat. Dieses Klima wirkt auf andere Mitarbeitende sehr ansteckend, jeder versucht nach Kräften, erfolgreich zu sein, um etwas berichten zu können[17]. Die Methode, sich als Führungskraft zu weigern, über die Ursachen von Misserfolgen zu sprechen, ist sicher nicht jedermanns Geschmack. Sie passt sicher auch nicht zu jedem Vorgesetzten. Aber ihre Wirkung ist beachtlich.

Führen mit Fragen

Beim Führen mit Fragen ist entscheidend, in welche Richtung ich die Gedanken des Gegenübers leiten will. Mit der Frage nach dem »warum nicht«, nach den Ursachen für das Nichterreichen des Ziels, richte ich die Gedanken des Mitarbeitenden auf Probleme, Hindernisse, Schwierigkeiten – solche noch dazu, die in der Vergangenheit liegen und damit unveränderlich sind.

Wir wollen unsere Mitarbeitenden doch nicht entmutigen. Sie erinnern sich an den 1. Leitsatz: *Zielvereinbarungen sind Ergebnisse eines Austauschs unter Experten über die Gestaltung einer erfolgreichen Zukunft.* Indem der Mitarbeitende im Verlaufe des Zielvereinbarungsprozesses, vor dem finalen Zielvereinbarungsgespräch, alle denkbaren Hemmnisse und Hindernisse inventarisiert und einer Lösung zuführt, ermutigen wir ihn. Wir richten seine Gedanken auf Lösungen, auf seine eigenen Handlungen und Verantwortungen, auf die Zukunft.

Tipp: Richten Sie den Fokus auf die Zukunft! !

Ziele liegen in der Zukunft. Sich über Vergangenheit auszutauschen, macht nur in Verbindung mit erzielten Erfolgen Sinn. Für die Zielvereinbarung ist es kontraproduktive Zeitverschwendung.

Das Feedback, das Feiern der Erfolge, ist der *einzige* Moment im Performance Management, im Prozess von Zielvereinbarung und Zielerreichung, an dem Sie mit Ihren Mitarbeitenden zurückblicken. Und deswegen blicken auch wir jetzt wieder nach vorne. Denn:

Nach dem Spiel ist vor dem Spiel.
Sepp Herberger

2.3.2 Potenzial entwickeln

Auf der Ebene des einzelnen Mitarbeitenden ist es unerlässlich, dass dieser sein Potenzial – seine Kompetenzen und Qualifikationen – kontinuierlich aktualisiert. Wissen erodiert, Können (also Fähigkeiten und Fertigkeiten) auch. Die Zunahme be-

17 Übrigens wirkt auch – in die andere Richtung – ansteckend, wenn Mitarbeitenden in Meetings viel Raum gegeben wird, um ihre Gründe für das Nichterreichen von Zielen darzulegen.

deutsamer technologischer Entwicklungen sorgt dafür, dass die Halbwertszeit von Kompetenzen mit zunehmender Geschwindigkeit sinkt. Wer sein Know-how und Do-how nicht kontinuierlich weiterentwickelt, treibt zurück und wird irgendwann von den Veränderungen überrollt.

Damit er die Aktualisierung seiner Kompetenzen in Angriff nimmt, haben wir als Führungskräfte manchen Mitarbeitenden einen Anstoß hierzu zu geben. Auf Individualebene ist die Übereinstimmung zwischen (sich verändernden) Stellenanforderungen einerseits und dem Wissen, den Fähigkeiten und Fertigkeiten andererseits zu gewährleisten. Ein Einsatzfeld für die Zielvereinbarung? Klares Ja.

Wer stehen bleibt, fällt zurück

Orientiert an derzeitigen und zukünftigen Aufgaben, die Sie aus den Unternehmensstrategien ableiten, geben Sie als Führungskraft Ihren Mitarbeitenden wertvolle Impulse für Kompetenzerweiterung durch passende Entwicklungsmaßnahmen sowie für Kompetenzvertiefung durch Erfahrung und Routine. Also ganz einfach die Potenzialentwicklung als Ziel definieren? Klares Nein!

Ich mache das deshalb zum Thema, weil ich häufig Zielvereinbarungen gelesen habe, in denen stand: »Das Ziel des Mitarbeitenden ist, einen Englischkurs machen«. Das ist doppelt falsch. Etwas machen, eine Maßnahme umsetzen, ist nie ein Ziel, sondern nur eine Leistung, ein Weg zum Ziel.

Zudem sollten Sie als Führungskraft Potenzialziele – und auch Leistungsziele – nur in sehr, sehr seltenen Ausnahmefällen vereinbaren. Wofür sollen denn die Englischkenntnisse gut sein? Um mit internationalen Lieferanten bessere Konditionen aushandeln zu können? Na bitte, das wäre ein sinnvolles Ziel.

Mit Potenzial und auch Leistung ist keine positive Wertschaffung verbunden, sondern ein Ressourcenverbrauch. Weiterbildung kostet Geld und Arbeitszeit. Sie sind somit Voraussetzungen für den Weg zum Ziel, nicht der Weg zum Ziel und schon gar nicht das Ziel selbst.

Potenzial als Voraussetzung

Maßnahmen zur Weiterentwicklung des eigenen Potenzials sind Voraussetzungen für das Erbringen der auf die Ziele gerichteten Leistungen: Wenn der Mitarbeitende Ziele im Bereich der Entwicklung von Smartphone-Apps für Apple hat, sollte er mittlerweile neben Objective-C auch Swift beherrschen. Wer als Personalmanager das Ziel hat, Vakanzen schneller zu besetzen, wird sich über Arbeitgeberattraktivität, Bewerberpräferenzen und effektive Recruiting-Methoden schlau zu machen haben. So bringen

Sie Potenzialentwicklung als Voraussetzungen für Leistung und Erfolg in der Zielvereinbarung unter.

Möglicherweise liegt das Ziel, das Sie als Führungskraft im Auge haben, aber in einer anderen Zielperiode. Nur dann kann es Sinn machen, ein Potenzialziel zu formulieren. Eine Werksleitung, die langfristig an Flexibilität bei der Personaleinsatzplanung gewinnen will, kann hierzu für seine Mitarbeitenden in dieser Periode als Ziel definieren, alle zehn Maschinen des Betriebs bedienen zu können.

Kein Potenzialentwicklungs-Ziel
Natürlich gibt es auch Potenzialentwicklungs-Maßnahmen, die nicht auf die Verfolgung von Zielen gerichtet sind. Aber bitte: Zu welchem Zweck erfolgt dann die Potenzialentwicklung? Als Incentive oder als Dankeschön für erbrachte Leistungen? Dafür gibt es andere Tools.

Als Weiterbildung um der Weiterbildung Willen? Besser nicht, das ist sehr gefährlich für Sie! Ein Beispiel: Ich habe eine Menge Lehrgänge in meinem Leben durchgeführt, beispielsweise den Zertifikatslehrgang für Personalcontroller. Viele von denen, die diesen Lehrgang absolvierten, haben in der Folge Ihren Arbeitgeber verlassen, weil sie kein Personalcontrolling aufbauen durften.

Mitarbeitende an Bord halten
Wer sich mühevoll bestimmte Kompetenzen und Qualifikationen erarbeitet hat, will sie auch einsetzen. Wenn nicht bei Ihnen, dann eben woanders. Fazit: Lassen Sie bitte nur Potenzialentwicklungen zu, für die Sie in absehbarer Zeit einen Einsatzbereich bieten können. Dann aber können Sie auch das hiermit verbundene Ziel nennen bzw. mit dem Mitarbeitenden vereinbaren.

Mit dem Aktualisieren (»Halten«) und Weiterentwickeln (»Mehren«) der eigenen Qualifikationen und Kompetenzen sind auf Ebene des einzelnen Mitarbeitenden alle Möglichkeiten zur Steigerung des Potenzials ausgeschöpft.

2.4 Performance Improvement

Auf der Ebene von Teams, Abteilungen und Bereichen des Unternehmens bieten sich den Führungskräften diese (in Kapitel 2.3.2 dargestellten) und drei weitere, insgesamt also vier Möglichkeiten, um Potenziale zu halten und zu mehren. Im Kapitel 3 sehen wir uns diese genauer an.

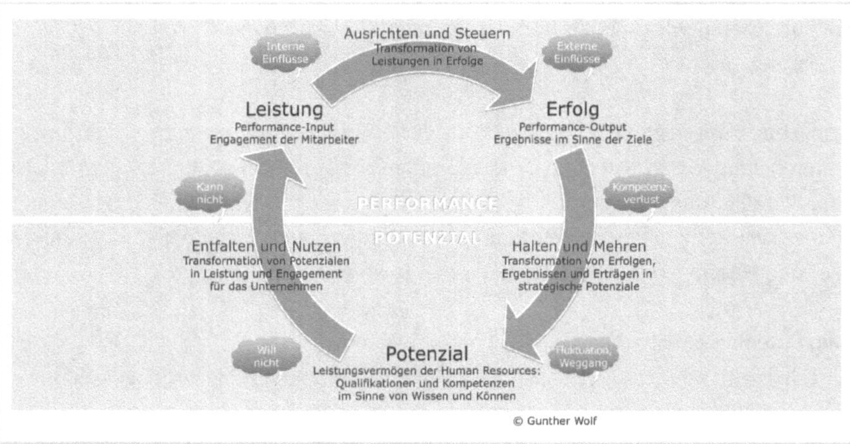

Abb. 6: Drei Ansatzpunkte für Führungskräfte

Hier geht es geht es jetzt um die Fragen: Mit welcher Absicht steigern wir Führungskräfte überhaupt das Potenzial der Mitarbeitenden? Reicht es nicht, das Potenzial durch Aktualisierung à jour zu halten? Diese Frage führt uns zu dem für Unternehmen höchst wettbewerbsrelevanten Aspekt des Performance Managements: der Aufwärtsspirale [Abbildung 6].

2.4.1 Aufwärtsspirale

Die Steigerung der Potenziale erfolgt zu dem Zweck, hiermit den Grundstein für mehr Leistungen zu legen, die als Weg zum Ziel wiederum zu mehr Erfolgen führen, wodurch eine Steigerung der Potenziale sinnvoll und möglich ist, die zu dem Zweck erfolgt … (bitte wieder am Satzanfang weiterlesen und nicht aufhören)

!

Wichtig: Es geht aufwärts

Die bedeutsamste Aufgabe der Führungskräfte im Rahmen des Performance Managements ist, die Spirale in Schwung zu bringen und dabei eine stabile Aufwärtsbewegung sicherzustellen.

Beim Performance Management geht es nicht nur ums Steuern der Performance, sondern auch um das Steigern der Performance (»Performance Improvement«).

Ich habe Ihnen versprochen, dass sich die Optimierung der Aufwand-Nutzen-Relation für Sie wie ein roter Faden durch dieses Buch ziehen wird. Als Teamleitung ziehen Sie einen Nutzen aus der Steigerung der Teamperformance, als Abteilungsleitung aus dem Performance Improvement der Abteilung, als Mitglied der Unternehmensleitung aus der Steigerung der Unternehmensperformance, als Personalleitung aus der optimalen Nutzung der Human Resources.

Drei Ansatzpunkte

Ihnen bieten sich – ganz gleich, ob auf Ebene des einzelnen Mitarbeitenden oder auf Gruppen- bzw. Organisationsebene – drei Ansatzpunkte für Performance Improvement:

1. In dem Entfaltungsvorgang zwischen Potenzial und Leistung,
2. auf dem Leistungspfad zum Erfolg sowie
3. bei der Transformation von Erfolgen, Ergebnissen und Erträgen in strategische Potenziale.

Diese drei Ansatzpunkte bestehen für Sie unabhängig von der gewählten Organisationsform des Unternehmens bzw. Unternehmensbereichs – klassisch oder agil. Es kann lediglich zur Aufgabenteilung zwischen verschiedenen Rolleninhabern kommen.

Agiles Performance Improvement

Kommt beispielsweise Scrum [Kapitel 12.2.1] zur Anwendung, obliegt es dem Product Owner, das Gesamtziel zu definieren und zu operationalisieren. Der Scrum Master hingegen begleitet die Leistungserbringung und das Realisieren von Erfolgen im Sinne der Team- bzw. Sprintziele methodisch. Das Team teilt die Aufgaben eigenverantwortlich auf.

Der Manager übernimmt sinnvollerweise die Aufgabe, die Weiterentwicklung der Potenziale auf Team- und Individualebene zu forcieren, damit diese im Tagesgeschäft nicht unter den Tisch fällt. Auf gleiche Weise kann die Aufgabenverteilung in Organisationen erfolgen, wenn in einem Unternehmen neben der Führungs- auch noch eine Fach- oder Projekthierarchie besteht.

2.4.2 Führung als Motor

Für das Performance Improvement spielen die Führungskräfte bis hin zum Topmanagement eine entscheidende Rolle.

Statement Prof. Dr. Arnold Weissman !

In modernen Unternehmen erfolgt Führung mehr über Prozesse als über Inhalte. Dies setzt Vertrauenskultur, Weiterentwicklung eigener Verantwortungsbereiche, permanente Selbstentwicklung und die Fähigkeit zur Selbst-Reflektion voraus. Der Mitarbeiter wird befähigt, seine Aufgaben selbständig und eigenverantwortlich zu gestalten. Führung hat den Auftrag, das Beste aus einem Unternehmen und seinen Mitarbeitern zu machen – mit dem Ergebnis, dass außerordentliche Leistungen erzielt werden.
Prof. Dr. Arnold Weissman
Weissman & Cie.

Bitte werfen Sie abschließend noch einmal einen prüfenden Blick auf die nun komplette Abbildung der Performance Management-Spirale und die drei Ansatzpunkte der Führung.

Aufgaben der Führung

Mir geht es hier um Führung im Sinne von Leadership – also um Führung von Mitarbeitenden. Auch wenn man von dem Führen einer Abteilung oder eines Teams spricht: Genaugenommen wird ja nicht wirklich eine Abteilung oder ein Team geführt, sondern die hier tätigen Mitarbeitenden. Was ist Leadership? Welche Aufgaben verbinden sich mit Führung?

Dazu gehören sicher nicht Vorgesetzten-Aufgaben wie beispielsweise die im Bereich von Repräsentation, Administration oder solchen, die in Verbindung mit dem Reporting an den eigenen Vorgesetzten stehen. Das sind keine Führungsaufgaben.

Wenn Sie sich die drei Ansatzpunkte für Führung [Abbildung 7] genau ansehen: Fällt Ihnen noch eine Aufgabe aus dem Bereich der Führung ein, die hier nicht enthalten ist?

Mir auch nicht. Deswegen sind es eigentlich auch keine Ansatzpunkte für Führung, sondern Elemente der Führung. Das bedeutet im Klartext: Unternehmensführung und Mitarbeiterführung ist nichts anderes als Performance Management – mit dem Ziel des Performance Improvements.

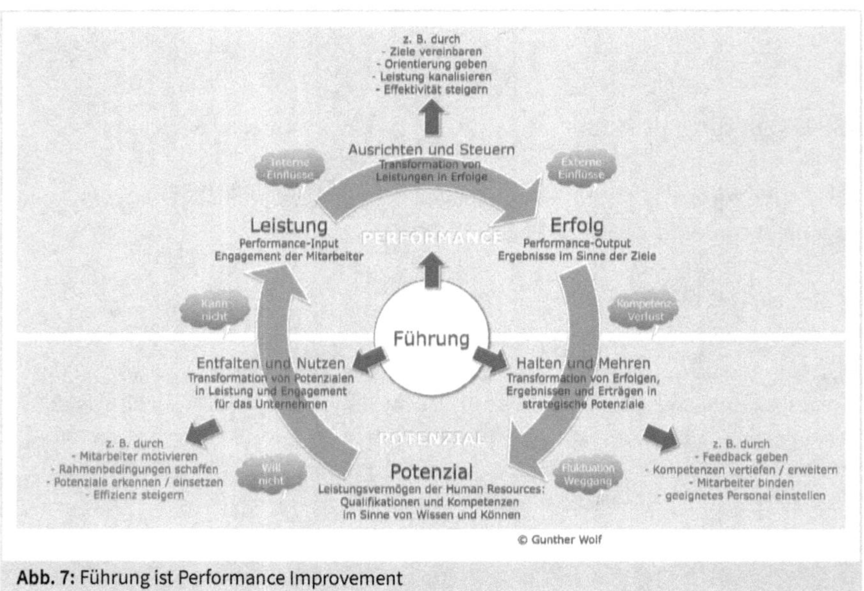

Abb. 7: Führung ist Performance Improvement

4. Leitsatz

Führung ist Performance Improvement.[18]

!

Lassen Sie mich die drei Stationen des Performance Improvements und die drei Elemente der Führung kurz zusammenfassen.

- Mithilfe von Zielvereinbarungen sorgen wir Führungskräfte auf unserer jeweiligen Ebene dafür, dass die Mitarbeitenden höhere und zielgerichtetere Leistungen erbringen, die zu entsprechend größeren und besseren Erfolgen führen.
- Als Basis hierfür gewährleisten wir, dass die Mitarbeitenden ihren jeweiligen Potenzialen entsprechende Aufgaben bearbeiten und
- sorgen für die zukunftsorientierte Weiterentwicklung der Potenziale der Mitarbeitenden.

Das ist Führung

Über diese drei Führungsaufgaben wird Leadership definiert.

Definition: Leadership

Leadership (synonym Führung von Mitarbeitenden oder schlicht Führung) bezeichnet das Ausrichten der Leistung der Mitarbeitenden auf Erfolge, das Begleiten der Prozesse der Leistungserbringung sowie das hierfür erforderliche Binden, Weiterentwickeln, Entfalten und Nutzen der Potenziale von Mitarbeitenden.

!

Führung umfasst demnach drei Aufgaben: Potenziale entfalten und nutzen, Leistung auf Erfolg ausrichten und steuern, Potenziale halten und mehren. Das ist Führung. Nicht mehr und nicht weniger.

Ich weiß ja nicht, ob es Ihnen so ähnlich geht: Hin und wieder habe ich das Gefühl, ich hätte einfach zu wenig Zeit für die Führung meiner Mitarbeitenden. Dann werfe ich einen Blick auf das Poster der Performance Management-Spirale, das innen an meiner Bürotür hängt, fokussiere mich auf die drei Führungselemente und gehe durch die Tür, um sie zu erfüllen.

Diese Fokussierung ist für mich persönlich sehr wertvoll, um die Effektivität meines Führungsverhaltens im Auge zu behalten. Ich hoffe, von den Gedanken rund um die Performance Management-Spirale und die Wolf'sche Zwiebel konnten auch Sie den einen oder anderen Impuls gewinnen. Sofern Sie sich auch solch ein Poster in A3 an die Tür pinnen wollen: Sie finden es unter den Digitalen Extras, die Ihnen Haufe mit diesem Buch zur Verfügung stellt. Die Internetadresse und den Buchcode finden Sie im Buch ganz hinten.

18 Einen Überblick über alle Leitsätze und Prinzipien finden Sie am Buchende in den Kapiteln 13 (Leitsätze des Führens mit Zielen) und 14 (Prinzipien für das Führen mit Zielen).

Nutzen der Ziele

Haben Sie bei der Lektüre dieses Kapitels den Eindruck gewonnen, dass die Zielvereinbarung das bedeutsamste Werkzeug des Performance Managements und des Performance Improvements ist? Falls ja, dann liegt auf der Hand, dass es auch das bedeutsamste Werkzeug der Führung von Mitarbeitenden und der Steuerung von Unternehmen ist.

! **Fazit dieses Kapitels**

- Die Performance Management-Spirale verläuft über die Stationen Potenzial, Performance Input (Leistung) und Performance Output (Wert des Ergebnisses = Erfolg).
- Potenzial verstehen wir als Voraussetzung für Leistungen, Leistung als Performance-Input und als Weg zum Ziel, Erfolg als den angestrebten Performance-Output bzw. als Ziel. Dieser Aspekt ist für Führungskräfte bei der Zielfindung relevant.
- Die Performance Management-Spirale verdeutlicht die drei Elemente der Führung: (1) Halten und Vergrößern der Potenziale, (2) Steigerung der Leistung durch optimale Potenzialnutzung und (3) Steigerung des Erfolgs durch zielorientiertes Ausrichten der Leistungserbringung. Mit diesen drei Elementen gelingt es Führungskräften, das Potenzial und Performance ihrer Einheit auf die nächste Stufe zu heben.
- Durch Inventarisieren der möglichen Erfolgs- und Leistungshemmnisse (Risiken) vor dem Zielvereinbarungsgespräch integrieren Führungskräfte Maßnahmen zu deren Beseitigung, zur vorausschauenden Vermeidung oder sogar zur Wandlung in einen Erfolgstreiber in die Zielvereinbarung. Gleiches gilt mit umgekehrten Vorzeichen für Chancen.
- Das Einräumen von Entscheidungs- und Verantwortungsräumen schafft Motivation auf Seiten der Mitarbeitenden und entlastet Führungskräfte.
- Durch Vernetzung der Leistungsträger innerhalb eines Unternehmens wirken Führungskräfte gezielt dem sozialen Druck entgegen und erhalten deren Performance und Identifikation.
- Die Maximierung seines Erfolgs gelingt dem Mitarbeitenden nach dem Modell der Wolf'schen Zwiebel auf zwei Wegen: (1) durch Steigerung seiner Ausgangsleistung und (2) durch Optimierung seines Wegs zum Ziel.

! **Ihr Nutzen: Was Führungskräfte nicht (mehr) tun**

- Mitarbeitende »zum Jagen tragen«: Lösungen für Schwierigkeiten im operativen Aufgaben- und Verantwortungsbereich der Mitarbeitenden entwickeln oder sogar selbst umsetzen.
- Von Pontius zu Pilatus laufen, um herausfinden, woran es lag, falls Ziele von Mitarbeitenden nicht erreicht wurden.
- Sich primär um die Förderung von performance-unwilligen Mitarbeitenden kümmern.
- Misserfolgsbegründungen ein Auditorium bieten.
- Fehlbesetzungen tolerieren.
- Unschärfen bei Zuständigkeiten und Verantwortlichkeiten dulden.
- Durch aktives Helfen die Türe für Rückdelegation öffnen.

- Häufig oder dauerhaft Potenzial- und Leistungsziele vereinbaren.
- Das Ausblenden von Risiken, Hemmnissen und Hindernissen bei der Zielvereinbarung zulassen.

Wie Führungskräfte diesen Nutzen realisieren

!

- Mitarbeitende auf Erfolg, auf die Zukunft und deren eigene Verantwortlichkeit für zielgerichtete Aktivitäten fokussieren.
- Mitarbeitende mit Fragen zu Erkenntnissen führen.
- Mitarbeitenden Hilfe zur Selbsthilfe geben.
- Belastbare Bindungen zu Mitarbeitenden aufbauen.
- Feedback geben: Lob immer vor allen, Kritik nur unter vier Augen.

3 Corporate Performance Improvement

Dieses Kapitel kurz und bündig !

Dieses Kapitel richtet sich speziell an Personal- und Unternehmensleitungen. Wir transferieren die Gedanken der Performance Management-Spirale auf die Ebene der Unternehmensführung und -steuerung. Dabei analysieren wir zum einen die relevantesten Potenzialrisiken, zum anderen die wirksamsten Möglichkeiten zur Steigerung der im Unternehmen gebundenen Kompetenzen und Qualifikationen. Danach identifizieren wir die wichtigsten Ansatzpunkte für die Steigerung der Unternehmensperformance. Da viele Methoden auf die Steuerung von Organisationseinheiten jeder Größe übertragbar sind, bieten diese auch Führungskräften einen Nutzen.

Das Potenzial des Unternehmens und seiner Mitarbeitenden ist die notwendige Voraussetzung für Unternehmensperformance und zugleich dessen Resultat. Auch bei der Betrachtung auf Unternehmensebene ist Potenzial kein Label, das an dem Unternehmen haftet. Vielmehr ist auch das Potenzial eines Unternehmens relativ zu bewerten, bezogen auf das derzeitig oder zukünftig betriebene Geschäftsmodell[19].

Ausgelöst durch die zunehmende Relevanz des Wissensmanagements verlangen immer mehr Unternehmensleitungen umfassende Informationen über die im Unternehmen vorhandenen Humanpotenziale. Dieser Bedeutungszuwachs resultiert zum Teil auch aus der gesetzlichen Verpflichtung der Vorstände zu umfassendem Risikomanagement.

Potenzialrisiken eindämmen

Das Wissensverlustrisiko ist enorm: Seit 2012 steigt die Anzahl der altersbedingt austretenden Mitarbeitenden jährlich rapide an und wird bis 2031 mit den Abgängen des Vor-Pillenknick-Jahrgangs etwa 250 Prozent des heutigen Niveaus erreichen.

Statement Tobias Meyer !

Gerade wegen der vielfältigen Möglichkeiten, die die Digitalisierung heute bietet, ist das Wissensmanagement für uns ein zentrales Thema. Weiß die Treuhand Hannover eigentlich, was die Treuhand Hannover weiß? Als Herausforderungen sehen wir hier die Logistik zur Verteilung des Wissens innerhalb des Unternehmens, aber auch die Motivation aller Beteiligten, Zeit und Energie in immer neue Lernerfahrungen zu investieren. Durch die Einführung eines unternehmensinternen Wikis, eines Lernmanagementsystems und verschiedener Formate zum Austausch über Best-Practice-Lösungen stellen wir uns hier entsprechend auf.
Tobias Meyer

19 Auf Individualebene wird das Potenzial durch Vergleich der Qualifikationen und Kompetenzen mit den Anforderungen der derzeitigen oder einer zukünftigen Stelle ermittelt.

Wirtschaftsprüfer, Steuerberater
Sprecher der Geschäftsführung und Partner, Treuhand Hannover GmbH Steuerberatungsgesellschaft

Unternehmen, denen der Know-how-Transfer von Ausscheidenden zu verbleibenden Mitarbeitenden nicht umfassend gelingt, ertragen schon seit 2012 eine progressiv zunehmende und in der Summe durchaus gewaltige Vernichtung des Unternehmenswerts durch sinkendes Potenzial.

3.1 Potenzial des Unternehmens mehren

Ich hatte Ihnen in Kapitel 2.3.2 vier Möglichkeiten versprochen, über die Führungskräfte auf der Ebene von Teams, Abteilungen, Bereichen und des Unternehmens verfügen, um Potenziale zu halten und zu mehren.

Die erste Möglichkeit, die Steigerung von Qualifikationen und Kompetenzen der Mitarbeitenden, hatte ich in Kapitel 2.3.2 bereits dargestellt.

!

Statement Hubert Barth

Veränderungen und Trends erkennen, individuelle Profile entwickeln und bereit sein für eine noch ungewisse Zukunft – das sind Gedanken, die sich genau jetzt lohnen. Kompetenz- und Wissensmanagement werden somit zu integralen Bestandteilen langfristiger Personalplanung, mitarbeiterorientierter Personalentwicklung und strategischer Ausrichtung eines Unternehmens. In einer Welt der Ungewissheit, durch eine sich immer schneller verändernde Unternehmenswelt ist persönliches Potenzial besonders gefordert. Die klassischen Mittel der Personalentwicklung reichen hier nicht mehr aus, weil sich die Tätigkeiten unweigerlich den Geschäftsmodellen anpassen sollten.
Hubert Barth
Vorsitzender der Geschäftsführung, Ernst & Young GmbH Wirtschaftsprüfungsgesellschaft

Im Folgenden gehe ich auf die weiteren drei Möglichkeiten ein, die sich auf der Unternehmensebene bieten.

3.1.1 Erfolgsrelevantes Personal an Bord halten

Zweite Möglichkeit: Die guten Leute an Bord halten. Es ist eine nicht delegierbare Führungsaufgabe, tragfähige und belastbare Bindungen zu den Mitarbeitenden aufzubauen, um keine wertvollen Potenziale durch Abgänge zu verlieren. Das gilt zum einen für Führungskräfte aller Ebenen, denn die Bindung zum direkten Vorgesetzten ist für die Verbleibsneigung – und für die Performance! – die bedeutsamste aller Bindungsbeziehungen.

Zum anderen gilt dies für Unternehmensleitungen und Anteilseigner. Topmanagement sowie Inhaber und Inhaberinnen personifizieren das Unternehmen. Als CEO gestalten Sie durch Ihr Reden und Tun sowie durch die von Ihnen gestaltete Unternehmenskommunikation die Verbundenheit des Mitarbeitenden zum Unternehmen als Ganzes.

Bindung ist immer etwas Gegenseitiges. Wer Loyalität verlangt, hat auch Loyalität zu geben. Mit kernigen Aussprüchen wie »Jeder Mensch ist ersetzbar« übt man zwar Druck aus, perforiert aber die Bindungsbereitschaft des Personals.

Es sind zwei Faktoren, die eine affektive Mitarbeiterbindung entscheidend stärken:

- erstens gemeinsame Werte,
- zweitens gemeinsame Ziele.

Werte verbinden

Wenn Ihnen beispielsweise der Wert »Ehrlichkeit« sehr wichtig ist, der Mitarbeitende es damit aber nicht so genau nimmt, wird die Bindung zwischen Ihnen beiden zwangsläufig ganz schön leiden. Wertedifferenzen führen nahezu automatisch zu Konflikten.

Andersherum: Indem Sie die Werte offen aussprechen und zeigen, welche Ihnen wichtig sind, schaffen Sie feste Bindungen mit denjenigen Mitarbeitenden, die Ihre Werte teilen.

Das sind diejenigen, die genau in Ihr Team und zu Ihnen als Führungskraft passen bzw. zum Unternehmen und zu Ihnen als Unternehmensleitung. Diejenigen, die nicht passen, können Sie (oder wollen Sie) auf lange Sicht ohnehin nicht halten, denn die werden für Sie auch keine sonderliche Performance erbringen (Wolf, 2020).

Wenn Sie sich unter diesem Gesichtspunkt einmal die Corporate Mission Statements oder Purpose Statements von Unternehmen ansehen, werden Sie feststellen: Viele der dort genannten Werte sind zu austauschbar, zu wenig markant, zu 08/15, zu aalglatt formuliert, manche sogar nicht authentisch oder nicht glaubwürdig. Die Folge ist mangelnde Mitarbeiterbindung zum Unternehmen. Ganz offensichtlich werden von vielen Unternehmen enorme Chancen zur unternehmensseitigen Bindung von Humanpotenzialen achtlos vertan.

Ziele verbinden

Zweiter Faktor für Bindungen: Gemeinsame Ziele. Wer noch immer nach Gründen sucht, warum man als Vorgesetzter das Thema Zielvereinbarungen sehr, sehr ernst nehmen sollte, findet hier einen weiteren Aspekt. Wie man beidseitiges Commitment oder sogar Identifikation mit Zielen schafft, wird uns in Kapitel 8.1 im Kontext der Gestaltung des Zielvereinbarungsprozesses noch beschäftigen.

Aber prüfen Sie doch jetzt schon einmal Zielrichtungen wie »Kundenzufriedenheit erhöhen«, »Qualität der Produkte steigern«, »EBITDA verdoppeln«, »Gesamtkapitalrentabilität steigern«, »Krankenstand senken« oder »Umsatz steigern« unter dem Gesichtspunkt, welche davon zu Mitarbeitenden eine Gemeinsamkeit schaffen und damit eine Verbundenheit auslösen könnten. Und welche nicht.

In Zielen ist stets auch eine Werteaussage enthalten: Sie zeigen an, was dem Zielgebenden wichtig ist. Sie haben es also in der Hand, Ihre Mitarbeitenden zu binden oder auch nicht. Die Reduzierung der Fluktuation ist primär eine Führungsaufgabe und nur in sehr engen Grenzen eine Aufgabe, die durch das Personalmanagement wahrgenommen werden kann.

Was aber zweifellos maßgeblich in den Einflussbereich des Personalbereichs fällt, ist die Personalgewinnung.

3.1.2 Geeignetes Personal gewinnen

Dritte Möglichkeit: Geeignetes Personal für die Mitarbeit im Unternehmen gewinnen. »Geeignet« umschreibt zum einen fachliche und fachübergreifende Aspekte. Es geht darum, möglichst genau *zu den Stellenanforderungen passende* Bewerber zu beschaffen. Für diesen sogenannten Person-Job-Fit haben in erster Linie die Recruiter Ihres Unternehmens zu sorgen.

Dieser Aufgabe gedanklich vorgelagert ist die Arbeit der Mitarbeitenden aus Personalmarketing und Employer Brand Management. Diese haben für Person-Organization-Fit zu sorgen: Dafür, dass sich möglichst genau *zu unserem Unternehmen passende* Menschen bewerben. Wer passt gut zu uns? Na klar: Die, die unsere Werte und Ziele teilen.

Wunscharbeitgeber für die Richtigen
Moderne Personalmanager machen die Unternehmenswerte zu einem wertvollen, eine Differenzierung von Arbeitsmarkt-Wettbewerbern ermöglichenden Merkmal der Arbeitgebermarke und zum Thema im Arbeitgebermarketing.

Selbstverständlich nur dann, wenn diese authentisch sind und nicht 08/15. Falls dies in Ihrem Unternehmen leider doch der Fall sein sollte, könnten Sie als Personalleitung jetzt die Gelegenheit nutzen, die Unternehmenswerte bezogen auf das Arbeitserleben der Mitarbeitenden zu schärfen. Indem Sie diese sodann glaubwürdig in den Arbeitsmarkt transportieren, verleihen Sie der Arbeitgeberattraktivität Ihres Unternehmens auf hochgradig geeignete Bewerber entscheidende Impulse.

3.1.3 Personal richtig einsetzen

Vierte Möglichkeit: Mitarbeitende richtig einsetzen. Üblicherweise sind die Führungskräfte bei der Endauswahl unter den Bewerbern wieder im Boot. Bei der Personalauswahl geht es darum, besonders motivierte und zu den Aufgaben und den Zielen der Stelle optimal passende Mitarbeitende auszuwählen.

Wenn Sie dazu mehr erfahren möchten und dazu, wie man die richtigen Mitarbeitenden für die gegebenen Aufgaben und Ziele auswählt – und andersherum, wie man die richtigen Aufgaben und Ziele für die gegebenen Mitarbeitenden Ihres Bereichs bestimmt: Werfen Sie gleich einmal einen Blick in Kapitel 8.1.1.

Übersicht: Vier Möglichkeiten, das Potenzial des Unternehmens zu halten und zu mehren !

1. Qualifikationen und Kompetenzen der Mitarbeitenden aktualisieren und weiterentwickeln
2. Erfolgsrelevantes Personal an Bord halten
3. Geeignetes Personal gewinnen
4. Personal richtig einsetzen

3.2 Performance des Unternehmens steigern

Einen Wettbewerb gewinnt man, indem man besser ist als seine Gegner. Unternehmen, die im Wettbewerb stehen, können gar nicht anders als immer besser werden. Tun sie es nicht, fallen sie gegenüber Marktbegleitern zurück.

Ich habe mich in diesem ersten Absatz der Gefahr, des Phrasendreschens beschuldigt zu werden, bewusst ausgesetzt. Das liegt daran, dass mir oftmals in Führungskräftetrainings vorgehalten wird, man könne nicht immer besser werden: »Herr Wolf, immer höher, schneller, weiter – irgendwann ist das Ende der Fahnenstange doch erreicht!« Ja, man kann dieses Wirtschaftsprinzip durchaus kritisch hinterfragen unter Gesichtspunkten wie beispielsweise der Endlichkeit von Ressourcen auf diesem Planeten.

Wer aufhört, besser zu werden, hat aufgehört, gut zu sein.
Philip Rosenthal

In einem marktwirtschaftlich geprägten Wirtschaftssystem wie unserem wird primär auf die selbstregulierende Kraft der Märkte gesetzt. Das bedeutet, dass es immer Gewinner, aber auch immer Verlierer geben wird. Wettbewerb ist Fakt, wie wir es auch drehen und wenden. Die Folge: Wir müssen immer besser werden.

Die Realität zeigt: Es geht. Auch vor 100 Jahren dachten viele Menschen, das Ende der Fahnenstange sei erreicht. Und doch sind wir danach in fast jeder Hinsicht besser geworden. Das nahende Ende der Fahnenstange ist offenbar nur die Grenze unseres Vorstellungsvermögens.

Unternehmen gewinnen oder verlieren

Die Reihen auf den Unternehmensfriedhöfen sind lang und es sind auch große Namen dabei. Diese haben vielleicht den Wandel vom Verkäufer- zum Käufermarkt nicht erkannt oder sonst irgendeine gravierende Veränderung verpasst. So wie diejenigen Unternehmen, die heute beispielsweise das Erfordernis zur digitalen Transformation [Kapitel 9.3] nicht ernst nehmen und ihren Namen demnächst ebenfalls als Inschrift auf einem Stein wiederfinden werden.

Die Gedanken aus den Kapiteln 2.2 (Leistung) und 2.3 (Erfolg) lassen sich mühelos auf die Ebene der Unternehmensperformance übertragen. Es geht darum, die Kräfte auf den Unternehmenserfolg, auf Unternehmensziele und auf die Visionen auszurichten. Dazu werden zum Beispiel unternehmensbezogene Startschwierigkeiten, Leistungshemmnisse und Erfolgshindernisse aus dem Weg geräumt.

Startprobleme

Mit Startschwierigkeiten können Herausforderungen im Bereich des Unternehmensstarts gemeint sein. Primär sind hiermit jedoch Probleme zum Beginn von Leistungserbringungsprozessen in Unternehmen angesprochen oder auch Schwierigkeiten beim Start von strategisch relevanten Projekten.

Erinnern Sie sich an das Beispiel aus dem B2B-Softwarevertrieb? Dort fiel beispielsweise die Beseitigung eines Leistungshemmnisses durch Einführung eines CRM-Systems nicht in die Verantwortung des Mitarbeitenden oder der Führungskraft, sondern in die der Vertriebsgeschäftsführung.

Unternehmenserfolg im Fokus

Als weiteres Beispiel für Hemmnisse und Hindernisse auf Unternehmensebene könnte die organisationale Struktur dienen, sofern diese die erforderlichen Innovationen oder die flexible Reaktion auf Veränderungen ausbremst. Indem Unternehmen Funktionssilos auflösen oder sie durchlässiger gestalten, führen sie wertvolle erste Schritte zur Beseitigung dieses Leistungshemmnisses durch.

Wir haben auch im Zusammenhang mit der Zielerreichung des einzelnen Mitarbeitenden bereits über das Risikomanagement gesprochen. Wer weiß, vielleicht schlummern interne Risiken auf Unternehmensebene bei Ihnen in den eingesetzten Standard-Arbeitsverträgen: Bezüge zu Flächentarifverträgen etwa, denen sich das Unternehmen einst aus Gründen der Bequemlichkeit unterworfen hat, die aber künftig das Differenzieren und Absetzen vom Wettbewerb behindern können wie ein Klotz am Bein.

Unternehmerisches Risiken- und Chancenmanagement
Weitere interne Risiken könnten im drohenden Wissensverlust durch überalterte Mitarbeitenden-Struktur liegen, in Personalbeschaffungsrisiken durch mangelnde Arbeitgeberattraktivität, in Ausfallrisiken durch veraltete IT-Struktur oder Reparaturstau im Maschinenpark, in fehlenden Expansionsflächen oder in einem unmodernen Erscheinungsbild.

Statement Prof. Dr. Arnold Weissman !

Ich kann jedem Unternehmen nur empfehlen, alle zwei Jahre eine Wissensbilanz aufzustellen. Wissens- und Innovationsvorsprünge werden immer mehr zu den entscheidenden Wettbewerbsvorteilen in hart umkämpften Märkten.
Prof. Dr. Arnold Weissman
Weissman & Cie.

Viele Unternehmensleitungen nutzen hierfür die Stärken-Schwächen-Analyse als Teil der SWOT-Analyse[20] oder berufen Risikoinventarisierungs-Workshops ein. Wenn Sie die internen Risiken inventarisiert haben, kommen die externen an die Reihe. Drohen beispielsweise disruptive technologische Fortschritte? Denken Sie an Elektroautos oder Selbstfahrer. Was gäbe es an plötzlichen politischen Entscheidungen wie Atomausstieg, Pandemie-Regelungen oder Handelsblockaden, an kapitalmarktbezogenen Effekten wie Börsenturbulenzen oder Zinsänderungen, an gesellschaftlichen Umbrüchen wie Mauerfall oder Flüchtlingsstrom, an Markt- bzw. Wettbewerbsveränderungen wie sich um 180 Grad drehenden Anforderungen der Konsumenten?

Externe und interne Einflüsse inventarisieren
Die Beispiele sollen Ihnen lediglich als Inspiration dienen. Die externen Risiken für Ihre Unternehmensziele können Sie nur selbst ermitteln. Beim Inventarisieren von externen Störfaktoren – beziehungsweise, um die positiven Aspekte mit zu erfassen: von externen Einflüssen – helfen Ihnen Methoden der strategischen Unternehmensplanung.

Je nachdem, womit in Ihrem Hause üblicherweise gearbeitet wird, nutzen Sie beispielsweise die Szenarioanalyse, die Modelle im Bereich von PEST/STEP bis PESTLE/

20 SWOT steht für Strengths, Weaknesses, Opportunities und Threats. Die SWOT-Matrix verbindet die Ergebnisse von Stärken-Schwächen-Analyse und Chancen-Risiken-Analyse mit hierfür geeigneten Strategien (Wolf, 2015).

SLEEPLE[21] oder die Chancen-Risiken-Analyse als Teil der SWOT-Analyse. Sie können auch eher operative Vorgehensweisen aus der Fehlermöglichkeits- und Auswirkungsanalyse (FMEA) des internen Qualitätsmanagements, der ABC-Analyse[22] oder der Business Impact Analyse (BIA) auf diese Fragestellung übertragen.

Hauptsache, am Ende halten Sie eine umfassende, vollständige Chancen- und Risikoliste in den Händen.

Maßnahmen entwickeln

Denn das Erfolgsrezept lautet hier wie auf Mitarbeitenden-Ebene: Erst alles auflisten, was uns faktisch hemmt und fördert bzw. was uns potenziell hindern oder helfen könnte. Dann jeden Punkt auf der Liste in Ruhe durchdenken und kreativ Maßnahmen gegen Risiken und Aktionspläne zur Nutzung innewohnender Chancen entwickeln.

!

Vier Schritte zur Sicherung des Unternehmenserfolgs

1. Inventarisieren von
   - Hemmnissen, Hindernissen und erfolgsförderlichen Gegebenheiten
   - Risiken und Chancen inklusive Frühindikatoren
2. Bewerten der Aspekte
   - Eintrittswahrscheinlichkeit
   - Schadenhöhe (bei Chancen: Nutzenauswirkung)
3. Entwickeln von Maßnahmen zur
   - Vermeidung (Prävention) bzw. Reduzierung der Eintrittswahrscheinlichkeit
   - Beseitigung bzw. Minderung der Schadenhöhe
   - Positivierung und Nutzung
   - (bzgl. Chancen umgekehrt)
4. Entscheidung
   - Auf jeden Fall umzusetzende, konkret formulierte Aktions-Pläne
   - Im Wenn-Dann-Format formulierte, bei Auftreten von möglichen Einflüssen umzusetzende Alternativ-Pläne

Erinnern Sie sich noch an den Beispielfall des Unternehmens, das sich den US-amerikanischen Markt erschließen wollte (in Kapitel 2.3)? Hieran wird deutlich, dass all das in diesem Buch von mir über Performance Zusammengetragene und Niedergeschriebene auf alle Unternehmensbereiche, alle Branchen und sogar auf öffentliche Verwaltungen oder auf Non-Profit-Organisationen (NPO) übertragbar ist.

21 Bei diesen Modellen wird durch eine Klassifizierung versucht, die externen Aspekte möglichst vollumfänglich zu erfassen. P steht für politische Einflüsse, E für ökonomische (economic) Faktoren, S für soziologische und gesellschaftliche Aspekte, T für technologische Effekte, L für rechtliche (legal) und das »zweite E« für ökologische (environmental) Gesichtspunkte.

22 Hierbei erfolgt eine Analyse der Abhängigkeiten von Kunden, Produkten / Services, Lieferanten durch A-, B- und C-Klassifizierung.

Während mit Erfolg bei Unternehmen der freien Wirtschaft üblicherweise Profite und Wertzuwächse gemeint sind, gelten bei Verwaltung und NPO deren jeweilige Ziele als Gradmesser für den Erfolg.

Elemente der Führung

Auch Führungskräfte, die die unternehmensseitige Weiterentwicklung blockieren, können Hemmnisse und Hindernisse darstellen. Führungskräfte, die die Unternehmensentwicklung im Sinne der Visionen und Ziele forcieren, hingegen als dem Unternehmenserfolg zuträgliche Faktoren.

Fazit dieses Kapitels !

- Auch auf der Unternehmensebene umfasst die Performance Management-Spirale das Potenzial des Unternehmens, den geleisteten Performance Input (Leistung) und den erzielten Performance Output (Erfolg).
- Die Unterscheidung von Potenzial als notwendige Voraussetzung und Leistung als Weg zum Ziel sowie Erfolg als erreichtes Ziel unterstützt Unternehmens- und Personalleitungen, die Zielvereinbarungssysteme zu gestalten und auszurichten haben.
- Die Maximierung des Unternehmenserfolgs gelingt durch Steigerung des Performance-Inputs, durch Ausrichtung auf die Business Ziele und die Optimierung der zielorientierten Maßnahmen.
- Für Unternehmensleitungen besteht der primäre Nutzen der Performance Management-Spirale in der Steuerung der Unternehmensperformance.
- Ein weiterer Nutzen der Performance Management-Spirale bietet sich durch das integrierte Risiko- und Chancenmanagement.

Ihr Nutzen: Was Unternehmensleitungen nicht (mehr) tun !

- Menschen in Führungspositionen befördern, die nicht zum Aufbau von festen Mitarbeiterbindungen bereit oder fähig sind.
- Nicht identifikationsförderliche Unternehmenswerte, austauschbare Purpose und Mission Statements sowie bindungsunwirksame Unternehmensvisionen kommunizieren.
- Mangelnde Unternehmensbindung (Identifikation) von Mitarbeitenden und mangelndes Commitment mit unseren authentischen (und dafür ggf. revidierten) Unternehmenswerten und -visionen tolerieren.
- Sich mit unzureichender Attraktivität als Arbeitgeber und Schwierigkeiten bei der Personalgewinnung abfinden.
- Unzutreffende Personalallokation und resultierende Low Performance hinnehmen.
- Hausgemachte und von außen kommende Unternehmensrisiken bei der Formulierung von Visionen, Strategien und Zielen ausblenden.

Wie Unternehmensleitungen diesen Nutzen realisieren !

Mithilfe der drei Ansatzpunkte der Performance Management-Spirale das Potenzial und die Performance des Unternehmens steigern.

4 Qualität der Zielvereinbarung optimieren

Dieses Kapitel kurz und bündig

!

Dieses Kapitel richtet sich an Aufsichtsräte, Unternehmensleitungen, Führungskräfte, Personalleitungen, Coaches, Trainerinnen und Trainer sowie Mitarbeitende der Führungskräfteentwicklung. Anhand von Praxisbeispielen unterscheiden wir Ziele und Maßnahmen. Wir besprechen die Qualitätskriterien für nutzenstiftende Zielvereinbarungen, für klare Ziele und für Konkrete bzw. Alternative Aktions-Pläne des Mitarbeitenden. Sicher ist das Optimum nicht für jeden Vorgesetzten schon heute mit vertretbarem Aufwand umsetzbar: Greifen Sie diejenigen Aspekte heraus, von denen Sie den größten Nutzen erwarten.

Vielleicht haben Sie im vorherigen Kapitel an der einen oder anderen Stelle gestutzt, wenn ich beispielsweise den Begriff Zielrichtung benutzt habe oder von Aktions-Plänen gesprochen habe. Während wir jetzt direkt ein gemeinsames Begriffsverständnis entwickeln, untersuchen wir die hiermit jeweils verbundenen Inhalte daraufhin, welche Optimierungsmöglichkeiten sich für Sie bieten.

4.1 Zielvereinbarung auf zwei Säulen – die Zwei-Säulen-Methode

Zielvereinbarung ist das Ergebnis eines Prozesses zwischen der Führungskraft und seinen Mitarbeitenden, der schlicht und einfach als Zielvereinbarungsprozess bezeichnet wird. Wir werden uns zuerst mit dem Resultat befassen, der Zielvereinbarung. Dabei werden wir die Anforderungen erarbeiten, die eine Zielvereinbarung zu erfüllen hat, damit sie für Sie als Führungskraft optimal wirksam werden kann.

Prinzip #4

!

Zielvereinbarung ist das Ergebnis eines Zielvereinbarungsprozesses.[23]

Der hieraus resultierenden Frage, wie man mit möglichst geringem Aufwand im Verlaufe des Zielvereinbarungsprozesses zu diesem Ergebnis kommt, gehen wir in Kapitel 8.1 nach.

23 Einen Überblick über alle Leitsätze und Prinzipien finden Sie am Buchende in den Kapiteln 13 (Leitsätze des Führens mit Zielen) und 14 (Prinzipien für das Führen mit Zielen).

4.1.1 Zielvereinbarungsgespräch und Zielvereinbarungsprozess

Das Zielvereinbarungsgespräch steht bei Jahreszielvereinbarungen am Ende des Zielvereinbarungsprozesses. Im Zielvereinbarungsgespräch erfolgt die endgültige Zielvereinbarung.

Je länger die zu planende Zielperiode, desto umfangreicher ist zwangsläufig auch der Zielvereinbarungsprozess. Führungskräfte, die auch unterjährig mit Zielen führen, erreichen bei sich selbst und bei ihren Mitarbeitenden eine Routine in der Vereinbarung von Zielen, die sich enorm positiv auf die Effizienz auch der Jahreszielvereinbarungsprozesse auswirkt.

Indem Sie als Führungskraft Ziele für Ihre Mitarbeitenden strategisch entwickeln und mit diesen vereinbaren, geben Sie Orientierung und definieren relevante Erfolgskriterien. Sie bringen die individuellen Ziele der Mitarbeitenden in Sinnzusammenhänge mit den Zielen der Gesamtorganisation.

4.1.2 Zielhierarchie und Zielkaskade

Das Führen mit Zielen stellt nicht nur ein wirkungsvolles Instrument der Mitarbeiterführung, sondern auch der Unternehmenssteuerung dar: Inhaber oder relevante Anteilseigner legen mit der Unternehmensspitze zusammen die strategischen Unternehmensziele fest. Diese werden entlang der Zielhierarchie »heruntergebrochen«. Dieses für mein persönliches Dafürhalten viel zu hässliche Wort beschreibt einen weiteren Prozess, der diesmal auf der Ebene des gesamten Unternehmens angesiedelt ist.

Hierbei werden die Unternehmensziele top down von Ebene zu Ebene kaskadiert und dabei funktionsorientiert aufgespalten: in Business-Unit-Ziele, in Bereichsziele, in Abteilungsziele, in Team-, Gruppen- oder Schichtziele. So gelangen sie schließlich zu demjenigen Mitarbeitenden, der das jeweilige Teil- oder Unterziel operativ zu realisieren hat.

Ziele aufspalten und in die nächste Ebene transportieren
Der Zielvereinbarungsprozess zwischen einer Führungskraft und den jeweiligen, direkt unterstellten Mitarbeitenden stellt somit lediglich eine Stufe der gesamten Zielkaskade dar. Techniken, mit deren Hilfe Sie als Mitglied der Unternehmensleitung die Effizienz und Effektivität der Zielkaskade maximieren, sind zwar erst für Kapitel 7 vorgesehen.

Dennoch ist dieses Kapitel auch für Sie bedeutsam: Mit der Qualität Ihrer Zielvereinbarungen, sowohl gegenüber dem Aufsichtsgremium als auch gegenüber der Ihnen unterstellten Führungsebene, setzen Sie unternehmensweit Qualitätsmaßstäbe für Zielvereinbarungen.

Wer die Formulierung der Unternehmensziele auf die leichte Schulter nimmt und sich in beiderseitigem Einverständnis die eine oder andere Nachlässigkeit gönnt, nimmt schwerwiegende Qualitätsminderungen für das Ergebnis der Kaskade billigend in Kauf.

Qualität beginnt bei dem CEO

Im Zusammenhang mit den Unternehmenszielen, dem Beginn der Zielkaskade, wird in Fachartikeln bisweilen das Bild des Kapitäns auf der Kommandobrücke eines Schiffs als Illustration verwendet. Doch die Unternehmensleitung ist spätestens ab SME-Level[24] nicht Kapitän eines Schiffs, sondern Admiral einer Flotte. Jedes unserer Schiffe hat seinen eigenen Kapitän, und jeder von denen hat seine eigenen Vorstellungen. Es ist unsere Aufgabe, die Flotte zusammenhalten und alle Schiffe zu einem Hafen zu bringen, der Erfolg heißt.

Unschärfen vermeiden

Manch ein Admiral lässt es ganz gerne zu ungenauen Formulierungen der Unternehmensziele kommen. Bieten sie ausreichend Interpretationsspielräume, verschließt sich auch bei schlechten Geschäftsjahren der Zugang zur Tantieme nicht. Doch wenn man die Unschärfe solcher Ziele nicht für die zu kaskadierenden Unternehmensziele herausnimmt, werden sich die Interpretationsspielräume durch die gesamte Zielkaskade hindurchziehen: Auf dem Weg top down wird dann auf jeder Ebene interpretiert, gemutmaßt und umgedeutet.

Rechnen Sie mit: Falls sich die Ziele dadurch auf jeder Stufe der Kaskade nur um 30 Prozent verändern, kommen auf der 5. Hierarchieebene rund 10 Prozent richtige und 90 Prozent falsche oder umgedeutete Zielbotschaften an.

Mit der Folge, dass in den jeweiligen Zielvereinbarungen der nachfolgenden Ebenen viele verschiedene Häfen als Ziel bezeichnet werden. Wenn die jeweiligen Kapitäne nach Ablauf der Zielperiode dort ankommen, verbuchen sie dies guten Gewissens auch als Erfolg. Möglicherweise werden hierfür direkt auch Boni fällig.

Da sich die Flotte aber auf zig Häfen verteilt, wird das nicht ohne Rückwirkungen auf den Erreichungsgrad der Unternehmensziele und auf den Admiral persönlich haben.

24 Gemäß Definition der Europäischen Union werden Unternehmen mit bis zu 250 Mitarbeitenden oder bis zu 50 Mio EUR Jahresumsatz bei einer Bilanzsumme bis 43 Mio EUR als SME, Small and Medium Sized Enterprises (dt. KMU, Kleine und Mittlere Unternehmen bzw. KMB, Klein- und Mittelbetriebe) bezeichnet.

Damit das nicht passiert, hat er die Schiffe ständig zu beobachten und nachzusteuern. Gleiches passiert Führungskräften, die ungenaue Formulierungen bei den Zielen ihrer Mitarbeitenden zulassen. Diese Pflicht zum Nachsteuern ist eine der Aufwandspositionen bei der Zielvereinbarung, die Sie sich mithilfe der Methoden ersparen können, die ich in diesem Kapitel vorstelle. Bei angestellten Geschäftsführungen und Vorständen können bereits die Aufsichtsräte dafür sorgen, dass die Unternehmensziele den Anforderungen genügen.

HR Qualitäts-Check
Insbesondere das Kapitel 4.2 bietet Aufsichtsräten, Unternehmensleitungen, Führungskräften, aber auch Personalleitungen, Coaches sowie Mitarbeitenden der Führungskräfteentwicklung einen Quick-Check der Minimalanforderungen bei der Zielformulierung. Dass sich *smart* zwar dufte anhört, aber nicht als Qualitätskriterium für Ziele ausreicht, hat die Praxis vieltausendmal gezeigt. Die Kriterien, die ich Ihnen anbieten werde, haben hingegen noch nicht ein einziges Mal versagt.

Falls diese Qualitätskriterien auf einer Ebene nicht erfüllt werden, können Sie die sich darunter abspielende Kaskade direkt in die Tonne treten. Leider ist dies in der Praxis vieler Unternehmen der Fall. Solche Fälle von Nachlässigkeit liefern den Zielvereinbarungsgegnern die benötigten Argumente.

Lassen Sie nicht zu, dass ein nützliches Unternehmenssteuerungs- und Mitarbeiterführungsinstrument abgeschafft wird, weil es manch einer nachlässig oder missbräuchlich anwendet. Sichern Sie lieber die Qualität. Sie werden vielfältige Ansatzpunkte mitnehmen, um die Qualität der Zielvereinbarungen zu sichern sowie um Vorgehens- und Verhaltensweisen unternehmensweit zu vereinheitlichen und zu synchronisieren.

4.1.3 Zielvereinbarung und Zielerreichung

Im vorhergehenden Kapitel haben wir anhand der in die Performance Management-Spirale integrierten Wolf'schen Zwiebel die Performance Teile Erfolg (Performance Output) und Leistung (Performance Input) unterschieden. Diese beiden Begriffe gehören folgerichtig nicht zum Prozess der Zielvereinbarung, sondern zu dem der Zielerreichung.

!

Zielerreichung

1. Erfolg verstehen wir als das Erreichen des Ziels.
2. Leistung bezeichnet Maßnahmen, die zum Erfolg geführt haben.
3. Potenzial ist eine Voraussetzung, damit Leistung erbracht werden konnte.

Konkreter Aktions-Plan (KAP)
Die hiermit korrespondierenden Ausdrücke, die in Zusammenhang mit der Zielvereinbarung benutzt werden, sind Ziel und Maßnahmenplanung. Ich nutze statt letzterem allerdings lieber den Terminus *Konkreter Aktions-Plan (KAP)*. Dafür habe ich zwei gute Gründe:

1. Das Wörtchen »konkret« verdeutlicht, dass Sie als Führungskraft gewisse Anforderungen an die vom Mitarbeitenden zu planenden Aktivitäten stellen.
2. Der Begriff Aktion weist darauf hin, dass hier der Mitarbeitende etwas tun wird.

Unter dem Gesichtspunkt des beabsichtigten Nutzens für die Führungskraft weisen diese beiden Bezeichnungen – »Ziel« und »Konkreter Aktions-Plan« – in die richtige Richtung. Zudem verdeutlichen sie, dass mit der abgeschlossenen Zielvereinbarung erst der Zustand einer abgeschlossenen Planung erreicht ist.

Zielvereinbarung !

1. Ziel bezeichnet das geplante Ergebnis.
2. Konkrete Aktions-Pläne verstehen wir als Planung der Leistung.
3. Benötigtes Potenzial ist die Basis, um Leistung zu erbringen.

Es geht mir sicher nicht in erster Linie um Begrifflichkeiten, sondern um Zielvereinbarungsqualität. Ich habe Unternehmensziele gesehen, die allenfalls als Maßnahmen zu bezeichnen waren. Für einen KAP mangelte es an ausreichender Konkretheit.

4.1.4 Ziele und Maßnahmen

Und selbst wenn sie konkret gewesen wären, hätte dies das primäre Problem nicht gelöst: Eine Maßnahme, ein KAP, kann man delegieren im Sinne von »zu einem Mitarbeitenden hinbringen, der es tun soll«. Aber eine Maßnahme kann nicht entlang der Zielhierarchie kaskadiert werden.

Ein paar Beispiele: Wie wollen Sie »Isolieren des XYZ-Virus«, »Präsenz auf der Internationalen Möbelmesse«, »Entwicklung des Kunststoffprodukts XYZ«, »Maschinen regelmäßiger warten« kaskadieren, also Ebene für Ebene top down aufspalten? Das sind keine Ziele. Denn man kann diese nur einem Mitarbeitenden geben und sagen, dass er es tun soll. Oder einem Team. Das Wörtchen »tun« zeigt deutlich: Das sind Aufgaben, Tätigkeiten, Aktivitäten, Maßnahmen. Das sind Wege zum Ziel und keine Ziele.

Maßnahmen sind nicht kaskadierbar
Dass es in der Praxis keineswegs selten zu solchen Zielen kommt, die lediglich Maßnahmen sind, ist mehr als verständlich. Wir Führungskräfte sind gewohnt, in Maßnahmen zu denken. Wir überlegen ständig, was jetzt zu *tun* ist, um … Auch Unternehmens-

leitungen denken in Maßnahmen, dort heißen sie Strategien. Auch Strategien sind etwas, was über einen Zeitraum von mehreren Jahren und zumeist auf Unternehmensleitungsebene, Business Unit-Ebene oder Bereichsebene zu *tun* ist, um ...

Um? Um was denn? Ja, genau: ... um Ziele zu erreichen. Oder, damit wir den Counterpart zu den Strategien auf der mehrjährigen Ebene hier direkt auch noch erwähnt haben: ... um Visionen zu realisieren.

»Was damit erreicht werden soll« statt »Was zu tun ist«

Es ist für uns Führungskräfte verdammt schwer, umzuschalten von »was zu tun ist« auf »was damit erreicht werden soll«. Wir Führungskräfte denken viel zu viel und viel zu oft in Maßnahmen, statt in Zielen und Visionen.

Sofern ich als Führungskraft die Kompetenzen meines Mitarbeitenden optimal entfalten und nutzen möchte, werde ich ihm nur das Ziel nennen: Über den Weg soll er sich doch bitte selbst ein paar Gedanken machen. Er kennt sich doch bestens aus in seinem Tätigkeitsfeld. Und dann soll er mit mir die Ergebnisse seiner Überlegungen abstimmen. Meine Absicht dabei: Ich möchte mich durch Zielvereinbarungen weiter entlasten, ich möchte mir zusätzlichen Entlastungsnutzen sichern.

! **Prinzip #5**

Führen heißt, in Zielen zu denken.[25]

Falls ich unbedingt die Umsetzung einer bestimmten Maßnahme wünsche, werde ich dennoch ergänzend das Ziel klarstellen. Damit bringe ich die Maßnahme in einen für meinen Mitarbeitenden verständlichen Sinnzusammenhang.

Das motiviert und schafft ihm die Möglichkeit, bei der Umsetzung im Falle von auftretenden Schwierigkeiten adäquat zu reagieren. Er kann auf einen anderen Weg zum Ziel umschalten. Er ist nicht gezwungen, bei mir aufzulaufen und nachzufragen, wie er sich denn angesichts des Hindernisses verhalten (= welche Maßnahme er denn jetzt ergreifen) soll.

Dies stellt einen bedeutsamen Nutzen für Sie als Führungskraft dar. Ich biete Ihnen gleich Praxisbeispiele für diese Verbindung aus Ziel und KAP, möchte aber erst noch kurz bei den Zielen bleiben. Egal, ob wir eine bestimmte Maßnahme getan haben wollen oder für andere Wege zum Erfolg offen sind: Wir Führungskräfte kommen offensichtlich um das Formulieren von Zielen nicht umhin.

25 Einen Überblick über alle Leitsätze und Prinzipien finden Sie am Buchende in den Kapiteln 13 (Leitsätze des Führens mit Zielen) und 14 (Prinzipien für das Führen mit Zielen).

In Zielen und Visionen denken

Sofern wir uns möglichst stark entlasten wollen, sofern wir die Verantwortung für die verlässliche Zielerreichung sowie für die ideenreiche Entwicklung und engagierte Umsetzung von Maßnahmen an die nächste Ebene abgeben wollen, sollten wir *ausschließlich* Ziele formulieren.

Das Schöne an Zielen: Jedes Ziel ist kaskadierfähig, jedes Ziel ist weiter aufspaltbar, jedes Ziel ist messbar, zu jedem Ziel führen mehrere Wege und last not least, jedes realisierte Ziel ist ein Erfolg.

Für Maßnahmen gilt dies alles nicht. Eine Maßnahme wie »Präsenz auf der Internationalen Möbelmesse« kann so oder so umgesetzt werden: engagiert oder nicht, mit Ideenreichtum bei Schwierigkeiten oder nicht, erfolgreich oder nicht.

Eine realisierte Maßnahme ist auch nicht automatisch ein Erfolg. Nutzen wir die Performance Management-Spirale: Eine realisierte Maßnahme ist Input, Einsatz – eine Leistung. Erfolg wäre, wenn auf der Messe Aufträge gewonnen wurden. Denn »x auf der Messe gewonnene Aufträge ist was? Na klar, ein Ziel.

Ziel ist Ziel und Maßnahme ist Maßnahme

Zweifellos ist die Unterscheidung zwischen Zielen und Maßnahmen keineswegs trivial. Es gibt eine gewisse Grauzone, manches kann sowohl als Ziel als auch als Maßnahme gelten. Ein Beispiel: Das »Isolieren des XYZ-Virus« ist unter dem Gesichtspunkt, dass dieser erforscht und ein Gegenmittel auf den Markt gebracht werden soll, als Maßnahme der erste Teilschritt einer Strategie. Die Vision ist, in ein paar Jahren mit dem Medikament ein Geschäft zu betreiben und betroffene Menschen zu heilen.

Aber: Für ein Team von Mitarbeitenden im Bereich Forschung & Entwicklung könnten Sie als Leitung der Entwicklungsabteilung auch als Jahresziel setzen, den Virus isoliert zu haben.

Ziele und Maßnahmen unterscheiden !

- Was man nur tun kann, ist eine Maßnahme
- Was man nur erreichen kann, ist ein Ziel
- Wenn es ein »um« gibt, ist es ein Teilziel, ein Unterziel oder eine Maßnahme

Faustregel für die Unterscheidung zwischen Zielen und Maßnahmen: Kann man es *tun*, ist es eine Maßnahme. Kann man es *erreichen*, ist es ein Ziel. So ist es ja auch bei den korrespondierenden Begriffen aus dem Bereich der Zielerreichung, der Leistung und dem Erfolg. Leistung kann man erbringen, Erfolge nur erreichen.

Das kleine Wörtchen »*um*« kann uns ergänzende Dienste leisten. Wenn es ein »*um*« gibt, steht ein Ziel dahinter. Damit ist es allerdings noch nicht automatisch eine Maßnahme.

Es könnte auch ein Oberziel dahinterstehen, das in einer überstellten Ebene aufgespalten wurde. Beispiel: »Reduzierung der Kosten im Werkzeugbau auf 150.000 EUR« ist sicher keine Maßnahme, obwohl es ein *um* gibt, nämlich *um* die Kosten der Produktion insgesamt zu senken. Es ist ein Teilziel, das Oberziel ist die Kostensenkung in der Produktion.

Zielvereinbarung – das Zwei-Säulen-Modell
Eine solide Zielvereinbarung steht auf zwei Säulen und gibt hierdurch beiden Zielvereinbarungspartnern Sicherheit. Die Zielvereinbarung umfasst das Ziel und die KAP als die Planung der Wege zu diesem Ziel.

!

Prinzip #6

Eine Zielvereinbarung umfasst Ziele und Maßnahmen.[26]

Als dritten Aspekt hatten wir zuvor das Potenzial genannt: »Benötigtes Potenzial ist die Basis, um Leistung zu erbringen«. Das Potenzial des Mitarbeitenden ist vorstellbar als Boden, auf dem die Zielvereinbarung gebaut wird. Mangelt es hieran, kommt der Bau ins Wanken. Fehlende Kompetenzen kann eine Zielvereinbarung in einem gewissen Maße auffüllen: Nicht als Ziel, sondern durch Aufnahme eines entsprechenden KAP zum Erwerb des benötigten Potenzials.

Sofern Sie aber bei dem betreffenden Mitarbeitenden die Überzeugung gewonnen haben, dass der Boden nicht tragfähig ist und auch nicht kurzfristig in ein solides Fundament verwandelt werden kann, verzichten Sie lieber auf den Versuch, hierauf ein Zielvereinbarungshaus zu bauen.

Zu dem 6. Prinzip »Eine Zielvereinbarung umfasst Ziele und Maßnahmen« passt ein Teil der Performance Management-Spirale. Damit Sie diesen mit einem Blick erfassen können, habe ich ihn oberhalb des Zwei-Säulen-Modells der Zielvereinbarung in die Abbildung 8 eingefügt. Ihnen ist klar, dass er von seiner Begrifflichkeit eigentlich nicht zur Zielvereinbarung, sondern in die Welt der Zielerreichung gehört.

26 Einen Überblick über alle Leitsätze und Prinzipien finden Sie am Buchende in den Kapiteln 13 (Leitsätze des Führens mit Zielen) und 14 (Prinzipien für das Führen mit Zielen).

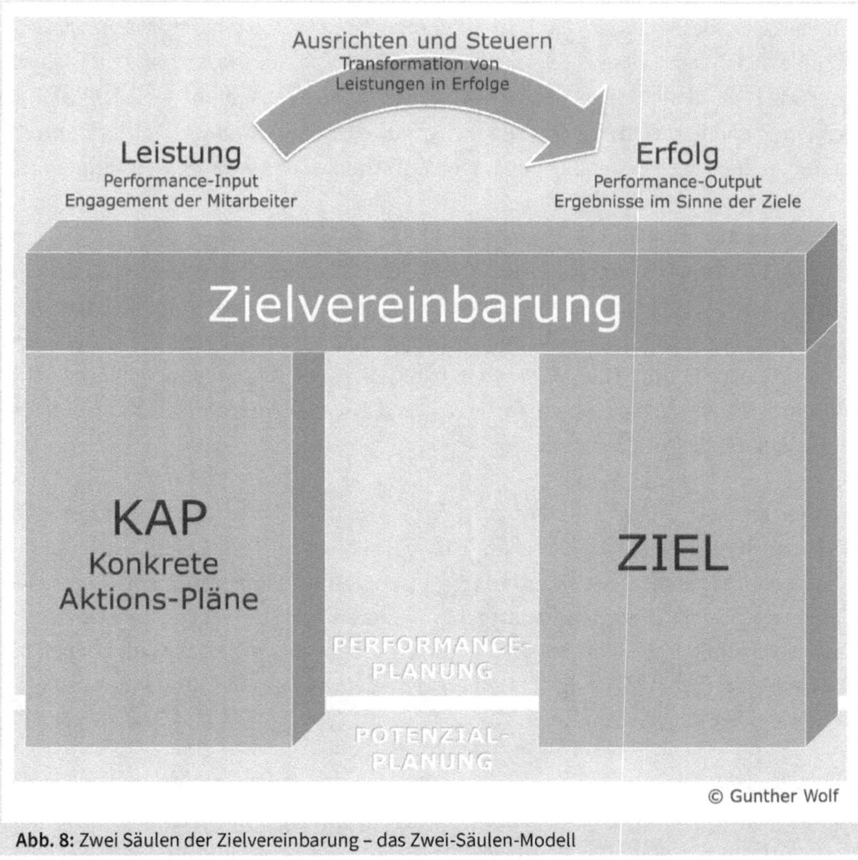

Abb. 8: Zwei Säulen der Zielvereinbarung – das Zwei-Säulen-Modell

4.1.5 Täglicher und jährlicher Einsatz

Wer Zielvereinbarungen zum Führen tagtäglich nutzt, setzt zumeist einfache Zielvereinbarungen ein, bei denen es nur um ein Ziel geht. Meistens gibt es dazu auch nur einen KAP, den der Mitarbeitende vorschlägt. Bei einem Vortrag vor 500 Mitgliedern einer Innung fragte ein Teilnehmer: »Herr Wolf, wenn ich sage, dass der Mitarbeitende dieses Dach bis heute Abend wieder dicht kriegen soll, ist das schon ein Ziel?« Ja, ist es.

Machen wir an diesem Beispiel die Zielvereinbarung komplett. Falls der Mitarbeitende genau solch ein Dach noch nicht schon tausendmal erfolgreich repariert hat, falls Sie sich also nicht völlig sicher sind, dass er das erfolgreich hinbekommt, sollten Sie ihn danach fragen, wie er vorzugehen plant. In unserem Wording: Sie holen sich seinen KAP.

Bevor Sie diesem zustimmen, könnten Sie, wenn Sie mögen, noch Ihre Möglichkeiten zur Optimierung des Erfolgs testen. Das geht am besten durch Führen mit Fragen. Ich bin kein Dachdecker, aber vielleicht kann man den Mitarbeitenden fragen, wie er es schon bis Mittag schaffen könnte. Oder wie er den Materialeinsatz verringern könnte. Oder wie er für den Kunden einen Zusatznutzen generieren könnte. Vielleicht ist einer der neuen KAP besser als der ursprünglich geäußerte. Dann stimmen Sie diesem zu und wünschen dem Mitarbeitenden viel Erfolg. Zielvereinbarung erledigt. In 5 Minuten.

Alternative Aktions-Pläne (AAP)

Jetzt kommt »Zielvereinbarung plus«: Eine Option für Führungskräfte. Nach dem Abnehmen der Ziegel könnte sich herausstellen, dass die tragenden Holzbalken durch den Feuchtigkeitseinbruch Schaden genommen haben. Oder dass die Unterspannbahn brüchig ist. Indem der Meister den Mitarbeitenden fragt, was er in diesen Fällen tun wird, um dennoch am Abend fertig zu sein, lässt er sich von ihm ein paar Alternative Aktions-Pläne (AAP) vorstellen.

Das Resultat des Führens mit Fragen: Der Mitarbeitende nimmt aus dem Lager vorsorglich ein paar Balken und eine Rolle Universalbahn mit, um beschädigte Teile gegebenenfalls zu ersetzen. Als weiteres Erfolgshindernis ist ihm selbst eingefallen, dass auch Ziegel beim Entfernen kaputtgehen könnten und deswegen nimmt er davon auch welche mit. Das nötige Material und Werkzeug zur Verarbeitung lädt er auch auf. »Zielvereinbarung plus« ist auch erledigt, lassen Sie es weitere 3 bis 5 Minuten an Aufwand für den Chef gewesen sein.

Der Nutzen der AAP

Welcher Nutzen der AAP steht diesem Mini-Aufwand gegenüber? Wenn das Erfolgshindernis auftritt, weiß der Mitarbeitende direkt, was zu tun ist. Er weiß auch, dass der Meister mit seinem jeweiligen Vorgehen einverstanden ist. Er muss also den Meister nicht anrufen, der ja gerade seinerseits auf einem anderen Dach in die Arbeit vertieft ist und nur schlecht ans Telefon gehen kann.

Der Mitarbeitende muss auch keine Viertelstunde auf den Rückruf des Meisters warten, ihm dann das Problem schildern und sich dessen Ferndiagnose samt der Lösungsversuche anhören. Lösungen übrigens, deren Erfolg in nicht geringem Maße von der Genauigkeit der Problemschilderung, der Qualität der Verbindung und dem Ausdrucksvermögen des Mitarbeitenden abhängt.

Er muss auch nicht die 10 km zum Lager zurückfahren, um Material zu holen. Er wird auch nicht zum Schluss kommen, dass es sich vor Feierabend nicht mehr lohnt, zurückzukommen – mit der Folge, dass sie einem entnervten Kunden am Telefon erklären müssten, warum die offene Stelle jetzt provisorisch abgedeckt wird und es erst am nächsten Tag weitergeht. Nein, Zielvereinbarung plus verspricht ungehinderte Leistungsentfaltung bis zum Erfolg: Dach dicht bis heute Abend. Das findet der Mitarbeitende gut – und der Chef auch.

Bitte übertragen Sie dieses Beispiel auf Ihren Führungsalltag. Kam Ihnen manches bekannt vor? Dann prüfen Sie, ob Sie nicht auch künftig von AAP profitieren möchten. Wenn nicht, lassen Sie es. Denn: Ob dieser Nutzen in Ihren Führungssituationen die 3 bis 5 Minuten wert ist, kann ich von hier aus nicht beurteilen. Entscheiden Sie bitte selbst hierüber – angesichts des Tätigkeitsbereichs, in dem Sie agieren, Ihrer speziellen Situation und Ihrer Mitarbeitenden-Konstellation.

Ziele, KAP und AAP in Jahreszielvereinbarungen

Nehmen wir einmal an, der Dachdecker vereinbart mit seinem Mitarbeitenden lediglich Jahresziele. Ein denkbares Ziel könnte die Steigerung des vom Mitarbeitenden erwirtschafteten Deckungsbeitrags sein. Auch dann kann es der Meister schaffen, möglichst alle Rückfragen aus dem operativen Arbeitsfeld des Mitarbeitenden zu verhindern.

Um sich zu entlasten, wird er sich vom Mitarbeitenden im Zielvereinbarungsprozess alle denkbaren Störfälle auflisten lassen. Die jeweiligen Lösungen baut er einfach auf der Verhaltensseite des Mitarbeitenden als KAP und AAP in die Jahreszielvereinbarung ein.

Eine Jahreszielvereinbarung umfasst in der Regel

1. mehrere Ziele und
2. für jedes Ziel mehrere zur Umsetzung vorgesehene KAP sowie
3. in der Plus-Version einige, nur im Falle des Falles zu ergreifende und im Wenn-Dann-Format festgehaltene AAP.

Jahreszielvereinbarungen haben selten nur ein Ziel zum Inhalt. Das ist ein Aspekt, der das tägliche Führen mit Zielen von der Führung der Mitarbeitenden mit Jahreszielvereinbarungen unterscheidet. Doch als Beispiel für eine saubere Zielvereinbarung kann uns auch ein Fall dienen, indem es nur um ein Ziel ging.

Praxisfall: Ziel der EGF in der Maschinenbaubranche !

Für den Kreis der erweiterten Geschäftsführung (EGF) eines Unternehmens aus dem Maschinenbau wurde folgendes Ziel formuliert:
»Ergebnisverbesserung durch 5 Prozent Steigerung des EBIT in diesem Jahr gegenüber Vorjahr.«
Die gesamte Zielvereinbarung lautete:
»Unser gemeinsames Ziel ist die Ergebnisverbesserung. Wir werden 5 Prozent Steigerung des EBIT gegenüber dem Vorjahr erreichen. Der Bereich X unter Leitung von Herrn A wird hierzu … beitragen und plant, dies durch folgende KAP zu erreichen: a) …, b) …, c) …«

Ich gebe die getroffene Zielvereinbarung hier verkürzt wieder. Selbstverständlich werden alle Bereiche und deren KAP aufgeführt. Deutlich wird, dass die Zielerreichung im Vordergrund steht, nicht die Realisierung genau dieser KAP.

!

Prinzip #7

Ziele sind fest, KAP bleiben flexibel.[27]

Diese Flexibilität verdeutlicht ein weiterer Satz in der Zielvereinbarung: »Die Mitglieder der EGF informieren sich gegenseitig monatlich über Abweichungen, damit weitere oder andere KAP zur Erreichung des Zieles besprochen und umgesetzt werden können.« Sie haben es sicher erkannt: Die EGF hat sich offenbar entschlossen, nicht vorab auch AAP zu erarbeiten.

4.2 Ziele richtig formulieren – mit vier Elementen

Schauen wir uns das Ziel der EGF aus dem Praxisfall noch etwas genauer an: »Ergebnisverbesserung durch 5 Prozent Steigerung des EBIT in diesem Jahr gegenüber Vorjahr.« Wir erkennen vier Elemente:

1. Zielrichtung (Ergebnisverbesserung)
2. Zielperiode (in diesem Jahr)
3. Messgröße (EBIT)
4. Zielhöhe (5 Prozent)

Da nicht eine absolute, sondern eine relative Zielhöhe formuliert wurde, wird zudem ein Bezugswert (»gegenüber dem Vorjahr«) zur Ergänzung der Zielhöhe benötigt.

Aus der Lebensmittelbranche – dem Lebensmitteleinzelhandel und der Lebensmittelproduktion – stammen die folgenden drei Beispiele (lesen Sie in der Tabelle bitte von links nach rechts):

Vier Elemente eines Ziels				
Zielrichtung	**Messgröße**	**Zielperiode**	**Zielhöhe mit Bezugswert**	
Produktivität steigern	»Steigerung der Produktivität in der Käseherstellung …	bis zum Ende dieses Jahres …	um 5 Prozent …	gegenüber dem vorherigen Geschäftsjahr.«
Abschriften reduzieren	»Reduzierung der Abschriften im Bereich Obst & Gemüse …	im 1. Quartal …	auf das Durchschnittsniveau …	aller Märkte der Gruppe.«

27 Einen Überblick über alle Leitsätze und Prinzipien finden Sie am Buchende in den Kapiteln 13 (Leitsätze des Führens mit Zielen) und 14 (Prinzipien für das Führen mit Zielen).

Vier Elemente eines Ziels				
Zielrichtung	**Messgröße**	**Zielperiode**	**Zielhöhe mit Bezugswert**	
Bedientheken-umsatz steigern	»Steigerung des Umsatzes an der Bedientheke X …	im Monat Mai …	um 8 Prozent …	gegenüber dem Durchschnitt der letzten drei Mai-Umsätze.«

Tab. 1: Vier Elemente eines Ziels – Beispiele

Indem die Zielvereinbarungsbeteiligten darauf achten, dass diese vier Elemente enthalten sind, gelingt es leicht, Ziele auf jeder Ebene handlungsrelevant, klar, motivierend und jederzeit kontrollierbar zu formulieren. Und wer macht's? Welches der vier Elemente definieren Sie, für welches ist der Mitarbeitende verantwortlich und was legen Sie beide gemeinsam fest? Schaffen Sie Klarheit und bestimmen Sie rechtzeitig, wer über welches Element entscheidet. Schauen wir uns alle vier dazu einmal an.

4.2.1 Zielrichtung

Ein Element werden Sie sicherlich niemals aus der Hand geben: Die Zielrichtung. Sie ist unmittelbar mit dem in der Zielperiode zu realisierenden Erfolg verknüpft. Was ein Erfolg ist, bestimmen Sie als Führungskraft.

Definition: Zielrichtung

Die Zielrichtung als das zentrale Element eines Ziels beschreibt den konkreten Zielinhalt, das betreffende Zielobjekt sowie die beabsichtigte Auswirkung.

Dennoch agieren Sie bei der Festlegung der Zielrichtung keineswegs völlig frei: Selbst als Mitglied der Unternehmensleitung haben Sie Ihre Zielrichtungen oder sogar die kompletten Ziele mit Ihren Kollegen und den Anteilseignern bzw. dem installierten Kontrollgremium abzustimmen.

Ziele ohne Spielraum

Sofern Sie als Führungskraft an einer Stelle in der Hierarchie unterhalb der Unternehmensleitung angesiedelt sind, ergeben sich Ihre Ziele aus den kaskadierten Unternehmenszielen. Der Schritt des Aufteilens der Ziele, des möglicherweise erforderlichen Aufspaltens in Unterziele, fällt in den Entscheidungsbereich Ihres direkten Vorgesetzten.

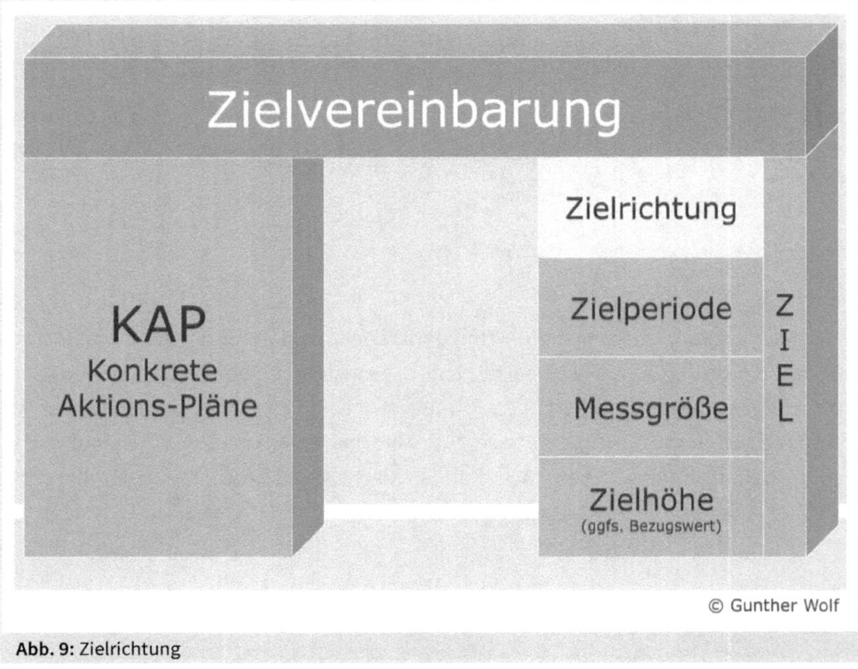

Abb. 9: Zielrichtung

Er wird Ihnen mitteilen, welche Ziele er für Sie bzw. den von Ihnen verantworteten Bereich vorsieht. Im Rahmen der Jahreszielvereinbarung überträgt er Ihnen die Verantwortung für das Erreichen dieser Ziele. Ihre Aufgabe ist es nun, diese Ziele um eigene anzureichern und erfolgreich auf Ihre Mitarbeitenden zu übertragen [Kapitel 8.1.1].

Ziel- oder Zielrichtungskaskade?

Je nachdem, welche Regelungen und Vorschriften in Ihrem Unternehmen für das Zielvereinbarungssystem gelten, wird über das Unternehmen hinweg möglicherweise stets komplette Ziele mit allen vier Elementen kaskadiert. Manche Unternehmen beschränken sich im ersten Schritt auf das Element der Zielrichtung [Kapitel 7.2].

Das ist ein durchaus sinnvoller Schritt: Hiermit gelingt es, die Kaskade zu beschleunigen. So gelangen Teil- und Unterzielrichtungen unverzüglich bis auf die unterste Hierarchieebene. Warum nur die Zielrichtung? Sie ist das zentrale, den Erfolg beschreibende Element. Auf das Kaskadieren der Zielrichtung kann kein Unternehmen verzichten, wenn der Flottenverband geschlossen in einem bestimmten Erfolgshafen einlaufen soll.

Ziele durchreichen

Einige Zielrichtungen werden bei der Top-down-Kaskade entlang der Zielhierarchie unverändert durchgereicht. Sofern die Produktionsleitung eine höhere Produktivität des Werks plant, wird auch jeder Maschinenführer schließlich die Steigerung der Produktivität seiner Maschine als Zielrichtung erhalten.

Wenn die Vertriebsleitung einen höheren Deckungsbeitrag als im Vorjahr plant, wird dieser Kelch auch am operativen Verkaufspersonal nicht vorbeigehen. Hier haben Sie als Führungskraft wenig Spielraum. Sie transportieren die Zielrichtungen lediglich auf die nächste Ebene und richten diese auf den Einflussbereich des jeweiligen Mitarbeitenden aus, beispielsweise durch die Formulierung »Steigerung des Deckungsbeitrags der Region des Verkäufers X«. Man spricht in beiden Fällen von *Teilzielen*, da die übergeordnete Zielrichtung (hier: Produktivität bzw. Deckungsbeitrag) erhalten bleibt. Es wird lediglich die Zielhöhe aufgeteilt. Als Teilziel wird ein Ziel bezeichnet, bei dem das übergeordnete Ziel – so wie hier – hinsichtlich der Zielhöhe oder hinsichtlich der Zielperiode aufgeteilt wird. Um Missverständnisse zu vermeiden, bezeichne ich die die letztgenannten in der Praxis lieber als Etappenziele oder Meilensteinziele.

Ziele aufspalten

Üblicherweise existieren jedoch weitere Zielrichtungen, die nicht einfach durchgereicht werden können, sondern von Ihnen funktionsorientiert in sogenannte *Unterziele* aufzuspalten sind. Das klassische Beispiel hierfür ist die Aufspaltung der Zielrichtung »Ertragssteigerung« in die Unterziele Umsatzsteigerung und Kostensenkung.

Statement Frank Kohl-Boas

!

Ich bin überzeugt davon, dass Mitarbeitende Ziele möchten und in einem Dialog auch gesetzt bekommen sollten, damit sie ihrer Tätigkeit eine Richtung geben können. Ebenso sehr sollten Unternehmen die Mitarbeitenden am Erfolg teilhaben lassen. Die große Herausforderung besteht in einer fairen und leistungsgerechten Verknüpfung von Zielen mit der variablen Vergütung. Honorieren Sie daher die Anstrengungen, die im Interesse der gesamten Organisation liegen, auch dann, wenn es kein explizites Ziel war/sein kann: Dazu gehört beispielsweise das Setzen ambitionierter Ziele, das Anbieten und Annehmen von Hilfe, die offene unternehmensinterne Kommunikation von Fehlern, damit andere daraus lernen, die Bereitschaft für einen Pilotversuch, das Einstellen von erfolglosen Projekten, die Re-Allokation von Ressourcen oder das Entwickeln und Abgeben von Talenten aus der eigenen Abteilung heraus.
Frank Kohl-Boas
Leiter Personal und Recht, Zeitverlag Gerd Bucerius GmbH & Co. KG

Zudem spielen Projektziele und andere qualitative Ziele zunehmend eine Rolle, wie etwa eine gelungene Firmenübernahme, die erfolgreich abgeschlossene digitale Transformation, eine problemlose Softwareumstellung oder die Stärkung der Kundenbindung.

Weiche Ziele

Solche »weichen Zielrichtungen« zu messen, bereitet vielen Führungskräften große Schwierigkeiten. Damit Sie wegen Messproblemen nicht davon absehen, beispielsweise das Projekt »Modernisierung unseres Zielvereinbarungssystems« in eine Zielvereinbarung einzubeziehen, habe ich dieser Fragestellung ein eigenes Kapitel 5 gewidmet. Falls Sie mit solchen Zielrichtungen viel zu tun haben, blättern Sie dort nach und kommen wieder hierhin zurück.

!

Zielrichtung

Die Zielrichtung gibt an, bei was eine wie gerichtete Auswirkung angestrebt wird:

- Welche Auswirkung? (Wirkrichtung)
- Bei was? (Zielinhalt und Zielobjekt)

Mit der Zielrichtung wird beschrieben, bei was genau eine Auswirkung angestrebt wird und in welche Richtung diese gehen soll. Das tun bitte Sie. Wenn Sie sich ein echtes Topteam geschaffen haben und dieses im Laufe der Zeit auch an Zielvereinbarung nach der nutzenmaximierenden Fünf-Stufen-Methode [Kapitel 8.1] gewöhnt haben, wird es am Ende das einzige sein, was Sie überhaupt noch zu tun haben[28].

Zielrichtung	
Wirkrichtung: Welche Auswirkung?	**Zielinhalt und Zielobjekt: Bei was?**
Steigerung	des operativen Betriebsergebnisses der Niederlassung X
Steigerung	des Nutzens des Zielvereinbarungssystems
Reduzierung	der Herstellungskosten für Produkt A
Reduzierung	der Fluktuation von Schlüsselpersonen
Optimierung	der Bindung von Stammkunden
Optimierung	der Lagerbestände des Unternehmens
Beibehaltung	der Umsatzrendite des Unternehmens
Beibehaltung	des Marktanteils in Region X

Tab. 2: Beispiele für Zielrichtungen

Ob qualitativ oder quantitativ: Die Zielrichtung stellt üblicherweise eine Veränderung dar. Entweder eine *Steigerung*, beispielsweise von Erträgen, von Umsätzen, von Qualität. Oder eine *Senkung*, etwa von Kosten, von kapitalbindenden Beständen, von benötigter Zeit.

28 Vorausgesetzt, es ergibt sich nicht aus Ihrer Rolle in der Hierarchie, dass Sie mit Ihren Mitarbeitenden Seite an Seite Arbeiten zu verrichten haben.

Veränderung verdeutlichen

Um diese Zielrichtung deutlich an Ihre Mitarbeitenden zu transportieren, formulieren Sie: »Die Zielrichtung ist die Senkung/Steigerung von …«

Tipp: Die geplante Auswirkung bestimmen !

1. Steigern (ggfs. Maximieren)
2. Senken (ggfs. Minimieren)
3. Beibehalten
4. Optimieren (Kosten-Nutzen-Relation)

In schweren Zeiten mit starken Umbrüchen, Krisen und Turbulenzen kann auch das Verteidigen eines bereits erreichten Zustands eine Zielrichtung darstellen. Dann können Sie die *Beibehaltung* beispielsweise des Marktanteils oder der Produktivität als Zielrichtung definieren.

Eine Mischform aus Steigerung oder Senkung und nachfolgender Beibehaltung stellt die *Satisfizierung* dar: Hier sollen Ihre Mitarbeitenden eine Steigerung oder Senkung exakt bis auf ein bestimmtes Zielniveau erreichen, aber nicht weiter. Beispielsweise könnte im Vertrieb eine Steigerung des Absatzes auf 50 Maschinen pro Jahr sinnvoll sein. Aber nicht mehr, da die Produktion nicht dazu in der Lage ist, mehr als diese Anzahl an Apparaten herzustellen.

Optimierung im Fokus

Womöglich haben Sie aber auch eine *Optimierung* im Auge, zum Beispiel der Kundenbindung, von bestimmten Kosten oder der Teilnehmerzahl bei Seminaren der Personalentwicklung. Optimierungen stellen stets eine Relation zweier Zielrichtungen dar. Üblicherweise wird hierzu unter Wirtschaftlichkeitsgesichtspunkten der primären Zielrichtung eine Kosten- oder Aufwandsposition gegenübergestellt: Sie möchten vielleicht den Krankenstand senken, aber nicht zulasten steigender Betriebsunfälle. Als Vertriebsleitung wollen Sie zwar die Reisekosten der Außendienstler reduzieren, aber nicht zulasten von sinkenden Umsätzen oder abnehmender Kundenzufriedenheit.

Achtung: Quotienten steigert man auf zwei Wegen! !

Indem Sie Steigerung oder Maximierung eines Quotienten als Zielrichtung definieren, lassen Sie dem Mitarbeitenden offen, ob die oben stehende Zielrichtung steigert oder die unten stehende verringert.

Beabsichtigen Sie die Maximierung oder Minimierung eines Quotienten, der aus zwei Zielrichtungen gebildet wird, schauen Sie bitte sehr genau hin: Dessen Maximierung kann durch Steigern des Zählers und durch Senken des Nenners erfolgen.

Quotienten genau prüfen
Sofern nicht wirklich beides von Ihnen beabsichtigt ist, sollten Sie vermeiden, Quotienten bei der Festlegung der Zielrichtung einzusetzen. Etwa dann, wenn Sie im Beispiel »Umsatz pro Kundenbesuch« [Tabelle 3] keine Reduzierung der Kundenbesuche wünschen.

Indem der Mitarbeitende nur 1 EUR Umsatz generiert, aber nicht einen einzigen Kundenbesuch tätigt, steigert er den Quotienten und damit auch seinen Zielerreichungsgrad bereits ins Unendliche.

Zielrichtung »Steigerung des Umsatzes pro Kundenbesuch«	
Quotient	Zwei Signale an Ihren Mitarbeitenden
Umsatz	Umsatz steigern!
Kundenbesuche	Kundenbesuche senken!

Tab. 3: Beispiel für einen zu maximierenden Quotienten

Insbesondere in Verbindung mit Boni können Quotienten zu Verhaltensweisen der Mitarbeitenden führen, die Ihrer eigentlichen Absicht diametral entgegenstehen.

Gleiches gilt für *Quoten* und *Raten*, beispielsweise für die Umsatzrentabilität. Oder für die Fluktuationsrate als Zielrichtung des Personalbereichs, wobei dies sicherlich eine zur Minimierung anstehende Relation sein wird. Auch bei der Relation »verlorene Prozesse zu insgesamt geführten Prozessen« als Zielrichtung der Rechtsabteilung wird der Vorgesetzte eine Minimierung der Quote beabsichtigen.

Quoten mit Tücken
Dann gilt das Gegenteil von dem bei der Maximierung gesagten: Indem Sie die Minimierung eines Quotienten als Zielrichtung definieren, lassen Sie dem Mitarbeitenden offen, ob er den Zähler senkt oder den Nenner steigert. Im Extremfalle könnte der Mitarbeitende der Rechtsabteilung alle leicht kippligen Prozesse durch entsprechende Zahlungen abwenden und nur die führen, die er sicher gewinnt. Seine Unterlegensquote betrüge dann Null.

Zielrichtung »Senkung der Unterlegensquote«	
Quotient	**Zwei Signale an Ihren Mitarbeitenden**
verlorene Prozesse	Prozesse gewinnen!
Prozesse gesamt	Anzahl der unsicheren Prozesse senken!

Tab. 4: Beispiel für einen zu minimierenden Quotienten

In einem Seminar hielt mir einer der Teilnehmenden vor: »Herr Wolf, ich als Vorgesetzter kann solchen Verhaltensweisen doch entgegenwirken.« Richtig, das sollten Sie dann auch tun. Sie können unliebsamen Entwicklungen jederzeit entgegentreten.

Den Nutzen im Blick halten
Aber was hindert uns daran, direkt eine Zielrichtung zu definieren, die uns nicht die Pflicht zur kontinuierlichen Beobachtung der Mitarbeitenden im Laufe der Zielperiode und der Pflicht zum Gegensteuern zusätzlich aufbürdet? Die Zielvereinbarung soll uns als Führungskräfte doch entlasten, nicht zusätzlich belasten.

Wir möchten mit dem Mitarbeitenden im Falle der Kopplung an einen Bonus übrigens auch sicher keine Diskussion darüber führen, ob wir seiner, zudem noch von uns, klar definierten Zielrichtung entgegengetreten sind und damit sowohl seinen Zielerreichungsgrad gedrückt als auch seinen Bonus vernichtet haben.

Praxisfall: Einkauf im Textileinzelhandel !

Der Geschäftsführer eines filialisierten, im Textileinzelhandel tätigen Unternehmens erkannte, dass die Umsätze nach Einführung eines hausinternen Prämiensystems enorm zurückgegangen waren. Bei der Analyse zeigte sich indes, dass die Ursache keineswegs in der umsatzbezogenen Honorierung der Verkäuferinnen und Verkäufer zu finden war. Sie monierten: »Wir bekommen nur schwer verkäufliche Ware. Die Kunden unseres Hauses legen Wert auf Markenprodukte, aber der Einkauf schickt uns nur No-Name-Klamotten!«
Das wiederum hatte aus der Perspektive der Mitarbeitenden im Einkauf durchaus Sinn: Deren Prämie richtete sich nach der Handelsspanne. Diese Quote, ermittelt aus dem erzielten Rohertrag in Prozent vom Umsatz, war bei No-Name-Produkten wesentlich höher als bei Markenware. Leidtragende waren unmittelbar die umsatzabhängigen Verkäuferinnen und Verkäufer, mittelbar das gesamte Unternehmen.

Fazit zu Quoten: Viele Quoten sind höchst sinnvoll im Controlling, taugen aber ohne die Ergänzung um eine weitere Zielrichtung oder eine verbale Einschränkung nichts im Einsatz als Zielrichtung. Ich möchte Ihnen ein Beispiel für eine solche Ergänzung aus dem Bereich der Personalabteilung mitgeben.

Praxisfall: Ziel für die Personalentwicklung in der Kunststoffbranche !

Die optimale Anzahl der Teilnehmenden bei Trainings der Personalentwicklung eines Unternehmens wurde vom Personalleiter auf 12 Personen festgelegt. Somit stellt die Zielrichtung eine Quote dar: Teilnehmende pro Training. Diese galt es möglichst exakt zu erreichen. Das ist folglich ein Minimierungsziel: Die Abweichung von der Zielquote 12 war zu minimieren. Es gab für die zuständige Personalentwicklerin eine variable Vergütungskomponente, die bei Erreichen unter anderem dieses Ziels zur Ausschüttung kam. Für jede Über- und Unterschreitung von 12 kam gemäß einer Staffel ein Abzug des bei einhundertprozentiger Zielerreichung fälligen Bonus zur Anwendung.

Der Vorgesetzte war sich zwei Gefahren der Quote bewusst:

1. Die Mitarbeiterin sagt alle Trainings ab, zu denen sich nicht exakt 12 Teilnehmende anmelden.
2. Die Mitarbeiterin hält zwar diesen Durchschnitt ein, aber realisiert ihn bei keinem einzigen Seminar (Beispielszenario: 10 Seminare mit 8 Teilnehmern, 10 Seminare mit 16 Teilnehmern, somit durchschnittlich exakt 12).

So formulierte der Personalleiter folgende Voraussetzungen: »Insgesamt so viele Trainings wie im Vorjahr +/-10 Prozent. Mindestens 40 Prozent der Seminare mit genau 12 Teilnehmern. Keine Seminare unter 8 Teilnehmern. Keine Seminare über 20 Teilnehmern. Wird eine der vier Voraussetzungen nicht erfüllt, entfällt der Bonus komplett.

Die Methode der verbalen Ergänzungen wird mit der Wenn-Dann-Methode[29] perfektioniert. Falls Sie hierzu jetzt Informationen benötigen, schauen Sie bitte in Kapitel 5.9 nach.

Ende der Fahnenstange?

Gesetzt den Fall, Sie erachten eine weitere Steigerung in einer Zielrichtung als zurzeit unrealistisch. Das Potenzial des Marktes in dem vom Vertriebsmitarbeitenden betreuten Gebiet ist ausgeschöpft. Oder: Ein Mitarbeitender in der Fertigung produziert 2.000 Teile pro Tag – mehr geht nicht. Sie sind überzeugt: Das Ende der Fahnenstange ist erreicht.

Dann bietet sich folgende Technik an:

1. Setzen Sie dieses Ziel auf »Beibehalten«.
2. Nutzen Sie qualitative Aspekte als neue primäre Zielrichtung.

Im Beispiel wäre hierfür etwa die Senkung des Ausschusses oder die Verringerung von Material- und Werkzeugverbrauch denkbar. Ist irgendwann auch da das Ende der Fahnenstange erreicht, scheint es ja gar kein schlechter Mitarbeitender zu sein. Sehr gut! Das öffnet uns erneut die Tür zu weiteren Zielrichtungen.

1. Setzen Sie auch die zweite Zielrichtung auf »Beibehalten« und definieren Sie als dritte Zielrichtung beispielsweise, seine Techniken den anderen Mitarbeitenden beizubringen.

Zusatzziele

Alternativ könnten Sie ihn auch mit dem Projektziel betrauen, den Ausstoß des Teams insgesamt zu erhöhen. Oder Sie könnten ihn Möglichkeiten eruieren und prüfen lassen, welche Veränderungen auf der technischen Seite denkbar und sinnvoll wären. Oder neue Mitarbeitende einarbeiten. Oder zusammen mit anderen High Performern aus anderen Teams seine Erkenntnisse in jeden Bereich des Unternehmens zu transferieren. Oder Sie von bestimmten Aufgaben entlasten.

29 Es besteht kein Zusammenhang zu der Wenn-Dann-Formulierung von AAP.

Tipp Performance der Mitarbeitenden steigern: Drei Ansatzpunkte !

- Quantität steigern
- Qualität verbessern
- Zusatzziele

Sorgen Sie für Ihren Nutzen aus der Zielvereinbarung, lassen Sie keine Potenziale Ihrer Mitarbeitenden ungenutzt. Schaffen Sie Ihren Mitarbeitenden Räume, damit sich die Potenziale entfalten können. Wechseln Sie die Zielrichtungen individuell, bilden Sie kreativ neue Zielrichtungen, die Ihnen einen Nutzen verschaffen.

Sobald die Zielrichtungen feststehen, werden Sie sich mit der Frage beschäftigen, wie Sie später den Grad der Zielerreichung messen werden.

4.2.2 Messgröße

Auch die Messgröße gehört zu den vier unverzichtbaren Elementen eines Ziels. Sie wird von Ihnen unmittelbar aus der Zielrichtung abgeleitet. Ihre Ausprägung spiegelt am Ende der Zielperiode den Zielerreichungsgrad exakt wider. Sie misst folglich den Grad des Erfolges.

Messgröße !

Die Messgröße gibt an, wie der Zielerreichungsgrad ermittelt wird.

Hierzu gehört eine klare Aussage über die Maßeinheit und über das verwendete Messverfahren. Statt letzterem kann auch eine nicht editierbare Quelle genannt werden, beispielsweise vom Controlling erstellte Berichte, über Sensoren in einer Maschine gelieferte Daten oder Werte aus einer Erhebung.

Maßeinheit und Messverfahren

Erlauben Sie mir bitte kurz ein paar Worte am Rande dazu, warum ich den Begriff Messgröße nutze und nicht Kennzahl oder Kennziffer. Dies liegt darin begründet, dass es eben nicht um die Zahl oder Ziffer geht. Viele Teilnehmer bei meinen Seminaren verwechseln zunächst Zielhöhe mit Kennzahl oder Kennziffer. Bei Verwendung des Terminus Messgröße passiert dies hingegen so gut wie nie.

Wenn Ihnen die Performance Ihrer Mitarbeitenden bislang nicht völlig egal war, fällt Ihnen als Führungskraft die Bestimmung der passenden Messgröße bei quantitativen Zielrichtungen sicher nicht allzu schwer[30]. Oftmals wird in der Zielrichtung die Messgröße schon mehr oder minder direkt benannt: Ist die Zielrichtung die Steigerung des

30 Hinweise dazu, wie Sie qualitative Ziele messbar machen, finden Sie in Kapitel 5.

Deckungsbeitrags in der Region X, liegt die Messgröße auf der Hand: Der Deckungsbeitrag Ihres Vertriebsmitarbeitenden, gemessen in Währungseinheiten.

Klare Definition
Wie jede Messgröße sollten Sie den Deckungsbeitrag zur Vermeidung von Missverständnissen und späteren Auseinandersetzungen klar definieren: Welche Kosten fließen in die Berechnung mit ein? Aus welcher Quelle kann sich der Mitarbeitende im Verlauf der Zielperiode über die aktuelle Ausprägung und den Verlauf der Messgröße informieren?

Sorgen Sie möglichst für eine Formulierung der Definition, die auch ein Dritter sofort nachvollziehen kann. Falls Boni an dem Zielerreichungsgrad hängen, könnte dieser Dritte im Zweifelsfall ein Richter sein. Dann ist es gut, wenn man die Definition der Messgröße in trockenen Tüchern weiß.

Im Produktionsbereich wird man zur Klarstellung der Quelle in der Regel auf die Datenbanken des übergreifenden Industrial Analytics Systems bzw. auf die jeweilige Maschinendatenerfassung verweisen. Auf Handaufzeichnungen oder die händische Eingabe von Tätigkeitsart bzw. -dauer oder des jeweiligen Maschinenstatus sollte man sich zumindest dann nicht mehr verlassen, sobald Boni im Spiel sind.

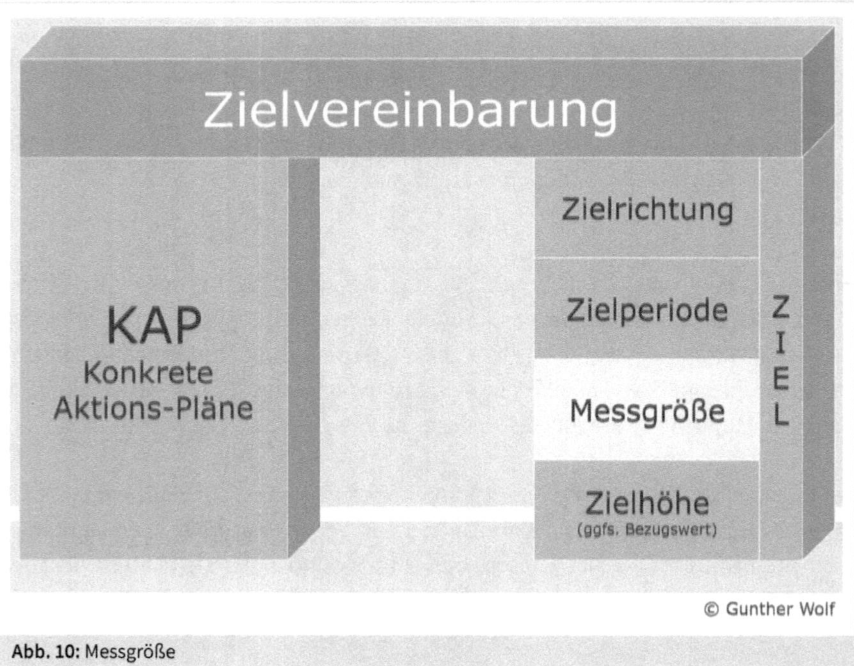

Abb. 10: Messgröße

Am Ende kein Streitpunkt

Lassen Sie mich noch ein Beispiel geben. Viele Führungskräfte des Vertriebs nutzen den Umsatz als Messgröße und sind der Überzeugung, diese Messgröße sei doch mehr als sonnenklar. Aber: Welchem Mitarbeitenden wird der Umsatz bei Niederlassungen von Unternehmen zugerechnet: dem, in dessen Region die Niederlassung fällt oder dem, in dessen Region der Hauptsitz des Kunden liegt? Wie erfolgt die Verteilung des Umsatzes, wenn mehrere Vertriebsmitarbeitende oder die Vertriebsleitung maßgeblich mitbeteiligt sind?

Zu welchem Stichtag erfolgt die Umrechnung von Umsätzen in Fremdwährung? Wird der Umsatz bei Rückgabe, Stornierung oder Zahlungsausfall nachträglich reduziert? Es ist sinnvoll, die Antworten auf diese Fragen schriftlich zu fixieren. Zu berücksichtigen ist dabei bitte das für jede Kommunikation geltende Postulat der Verständlichkeit für Ihre Mitarbeitenden, bei angekoppelten Boni auch für Dritte.

Definition: (Ziel-)Messgröße !

Die Messgröße als Element eines Ziels bezeichnet, auf welche Weise die Zielrichtung operationalisiert wird, wobei die Zielmessgröße durch präzise Aussagen zu Messverfahren, Maßeinheit und Datenquelle auch für Dritte nachvollziehbar definiert wird.

Entlastung schaffen: Wer definiert die Messgröße?

Wer macht sich diese Mühe? Wer definiert die Messgröße laiengerecht, wer wirft mögliche Unklarheiten auf und legt Lösungen vor? Das entscheiden Sie. Ich habe offen gestanden noch keine einzige Definition für eine Messgröße verfasst, die eine Zielrichtung eines meiner Mitarbeitenden betraf. Dieser Aufgabe sollte jeder Mitarbeitende gewachsen sein, den ich mit Zielen führen möchte.

Indem ich es den Mitarbeitenden machen und mir das Ergebnis präsentieren lasse, entlaste ich mich. Zugleich sammle ich wertvolle Erkenntnisse über das Potenzial des jeweiligen Mitarbeitenden und schärfe zugleich sein Bewusstsein für relevante Messgrößen.

Messgröße aus Zielrichtung ableiten

Bleiben wir noch einen Augenblick beim Thema Mühe bzw. Aufwand. Das Streben nach einfach zu ermittelnden, quantitativen Messgrößen darf Sie nicht dazu verführen, die Messgröße nicht konsequent aus der Zielrichtung abzuleiten.

In der Praxis gehen manche Vorgesetzte sogar umgekehrt vor. Sie suchen erst einmal nach Messgrößen, deren Ausprägung sie den Auswertungen des Controllings leicht entnehmen können. Dann schneidern sie eine passende Zielrichtung dazu. Doch nicht jede Messgröße, die im Bereichscontrolling vorhanden ist, macht auch für die Zielvereinbarung Sinn. Achten Sie insbesondere darauf, dass die Messgröße wirklich den Erfolg und nicht Leistungen abbildet.

Die Messgröße darf nicht dem Selbstzweck dienen, sondern soll dem Mitarbeitenden den direkten Bezug zum übergeordneten Zielsystem nachhaltig vermitteln und kontinuierlich vergegenwärtigen.

Es kommt zudem in der Praxis nicht allzu selten vor, dass eine mit vertretbarem Aufwand zu ermittelnde Ausprägung der Messgröße gewisse Unschärfen aufweist. Anhand der Messgrößendefinition des Mitarbeitenden erkennen Sie, ob diese aus seiner Sicht tolerabel sind. Verständlicherweise sinkt die Toleranz der Mitarbeitenden für Ungenauigkeiten bei der Messung, sobald hiermit Boni verbunden sind.

Umgang mit Unschärfen

Sollte Ihnen der Aufwand für die vom Mitarbeitenden vorgeschlagene, exakte Messung zu hoch erscheinen, lassen Sie ihn eine Wirtschaftlichkeitsanalyse durchführen. Dem Aufwand für die Messung wird hierbei der Nutzen der erhaltenen Informationen gegenübergestellt. Möglicherweise verschaffen Ihnen diese Informationen Hinweise auf Verbesserungsmöglichkeiten, die zu entscheidenden Wettbewerbsvorteilen führen können.

Falls dies nicht der Fall ist, prüfen Sie die Delegierbarkeit der Messung. Möglicherweise kann ein Dritter oder – sofern keine Boni im Spiel sind – der Mitarbeitende selbst die Messung durchführen. Ist die Kosten-Nutzen-Relation selbst bei der kostengünstigsten Messmethode weiterhin negativ, sollten Sie konsequenterweise noch einmal die Zielrichtung auf ihre Relevanz hin überprüfen.

!

Praxisfall: Kundenzufriedenheit im Einzelhandel

Die Geschäftsführung einer Textileinzelhandelsgruppe legte die Verbesserung der Kundenzufriedenheit als eine der maßgeblichen Zielrichtungen fest. Damit war zwar die Messgröße klar, nicht aber das Messverfahren: Kunden beim Verlassen der Filialen befragen lassen? Bonuskartenbesitzer anschreiben? Fragebögen an der Kasse mit in die Tüte legen? Ausschlaggebend war letztendlich der realisierbare Zusatznutzen bei der Befragung von hinausgehenden Kunden: Hierbei konnte die Geschäftsführung auch erfahren, warum manch einer nichts gekauft hatte. Diese Information wurde im Hinblick auf die Ableitung von Sortimentsverbesserungen als wertvoll eingeschätzt.

Häufig sind gerade im Produktionsbereich die Grenzen zwischen eng zusammenarbeitendem Personal enorm verwischt. Eine zutreffende Ermittlung der Messgröße kann dann auf individueller Ebene mit vertretbarem Aufwand nicht gewährleistet werden. Prüfen Sie in diesem Falle die Ermittlung auf Teamebene. Falls dies Sinn macht, werden Sie allerdings die Zielvereinbarung mit dem Team als Ganzes durchzuführen haben. Ein paar Tipps dazu finden Sie in Kapitel 8.3.

Eignungskriterien für Messgrößen

Möchten Sie den Mitarbeitenden selbst die Messgröße für die von Ihnen bestimmte Zielrichtung festlegen lassen? Dann sollten Sie ihm zur Unterstützung die wichtigsten Kriterien nennen, anhand derer er die bestmöglich geeignete Messgröße auswählen kann.

Von hohem Nutzen ist eine Messgröße, die wirklich objektiv, exakt und kardinal messbar ist. Durch Menschen vollzogene Einschätzungen des Zielerreichungsgrades sind durch Subjektivität, Beobachtungsfehler, Unschärfe und Interessenskonflikte belastet.

Allein dann, wenn die Zielrichtung ganz bewusst subjektiver Natur ist, wird auch die Messgröße zwangsläufig subjektiv geprägt sein. Dies ist etwa bei der Zielrichtung »User-Zufriedenheit« der Fall. Durch Befragung einer entsprechend großen Zahl an Nutzern wird die Messgröße zwar intersubjektiv. So werden extreme Einzelmeinungen nivelliert, die Messgröße gewinnt damit an Vergleichbarkeit und Aussagekraft – aber als objektiv kann sie nie bezeichnet werden.

Für manche Messgrößen kann deren Ausprägung nur jeweils zu Anfang bzw. zum Ende der Zielperiode mit vertretbarem Aufwand festgestellt werden. Beispiele hierfür sind etwa die Inventurdifferenz oder die befragungsbasierte Messung der Kundenzufriedenheit. Derartige stichtagsbezogene Messgrößen sind häufig unvermeidlich. Besser sind allerdings Messgrößen, die den Mitarbeitenden eine kontinuierliche Betrachtung des Verlaufes ermöglichen.

Aus der Erfahrung: Zur Sicherung der Zielerreichung ist nahezu unverzichtbar, dass sich Ihre Mitarbeitenden auch während der Zielperiode über den Verlauf – und damit auch über den Erfolg umgesetzter KAP – informieren können. Hierfür ist eine zeitnahe Ermittlung von Vorteil. Liegen die Werte der Messgröße erst so spät vor, dass ein Zusammenhang zwischen dem umgesetzten KAP und dessen Effekt nicht mehr herzustellen ist, wird der Weg zur Bewertung und zur kontinuierlichen Verbesserung der Maßnahmen verbaut.

Checkliste: Ist die Messgröße geeignet? – Kriterien für geeignete Messgrößen !

Die folgenden Kriterien gelten als Pflicht im Hinblick auf die Frage, ob eine Messgröße als geeignet gelten kann:

- Valide: Spiegelt die Messgröße die Zielrichtung exakt wider? Bei Quotienten: Trifft dies auch auf die Veränderungen bei Zähler und Nenner zu?
- Reliabel: Würde eine erneute Messung zu gleichen Ergebnissen führen?
- Transparent: Liegt eine eindeutige und für alle Beteiligten verständliche Definition der Messgröße vor? Sind Messmethoden und Messzeitpunkte transparent und nachvollziehbar?
- Ist die Messgröße frei von Manipulationsmöglichkeiten durch die Beteiligten?

Die folgenden Kriterien sind nicht immer erfüllbar, aber sollten, sofern möglich, von der Messgröße erfüllt sein. Falls mehrere Messgrößen zur Wahl stehen, geben Sie bitte derjenigen den Vorzug, die die meisten dieser Kriterien erfüllt:

- Ist die Messung ausreichend objektiv oder intersubjektiv?
- Ist die Messgröße kardinal skalierbar, mindestens ordinal skalierbar?
- Ist die Messgröße den Mitarbeitenden bereits bekannt?
- Haben die Mitarbeitenden Kenntnis über den bisherigen Verlauf der Messgröße und erlangen sie auch über den zukünftigen Verlauf verlässliche Informationen?
- Liegen Veränderungen in der Ausprägung der Messgröße zeitnah vor?
- Ist der Aufwand für die Messung gerechtfertigt?

Im besten Fall ist die Messgröße bereits gut etabliert und nicht nur Sie, sondern auch die Mitarbeitenden arbeiten schon seit längerer Zeit mit ihr.

Wertorientierte Messgrößen

Falls Sie mit leitenden Mitarbeitenden Ziele zu vereinbaren haben, könnte die Steigerung des Unternehmenswerts eine bedeutsame Zielrichtung für Sie darstellen. Welche Messgrößen sind geeignet, welche nicht?

Unternehmen gelten dann als erfolgreich wertschaffend, wenn die erreichte Vermögensrendite die Kapitalkosten übersteigt. Folglich sind der Jahresüberschuss bzw. der Bilanzgewinn keine geeigneten Messgrößen für Wertschaffung.

Der Börsenkurs als Messgröße

An Kapitalmärkten orientierte Messgrößen, beispielsweise der Börsenkurs, spiegeln Veränderungen des Unternehmenswerts ebenfalls nicht sauber wider. Dies ist darin begründet, dass die zentralen Voraussetzungen eines effizienten Marktes (Friktionsfreiheit, Informationseffizienz, vollkommener Wettbewerb mit rationalen Akteuren) in der Praxis nicht gegeben sind.

Seit dem Aufkommen des Shareholder-Value-Ansatz in 1980er-Jahren hat die Methoden- und Messgrößenvielfalt im Bereich der Unternehmensbewertung und wertorientierten Unternehmensführung stark zugenommen und ist mittlerweile schier unerschöpflich.

Ein Wert ist nie objektiv

Dabei darf man sich allerdings nicht der Illusion hingeben, eine aus jeder Perspektive zutreffende und objektive Messgröße bestimmen zu können. Ein Wert ist niemals objektiv, da er stets von den Annahmen und Erwartungen der Bewertenden abhängt. Davon ist auch der Unternehmenswert nicht ausgenommen.

Zwischen 2000 und 2020 stellte der Geschäftswertbeitrag (GWB) bzw. der Economic Value Added (EVA) – größtenteils mit unternehmensspezifischen Anpassungen – den am häufigsten angewendeten Parameter für wertorientierte Boni von Leitenden dar. Jedoch verstärkt die ergebnisbasierte EVA-Vergütung gerade das, was sie als unternehmenswertorientierte Vergütung ausgleichen soll: Durch das Unterlassen von Investitionen kann die Ausprägung des EVA und damit der Bonus gesteigert werden.

Wichtig: Unternehmenswertsteigerungen messen !

Wertmessgrößen können, zum Teil auch sinnvoll zu Quoten oder Relationen kombiniert, in Zielvereinbarung mit Leitenden zum Einsatz kommen. Prüfenswerte Messgrößen sind neben dem Börsenwert des Unternehmens und dem GWB beispielsweise Kombinationen und Variationen der folgenden Messgrößen:

- Discounted Cash Flow (DCF)
- Return on Investment (ROI)
- Cash Value Added (CVA)
- Earnings Before Interest and Taxes after Cost of Capital (EBITaC)
- Risk Adjusted Return on Capital (RAROC)
- Return on Risk Adjusted Capital (RAROC)
- Return on Net Assets (RONA)
- Cash Flow Return on Investment (CFROI)
- Cash Flow Return on Assets (CFROA)
- Return on Invested Capital (ROIC)
- Return on Capital Employed (ROCE)
- Earnings less Riskfree Interest Charge (ERIC)
- Return on Equitiy (ROE)

Messgrößen spielen eine entscheidende Rolle bei der Feststellung des Zielerreichungsgrades zum Ende der Zielperiode. Im Verlaufe des Zielerreichungsprozesses ermöglichen sie die innerperiodische Erfolgskontrolle. Bei dem Prozess der Zielvereinbarung sind sie erforderlich, um die angestrebte Zielhöhe festlegen zu können.

4.2.3 Zielhöhe

Die Zielhöhe bildet einen Schwerpunkt der Zielvereinbarung. Mitunter ist es auch das Element, über das am längsten diskutiert wird. Die Zielhöhe spiegelt die anvisierte Ausprägung der Messgröße wider. Oftmals wird für das zu erreichende Niveau der bildhafte Ausdruck verwendet, wie hoch »die Latte liegt«. Wenn später diese Zielhöhe exakt realisiert wird, ist ein einhundertprozentiger Zielerreichungsgrad gegeben.

Wichtig: Zielhöhe !

Die Zielhöhe gibt an, welche Ausprägung der Messgröße angestrebt wird.

Bei quantitativen Zielrichtungen ist die Zielhöhe ein Zahlenwert. Man spricht hier von einer kardinal bzw. metrisch skalierbaren Messgröße, da hiermit mathematische

Operationen durchgeführt werden können. Das Ziel könnte beispielsweise lauten, die Produktivität um 10 Prozent zu steigern.

Sinnvolle Rechenoperationen sind bei qualitativen Zielen [Kapitel 3.3.2], die nur ordinal skalierbar sind, nicht möglich. Um diese auch optisch von quantitativen Kennziffern abzuheben, können Sie hier Buchstaben statt Zahlen verwenden. Durch eine Skala der Form »A – B – C – D – E« wird ein operables, qualitatives Pendant zu quantitativen Zahlenreihen der Form »8 % – 9 % – 10 % – 11 % – 12 %« geschaffen. Zugleich wird durch die Verwendung von Buchstaben klar, dass lediglich ein Ranking der Zielhöhe gegeben ist, man aber keine Rechenoperationen hiermit durchführen kann.

!

Definition: Zielhöhe und Zielniveau

Als Zielhöhe eines *quantitativ* messbaren Ziels oder als Zielniveau eines *qualitativ* skalierbaren Ziels wird die angestrebte Ausprägung der Zielmessgröße bezeichnet, wobei im Falle von relativen Zielhöhen und Zielniveaus ein Bezugswert als Vergleichsmaßstab enthalten ist.

Bei quantitativen Messgrößen können Sie die Zielhöhe als absoluten Wert oder als einen relativen (»10 Prozent«) angeben. Für eine relative Zielhöhe schließen Sie einfach den gewünschten Bezugswert in die Formulierung ein.

Bezugswerte bei relativen Zielen

Mit dem Bezugswert benennen Sie einen Wert, mit dem die zu erreichende Zielhöhe verglichen wird. Das kann beispielsweise das Ergebnis des Vorjahreszeitraums sein, der Durchschnitt der vergangen drei Perioden, der Planungswert, ein Analysewert, der von Wettbewerbern erreichte Wert oder der Branchendurchschnitt. Dann können Sie die Zielhöhe relativ zu diesem Bezugswert formulieren.

Zielelemente	Relative Formulierung der Zielhöhe	
Zielrichtung	Kostensenkung	Erhöhung des Deckungsbeitrags
Messgröße	»Senkung der Herstellkosten in Werk A …	»Steigerung des DB1 …
Zielhöhe	… auf das gleiche Niveau …	… um 25 Prozent …
Bezugswert	… wie in Werk B.«	… gegenüber dem Vorjahr (1 Mio. EUR).«

Tab. 5: Beispiele für eine relative Formulierung mit Bezugswert

Die Verwendung eines Bezugswertes ist nur dann wirklich erforderlich, wenn der Vergleichswert zum Zeitpunkt der Zielvereinbarung noch nicht endgültig feststeht. Beispielsweise dann, wenn ein interner Wettbewerber als Bezugswertlieferant verwendet wird. Der Bezugswert in der linken Spalte der Tabelle 5, das Niveau in Werk B, kann erst zur selben Zeit ermittelt werden wie der eigene Zielerreichungsgrad in Werk A: nach

Ablauf der Zielperiode. Zu einer relativen Zielhöhenformulierung unter Einbezug des Bezugswertes gibt es in diesem Beispiel keine Alternative.

Relative Ziele machen in vielen Fällen mehr Sinn als absolute. Denken Sie beispielsweise an das Ziel, in den Augen der Berufseinsteiger als Arbeitgeber attraktiver als andere Arbeitgeber der Branche sein[31]. Oder ein Produkt früher als die Marktbegleiter am Markt zu platzieren.

Statement Niels Pfläging

!

Fixierte, verhandelte, geplante Ziele sind in komplexen Märkten und Umfeldern eine schlechte Idee! Spätestens seit die Marktkomplexität in den 1970er- und 1980er-Jahren für Unternehmen zum Regelfall wurde, sind Planung und Zielfestlegung obsolet und sogar schädlich geworden. Anders gesagt: Ziele, Leistungsmessung und -vergleiche sollten stets ›relativ‹ sein – und niemals ›fix‹. In Dynamik verbieten sich Leistungsvergleiche mit Plan- und Wunschzahlen. Stattdessen sollte jede zeitgemäße Leistungsmessung aus Ist-Ist-Vergleichen bestehen. Also aus Vergleichen mit eigenen Ist-Zahlen aus der Vergangenheit, mit den aktuellen Zahlen interner Peers, mit Marktrealität und externen Wettbewerbern. Der Natur komplexer Wertschöpfung entsprechend sind individuelle Ziele ›out‹ – Team- und Organisationsvergleiche sind ›in‹! Leider sind die meisten Unternehmen und Organisationen auch heute noch weit entfernt, Leistung ›relativ‹ zu messen.
Niels Pfläging
Führungsexperte, Gründer des BetaCodex Network, Geschäftsführer der Red42 GmbH

In dem Beispiel zum Deckungsbeitrag in der Tabelle 5 (rechte Spalte) steht der Bezugswert hingegen offensichtlich bereits fest, denn es ist ein mit 1 Mio. EUR bezifferter Vorjahreswert genannt. In solchen Fällen würde ich der Klarheit gegenüber dem Mitarbeitenden zuliebe die Zielhöhe absolut und nicht relativ formulieren: »Steigerung des DB1 auf 1,25 Mio. EUR.«

Tipp: Verzichten Sie möglichst auf Bezugswerte!

!

Prüfen Sie, ob es sinnvoll ist, ein Ziel lieber relativ zu formulieren. Sofern allerdings der Bezugswert bereits feststeht, verzichten Sie besser auf eine relative Formulierung.

Mit der angestrebten Zielhöhe verbindet sich insbesondere, ob und welche Kraft das Ziel als Führungsinstrument entfalten kann. Dazu steigen wir kurz in die Theorie ein. Dem Führen mit Zielen liegt der Gedanke zugrunde, dass noch unerreichte Ziele eine Art Sogwirkung bzw. einen Anreiz ausüben: Die Diskrepanz zwischen Istzustand und Ziel führt bei uns Menschen zu Spannungen oder Dissonanzen, die wir nur durch intensive Aktivitäten auf das Ziel hin reduzieren können.

31 Arbeitgeberattraktivität ist beispielsweise mithilfe des Arbeitgeberrankings messbar (trendence, 2021).

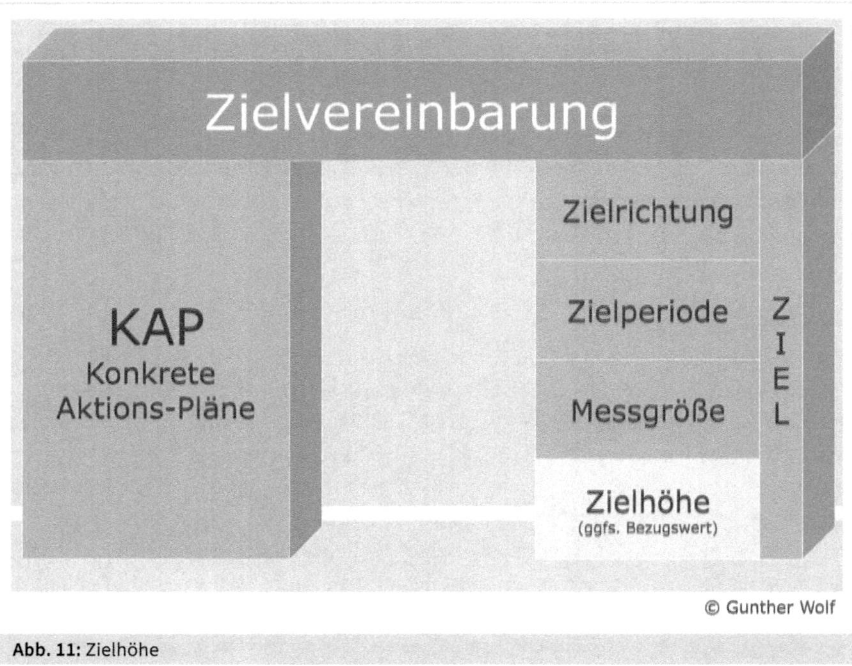

Abb. 11: Zielhöhe

Diese Annahme bestätigt sich in der Praxis durchaus: Menschen, die sich ein Ziel gesetzt haben, sei es zwei Kinder, ein Betrag von x EUR auf dem Sparbuch, ein Haus mit Garten oder Verrentung mit 60, strengen sich oftmals enorm an, um das Ziel zu erreichen.

Commitment mit dem Ziel erforderlich

Die leistungssteigernde, motivierende Wirkung entfaltet sich jedoch nur dann, wenn sich der Mitarbeitende dem Ziel auf emotionaler Ebene sehr verbunden fühlt. In der Theorie des Führens mit Zielen lautet daher die Empfehlung: Damit auch im Arbeitsleben eine Verbundenheit mit dem Ziel entsteht, sollen Führungskraft und Mitarbeitende miteinander das Ziel vereinbaren. Sie legen also die Zielrichtung, die Messgröße, die Zielperiode, die anvisierte Zielhöhe samt gegebenenfalls erforderlichem Bezugswert und auch die hierfür umzusetzenden Maßnahmen (KAP) gemeinsam fest.

In der Praxis sind der Führungskraft und dem Mitarbeitenden jedoch oftmals die Hände gebunden. Aufgrund der Pflicht zur konsequenten Ableitung aus der Zielhierarchie bestehen weder bei den Zielrichtungen noch bei den Messgrößen nennenswerte Spielräume. Auch bezüglich der Zielperiode sind die wenigsten wirklich frei in ihrer Entscheidung. Wirklich miteinander können nur Zielhöhe und KAP festgelegt werden.

Anreiz: Schmaler Grat zwischen fordern und überfordern

Die Theorie nennt neben der starken Bindung an das Ziel weitere Voraussetzungen für die intensive, leistungsförderliche Motivations- und Sogwirkung: Sie entsteht nur dann, wenn die Zielhöhe schwierig zu erreichen ist.

Statement Peter von Windau

!

Ziele sollten mit jedem Leistungsträger einzeln vereinbart werden und seine Lebenssituation und individuellen Wunschvorstellungen möglichst genau berücksichtigen. Jedes Ziel soll zwar erreichbar sein, aber Unsicherheiten und Schwierigkeiten beinhalten, die nur durch erhebliche Anstrengung zu meistern sind. Das Glücksgefühl, das bei jeder (Teil-)Zielerreichung entsteht, motiviert dazu, sich für die nächste Zielerreichung anzustrengen. Um Frustrationen (und dadurch bedingte Leistungseinbrüche und auch Teamprobleme) zu vermeiden, muss jedes Teammitglied eng begleitet werden und partnerschaftliche Unterstützung erfahren, wenn die Zielerreichung akut gefährdet ist.

Peter von Windau
Ehem. Seniorpartner, Roland Berger Strategy Consultants
Gründer, Deutsche Gesellschaft für Mittelstandsberatung
Gründer und heutiger Beirat, Deutsche Juniorenakademie

Aber auch nicht zu schwierig: Die Zielhöhe zu erreichen, darf den Mitarbeitenden auch nicht überfordern. Denn dann gibt er möglicherweise direkt auf. Kein vernünftiger Mensch erbringt ein hohes Engagement, wenn dieses nach seiner eigenen Einschätzung ohnehin vergeblich sein wird.

Diesen Punkt zwischen fordernden und überfordernden Zielhöhen ganz exakt zu treffen, ist für uns Führungskräfte eine keineswegs triviale Aufgabe. Denn Mitarbeitende, die – ob berechtigt oder nicht, sei dahingestellt – Konsequenzen bei nicht einhundertprozentiger Zielerreichung fürchten, sind selten bereit, schwierig zu erreichende Zielhöhen zu akzeptieren.

Schwierig wird schwierig

Diese Schwierigkeit verschärft sich, sobald Boni ins Spiel kommen. Manche Mitarbeitende »mauern«, damit die Früchte möglichst tief hängen. Es gibt mittlerweile Lösungen, wie Personal- und Unternehmensleitungen dieses Problem durch eine Modernisierung des Zielvereinbarungssystems lösen können. Ich stelle Ihnen diese in Kapitel 6.3 vor.

Als Führungskraft im Middle Management können Sie jedoch anhand der Konkreten Aktions-Pläne (KAP) erkennen, ob diese anspruchsvoll und schwierig zu realisieren sind. Hieraus wiederum können Sie Rückschlüsse ziehen, ob die Zielhöhe fordert oder überfordert. Hierzu stellen Sie einen für den Mitarbeitenden deutlichen Zusammenhang zwischen Zielhöhe und KAP her.

Verbindung Zielhöhe zu KAP

Unter Nutzung der Begriffe aus der Zielerreichung bzw. der Performance Management-Spirale: Um einen Erfolg zu erreichen, wird der Mitarbeitende einige Leistungen zu erbringen haben. Für die Zielvereinbarung gilt analog: Einem Ziel sind zumeist mehrere KAP zugeordnet.

Jeder KAP enthält, um als konkret gelten zu können, mindestens die folgenden Angaben: *Wer* macht *was* wann/bis *wann* und *welches Ergebnis* erwarten wir hiervon? Person, Inhalt, Zeit, Ergebnis: Das sind die Mindestanforderungen.

Da im Verlaufe der Zielperiode jeder KAP ein Ergebnis nach sich zieht, die den Mitarbeitenden ein Stückchen weiter Richtung Erfolg bringt, ist der Erfolg nichts anderes als die Summe der einzelnen Maßnahmenergebnisse.

Ausgangszustand plus KAP

Zusätzlich sind bei der Vereinbarung der Zielhöhe zwei Aspekte zu berücksichtigen. Erstens die Ausgangssituation: Wenn ein Erntehelfer bislang immer 200 kg Spargel pro Tag geschält hat und durch seine KAP diese Tagesleistung um 20 kg erhöhen kann, wird die Zielhöhe bei 220 kg liegen. Den Ausgangszustand bei den Zielen Ihrer Mitarbeitenden sollte Ihnen als Führungskraft und Ihren Mitarbeitenden bekannt sein.

Zum anderen sind bei der Zielhöhenfestlegung die drei erfolgsentscheidenden Faktoren zu berücksichtigen, die wir im Zuge der Performance Management-Spirale besprochen haben:

- erkennbare Start- und Umsetzungsschwierigkeiten
- Risiken (potenzielle Leistungs- und Erfolgshindernisse)
- Chancen (potenzielle Leistungs- und Erfolgsbeschleunigung)

Zu all diesen entwickelt der Mitarbeitende entsprechende Maßnahmen, die Ihnen ebenfalls in Form von KAP und im Wenn-Dann-Format formulierten Alternativen Aktions-Plänen (AAP) vorgelegt werden. Anhand dieser KAP und der AAP erkennen Sie einerseits, ob die Zielhöhe ausreichend anspruchsvoll ist und den Mitarbeitenden fordert, ohne zu überfordern.

!

Tipp: Das Anspruchsniveau der Zielhöhe anhand der KAP prüfen!

Zu wenig fordernd? Oder schon überfordernd? Das Anspruchsniveau einer Zielhöhe zu beurteilen, fällt bei einem reinen Zahlenwert schwer. Hier unterstützt Sie der Blick auf die KAP, mit deren Hilfe der Mitarbeitende die betreffende Zielhöhe zu erreichen plant.

- Lassen die KAP hohe Anstrengungen erkennen?
- Ist die Summe der Einzelergebnisse der KAP, ausgedrückt in der Messgröße des Ziels, größer oder zumindest gleich der Zielhöhe?
- Erachten Sie die Umsetzung aller KAP als machbar?

Sofern Sie dreimal Ja geantwortet haben, kann die Zielhöhe als ausreichend fordernd und zugleich als realistisch erreichbar gelten.

Sie erkennen andererseits, ob die Zielhöhe realistisch ist: Übersteigt die Zielhöhe die Summe der Einzelergebnisse aller umsetzbaren KAP, ist sie nicht realistisch. Denn dann kann nur noch Glück helfen.

Glück nicht einplanen

Darauf wollen Sie sich aber sicher nicht verlassen, und Ihre Mitarbeitenden wahrscheinlich auch nicht.

Prinzip #8

KAP-Ergebnisse ≥ Zielhöhe[32]

!

Für alle internen und externen Risiken, für die weder Sie noch der Mitarbeitende eine Lösung parat hat, werden entsprechende Abschläge auf die Zielhöhe vorgenommen. Risikomanager nutzen hierfür die Formel »Schadenhöhe x Eintrittswahrscheinlichkeit«. Die Chancen können Sie analog durch die Multiplikation von Nutzenhöhe und Eintrittswahrscheinlichkeit bei der Festlegung der Zielhöhe ebenfalls berücksichtigen.

Als Messgröße für die KAP-Ergebnisse, sowie für die Schaden- und Nutzenhöhe verwenden Sie bitte die Messgröße, die Sie auch für die Zielrichtung festgelegt haben. Ihre Messgröße ist das Maß aller Dinge: der Ziele und der Aktions-Pläne.

Im Beispiel aus dem Vortrag vor der Handwerkerinnung hat der Dachdecker die Zielhöhe daraufhin getestet, ob man sie nicht anspruchsvoller gestalten kann. Das hat er getan, indem er die KAP-Seite ansprach: »Wie kannst du es schaffen, schon bis Mittag fertig zu sein?« Dann das Kosten-Nutzen-Verhältnis des KAP: »Wie kannst du den Materialeinsatz verringern? Wie kannst du einen Zusatznutzen generieren?«

Führen durch Fragen … Ob Sie hierauf stets verwertbare Antworten erhalten oder nicht: Als Führungskraft leiten Sie den Mitarbeitenden auf der logischen Verbindung zwischen Zielhöhe und KAP.

Wer legt die Zielhöhe fest?

Wenn der Mitarbeitende die KAP und auch die AAP entwickelt, legt er damit nicht auch automatisch die Zielhöhe fest?

32 Einen Überblick über alle Leitsätze und Prinzipien finden Sie am Buchende in den Kapiteln 13 (Leitsätze des Führens mit Zielen) und 14 (Prinzipien für das Führen mit Zielen).

Ergibt sich die Zielhöhe daraus, welche Ergebnisse der Mitarbeitende seinen jeweiligen KAP zumisst? Oder ist es andersherum: Haben sich die vom Mitarbeitenden zu entwickelnden und zu bewertenden KAP danach zu richten, welche Zielhöhe zu erreichen ist? Die Antwort hängt von dem Zielsystem in Ihrem Unternehmen ab.

Wird die Zielhöhe im Rahmen der Zielhierarchie zusammen mit der Zielrichtung top down kaskadiert, steht die Zielhöhe für Ihren Bereich fest. Dann verbleibt Ihnen lediglich die Freiheit, diese auf Ihre Mitarbeitenden unterschiedlich aufzuteilen.

Zielhöhe bestimmt KAP

Dieses Vorgehen ist typisch für den Vertrieb, wobei der Vertriebsleitung eines Landes zuerst die Zielhöhe von beispielsweise 200 Mio. EUR Umsatz in seine Zielvereinbarung geschrieben wird und er diese Zielhöhe dann auf die Gebiete Nord, Süd, Ost und West verteilt. Für ihn besteht die Möglichkeit, angesichts der jeweils schlummernden Chancen, drohenden Risiken und jeweils umsetzbaren KAP für jeden der vier Gebietsleitenden eine andere Zielhöhe zu bestimmen.

Können Sie als Führungskraft weder Zielrichtung noch Zielhöhe unter Ihren Mitarbeitenden aufteilen, sondern nur eins-zu-eins an einen Ihrer Unterstellten weitergeben, ist damit die Zielhöhe für diesen Mitarbeitenden ebenfalls ein Fakt. Dann hat er sich ausreichend viele KAP zu überlegen, um die Zielhöhe zu erreichen.

KAP bestimmt Zielhöhe

In den letzten Jahren verzichten immer mehr Unternehmen auf das Top-down-Kaskadieren der Zielhöhe. Sie machen es andersherum: Sie lassen die Zielhöhe bottom up und angesichts der geplanten Einzelergebnisse aller KAP entwickeln.

Sofern das Verfahren der Zieloptimierung [Kapitel 6.3] zum Einsatz kommt, wird durch die Gestaltung der Boni ein Anreiz dazu gegeben, dass die Mitarbeitenden selbst stets möglichst hohe, anspruchsvolle Zielhöhen bestimmen. So wird sichergestellt, dass ausreichend viele und gute KAP entwickelt werden. Die Festlegung der Zielhöhe erfolgt durch den Mitarbeitenden und anhand der Summe all seiner geplanten KAP-Ergebnisse.

4.2.4 Zielperiode

!

Definition: Zielperiode

Die Zielperiode bezeichnet den Zeitraum, der für das Erreichen des vereinbarten Ziels zur Verfügung steht, wobei die Zielperiode als Zeitdauer, als Zeitraum oder als (End-) Zeitpunkt angegeben werden kann.

Falls Sie sich als Führungskraft nicht an Vorschriften eines Zielvereinbarungssystems zu halten haben, das Ihnen eine bestimmte Zielperiode vorschreibt: Die Variation der Zielperiode kann in vielen Fällen durchaus hilfreich sein.

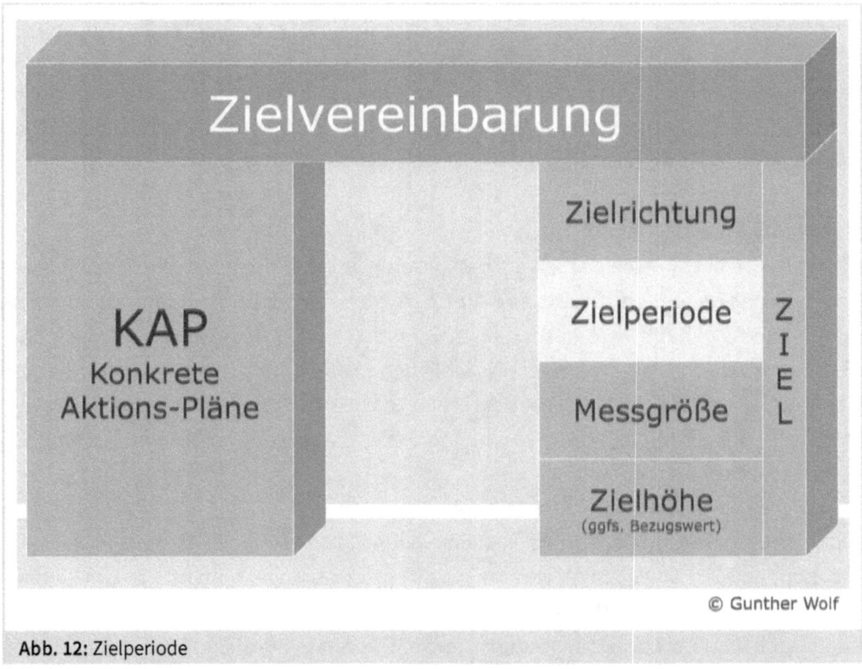

Abb. 12: Zielperiode

Verständlicherweise werden bei Zielvereinbarungssystemen, die mit Bonuszahlungen gekoppelt sind, oftmals unternehmenserfolgsabhängige Komponenten einbezogen. Das wirkt sich häufig auf die Zielperiode aus: Sofern für die Feststellung des Unternehmenserfolgs der Jahresabschluss erforderlich ist, wird die Zielperiode diesem Zyklus angepasst. Dann sind Ihre Variationsmöglichkeiten auf ein- und unterjährige Zielperioden beschränkt.

Überjährige Zielperioden

Jahresübergreifende Zielperioden machen beispielsweise dann Sinn, wenn die endgültige Feststellung des Zielerreichungsgrades beispielsweise erst im Mai des Folgejahres zu erwarten ist. Das könnte beispielsweise bei einem Projekt der Fall sein, das Ihre Mitarbeitenden zu einem erfolgreichen Ende bringen sollen. Sofern Sie keiner Pflicht zur Einhaltung des Jahreszyklus unterliegen: Warum nicht den Zeitraum vom 01.01.01 bis zum 31.05.02 als Zielperiode definieren?

Ein Ziel ohne einen Termin ist nur ein Traum.
Milton Hyland Erickson

Überjährige Zielperioden machen auch dann Sinn, wenn Ihnen daran gelegen ist, Folgeschäden von auf Jahressicht erfolgreichen, aber langfristig nachteiligen Handlungen zu verhindern. Mithilfe von mehrjährigen Zielperioden sorgen beispielsweise Aufsichtsräte dafür, dass sich angestellte Geschäftsführungen und Vorstände auf die nachhaltige Sicherung von Unternehmenswert und Ertragskraft fokussieren.

Ich beobachte schon seit einigen Jahren einen starken Trend zu mehrjährigen Zielperioden in oberen Unternehmensebenen, in letzter Zeit vermehrt auch bei KMU und mittelständischen Unternehmen.

Unterjährige Zielperioden

Nicht wenige der Mitarbeitenden auf den unteren Ebenen hingegen fühlen sich bereits damit überfordert, Jahreshorizonte zu überblicken und für diese Zeiträume solide Ziele und KAP mit ihren Vorgesetzten zu vereinbaren. Für uns Führungskräfte ist der überschaubare Zeitraum oftmals tatsächlich größer als für die eigenen Mitarbeitenden. Das ist beispielsweise darin begründet, dass Ausschläge nach oben und unten auf Ebene des einzelnen Mitarbeitenden durch die Aggregation auf der überstellten Ebene geglättet werden.

Bitte nehmen Sie zur Bestimmung der sinnvollen Zielperiode die Perspektive Ihrer Mitarbeitenden ein: Für welchen Zeitraum sind diese in der Lage, mögliche Entwicklungen abzusehen, um auf dieser Basis passende Maßnahmenpläne zu entwickeln? Falls Sie den Weitblick Ihrer Mitarbeitenden fördern möchten, könnten Sie diese in der ersten Zielperiode »dort abholen, wo sie stehen« und dann die Periodendauer schrittweise steigern.

! **Tipp: Gestalten Sie die Zielperiode empfängerorientiert!**

Die Dauer der Zielperiode richtet sich danach,

- welcher Zeitraum für den Mitarbeitenden tatsächlich überschaubar ist und
- welche Halbwertzeit die von Ihnen für den Mitarbeitenden definierten Zielrichtungen besitzen.

Der maßgebliche Grund für unterjährige Perioden ist, der Gefahr von Zielkorrekturen entgegenzutreten. Wenn auch Sie nicht felsenfest davon überzeugt sind, dass die Ziele des Mitarbeitenden bis zum Jahresende Bestand haben, greifen Sie zu Quartals-, Monats-, Wochen- oder sogar Tageszielen.

Zielperioden passend kürzen

Letztere sind beispielsweise in der Gastronomie durchaus üblich, weil erst am jeweiligen Tag relativ sicher und bekannt ist, wie viele Tische von welcher Art Gäste reserviert worden sind. Scrum als agile Methode [Kapitel 12.2] arbeitet mit 14-tägigen Zielen und Tageszielen.

Prinzip #9

Zielperiode ≤ absehbarer Zeitraum[33]

!

Nehmen Sie bitte keine innerperiodischen Zielkorrekturen vor. Falls diese absehbar sind oder in der Vergangenheit häufig auftraten, verkürzen Sie besser die Zielperiode auf einen Zeitraum, für den guten Gewissens eine Zielvereinbarung erfolgen kann.

Achtung: Keine Zielkorrekturen!

Wenn Sie als Führungskraft die Ziele Ihrer Mitarbeitenden häufig korrigieren – sei es die Zielrichtung samt Messgröße oder aber die Zielhöhe – verlieren die Ziele an motivierender Kraft, die Zielvereinbarungen an Ernsthaftigkeit und Sie an Führungswirksamkeit.

!

Feste Ziele schaffen Verhaltenssicherheit, Identifikation und vor allem Motivation bei Ihren Mitarbeitenden. Zielrichtungsänderungen und Zielhöhenkorrekturen in der laufenden Periode, die nicht durch wirklich gravierende Störfaktoren bedingt sind, beeinträchtigen die Glaubwürdigkeit der von Ihnen ausgerufenen Ziele, die Leistungsbereitschaft der Mitarbeitenden und damit die realisierbare Performance-Steigerung enorm.

Zielperiode abbrechen

Für wirklich gravierende Störfaktoren gilt die Faustregel: Solche »Katastrophen« kommen pro Jahrzehnt höchstens ein- bis zweimal vor. Bei Erdbeben, Tsunami, Pandemie, crashartigem Konjunktureinbruch, abgebrannter Fabrikhalle und ähnlichen Fällen brechen Sie bitte die laufende Zielperiode ab, bewerten den erreichten Stand der Mitarbeitenden und vereinbaren komplett neue Ziele.

Manch einer argumentiert, in Krisenzeiten solle man auf die Vereinbarung von Zielen ganz verzichten. Diese Prozesse würden Mitarbeitende und Führungskräfte nur von den jetzt so nötigen Rettungsarbeiten abhalten.

Hier widerspreche ich entschieden: Zum einen sollten Sie und Ihre Mitarbeitenden, wenn Sie den in Kapitel 8.1 beschriebenen Zielvereinbarungsprozess ein paar Mal gemacht haben, in der Lage sein, diesen schlank und in sehr kurzer Zeit durchzuführen. In Krisenzeiten zahlt sich für Sie aus, wie viel Zeit Ihre Mitarbeitenden zuvor in die Entwicklung von Alternativen Aktions-Plänen gesteckt haben.

Zielperioden in Krisenzeiten

Zum anderen: Gerade in stürmischen Zeiten sind Zielvereinbarungen wertvoll. Woher sonst soll die Motivation für die sich möglicherweise ständig ändernden Ziele kommen?

33 Einen Überblick über alle Leitsätze und Prinzipien finden Sie am Buchende in den Kapiteln 13 (Leitsätze des Führens mit Zielen) und 14 (Prinzipien für das Führen mit Zielen).

Woher die positive Energie für erforderliche (Neu-) Orientierung der Mitarbeitenden? Woher deren Sicherheit für die Richtigkeit des eigenen Verhaltens in dieser Situation?

Wer als Führungskraft in Krisenzeiten auf Performance Management verzichtet, vergrößert die Orientierungslosigkeit. Er sorgt dafür, dass die meisten Mitarbeitenden lieber nichts machen als nachher vorgehalten zu bekommen, das Falsche getan zu haben. Zweifellos macht es Sinn, in turbulenten Zeiten zunächst die Periode zu verkürzen, für die Sie Ziele festlegen. Sie können diese später wieder allmählich steigern, wenn sich das Unternehmen wieder in ruhigerem Fahrwasser befindet.

!

Statement Martin Limbeck

Zielvereinbarungen sind im Vertrieb nach wie vor essenziell – allerdings müssen sie auch zur Arbeitsweise passen. Vereinbarungen, die über ein Jahr oder länger laufen, motivieren nicht jedes Teammitglied. Immer häufiger erschüttern tiefgreifende Veränderungen bis hin zu Krisen die gesamte Wirtschaft, ganze Branchen oder einzelne Märkte. Jahresziele können sich nach wenigen Monaten als unerreichbar herausstellen. Um Mitarbeiter dennoch zu motivieren, helfen individuelle Vereinbarungen, die sich auf kürzere Zeiträume beziehen und auch in der jeweils aktuellen Situation erreichbar sind.
Martin Limbeck
Geschäftsführer, LIMBECK GROUP

Ich beobachte in den letzten Jahren einen starken Trend zu kürzeren Zielperioden in unteren Unternehmensebenen. Die meisten Unternehmen, die in Verbindung damit genannt werden, dass sie die Zielvereinbarung angeblich abgeschafft hätten, haben lediglich den bürokratischen Aufwand für Zielvereinbarungen reduziert und die Zielperiode auf die jeweils überschaubaren Zeiträume verkürzt.

Zielperioden immer kürzer

Je mehr VUCA unsere Welt wird, desto schwieriger fällt die Festlegung der KAP und damit auch der Zielhöhe für längere Zeiträume. Das ist nicht erst in neuer Zeit so: VUCA gab es eigentlich schon immer, wenn auch in geringerer Ausprägung. Aber auch vor zig Jahren gab es Produkteinführungen, bei denen der Vertrieb nicht einmal vage sagen konnte, wie hoch die Umsätze im ersten Jahr ausfallen würden.

Es gab zu jeder Zeit technologische Veränderungen, deren Auswirkung auf die Produktivität von keiner Werksleitung auch nur halbwegs zuverlässig eingeschätzt werden konnten. Schon da tat man, was man in solchen Situationen tun muss: Kürzere Zielperioden definieren, Erfahrungen machen, Erfahrungen verwerten. Und schrittweise die Perioden wieder verlängern, sobald man die Zeiträume wirklich ausreichend gut überblicken kann.

4.2.5 Vollständige Ziele

Mit der zutreffenden Festlegung der Zielperiode ist das Ziel komplett. Indem Sie als Führungskraft darauf achten, dass die vier Elemente sorgfältig bearbeitet werden, haben Sie die Kriterien der smart-Regel gleich miterledigt. Und noch ein paar qualitätssichernde Aspekte mehr, das wird Ihnen aufgefallen sein.

Definition: Ziel

!

Ziel bezeichnet ein angestrebtes Ergebnis im Sinne eines Zustands, Orts oder Punkts, wobei das Ziel ebenso unveränderlich wie konkret durch die inhaltliche Zielrichtung (inklusive deren Beibehaltung, Senkung oder Steigerung), die quantitative Zielhöhe oder das qualitative Zielniveau (jeweils samt – im Falle relativer Ziele – einem Bezugswert bzw. Vergleichswert), die Messgröße (inklusive Maßeinheit und Messverfahren), die Zielperiode (für Zielerreichung vorgesehene zeitliche Dauer) beschrieben wird und mithilfe der Gesamtheit aller auf das Ziel gerichteten Leistungen (Input, Ressourceneinsatz) erreicht werden kann. Als Erfolg gilt, wenn das Ergebnis mit dem formulierten Ziel übereinstimmt.

Daneben haben Sie sich einen großen Nutzen geschaffen: Sofern dem keine unternehmens- bzw. zielvereinbarungssystemseitigen Vorschriften entgegenstehen, entwickeln Sie nur Ziele und Visionen. Eigentlich kaskadieren Sie nur die Zielrichtung in die nächste Ebene, den Rest machen Ihre Mitarbeitenden.

Nutzen in Zielvereinbarung und Zielerreichung

Neben diesem Nutzen, der den Zielvereinbarungsprozess betrifft, entlasten Sie sich auch in der Zielerreichungsperiode: An Sie werden wesentlich weniger, nach ein paar Jahren tatsächlich kaum noch Rückfragen aus dem operativen Verantwortungsbereich Ihrer Mitarbeitenden herangetragen.

Ich kenne unzählige Führungskräfte, die es in ein oder zwei Jahren geschafft haben, Ihre Mitarbeitenden dorthin zu bringen. Das einzige, was sie dafür brauchten, war ein starker Wille und eine eiserne Disziplin.

Zielvereinbarungen sind Ergebnisse des Austauschs unter Experten über die Gestaltung einer erfolgreichen Zukunft. Wer als Führungskraft seinen Mitarbeitenden das Nachdenken über die Zukunft erspart, wird sie für keine Anforderung rüsten, die die Zukunft stellt.

Das wiederum lässt vermuten: Der Schlüssel zum Erfolg liegt gar nicht so sehr im Bereich der Ziele, sondern im Bereich der Maßnahmen.

4.3 Maßnahmen in Form von Aktions-Plänen entwickeln und bewerten

Maßnahme kommt von Maß nehmen. Wer Maß nimmt, will künftig eine genaue Umsetzung erreichen. Der Schneider nimmt Maß, damit der Anzug später nicht zu groß ist und auch nicht zu klein. Der Hochspringer nimmt Maß, um Anlaufgeschwindigkeit und den Absprungwinkel so einzusetzen, dass er die Latte nicht reißt.

Die Arbeitskultur hat sich in den letzten Jahrzehnten enorm gewandelt. Wir haben eine Veränderung von der sturen Verrichtungsorientierung hin zu einer Ausrichtung an Sinn, Zielen und Visionen erlebt. Ich kann mich gut an meine Tätigkeit in einem Automobilkonzern nach Abschluss meines Studiums erinnern: Ich hatte unter anderem den Auftrag, Mitarbeitergespräche mit integrierter Zielvereinbarung und Karriereplanung einzuführen, daraus resultierend Nachfolgeplanung, Kompetenzmanagement und Talentmanagement.

Command and Control

Die Mitarbeitenden hatten damals eine klare Vorstellung davon, wie gearbeitet wird: Der Vorgesetzte ordnet an und kontrolliert nachher, ob alles richtiggemacht wurde. Die Arbeitnehmervertretung gab mir damals mit auf den Weg: »Mitarbeitende werden fürs Mitarbeiten bezahlt, nicht fürs Mitdenken.« Ziele vereinbaren, Verantwortung übernehmen? Nein danke.

!

Statement Martin Seiler

Um den Brückenschlag zwischen Tradition und Innovation zu schaffen, müssen wir den einzelnen Beschäftigten mehr Freiheit und Verantwortung geben. Dazu gehört auch eine Abkehr von einem hierarchischen Führungsstil. Gerade unsere Mitarbeitenden und Führungskräfte aus der Praxis erkennen als erste, wo Veränderungen, Verbesserungen und Erneuerungen notwendig sind. Dieser Ansatz von Partizipation bedarf einer internen Dynamik, er muss konkret erlebbar sein, muss einladen und mitreißen – das zu gewährleisten ist eine unserer wichtigsten HR-Missionen.
Martin Seiler
Vorstand Personal und Recht, Deutsche Bahn AG

Heute wollen die meisten Mitarbeitenden mitgestalten, mitreden und mitentscheiden: über Arbeitsinhalte, Arbeitsweisen, möglichst noch über Arbeitsort und Arbeitszeit. Und das ist gut so. Die Welt, in der wir arbeiten, verändert sich mit zunehmender Geschwindigkeit.

Als Führungskraft habe ich möglicherweise einige der Tätigkeiten, der einzelne meiner Mitarbeitenden nachgehen, zuvor selbst wahrgenommen. Aber unter völlig anderen technischen Voraussetzungen und unter gänzlich anderen Bedingungen.

Mitarbeitende wissen mehr

Die Folge: Ich kann nicht mehr alles wissen aus dem operativen Tätigkeitsbereich meiner Mitarbeitenden. Das macht aber nichts. Ich muss und ich will auch nicht mehr alles wissen. Denn ich bin Führungskraft, nicht etwa die beste Fachkraft. Ich führe meine Mitarbeitenden durch gute Fragen, nicht durch schlaue Antworten. Ich mache sie damit verantwortlich für das, was sie tun und das, was sie nicht tun.

Wenn Du ein Schiff bauen willst, dann trommle nicht Männer zusammen um Holz zu beschaffen, Aufgaben zu vergeben und die Arbeit einzuteilen, sondern entzünde die Sehnsucht der Männer nach dem weiten, endlosen Meer.
Antoine de Saint-Exupéry

Wir Führungskräfte sind die, die Visionen entwickeln. Wir sind in der Lage, andere für Ziele zu begeistern.

Statement Harald Elster !

Führung beginnt immer mit einer Vision. Diese muss so klar und mit Leben gefüllt sein, dass sie allen Beteiligten als Leitlinie dienen kann. Und dann braucht es Vertrauen und Zielstrebigkeit. Denn wenn das Ziel klar ist, darf der Weg dahin flexibel sein. Wir alle stellen Experten ein und sollten sie auch als solche einsetzen.
Harald Elster, StB/WP
Ehrenpräsident, Deutscher Steuerberaterverband

»Früher haben Unternehmen Mitarbeiterinnen und Mitarbeiter gebraucht, die machen, was man ihnen sagte. Heute brauchen Unternehmen Mitarbeiterinnen und Mitarbeiter, die machen, was man ihnen nicht sagt.« konstatieren Hentrich und Pachmajer (2016) in ihrem zu Recht als Managementbuch des Jahres ausgezeichneten Buch d.quarks. Wir brauchen Menschen, die selbst wissen, was sie am besten machen sollten, um Ziele zu erreichen.

Fordern und Fördern

Auf dieser Ebene ist der eine oder andere Mitarbeitende noch nicht. Wir Führungskräfte nutzen KAP, um sie zu befähigen. Als KAP haben wir die – keineswegs unverrückbare – Planung der im Laufe des Zielerreichungsprozesses zu erbringenden Leistung definiert: die Planung des Wegs zum Ziel. Dazu gehört auch die Planung, wie bestehende Leistungshemmnisse beseitigt werden.

Als AAP bezeichnen wir die im Wenn-Dann-Format festgehaltenen Aktions-Pläne, die erst bei steigernder Eintrittswahrscheinlichkeit oder bei Auftreten eines zuvor identifizierten Eventualfalls aus der Schublade gezogen werden – sei es ein Risiko oder eine Chance. Diese AAP können im Verlauf des Zielerreichungsprozesses die KAP ergänzen oder auch ersetzen.

Mithilfe der Performance Management-Spirale können wir aufzeigen, dass Leistung durch das Entfalten und Nutzen der Potenziale der Mitarbeitenden entsteht. Wir wissen auch, dass sich nichts entfalten kann, wenn nicht ausreichend Raum zur Verfügung steht. Doch in der Praxis werden die Zielrichtungen aus der Zielhierarchie abgeleitet und sind somit weitgehend vorgegeben.

Die KAP und die AAP stellen die einzigen Räume dar, die wir als Führungskräfte unseren Mitarbeitenden zum Mitdenken und Mitgestalten anbieten können. Geben wir unseren Mitarbeitenden diese Räume – und verpflichten sie zugleich, diese auch verantwortungsvoll auszufüllen.

4.3.1 Konkreter Aktions-Plan (KAP)

Bei der Zielvereinbarung ist die Zielhöhe abhängig von den KAP. Bei einer Zielhöhe, die nicht mit entsprechend vielen und guten KAP unterlegt ist, wissen weder Sie noch der Mitarbeitende, ob die Zielhöhe realistisch und anspruchsvoll ist. Die vom Mitarbeitenden zu ergreifenden Maßnahmen, die Wege zum Ziel, werden daher bei der Zielvereinbarung konkret beschrieben und umsetzungsreif geplant.

! **Definition: Konkreter Aktions-Plan**

Konkrete Aktions-Pläne (KAP) bezeichnen denjenigen Teil der Zielvereinbarung, der die präzise Planung von Maßnahmen und Aktivitäten umfasst, mit denen die Zielnehmenden – einzelne Personen oder Teams – zum Zeitpunkt der Zielvereinbarung das Ziel zu erreichen beabsichtigen.

Als Zielnehmende werden diejenigen Personen oder Gruppen von Personen bezeichnet, die die Verantwortung für das Erreichen der definierten Ziele übernehmen. Würden wir dem zielnehmenden Mitarbeitenden diese gedankliche Beschäftigung mit der Zukunft erlassen, verkämen die Ziele zu nebulösen Vorsätzen mit entsprechend geringer Handlungsrelevanz. Fehlen die KAP, ist uns zudem keine proaktive Kontrolle der Handlungen des Mitarbeitenden im Verlaufe der Zielperiode mehr möglich. Wir Führungskräfte bestehen daher auf der Entwicklung von KAP.

KAP-Qualitätskriterien

Der KAP gibt darüber Auskunft, wer was wann macht und welches Ergebnis dabei angepeilt wird. Nur derart ausformulierte Maßnahmen werden als Konkrete Aktions-Pläne (KAP) bezeichnet.

! **Konkreter Aktions-Plan (KAP)**

Als Mindestanforderung für einen KAP gilt die Beantwortung der Frage:

- Wer (ggf. mit wem)
- macht was

- wann (ggf. ab/bis wann) und
- welches Ergebnis erwarten wir?

Ich habe unzählige Zielvereinbarungen gesehen, in denen nur Maßnahmen standen, die als Ziele deklariert wurden. Ja, Maßnahmen sind wichtig! Wichtig, um Ziele zu erreichen. Aber Maßnahmen sind nicht das gleiche wie ein Ziel. Ziel ist Ziel und Maßnahme ist Maßnahme. Ein Ziel ist ein Punkt und Maßnahmen sind der Weg dorthin.

In Führungskräftetrainings stelle ich oft fest, dass die Teilnehmer das Thema KAP aus dem Effeff beherrschen. Sollte das bei Ihnen der Fall sein, springen Sie ruhig zum nächsten Kapitel.

Aufwand für KAP

Aber manch ein Vorgesetzter tut sich auch schwer mit den KAP. »Herr Wolf, der Aufbau der Ziele mithilfe der vier Elemente ist sinnvoll und schlüssig« sagte ein Teilnehmender beim Training. »Aber mir und meinen Mitarbeitenden fehlt echt die Zeit, um auch noch Maßnahmen zu erarbeiten und zu besprechen.« Das kann ich gut nachvollziehen, das geht sehr vielen Führungskräften bei der Zielvereinbarung so.

Doch die schlechte Nachricht gleich vorab: Sie können es gar nicht vermeiden, sich dafür die Zeit zu nehmen. Das Entwickeln und Bewerten der KAP gehört zu dem Teil des Aufwands, der unvermeidlich ist. Sie können sich nur aussuchen, wann Sie es tun. Und Methoden einsetzen, die den Aufwand minimieren. Und Ihren Nutzen steigern, der diesem Aufwand gegenübersteht. Dazu kommen wir gleich.

Aufwand unvermeidlich

Lassen Sie mich meine These der Unvermeidlichkeit bitte zuvor erläutern. Wenn ein Vorgesetzter nicht auf die Planung von Maßnahmen drängt, wird dies in den meisten Fällen unterbleiben. Dass Mitarbeitende die Maßnahmenplanung eigeninitiativ in Angriff nehmen, ist möglich, aber selten. Folglich ist weder irgendwem klar noch miteinander abgestimmt, auf welchem Wege das Ziel erreicht werden soll.

Die meisten Mitarbeitenden arbeiten einfach auf die gleiche Weise weiter wie bisher. Aufgrund des engen Zusammenhangs zwischen der Leistung der Mitarbeitenden und dem Leistungsergebnis dürfen wir nicht erwarten, dass sich letzteres maßgeblich verbessern wird – sofern nicht glückliche, externe Einflüsse für Aufwind sorgen.

Wenn du immer wieder das tust, was du immer schon getan hast, wirst du immer wieder das bekommen, was du immer schon bekommen hast.

Paul Watzlawick

Doch die Latte liegt jedes Jahr höher. Das liegt, von Ausnahmesituationen abgesehen, in der Natur des Performance Improvements. Der Mitarbeitende müsste eine Schippe drauflegen und auf irgendeine Weise effizienter oder effektiver arbeiten. Wenn er so weitermacht wie bisher, wird er seine neue Zielhöhe nicht zu 100 Prozent erreichen.

Führen mit Zahlen

Dann beginnt die Zielperiode. Die Führungskraft überwacht die Entwicklung der Zielhöhen, also die Zahlenwerte. Mehr kann er nicht machen, denn KAP wurden ja in diesem Anti-Beispiel keine entwickelt. Aus diesem Grunde wird das Führungsverhalten, auf die Besprechung von Maßnahmen bei der Zielvereinbarung zu verzichten, auch als »Führen mit Zahlen« bezeichnet.

Alternativ könnte er den Mitarbeitenden noch rund um die Uhr beobachten. Diese Möglichkeit können wir beruhigt ausschließen, zumal ihm schon die Zeit fehlt, mit dem Mitarbeitenden die KAP zu besprechen. Außerdem wollen wir Führungskräfte uns ja nicht mit zusätzlichen Beobachtungsaufgaben belasten, sondern entlasten.

Wer das »Führen mit Zahlen« pflegt, erhält Informationen über fehlende oder suboptimale Leistungen der Mitarbeitenden nur mittelbar, anhand der Zahlen, und zudem nur rückwirkend: Er erkennt im Verlauf der Zielperiode, dass der Mitarbeitende, wenn er auf gleiche Weise weitermacht, sein Ziel beispielsweise nur zu 80 Prozent erreichen wird.

Hätte, hätte ...

Jetzt kommt Ziel- und Zeitdruck in die Hütte. Der Vorgesetzte bestellt den Mitarbeitenden zum Rapport ein. Er will wissen: »Was ist denn da los bei Ihnen?« Dann darf er sich üblicherweise erst einmal eine Begründungslitanei anhören: Schwierigkeiten, Probleme, Hemmnisse und Hindernisse. Das ist auch nur zu verständlich. Der Mitarbeitende fühlt sich in der Pflicht zu beweisen, dass die ungünstige Entwicklung seiner Zahlen nichts mit ihm und seiner Leistungsbereitschaft zu tun hat.

In vielen Fällen lassen Vorgesetzte das zu. Sie steigen in die retrospektive Betrachtung des schon halb in den Brunnen gefallenen Kindes ein. Dann diskutieren sie mit dem Mitarbeitenden darüber, ob und was dieser hätte tun können, um diese negativen externen Einflüsse zu verhindern. In unserem Wording: Die beiden besprechen AAP.

Es ist nur leider zu spät. Der Vorgesetzte ärgert sich vielleicht ein bisschen, dass der Mitarbeitende da nicht selbst darauf gekommen ist und hofft, dass er wenigstens etwas für die Zukunft daraus gelernt hat. Aus der Erfahrung heraus: Die Sterne stehen dafür nicht gerade günstig. Nur wenige Mitarbeitende wollen und werden einsehen, dass sie präventiv etwas gegen diese schlechte und aus ihrer Sicht völlig schicksalshafte Entwicklung hätten unternehmen können.

Gesprächsfokus Zukunft

Manch ein Vorgesetzter dreht hingegen den Gesprächsfokus auf die Zukunft. Eine sehr gute Entscheidung! Er wird mit dem Mitarbeitenden analysieren, was dieser jetzt noch tun kann, um das Ziel doch noch zu erreichen. In unserem Wording: Die beiden schmieden KAP.

Wichtig: Um KAP und AAP kommt man nicht umhin !

Die Besprechung der Maßnahmen, die den Erfolg sichern, können Sie sich als Führungskraft nicht sparen. Es ist wenig sinnvoll, diese in die Zielperiode hinein aufzuschieben.

Fazit: Wer KAP und AAP nicht bei der Zielvereinbarung entwickeln lässt und mit den Mitarbeitenden bespricht, hat sie im Laufe der Zielperiode zu entwickeln und zu besprechen. Dann aber ist es zum einen für präventiv wirksame AAP schon zu spät und zum anderen steht für die Umsetzung des KAP nur noch der restliche Teil der Zielperiode zur Verfügung.

Hinzu kommt, dass bei Ziel- und Zeitdruck viele Führungskräfte die Maßnahmen selbst entwickeln, mit der Begründung, Zeit zu sparen. Aber halt: Wollten wir das nicht den Mitarbeitenden überlassen? Wieso haben wir jetzt plötzlich wieder Probleme aus dem operativen Bereich der Mitarbeitenden zu lösen?

Lieber rechtzeitig

Nein, dann machen wir es lieber zu Jahresbeginn, im Laufe des Zielvereinbarungsprozesses. Da bleibt die Entwicklung der KAP da, wo sie uns entlastet und auch hingehört: bei den Mitarbeitenden. Im Zielvereinbarungsprozess werden die KAP solide durchdacht, auf potenzielle Konflikte geprüft und können schließlich über die gesamte Zielperiode hinweg erfolgswirksam werden.

Verschaffen Sie sich im Zielvereinbarungsprozess die Zeit für die Prüfung der vorgelegten KAP, steigern Sie Ihre Führungswirksamkeit, bieten Sie den Mitarbeitenden die nötige Verhaltenssicherheit und Motivation direkt von Beginn des Geschäftsjahres an. Realisieren Sie einen Ihrer ganz großen Vorteile aus der Zielvereinbarung.

KAP formulieren

Als Mindesterfordernis für KAP haben wir die Elemente Person, Inhalt, Zeit und Ergebnis benannt: Wer (ggf. mit wem) macht was wann (ggf. ab/bis wann) und mit welchem Ergebnis? Vielleicht erinnern Sie sich noch an das Beispiel zum Deckungsbeitrag aus Tabelle 5. Da ging es um eine zu realisierende Steigerung des DB1 von 1 Mio. EUR (Vorjahr) auf 1,25 Mio. EUR. Die zugehörige Formulierung der KAP könnte lauten:

Formulierung des KAP 1	KAP-Dimensionen
»Außendienstmitarbeiter Herr X ...	Person
präsentiert allen A-Kunden das neue Produkt ...	Inhalt
im Zeitraum zwischen 1.4. und 30.6. ...	Zeit
und realisiert hierdurch einen zusätzlichen Deckungsbeitrag i. H. v. 50 Tsd. EUR.«	Ergebnis

Tab. 6: Beispiel für einen Konkreten Aktions-Plan (KAP)

Formulierung des KAP 2	KAP-Dimensionen
»Außendienstmitarbeiter Herr X ...	Person
führt durchschnittlich 5 statt zuvor 4 Verkaufsgespräche pro Tag ...	Inhalt
ab Beginn des Jahres ...	Zeit
und realisiert hierdurch einen zusätzlichen Deckungsbeitrag i. H. v. 200 Tsd. EUR.«	Ergebnis

Tab. 7: Beispiel für einen Konkreten Aktions-Plan (KAP)

Sehen Sie mir nach, dass ich zur Verdeutlichung sehr einfache Beispiele nutze. In der Praxis wird wahrscheinlich keiner Ihrer Mitarbeitenden nur ein Ziel zu erreichen haben. Wahrscheinlich wird jeder Ihrer Mitarbeitenden zudem mehr als nur zwei Maßnahmen planen, die er in der kommenden Periode zur Erreichung des Zieles umsetzen wird.

Doch dieses einfache Beispiel zeigt klar den Zusammenhang zwischen Zielhöhe und KAP auf: Die Zielhöhe ist durch entsprechend mengenmäßig viele und qualitativ gute KAP zu unterfüttern, sonst ist sie zum Scheitern verurteilt.

Person: Wer?

Bei der ersten Dimension, der Person, sollte primär der Mitarbeitende vermerkt sein, gegebenenfalls auch Personen, die mitzuwirken haben. Wenn am Ende in der Zielvereinbarung bei Person überall Ihr Name steht, haben Sie irgendwas falsch gemacht.

Im Ernst: Gerade bei der erstmaligen Durchführung der Zielvereinbarung nach der professionellen Fünf-Stufen-Methode [Kapitel 8.1] wird der eine oder andere Mitarbeitende versuchen, Maßnahmen zu delegieren oder sogar an Sie zurückzudelegieren. Machen Sie bitte diesen Mitarbeitenden deutlich, wer für das Erreichen ihrer Ziele zuständig ist: sie selbst.

Inhalt: Was?

Der Mitarbeitende hat den Inhalt des KAP sehr konkret zu beschreiben. Als Führungskraft entscheiden Sie, was der Mitarbeitende hier festhalten soll. Fühlen Sie sich frei, alle für Sie relevanten Aspekte einzufordern:

Soll der Mitarbeitende auch die Kosten abschätzen, die mit der Umsetzung des KAP verbunden sind? Welche Ressourcen, welche Hilfsmittel erforderlich sind? Der Vorteil für Sie: Sie können daran orientiert die im Hinblick auf die Kosten-Nutzen-Relation günstigsten KAP gleich erkennen. Ein weiterer Vorteil: Sie können Ansatzpunkte erkennen, die Sie dem Mitarbeitenden wieder zur weiteren Optimierung überlassen.

Zeit: Wann?
Damit kommt die Dimension Zeit ins Spiel: Wann wird der Mitarbeitende mit der Umsetzung des KAP beginnen? Wann soll der KAP abgeschlossen sein? Welches sind wichtige Meilensteine, an denen er Sie über den Fortschritt unterrichten wird?

Bei größeren KAP – wie beispielsweise Projekten – ist es durchaus sinnvoll, dass der Mitarbeitende die einzelnen Umsetzungsschritte und Teilaufgaben direkt darstellt. Soll er in diesem Zuge bereits prüfen, ob benötigte Ressourcen, beispielsweise zeitliche Budgets von anderen Mitarbeitenden, verfügbar sind? Mit welchen Schwierigkeiten rechnet er im Verlaufe der KAP-Umsetzung und wie wird er diesen begegnen?

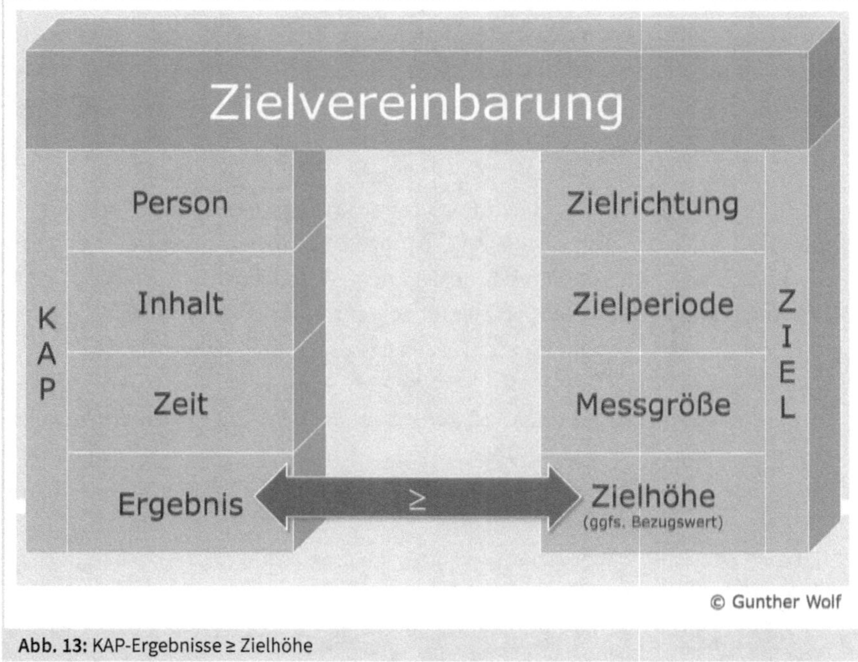

Abb. 13: KAP-Ergebnisse ≥ Zielhöhe

Ergebnis: Wie viel?
Die vierte Dimension der KAP, die Ergebnisschätzung, wird in der jeweiligen, aus der Zielrichtung abgeleiteten Messgröße ausgedrückt. So, wie in dem Beispiel der Tabellen 6 und 7. Denn die angenommenen Einzelergebnisse werden addiert, um zu prü-

fen, ob die Summe der Ergebnisqualitäten aller KAP größer oder zumindest gleich der festgelegten Zielhöhe ist. Diese Plausibilitätsprüfung kennen Sie ja bereits aus dem Kapitel 4.2.3, in dem wir die Unterfütterung der Zielhöhe besprochen haben.

!

Prinzip #8

KAP-Ergebnisse ≥ Zielhöhe[34]

Sie fragen sich vielleicht, warum in Prinzip #8 ein Größer-gleich-Zeichen und kein Gleichheitszeichen steht? Die Antwort: Lassen Sie Ihrem Mitarbeitenden doch ruhig einen Puffer dafür, dass er beispielsweise die Ergebnisse der KAP zu optimistisch eingeschätzt hat. Oder für den Fall, dass er einfach richtig großes Pech hat und all die mit niedrigen Eintrittswahrscheinlichkeiten versehene Risiken doch der Reihe nach eintreten. Der Puffer schafft einen Nutzen für Sie beide: Er sichert die einhundertprozentige Zielerreichung. Falls der Puffer dann doch nicht benötigt wird, können Sie sich beide einer kleinen Zielüberschreitung erfreuen.

Und bei KAP-Ergebnisse ≤ Zielhöhe?

Diesen Punkt hatten wir uns in dem Kapitel über Zielhöhen schon vergegenwärtigt: Reichen die KAP für das Erreichen der Zielhöhe nicht aus, ist entweder bei der Zielvereinbarung eine niedrigere Zielhöhe festzulegen, was in den meisten Unternehmen nicht möglich sein wird, oder der Mitarbeitende muss mehr bzw. bessere KAP entwickeln – und diese später auch umsetzen.

Nicht Berufsoptimismus, auch nicht Pessimismus, sondern gesunder Realismus ist folglich das, was die Entwicklung der KAP zu prägen hat, insbesondere deren geplante Anzahl und deren geschätzte Ergebnisauswirkung. Sie steigern Ihren eigenen Nutzen, wenn Sie bei Ihren Mitarbeitenden hierauf achten: Umso seltener haben Sie in der Zielperiode zu prüfen, zu kontrollieren, nachzusteuern und zu helfen.

Zukunft ist kein Schicksalsschlag, sondern die Folge der Entscheidungen, die wir heute treffen.
Franz Alt

Es gibt folglich vier KAP-Typen, die Sie von den Mitarbeitenden einfordern sollten:

- KAP-Typ 1: Dient der Bewegung in Richtung des Ziels.
- KAP-Typ 2: Dient der Beseitigung erkannter Startschwierigkeiten bzw. der Nutzung förderlicher Faktoren.

34 Einen Überblick über alle Leitsätze und Prinzipien finden Sie am Buchende in den Kapiteln 13 (Leitsätze des Führens mit Zielen) und 14 (Prinzipien für das Führen mit Zielen).

- KAP-Typ 3: Dient der Beobachtung von Frühindikatoren für Chancen und Risiken.
- KAP-Typ 4: Dient der Prävention von Risiken bzw. der Nutzung von Chancen.

KAP bezeichnet diejenigen Aktions-Pläne, die nach heutigem Stand (zum Zielvereinbarungszeitpunkt) zur Umsetzung kommen werden.

Vier KAP-Typen
Der KAP-Typ 1 beschreibt die geplanten Aktivitäten des Mitarbeitenden, die der Zielerreichung direkt dienen. Die beiden KAP aus den Tabellen 6 und 7 entsprechen exakt diesem Typus.

Den drei weiteren Typen liegt die Liste der Hemmnisse, Chancen und Risiken zugrunde (siehe Kapitel 2.1.2).

Der KAP-Typ 2 richtet sich auf *bestehende* Hemmnisse und Hindernisse, die wir aus der Performance Management-Spirale als »kann nicht«-Rahmenbedingungen sowie als interne und externe Einflüsse kennen. Die Aufgabe Ihres Mitarbeitenden ist die Beantwortung der Frage: Wie kann ich auf diese Hemmnisse und Hindernisse so einwirken, dass sie die Zielerreichung nicht gefährden?

Die KAP-Typen 3 und 4 hingegen nehmen *absehbare* externe und interne Einflüsse in den Fokus. Sie kommen bei denjenigen Einflüssen, bzw. Chancen und Risiken zum Einsatz, deren Auftreten als sehr wahrscheinlich eingeschätzt wird. Zudem kommen sie zum Einsatz bei den Risiken, deren Schadenshöhe als besonders groß angesehen wird. Daher werden dafür KAP entwickelt, die dann auch zügig umgesetzt werden können.

!

Statement Univ.-Prof. Dr. Dr. h.c. mult. Horst Wildemann

Wie lassen sich Unternehmensziele managen, wenn nichts mehr planbar ist? Katastrophen werden wir auch in Zukunft kaum verhindern können. Aber wir haben die Technologie dazu, durch smartes Erwartungsmanagement auf ein gutes Stück Chaos verzichten und einige Überraschungen vorwegnehmen zu können. Vor 20 Jahren begann der Erfolg der Zero-Surprise-Orientierung. Zero Surprise heißt nicht, die Zukunft zu kennen, sondern schneller zu erfahren, wenn sich Unheil zusammenbraut. Wir haben jetzt die Tools, um aus dem Paradigma Zero Surprise eine umsetzbare Managementstrategie zu machen. Möglich wird dies durch smarte Planungsansätze und das richtige Nutzen der Daten.
Univ.-Prof. Dr. Dr. h.c. mult. Horst Wildemann
Inhaber, Geschäftsführer und Gründer, TCW Transfer-Centrum für Produktions-Logistik und Technologie-Management
Institutsleiter, Forschungsinstitut für Unternehmensführung, Logistik und Produktion

Hilfsfragen für die Entwicklung der beiden KAP-Typen 3 und 4: Womit kann der Mitarbeitende die Eintrittswahrscheinlichkeit der Risiken senken? Womit kann er die potenzielle Schadensauswirkung mindern? Welche Frühwarnindikatoren weisen auf sich anbahnende Störfaktoren hin? In Bezug auf die Chancen drehen Sie die vorgenannten Hilfsfragen einfach auf links.

Wenn Sie den Mitarbeitenden dazu auffordern, legt er Ihnen zu jedem Aspekt mehrere KAP zur Wahl vor. Welche er schließlich umsetzen wird, ergibt sich üblicherweise aus der Wirtschaftlichkeitsbetrachtung der KAP. Meinungsverschiedenheiten habe ich beispielsweise bei begleitender Teilnahme im Rahmen von Zielvereinbarungs-Coachings selten gesehen. Manchmal war zu spüren, dass der Mitarbeitende einen KAP liebgewonnen hatte, trotz diverser Gründe, die auf rationaler Ebene dagegen sprachen.

KAP auswählen
Wenn es um die Auswahl der KAP geht, entscheiden letztlich Sie. Sie können einem KAP zustimmen, ihn aus guten Gründen ablehnen oder seine Modifikation einfordern. Ich persönlich schätze sehr, wenn sich der Mitarbeitende einem KAP emotional verbunden fühlt. Dieser Aspekt erhöht aus meiner Perspektive die Nutzenseite des KAP. Wenn er ansonsten nicht völlig unwirtschaftlich ist, würde ich immer zustimmen. Aber auch bei dieser Frage gibt es, wie so oft bei der Führung der Mitarbeitenden, sicher kein generelles Richtig oder Falsch.

Bei einem KAP ist, wenn wir noch einmal die Gedankenwelt des Risikomanagements heranziehen, die Umsetzungswahrscheinlichkeit sehr hoch. KAP ist die Planung dessen, was vom Mitarbeitenden voraussichtlich getan wird, um das Ziel zu erreichen – falls alles so läuft wie es realistischer Weise zu erwarten ist.

Was nur gemacht wird, wenn bestimmte Risiken oder Chancen eintreten bzw. sich die Anzeichen für deren Eintreten mehren, sind die AAP. Bildlich gesprochen: KAP werden gut sichtbar aufgehängt, AAP kommen als Plan B erst einmal in die Schublade.

4.3.2 Alternativer Aktions-Plan (AAP)

Im Verlaufe des Zielvereinbarungsprozesses werden die Ziele festgelegt. Im wahrsten Sinne des Wortes: fest. Ziele sind in der Zielperiode unveränderlich. Unternehmen sind arbeitsteilig organisiert, deswegen wollen sich alle Beteiligten auf die Zielrealisierung der anderen verlassen können. Darauf, dass Ihre Mitarbeitenden ihre Ziele erreichen, vertrauen Sie, Ihr Vorgesetzter und all die anderen Mitarbeitenden, die von der Performance Ihrer Mitarbeitenden abhängig sind.

Und auch Ihre Mitarbeitenden möchten sicher nicht, dass die Ziele sich drehen wie Fähnchen im Wind. Eine Ausnahme: In der Praxis fordern Mitarbeitende, deren Ziele sich mit Boni verbinden, oftmals noch während der Zielperiode nachträgliche Abwärtskorrekturen der Zielhöhe. »Nachverhandeln«, »Nachzocken« oder »Nachtarocken« nennt man das, je nach Region.

Lange anstrengen oder kurz zocken?

Immer abwärts. Mir ist noch kein Fall zu Ohren gekommen, wo ein Mitarbeitender seinen Chef wegen unvorhergesehen günstiger externer Ereignisse um eine Zielaufwärtskorrektur ersucht hat. Manche nutzen die Gutmütigkeit ihrer Vorgesetzten regelrecht aus und zocken so oft nach, bis die abgesenkte Zielhöhe dem erreichten Ergebnis genau entspricht.

Dass dies nicht im Sinne der zuvor genannten Stakeholder sein kann, muss ich nicht erwähnen. Meine Verhaltensempfehlung für langfristig möglichst hohen Nutzen für Sie als Führungskraft: Als Grund für die Abwärtskorrekturen werden ja stets unvorhergesehene Ereignisse genannt, welcher Natur und Couleur auch immer. Sorgen Sie mit KAP und AAP dafür, dass schlicht und einfach kein Ereignis unvorhergesehen bleibt. (Extrem gravierende Ereignisse, die »Erdbeben-Fälle«, können Sie dabei ausnehmen, denn bei diesen wird ja eine neue Zielvereinbarung getroffen.)

Gedankliche Beschäftigung mit der Zukunft

Bei der Besprechung der Performance Management-Spirale haben wir eine Tätigkeit kennengelernt, die der Mitarbeitende umzusetzen hat: Das Inventarisieren aller externen und internen Einflüsse, aller Leistungshemmnisse und Erfolgshindernisse, aller Chancen und Risiken. Als Führungskraft bieten Sie Ihren Mitarbeitenden hiermit die Gelegenheit zur gedanklichen Beschäftigung mit der kommenden Zielperiode.

Prinzip #7
Ziele sind fest, KAP bleiben flexibel.[35]

!

Wenn also die Ziele fix bleiben, dann brauchen wir flexible KAP: Sie werden den im Verlauf der Zielperiode auftretenden Ereignissen und Veränderungen flexibel angepasst, um einen möglichst optimalen Erreichungsgrad des jeweiligen Ziels zu ermöglichen. Bei angekoppelten Bonussystemen wird folgerichtig auch nicht das sture Umsetzen von Maßnahmen vergütet, sondern ausschließlich das Erreichen des mit diesen KAP verfolgten Ziels.

35 Einen Überblick über alle Leitsätze und Prinzipien finden Sie am Buchende in den Kapiteln 13 (Leitsätze des Führens mit Zielen) und 14 (Prinzipien für das Führen mit Zielen).

!

Statement Oliver Burkhard

Am Ende geht jede Leistung, die ein Unternehmen erbringt, auf seine Mitarbeitenden zurück. Wir wollen Leistung fördern, motivieren und Orientierung für das individuelle Leistungsniveau und Entwicklungspotenzial geben. Performance Management braucht deshalb Klarheit im Prozess und Dialog in der Umsetzung. Und Flexibilität. Denn Geschäftsmodelle sind immer stärkerem Wandel ausgesetzt und die Rahmenbedingungen, unter denen Leistung optimal erbracht wird, ebenso – das hat uns 2020 noch mal drastisch vor Augen geführt.
Oliver Burkhard
Mitglied des Vorstands und Arbeitsdirektor, thyssenkrupp AG

Jetzt kommen die AAP ins Spiel. Sie basieren auf der Inventurliste der *potenziellen* Chancen und Risiken. Für jeden Punkt auf der Chancen-Risiken-Liste lassen Sie sich als Führungskraft vom Mitarbeitenden mindestens einen Vorschlag erarbeiten.

Potenzielle interne und externe Einflüsse
Die Aufgabe für Ihren Mitarbeitenden ist die Beantwortung der Frage: Wie kann ich dieses potenzielle Hemmnis oder Hindernis, falls es auftritt, so bearbeiten oder sogar beseitigen, dass es meine Zielerreichung nicht gefährdet? Dies ist stets ein viel Kreativität erfordernder Prozess.

Es gibt somit zwei AAP-Typen, die Sie vom Mitarbeitenden einfordern können:
1. AAP, die der Beseitigung von Risiken dienen (Schadensauswirkungen minimieren, evtl. sogar positivieren)
2. AAP, die der Nutzung von Chancen dienen (Nutzeneffekte maximieren)

Die Beobachtung von Frühwarnsignalen und auch die präventiv gegen Risiken wirksamen Maßnahmen gehören nicht zu den AAP. Sie verschwinden nicht in der Schublade, sondern werden als KAP zur Umsetzung fest eingeplant.

Wenn-dann-Format
AAP werden im Wenn-Dann-Format verfasst: »Wenn was eintritt, dann was?« Welche Anforderungen Sie an das Dann stellen, entscheiden Sie angesichts der Potenziale Ihrer Mitarbeitenden. Sollen diese bereits konkret ausgearbeitet werden, analog zu den KAP? Etwa in der Form: Dann wird wer (ggf. mit wem) was machen, um welches Ergebnis zu erzielen.

!

Alternative Aktions-Pläne (AAP)

Als hilfreich für die spätere Umsetzung eines AAP gilt die Beantwortung der Frage:
- In welchem Falle (auslösendes Ereignis)
- wird wer (Person)
- was tun (Inhalt), um
- was zu bewirken (Ergebnis)?

Im Verlaufe der Zielperiode werden die AAP aus der Schublade gezogen, sobald das Ereignis eintritt oder sich die Eintrittswahrscheinlichkeit erhöht. Der AAP wird noch einmal überprüft, vielleicht haben sich die Gegebenheiten verändert. Dann wird er umgesetzt, zusätzlich zu den geplanten KAP.

KAP weg?

Das auftretende Ereignis könnte aber auch die Durchführung eines bei der Zielvereinbarung zur Umsetzung vorgesehenen KAP unmöglich machen. Oder dessen voraussichtliches Ergebnis zunichtemachen. Oder eine Chance eröffnen, die ein anderes Vorgehen besser nutzen kann. Dann fliegt der betreffende KAP raus und der AAP wird stattdessen umgesetzt.

Soll der Mitarbeitende Sie darüber unterrichten, wenn er einen AAP aus der Schublade zieht? Und ob er dafür einen KAP streicht? Dann teilen Sie das Ihrem Mitarbeitenden bitte mit.

Tipp: AAP für falsche Ergebnisschätzung entwickeln lassen! !

Was kann der Mitarbeitende zur Sicherung seines einhundertprozentigen Zielerreichungsgrades tun, falls ein oder mehrere KAP nicht den erhofften Ergebnisbeitrag bringen? Werfen Sie diese Frage ruhig auf. Die Fehleinschätzung eines KAP-Ergebnisses könnte man doch durchaus auch als ein Risiko auffassen. Es verleiht dem Mitarbeitenden – und Ihnen – Sicherheit, wenn er dann noch ein paar Maßnahmenpläne in petto hat.

Wenn Plan A nicht klappt: Macht nichts. Das Alphabet hat noch 25 weitere Buchstaben. AAP werden in der Praxis auch gern als Plan B bezeichnet.

AAP sind indes vor allem Maßnahmen, die zur Anwendung kommen, falls Störfaktoren einschlagen. Die Kenntnis der bereits mit Ihnen abgestimmten Gegenmaßnahmen verleiht dem Mitarbeitenden das Gefühl, gut gewappnet zu sein. Das gibt ihm Handlungssicherheit, er wird die Herausforderungen der Zielperiode insgesamt mutiger angehen – auch die Umsetzung der KAP. Ein gewaltiger Nutzen dieser Vorgehensweise für Sie.

Wettbewerber abhängen

Die Festlegung der AAP ist zweifellos »Zielvereinbarung plus« oder Zielvereinbarung für Fortgeschrittene. Diese Anforderung betrifft sowohl die jeweilige Führungskraft wie den Mitarbeitenden. Doch Unternehmen und Einheiten, die nach der Zwei-Säulen-Zielvereinbarung vorgehen, stoßen in ihrer nächsten Weiterentwicklungsstufe nahezu automatisch darauf, wie sinnvoll es ist, sich auch den AAP zu widmen.

Manche benötigen dafür ein paar Jahre und mehrere Anstöße durch die Führungskräfte. Andere, insbesondere kleinere, schlagkräftige Einheiten und Teams mit hohem

Reifegrad, kommen schon im ersten Jahr der Einführung der Zwei-Säulen-Methode von ganz alleine darauf.

!

Definition: Zielvereinbarung

Als Zielvereinbarungen werden Übereinkünfte zwischen Zielgebenden (zumeist Vorgesetzte) und Zielnehmenden (zumeist einzelne Mitarbeitende oder Teams) über die von den Zielnehmenden zu erreichende Ziele bezeichnet, wobei die beabsichtigte Zielrichtung, die den Zielerreichungsgrad widerspiegelnde Messgröße, die angestrebte Zielhöhe bzw. - bei qualitativen Zielen - das Zielniveau, ggfs. ein Bezugswert bei relativen Zielen, die Zielperiode sowie geeignete Maßnahmen der Zielnehmenden und von Zielgebenden zu schaffende Rahmenbedingungen für beide Seiten verbindlich vereinbart werden.

Mithilfe der Zwei-Säulen-Methode stärken Unternehmen ihre Wettbewerbsposition enorm. Ihre Belegschaften sind aktiver, flexibler, schneller, übernehmen mehr Verantwortung, denken unternehmerischer, orientieren sich weitaus mehr an Zielen und sind wesentlich erfolgreicher. Ihre Führungskräfte haben Zeit, *an* ihrer jeweiligen Einheit zu arbeiten statt *in* ihrer Einheit (5. und 7. Leitsatz[36]).

Synergieeffekte abschöpfen

Führungskräfte und Unternehmensleitungen, die mit Zielvereinbarungen nach dieser Methode arbeiten, erkennen sehr schnell: Die Zielvereinbarung ist auf diese Weise in der Lage, weitere Instrumente wie das Ideenmanagement, das Betriebliche Vorschlagswesen, Six Sigma, Kaizen bzw. KVP[37] und auch agile Frameworks zu integrieren - oder sich hiermit sinnvoll zu verbinden.

Viele Unternehmen spielen die KAP und AAP mittlerweile in eine Maßnahmen- bzw. Ideendatenbank ein, um Transparenz bezüglich geplanter und laufender Aktivitäten herzustellen und um alle Mitarbeitenden des Unternehmens hiervon profitieren zu lassen.

smart ist zu wenig

Ich habe das Zwei-Säulen-Modell der Zielvereinbarung ursprünglich zur Nutzung bei Zielvereinbarungstrainings für Führungskräfte entwickelt. Es ist eigentlich nicht wirklich etwas Neues: Das Modell integriert die bekannte smart-Regel mit ihren Kriterien specific (Inhalt), measurable (Messgröße), assignable (Person), realistic (Zielhöhe ≤ KAP-Ergebnisse), time-related (Zeit). Und es ergänzt die smart-Kriterien um zwei weitere, erfolgssichernde Aspekte: Um top-down-kaskadierte Zielrichtungen zur Sicherung der Strategiekonformität und um Bezugswerte zur Formulierung relativer Ziele.

36 Einen Überblick über alle Leitsätze und Prinzipien finden Sie am Buchende in den Kapiteln 13 (Leitsätze des Führens mit Zielen) und 14 (Prinzipien für das Führen mit Zielen).

37 KVP steht für Kontinuierlicher Verbesserungsprozess, ein Grundprinzip der Qualitätsmanagementsysteme.

Wie die Methode »Objectives and Key Results« (OKR), sorgt auch sie für eine saubere Trennung von Zielen und Maßnahmen. Doch die Zwei-Säulen-Methode geht noch etwas weiter, indem sie den Weg zum Ziel, die Zielerreichung, bereits bei der Zielvereinbarung so weit wie möglich absichert: Neben das feste Standbein der Ziele wird das flexible Spielbein aus KAP und AAP gestellt.

Die Unterscheidung zwischen Zielen und Maßnahmen durchschlägt in der Praxis bei der einen oder anderen Zielvereinbarung den Gordischen Knoten. Manch ein Vorgesetzter erkennt, dass er in der Vergangenheit mit seinen Mitarbeitenden nur Maßnahmen vereinbart und diese als Ziele bezeichnet hat. Viele Führungskräfte erfreut zudem, dass durch die klare Trennung der beiden Säulen auch die smart-Kriterien sortiert werden, was die Verständlichkeit steigert und die Anwendung vereinfacht.

Nutzen des Zwei-Säulen-Modells

Zielvereinbarungen, die auf diese Weise formuliert werden und dabei alle Ziele sowie die zugehörigen KAP umfassen, verursachen keineswegs mehr Aufwand, sondern nur mehr Zukunftsorientierung, Ernsthaftigkeit und Sorgfalt. Sie haben aber zwei gewaltige Vorteile:

1. Sie werden wesentlich häufiger erreicht.
2. Sie entlasten die Vorgesetzten.

Dass möglichst alle Ziele auf individueller Ebene erreicht werden und damit auch alle Team-, Abteilungs- und Bereichsziele, folglich auch alle Unternehmensziele realisiert werden, sollte die treibende Kraft und eine strategische Intention für das Etablieren eines jeden Zielvereinbarungssystems sein.

Fazit dieses Kapitels !

- Saubere, klare und eindeutige Unternehmensziele sind die beste Voraussetzung für ebensolche Ziele auf den nachfolgenden Ebenen. Unschärfen und mangelnde Qualität in der Formulierung der Ziele hingegen pflanzen sich über die Zielkaskade unweigerlich nach unten hin fort.
- Mit der abgeschlossenen Zielvereinbarung ist erst das Stadium einer abgeschlossenen Planung erreicht. Dabei stellen Ziele das geplante Ergebnis dar, Konkrete Aktions-Pläne (KAP) die vorgesehenen Maßnahmen und Alternative Aktions-Pläne (AAP) diejenigen Maßnahmen, die erst bei Auftreten eines bestimmten Ereignisses umgesetzt werden.
- Bei der Zielvereinbarung sind Ziele und Maßnahmen konsequent zu unterscheiden. Ziele bezeichnen etwas, das man nur erreichen kann; Maßnahmen hingegen etwas, was man nur tun kann.
- Es ist nicht möglich, auf die Besprechung von Maßnahmen zu verzichten.
- Ein Ziel besteht aus den vier eindeutig definierten Elementen 1. Zielrichtung, 2. Zielperiode, 3. Messgröße (ggf. plus Bezugswert) und 4. Zielhöhe.
- Die Zielperiode umfasst ausschließlich vom jeweiligen Mitarbeitenden überschaubare Zeiträume: Zielperiode ≤ absehbarer Zeitraum.

- Die Verbindung zwischen Zielen und Maßnahmen erfolgt über die Ergebnisschätzungen der KAP und die angestrebte Zielhöhe. Die Summe der Ergebnisse ist größer-gleich der Zielhöhe: KAP-Ergebnisse ≥ Zielhöhe.
- Ein KAP umfasst mindestens die vier klar ausformulierten Elemente 1. Person, 2. Inhalt, 3. Zeit und 4. Ergebnis.
- Führungskräfte entwickeln Visionen und Zielrichtungen, nicht Maßnahmen. Diese zu erarbeiten, zu bewerten und engagiert umzusetzen, ist primär Aufgabe der Mitarbeitenden. Durch KAP und AAP erhalten Mitarbeitende die erforderlichen Räume zur Entfaltung ihres Potenzials. Wer die Potenziale seiner Mitarbeitenden möglichst umfassend nutzen möchte, gibt nur Ziele oder sogar nur Zielrichtungen vor.
- Ziele sind fix und schaffen Sicherheit. KAP sind flexibel. AAP schaffen für den Mitarbeitenden die Möglichkeit, auf Veränderungen adäquat zu reagieren.

!

Ihr Nutzen: Was Führungskräfte nicht (mehr) tun

- Keine Unsicherheit bezüglich des Anforderungsniveaus: Anhand der KAP erkennen wir schnell und zutreffend, ob die Zielhöhe zu niedrig, zu hoch oder genau richtig ist.
- Kosten und Nutzen im Griff: Anhand der KAP-Vorschläge des Mitarbeitenden erkennen wir leicht, welche Maßnahmen die höchste Wirtschaftlichkeit versprechen.
- Anhand der KAP können wir Maßnahmenkonflikte vermeiden und Synergien schaffen.
- Verantwortung abgeben: Durch die Verpflichtung der Mitarbeitenden, KAP und AAP zu entwickeln, übernehmen sie die Verantwortung für das Erreichen der Ziele.
- Kein »Nachverhandeln«: Zielhöhen-Korrekturen sind nicht mehr erforderlich.
- Gutes Monitoring: Anhand des Umsetzungsgrades der KAP erkennen wir bei der Zielerreichung, ob der Mitarbeitende auf einen guten Weg ist, sein Ziel zu erreichen.
- Entlastung: Es ist nicht mehr erforderlich, dass wir Lösungen entwickeln, wenn der Mitarbeitende auf Schwierigkeiten in seinem operativen Aufgabenbereich stößt.
- Sicherheit: Da unsere Mitarbeitenden für alle Eventualfälle gerüstet sind, erreichen sie ihre Ziele sicher.

!

Wie Führungskräfte diesen Nutzen realisieren

- Auf Einhaltung des Zwei-Säulen-Modells achten.
- Alternative Aktions-Pläne (AAP) für potenzielle Chancen und Risiken einfordern.

5 Weiche Ziele hart formulieren – 11 Methoden

Dieses Kapitel kurz und bündig

!

Führungskräfte bis hin zur Unternehmensleitung, Personalleitungen, Coaches, Trainerinnen und Trainer sowie Mitarbeitende der Führungskräfteentwicklung erfahren in diesem Kapitel, wie »weiche«, qualitative Zielrichtungen messbar gestaltet und formuliert werden können. Sie nehmen elf Methoden mit. Informationen über Einsatzbereiche und das Aufwand-Nutzen-Verhältnis versetzen Sie in die Lage, die für Ihre Zwecke am besten geeignete Vorgehensweise zu bestimmen.

In den 50er Jahren, der Anfangszeit des MbO, lautete der Grundtenor der Zielvereinbarungen schlicht: »Schneller und besser werden!« Zentral waren Arbeitsmenge und Arbeitsgüte des Mitarbeitenden, jeweils in Relation zur benötigten Zeit. Die Arbeitsmenge war an dem Output unmittelbar erkennbar, die Güte wurde über die Anzahl der fehlerfreien Teile bzw. deren prozentualen Anteil definiert.

Heute ist das nicht mehr ganz so einfach: Zum einen stehen selbst in Produktion und Vertrieb, den Vorreitern im Bereich der Zielvereinbarung, nicht mehr ausschließlich Produktions- bzw. Absatzzahlen im Fokus der Führungskräfte. Ihnen sind persönliche Zielrichtungen für einzelne Mitarbeitende wie die Verbesserung von Auftreten, Verhalten oder Kompetenzen zunehmend wichtig.

Ziele in Verwaltungsbereichen

Zum anderen hat das Führen mit Zielen auch Bereiche der Unternehmen erreicht, in denen rein quantitative Ziele eher eine Ausnahme als die Regel bilden. Ob in Produktentwicklung, Service, Marketing, Personalmanagement, Recht, Finanzen oder Forschung & Entwicklung: Immer häufiger wollen Führungskräfte auch Entwicklungs-, Projekt- und Aufgabenziele[38] in die Zielvereinbarung aufnehmen. Es geht ihnen darum, in der Zielvereinbarung das Arbeitsgebiet der Mitarbeitenden komplett abzubilden, um bei allen Arbeitsinhalten für Performance-Steigerungen zu sorgen.

Wenn das Führen mit Zielen die Führungskräfte entlasten und den Mitarbeitenden ausreichend Räume zur Verantwortungsübernahme sowie zur Potenzialentfaltung bieten soll, kann es qualitative Ziele nicht außen vor lassen.

38 Aufgaben werden kontinuierlich wahrgenommen, etwa »Kunden betreuen« oder »Rechnungen buchen«. Projekte hingegen werden einmalig durchgeführt und abgeschlossen, beispielsweise »SAP einführen« oder »eine Arbeitgebermarke entwickeln«. Projekte können nach ihrer Beendigung das Entstehen neuer Aufgaben nach sich ziehen.

Qualitative Ziele messen

Qualitative Zielrichtungen stellen für Führungskräfte oftmals eine große Herausforderung dar. Wie können diese konkret und damit messbar formuliert werden? Insbesondere, wenn die Zielerreichung mit einem Bonus gekoppelt ist, sind andernfalls spätere Auseinandersetzungen mit dem Mitarbeitenden über den Grad der Zielerreichung vorprogrammiert. Aber auch dann, wenn sich keine Boni hiermit verbinden, wollen Führungskräfte bei dem jeweiligen Mitarbeitenden für Klarheit über die Ziele und die erwartete Performance sorgen.

Die schlechte Nachricht vorab: Wer qualitative Aspekte in die Zielvereinbarung einbeziehen will, kommt nicht umhin, für die Konkretisierung und Messbarmachung etwas Zeit zu investieren. Ist es sinnvoll, die Zeit zu investieren? Das können nur Sie als Führungskraft für jeden Einzelfall gesondert entscheiden.

11 Methoden

Insgesamt stehen Ihnen elf Möglichkeiten zur Verfügung, um qualitative Ziele klar, nachvollziehbar und messbar zu formulieren.

1. Umwidmung zur Maßnahme
2. Beurteilung durch den Vorgesetzten
3. Verhaltensbeschreibung
4. Zustandsbeschreibung
5. Spektralanalyse
6. Kriterienfestlegung
7. Punktevergabe
8. Voraussetzungen
9. Wenn-Dann-Verknüpfung
10. Zielgruppenbefragung
11. Projektbewertung

Einige der elf Methoden sind vergleichsweise einfach umzusetzen, andere erfordern mehr Zeit und Hirnschmalz. Wie Sie sich auch entscheiden: Achten Sie darauf, dass der Aufwand für Sie nicht den Nutzen übersteigt.

!

Statement Prof. Dr. rer. pol. Tim Pidun, MBA

Der Praktiker weiß, dass nichts so schwer ist, wie Subjektivität oder Unschärfe mit vermeintlich eindeutigen numerischen Indikatoren abzufragen. Aus diesem Grund scheitern viele Performance Messungen. Die sich ergebenden Resultate in der Form von isolierten Zahlen sind nur wenig aussagekräftig und das Verständnis über die sich daraus ergebenden Steuerungsmechanismen ist gefühlt genauso diffus. Aus dem Bereich der Wirtschaftsinformatik kommt das Konzept der *Visibility of Performance*, das diese Pflicht zur numerischen Codierung vermeidet. Ziffern sind dabei nur eine Form der Information unter vielen.

Prof. Dr. rer. pol. Tim Pidun, MBA
Wirtschaftsinformatik insb. Digitale Verwaltung, Hochschule für Technik und Wirtschaft Dresden

Diese elf Methoden sind auch im Konzept der Visibility of Performance wissenschaftlich beschrieben (Pidun & Croenertz, 2016). Bei diesem Konzept steht das Sichtbarmachen und Erkennen von Performance – und damit primär von Zielerreichungsgraden – im Vordergrund. Daher finden Sie zu jeder Methode ergänzende Anmerkungen von Prof. Dr. Pidun persönlich zu den jeweiligen Wirkungen im Rahmen dieses Konzepts.

5.1 Methode 1: Umwidmung zur Maßnahme

Die einzige Methode, die Sie in jedem Fall prüfen und stets auch als erste Möglichkeit angehen sollten, ist die Methode der Einbindung als Maßnahme. Zu einer professionellen Zielvereinbarung gehören ja ohnehin zum einen die Vereinbarung des Ziels, zum anderen die Abstimmung der hierfür geeigneten und vom Mitarbeitenden umzusetzenden KAP. Eine Zielvereinbarung steht dann solide und sicher auf zwei Säulen, wenn sie neben dem Ziel auch noch die denkbaren Wege dorthin umfasst.

KAP werden den im Verlauf der Zielperiode auftretenden Ereignissen und Veränderungen flexibel angepasst, um einen möglichst optimalen Erreichungsgrad des jeweiligen Ziels zu realisieren. Bei angekoppelten Boni darf daher auch niemals das Umsetzen von Maßnahmen bonifiziert werden, sondern ausschließlich das Erreichen des mit diesen Maßnahmen verfolgten Ziels.

Anforderungen an die Messbarkeit

Das geschätzte Ergebnis der KAP hilft uns in der Zielvereinbarungsphase, die Zielhöhe zu verifizieren: Die Summe der geplanten KAP-Resultate hat die anvisierte Zielhöhe mindestens zu erreichen, möglichst sogar leicht zu überschreiten (Prinzip #8 »KAP-Ergebnisse ≥ Zielhöhe«). In der Zielerreichungsphase werden Resultate der umgesetzten Maßnahmen als Mittel zum Zweck bzw. Weg zum Ziel nicht so akkurat gemessen, wie es bei den Zielen erforderlich ist. In vielen Fällen ist dies auch gar nicht möglich, da erzielte Effekte häufig nicht einer bestimmten Maßnahme zuordnet werden können.

Prüfen Sie daher unbedingt, ob es sich bei dem betreffenden qualitativen Ziel tatsächlich um ein Ziel im eigentlichen Sinne handelt – oder nicht vielmehr um eine Maßnahme. Ein großer Teil der qualitativen Verhaltens-, Kompetenz-, Projekt- und Aufgabenziele entpuppt sich bei genauerem Hinsehen als Maßnahmen. Sie sind häufig bestens geeignet, ein bestimmtes Ziel zu realisieren. Aber sie stellen eben nicht selbst das Ziel dar.

Praxisfall: Verhaltensziel im Vertrieb, Mineralölbranche !

Ein Vertriebsmitarbeiter besuchte nach Beobachtungen seiner Führungskraft auffällig wenig Kunden, verbrachte dort jedoch übermäßig viel Zeit. Der Vorgesetzte erwog daher zunächst, ein qualitatives Verhaltensziel für die kommende Zielperiode zu vereinbaren: »Straffen des

Verkaufsgesprächs.« Doch wie konnte eine Straffung gemessen werden? Mithilfe der durchschnittlichen Zeit pro Gespräch? Dies erschien ihm ungeeignet, zumal die pro Gespräch geführten Umsätze hierunter nicht leiden sollten und auch nicht die Kundenzufriedenheit. Schließlich stellte er fest, dass die Verkürzung der Verweilzeit bei Kunden eigentlich gar nicht sein Ziel war. Vielmehr war seine Absicht, dass der Außendienstler durch kürzere und folglich mehr Kundenbesuche höhere Umsätze erzielt. So traf er mit seinem Mitarbeiter die Zielvereinbarung: »Steigerung des Umsatzes um 25 Prozent im kommenden Geschäftsjahr gegenüber dem Vorjahr durch durchschnittlich fünf statt zuvor vier Kundenbesuche pro Tag.«

Wir Führungskräfte beschäftigen uns im Arbeitsalltag allzu häufig mit der Frage, wie und womit etwas erreicht werden kann. Bei dem Ziel geht es jedoch nicht um das Wie.

Ich stelle in Zielvereinbarungstrainings bei jedem qualitativen Aspekt, den ein Teilnehmer vereinbaren und messen möchte, stets zuerst die Frage: Warum? Welches Ansinnen verfolgen Sie damit?

Welches Ziel steht dahinter?

Wenn er hierauf eine Antwort geben kann, stehen die Chancen für eine Verwertung des qualitativen Aspekts als Maßnahme schon recht gut. Dies gelingt nicht nur bei Verhaltenszielen wie in dem vorgenannten Beispiel. Prädestiniert dafür, um zu einem Konkreten Aktions-Plan zu werden, sind Projektziele.

! **Praxisfall: Projektziel im Personalmanagement einer Bank**

Ein Personalleiter wollte als Ziel mit seinem für Hochschulmarketing zuständigen Recruiter vereinbaren, dass dieser für einen schönen Stand auf der diesjährigen Absolventenmesse sorgt. Doch wie kann man »schön« messbar machen? Bei genauerem Hinsehen erkannte er, dass der Messestand viel besser als Maßnahme taugt: Denn seine hinter dem schönen Stand stehende Absicht war, hiermit die Anzahl der Bewerber für Traineestellen zu steigern.
Die Zielvereinbarung lautete schließlich »Steigerung der Anzahl der Bewerber für unsere Traineestellen im kommenden Jahr um 30 Prozent gegenüber Vorjahr durch die folgende Maßnahme: Planung, Gestaltung und Durchführung eines für potenzielle Bewerber attraktiven Stands auf der diesjährigen Absolventenmesse.«

Prüfen Sie die Zielvereinbarungen beider Praxisfälle: Alle vier Elemente des Ziels und der KAP sind professionell ausformuliert. Die Zielvereinbarung steht solide auf zwei Säulen. Sie ist zudem klar, nachvollziehbar und hervorragend messbar.

Geringer Aufwand

Das Umwidmen zu einer Maßnahme ist die mit dem geringsten Aufwand verbundene Methode im Umgang mit weichen Zielen. Machen Sie die Prüfung des Wörtchens »um« [Kapitel 4.1.4]. Fragen Sie sich: Welches Ziel, welche Absicht, welcher Sinn, welcher

Hintergrund oder Zweck stehen hinter dem qualitativen Ziel, um dessen Messung es mir gerade geht?

Erfahrungsgemäß werden rund 80 Prozent aller in der Praxis auftretenden Schwierigkeiten bei der Messbarmachung von qualitativen Zielen durch Anwendung dieser Methode gelöst.

Prüfen Sie bitte, ob Ihre primäre Absicht durch das Umwidmen zu einer Maßnahme besser realisiert wird. Die Methode scheidet selbstverständlich aus, falls dies Ihr eigentliches Ziel inhaltlich verfälschen würde.

Prof. Dr. rer. pol. Tim Pidun: »Bei Anwendung dieser Methode wird ein Ziel mit Kontextinformation für die Beteiligten angereichert und wenn notwendig über die Zeit auch angepasst, denn nicht nur die Ursachen einer Leistung können sich ändern, sondern auch der Weg und die Maßnahmen zur Zielerreichung. Die neuen Informationen sind als textliche Annotation der Zielvereinbarung hinzuzufügen.«

5.2 Methode 2: Beurteilung durch den Vorgesetzten

Die Beurteilung des Zielerreichungsgrads Ihrer Mitarbeitenden durch Sie als Vorgesetzten scheint ebenfalls mit vergleichsweise wenig Aufwand verbunden zu sein. Sie ist jedoch nicht ganz frei von möglichen Folgeproblemen. Dieses Verfahren wird auch – insbesondere in Tarifverträgen – als Leistungsbeurteilung bezeichnet. Werfen wir zunächst einen Blick auf die Vorstellungen, die sich mit diesem Begriff verbinden.

Definition: Leistungsbeurteilung !

Als Leistungsbeurteilung wird die systematische und strukturierte Bewertung des gezeigten Leistungseinsatzes (Input) und der erreichten Leistungsergebnisse (Output) eines Mitarbeitenden oder eines Teams in einer festgelegten, zurückliegenden Zeitperiode verstanden, die durch den direkten Vorgesetzten, oftmals unter Zuhilfenahme von Selbsteinschätzungen und Bewertungen Dritter, erfolgt.

Zunächst fällt der Begriffsteil »Leistung« auf. Es soll also Leistung durch eine Beurteilung gemessen werden. Leistung ist jedoch der Input-Faktor bei der Performance und daher gar nicht das, was wir im Hinblick auf der Erreichungsgrad messen wollen. Uns geht es auch nicht um Leistungsergebnisse. Sondern um Erfolg, verstanden als *Wert* des Performance-Outputs mit Blick auf die Ziele.

Leistung beurteilen?

In dem Entgeltrahmentarifvertrag der Metall- und Elektroindustrie (ERA-TV) ist beispielsweise vorgesehen, dass das Leistungsergebnis des Mitarbeitenden durch Beurteilung nach vorgegebenen Leistungsbeurteilungsmerkmalen festgestellt wird. Für jeden Aspekt gibt es eine Punkteskala.

Sicher erinnern Sie sich an den Praxisfall »Go West« aus Kapitel 2.3: Dieser zeigte, dass ein und das gleiche Leistungsergebnis zu zwei verschiedenen Zeitpunkten einmal als ein großer Erfolg und das andere Mal als totaler Misserfolg zu werten ist.

Pauschal festgelegte Kriterien helfen uns folglich nicht weiter, wenn es uns um die Realisierung der Unternehmensziele und -visionen geht. Unternehmensziele sind nicht Jahr für Jahr gleich. Daher dürfen die Kriterien für die Messung der Ziele in unteren Ebenen nicht unveränderlich sein.

Kriterien unveränderlich
Ob Leistungsbeurteilung oder Leistungsergebnisbeurteilung: Beides ist nicht das, was modern geführte Unternehmen und erfolgsorientierte Führungskräfte benötigen. Uns geht es um Ziele, uns geht es um Erfolge.

Ein Blick auf die vorgeschlagenen Leistungsbeurteilungsmerkmale des ERA-TV zeigt eine Mixtur aus Leistungs- und Erfolgskriterien: Einerseits treffen Sie dort auf Faktoren wie Sauberkeit in der Arbeitsumgebung, was allenfalls als Voraussetzung für Leistung gelten kann. Andererseits finden Sie Aspekte wie termingerechte Arbeitsergebnisse. Diese kommen dem Erfolgsbegriff schon nahe; zumindest ist ein hiermit verbundenes Ziel nicht völlig undenkbar. Ob es Ihr primäres Ziel ist, steht allerdings auf einem anderen Blatt.

Bedenken Sie bitte: Tarifverträge spiegeln das Resultat von oftmals zähen Verhandlungen zwischen Arbeitgeberverbänden und Gewerkschaften wider. Beide Parteien wollen sich hier wiederfinden. Für Sie als Führungskraft ist dieses Konglomerat aus Kompromisslösungen sicher nur selten mit optimalem, praktischem Nutzen versehen.

Kriterien nicht messbar
In der ERA-Praxis kommt es oftmals zu Differenzen über den Zielerreichungsgrad. Das liegt zweifellos primär daran, dass Sie als Führungskraft dazu verpflichtet sind, eine Beurteilung vorzunehmen. Diese ist zwangsläufig subjektiv. Und der Beurteilte hat ebenfalls eine subjektive Sicht auf seine Performance.

Die Erfahrung zeigt, dass die zu Beurteilenden sich selbst oftmals wesentlich kritischer sehen und schlechter beurteilen als der Vorgesetzte. Aber nur, solange keine Boni davon abhängig sind. Dann fällt die Selbstbeurteilung der Mitarbeitenden regelmäßig wesentlich besser aus als die des Vorgesetzten.

Inhärente Subjektivität

Solche Differenzen zu verhindern, ist jedoch gerade das Ziel der Verfahren zur Messbarmachung von qualitativen Zielen. Dazu kommt: Um seine Beurteilung gegebenenfalls vor einem Schlichtungsausschuss rechtfertigen zu können, wird der Vorgesetzte zu jedem Kriterium tagtäglich Dokumentationen anfertigen. Fotos des Arbeitsplatzes beispielsweise, wenn er seine Beurteilung bezüglich der mangelnden Sauberkeit untermauern möchte.

Dass dies Dokumentieren von mitarbeiterseitigem Fehlverhalten auch nicht wirklich Sinn macht, liegt auf der Hand. Ich kann manche Vorgesetzte daher verstehen, die diesen Aufwand und die Auseinandersetzungen scheuen und einfach alle Ihre Mitarbeitenden gut beurteilen.

Statement Marcus K. Reif

!

Wir Personaler kennen diese Aussagen: »Alle meine Mitarbeiter sind Top-Performer«. Und zack führt die Unfähigkeit zur differenzierten Beurteilung der zurückliegenden Leistung zu einem unfairen Ergebnis. Denn individuelle Leistung und Potenzial werden weder differenziert bewertet, noch in Form eines zielgerichteten Feedbacks an die Mitarbeiter rückgemeldet. Faires Feedback bleibt aus! Resultat: typische rechtsschiefe Leistungsbeurteilung mit Verschiebung zur besseren Seite hin. Es gibt vier Bestandteile, die Sie bei der Gestaltung eines Performance Management-Prozesses beachten sollten: Kultur, offene Kommunikation, gute Führung sowie Einsatz nach Fähigkeiten und Interessen.
Marcus K. Reif
Personalleiter, People-Manager, Speaker und Blogger

Fazit: Der Aufwand für die eigentliche Leistungsbeurteilung erscheint gering, doch der Dokumentationsaufwand kann in der Praxis enorm ausufern. Die Leistungsergebnisbeurteilung kann Ihnen daher lediglich unter drei Voraussetzungen bei der Feststellung des jeweiligen Zielerreichungsgrades einen Nutzen bringen:

1. Sie setzen diese nicht als Leistungs- sondern als Erfolgsbeurteilung ein
2. Sie können die Kriterien selbst zielorientiert bestimmen und gewichten
3. Es verbinden sich keine Boni mit dem Beurteilungsergebnis

Prof. Dr. rer. pol. Tim Pidun: »Hier wird eine harte Bewertung eines Zielerreichungsgrads zu einer verbalen Beurteilung, die mehr Feinheiten in der Formulierung und damit der Verständlichkeit zulässt. Die Subjektivität der Ziele und der Zielerreichung ist zwar nicht vermeidbar, aber die Begründung von Resultaten wird durch die begleitende Dokumentation transparenter und nachvollziehbarer.«

Bei der Methode der Leistungsbeurteilung wird hohe Leistung als Ziel unterstellt. Die an sich gute Grundidee, das qualitative Ziel zur Messung in einzelne Aspekte aufzuspalten, wird jedoch meiner Ansicht nach mit dem Verfahren der Kriterienfestlegung [Kapitel 5.6] weitaus besser umgesetzt.

5.3 Methode 3: Verhaltensbeschreibung

Bei den Zielvereinbarungen mit Ihren Mitarbeitenden können Sie auch persönliche Verhaltensziele einschließen. Falls Sie derartige Ziele vereinbaren möchten, ist es erforderlich, die Zielerreichungsgrade zu konkretisieren. Wenn beispielsweise quantitativ eine Zielhöhe von 100.000 EUR vereinbart wurde, entsprechen 75.000 EUR ganz eindeutig einem Zielerreichungsgrad von 75 Prozent. Wie aber ist eine fünfundsiebzigprozentige Zielerreichung bei einem Verhaltensziel charakterisiert?

Skala bilden

Hierfür wird in der Managementliteratur häufig folgende Skala empfohlen, die übrigens in ähnlicher Form auch in den ERA-Tarifverträgen und vielen andere Vereinbarungen bereits Eingang gefunden hat:

- Erwartungen nicht erfüllt (< 75 %)
- Erwartungen nicht ganz erfüllt (75 %)
- Erwartungen erfüllt (100 %)
- Erwartungen übertroffen (125 %)
- Erwartungen weit übertroffen (> 125 %)

Hiervon ist abzuraten. Zum einen verändern sich Erwartungen üblicherweise im Zeitablauf. Angenommen, im Jahreszielgespräch vereinbart der Vorgesetzte mit seiner Assistentin als qualitatives Ziel, künftig mit eingehenden Telefonaten effektiver und effizienter umzugehen.

Sie macht sich engagiert daran, das Handling zu verbessern, indem sie beispielsweise die Fälle dokumentiert und hieraus allgemeingültige Regeln für die Behandlung der Anrufe ableitet. In unserem Wording: Sie entwickelt also KAP und setzt diese um. So verbessert sie ihr Verhalten in der Zielperiode enorm.

Skala geeicht?

Im Verlauf des Jahres steigen die Erwartungen des Vorgesetzten parallel zu den Fortschritten der Assistentin. Am Jahresende kommt die bitterböse Überraschung. Das Urteil des Chefs: Erwartungen nicht ganz erfüllt – nur 75 Prozent Zielerreichung. Denn das, was er sich vor einem Jahr noch sehnlichst erhoffte, ist mittlerweile Normalität geworden. Wie wir Führungskräfte so sind, stellen wir mittlerweile höhere Erwartungen an das Telefonverhalten der Assistentin.

! **Achtung: Erwartungen sind veränderlich!**

Der Vergleich mit den Erwartungen der Führungskraft verletzt das Pflichtkriterium der Reliabilität [Kapitel 4.2.2, Checkliste: Kriterien für geeignete Messgrößen]. Erwartungen können sich innerhalb einer Zielperiode verändern. Das zu messende Verhalten nimmt Einfluss auf den Maßstab.

Zum anderen schaffen Sie mit dieser Skala keine Klarheit. Es bleibt weiterhin intransparent und ein potenzieller Streitpunkt bei der Feststellung des Zielerreichungsgrades, welches denn Ihre Erwartungen genau sind.

Fixierung der Erwartungen
An diesem Punkt setzt die Methode der Verhaltensbeschreibung an. Mit detaillierten Beschreibungen fixieren Sie den Istzustand des Verhaltens und machen mögliche Zielzustände transparent.

Die Reihenfolge der Skalierung verdeutlichen Sie durch die Verwendung von Buchstaben: Stufe A kennzeichnet den niedrigsten Rang, Stufe E den höchsten. Mit Ihrem Mitarbeitenden vereinbaren Sie sodann als Zielhöhe, von welchem Rang er sein Verhalten auf welchen Rang verbessern soll.

Zielrichtung: Verbesserung des Telefonverhaltens	
Stufe	**Verbale Verhaltensbeschreibung**
A	Nimmt Telefonate entgegen. Hält sofort Rücksprache mit dem Chef, wie sie zu reagieren hat und setzt dessen Anweisungen um: Weiterverbinden, Rückruf versprechen, erneuten Anruf erbitten oder mitteilen, dass kein weiterer Kontakt erwünscht ist.
B	Nimmt alle Telefonate entgegen. Ordnet Anrufer durch gezielte Frage nach Namen, Firma etc. bestimmten Anrufergruppen zu, für die jeweils konkrete Vorgaben durch den Chef bestehen und verhält sich entsprechend.
C	Nimmt alle Telefonate freundlich entgegen. Spricht mit dem Anrufer, fertigt Telefonnotizen mit allen wichtigen Informationen. Spricht diese mit dem Chef durch und führt die verabredeten Schritte bei den Fällen durch, die der Chef nicht selbst bearbeitet.
D	Nimmt alle Telefonate freundlich und kundenorientiert entgegen. Ermittelt den geäußerten Wunsch des Anrufers und leitet diese gegebenenfalls weiter. Recherchiert Hintergrundinformationen zu den anderen Anrufern und bereitet diese für den Chef mit Entscheidungsvorschlägen bzw. -alternativen auf.
E	Nimmt alle Telefonate als kundenorientierte Dienstleistende und Repräsentantin der Firma entgegen. Sondiert durch professionelle Gesprächsführung und Fragestellung den Anlass und die tatsächliche Intention jedes Anrufers. Trifft selbstständig Entscheidungen, ob sie diese Fälle selbst bearbeitet, diese an die richtigen Ansprechpartner in der Organisation weiterleitet oder Telefontermine innerhalb der definierten Zeiten mit dem Chef vereinbart. Bereitet diese Telefontermine für den Chef umfassend und präzise vor.

Tab. 8: Beispiel für eine Verhaltensbeschreibung

Ein gewichtiger Vorteil von Verhaltensbeschreibungen liegt in der Transparenz der gewünschten Verhaltensweisen. Das gilt zum einen für die jeweiligen Mitarbeitenden, zum anderen für die Führungskräfte: Oftmals wird ihnen bei der Beschreibung des gewünschten Verhaltens selbst erst klar, worauf sie wirklich Wert legen.

Zielrichtungen wie »sich kundenorientierter verhalten«, »freundlicher auftreten« oder »eingehende Telefonate optimal entgegennehmen« sind leicht gesagt. Auch das zu formulieren, welches Verhalten man *nicht* will, fällt uns vergleichsweise leicht.

Transparenz und Erkenntnisse für beide Seiten
Es verschafft uns Führungskräften wertvolle Einsichten, konkret und positiv zu formulieren, welche Verhaltensweisen wir uns wünschen. Falls Boni angekoppelt sind, ist die Skala zudem mit monetären Beträgen zu versehen. Das erweitert unsere Überlegungen um die Frage, ob und was das jeweilige Verhalten wirklich wert ist.

In Tabelle 8 finden Sie meinen ersten Versuch von 1998, solch eine qualitative Verhaltensbeschreibung für das Telefonverhalten meiner damaligen Assistentin anzufertigen. Wahrscheinlich haben Sie es schon geahnt, dass ich selbst der Vorgesetzte war, dessen Erwartungen im Laufe des Jahres gestiegen waren.

Zweifellos ist meine damalige Skala keineswegs perfekt. Und dennoch, und das ist der besondere Nutzen von Verhaltensbeschreibungen, war die Auswirkung auf das Verhalten der Assistentin beeindruckend. Von jetzt auf gleich agierte sie auf E-Level: »Weil ich jetzt genau weiß, Herr Wolf, was Sie von mir erwarten.«

! **Tipp: Keep it simple!**

Sie senken Ihren Aufwand ein wenig, indem Sie den Hinweis anfügen, dass das Erreichen einer Stufe das umfassende Erfüllen der genannten Aspekte auf den jeweils niedrigeren Stufen voraussetzt.

Fazit: Der Aufwand für Verhaltensbeschreibungen ist vergleichsweise hoch, kann sich aber durchaus lohnen. Ihre Mitarbeitenden erfahren klar und deutlich, welches Verhalten Sie von ihnen erwarten. Dies führt bei motivierten Mitarbeitenden bereits zu enormen Verhaltensverbesserungen. Nutzen Sie diesen Effekt!

Prof. Dr. rer. pol. Tim Pidun: »Die Verhaltensbeschreibung anhand einer relativen Skala ist zweckmäßig, muss aber mit weiteren verbalen Kriterien angereichert werden, die die Erreichung besser anzeigt. So wird aus dem numerischen ein verbaler Indikator. Der Grad der Erreichung wird durch erreichte Bedingungen, hier das Zutreffen bestimmter semantischer Aussagen in einer Informationskaskade, angezeigt.«

5.4 Methode 4: Zustandsbeschreibung

Auch Zustandsbeschreibungen erfordern, wie es die Bezeichnung der Methode schon verrät, verbale Ausführungen. Der Ausgangszustand und die möglichen Zielzustände sind wie bei Verhaltensbeschreibungen in eine qualitative Rangfolge zu bringen.

Zielrichtung: Das Image des Personalbereichs verbessern	
Stufe	**Verbale Verhaltensbeschreibung**
A	Wir werden als administrativer Abwickler gesehen.
B	Wir gelten als Hüter der Personalakten.
C	Uns wird administrative Exzellenz und Fehlerlosigkeit zugeschrieben.
D	Wir werden als kompetente Dienstleistende anerkannt.
E	Wir gelten als aktiver Unterstützer der Fachbereiche.
F	Wir agieren als Prozessbegleiter bei Veränderungen.
G	Wir werden als strategischer Businesspartner von der Unternehmensführung geschätzt.
H	Wir sind bei allen maßgeblichen Entscheidungen »im Boot«.

Tab. 9: Beispiel für eine Zustandsbeschreibung

Zustandsbeschreibungen sind Beschreibungen von Zuständen – also stets stichtagsbezogene Messgrößen. Der Nachteil: Ihre Mitarbeitenden können in den meisten Fällen nicht ersehen, welche unmittelbare Wirkung die jeweilige Durchführung eines KAP hatte.

Ist- und Zielzustände
Bis zur nächsten Erhebung können sie nur vermuten, ob sie sich verbessert haben oder nicht. Eine unmittelbare Korrektur des KAP – bei oder nach dessen Umsetzung – ist kaum möglich.

Auch bei der Methode der Zustandsbeschreibungen ist der Aufwand recht hoch. Sofern die in Tabelle 9 aufgeführten Aspekte nicht durch beispielsweise eine Mitarbeiterbefragung gemessen werden, ist jede Stufe um weitergehende Ausführungen und Details zu ergänzen.

Prof. Dr. rer. pol. Tim Pidun: »Auch ein Zustand muss verbal beschrieben werden, um beurteilen zu können, ob er erreicht wurde. Diese Beurteilung sollte hier hierbei noch um externe Kontextinformationen angereichert werden. Durch eine zusätzliche Befragung kann belegt werden, ob der Zustand auch in der Außensicht erreicht wurde. Damit steigen die interne Validität und Glaubhaftigkeit des Indikators.«

5.5 Methode 5: Spektralanalyse

Für dieselbe Zielrichtung wie in Tabelle 9 hatte ich bereits um die Jahrtausendwende herum meine Change-Spektralanalyse zu einer grafischen, stichwortartigen Zustandsbeschreibung zweckentfremdet. Auch die Spektralanalyse ist eine Möglichkeit, den Aufwand für die Messbarmachung weicher Ziele zu reduzieren. Hier befinden sich am äußeren Rand Begriffe, die Tätigkeiten des Personalbereichs widerspiegeln, in der nächsten Ebene passende Adjektive und ganz innen zugrundeliegende Haltungen.

Prof. Dr. rer. pol. Tim Pidun: »In dieser Methode werden Instrumente grafischer und textlicher Annotation genutzt. Prozessbeteiligte als auch Außenstehende können damit anhand semantisch gehaltvoller Beschreibungen Zustände und Ziele visuell einordnen, um einfach Diskrepanzen zwischen Fremd- und Selbstsicht aufzudecken und in Handlungsansätze zu überführen.«

Worte, nicht Sätze

In Abbildung 14 ersehen Sie dieses Spektrum. Es ist bereits eine Kennzeichnung des Ausgangszustands in Selbst- und Fremdsicht (SIst bzw. FIst) und eine Markierung für die angestrebte Zielhöhe (SSoll bzw. FSoll) ergänzt. Aus der Diskrepanz zwischen Soll und Ist in Fremd- und Selbstsicht wurden die KAP zur dessen Überwindung entwickelt.

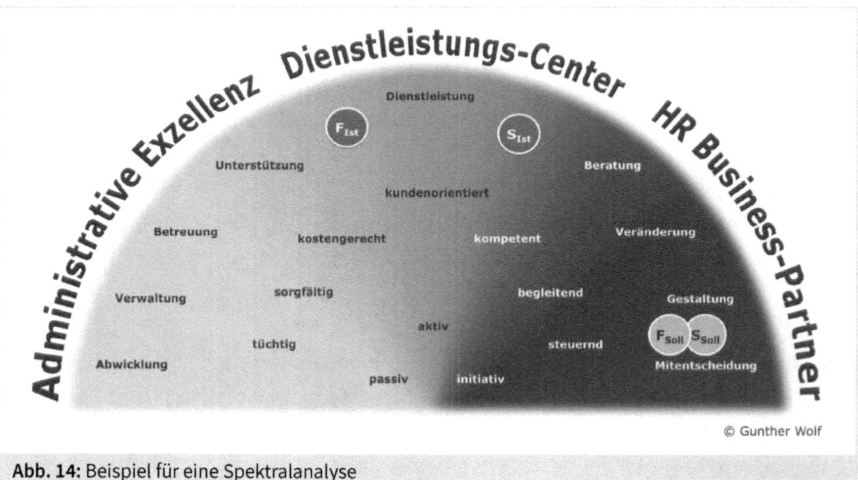

Abb. 14: Beispiel für eine Spektralanalyse

Ein solches Spektrum benötigt lediglich einzelne Worte und keine ganzen Sätze. Das reduziert den zu betreibenden Aufwand enorm. Zudem werden so Missverständnisse in Formulierungen weitgehend ausgeschlossen. Obendrein erlaubt die Visualisierung die Erhebung der Sichtweisen von relevanten Außenstehenden auf die jeweiligen weichen Faktoren, wie etwa von Kunden oder Nutzern.

Visualisierung als Nutzen

Daher wurde dieses Tool beispielsweise von der DGFP[39] bei der Befragung von Messebesuchern zur Messung des Stellenwerts des Personalmanagements eingesetzt. Die

39 Die Deutsche Gesellschaft für Personalführung (DGFP) versteht sich als Kompetenznetzwerk für Weiterbildung und Austausch von Personalmanagement- und Personalführungsexperten.

befragten Kunden des Personalmanagements klebten hierzu blaue Punkte auf das zu einem 2 x 1 Meter großen Plakat vergrößerte Spektrum und bildeten auf diese Weise den Zielerreichungsgrad aus Fremdsicht ab. Die befragten Personalmanager hingegen markierten ihre Selbstsicht durch gelbe Punkte.

Fazit: Die Spektralanalyse schafft durch Einsatz einzelner Worte statt ganzer Sätze sowohl Vereinfachung als auch Eindeutigkeit. Als komplexitätsreduzierendes Visualisierungstool eignet sie sich besonders gut für die Messung von qualitativen Aspekten durch Nutzer- und Kundenbefragungen.

5.6 Methode 6: Kriterienfestlegung

Bei der Methode der Kriterienfestlegung beschreiben Sie im Gegensatz zur Verhaltens- und Zustandsbeschreibung nicht den Minimal- und Maximalpunkt sowie deren Zwischenstufen, sondern allein das Optimum. Dieses wird in einzelne Kriterien zerlegt, die wiederum gezählt werden können und auf diese Weise quantitativ messbar sind.

Damit die Probleme von Unschärfe und Subjektivität qualitativer Ziele nicht lediglich auf die Kriterien verlagert wird, wie es bei der Leistungsbeurteilung der Fall ist, sind die einzelnen Kriterien eindeutig, objektiv messbar und scharf zu formulieren.

Prof. Dr. rer. pol. Tim Pidun: »Die in dieser Methode zu nutzenden Kriterien bieten eine Möglichkeit, einen Zielerreichungsgrad nicht durch das genaue Zutreffen einer einzelnen Beschreibung eines Sachverhalts, sondern durch Kumulation von zutreffenden Aspekten zu bewerten. Es handelt sich hierbei ebenfalls um verbale Indikatoren. Je mehr von den Aussagen binär zutreffen, umso eher ist das Ziel erreicht.«

Indem bei dem Verfahren der Kriterienfestlegung keine Buchstaben, sondern Zahlen Verwendung finden, wird die metrische Skalierung[40] deutlich.

Klare Einzelkriterien

Bei dem Beispiel zum Telefonverhalten der Assistentin [Tabelle 8] findet sich das Optimum bei dem Buchstaben »E«. Dort sind vier Kriterien erkennbar, die meinen damaligen Wunschzustand charakterisieren.

40 Bei metrischer Skalierung sind Rechenoperationen möglich, beispielsweise sind 10 Kriterien sind 2x so viele wie 5. Bei ordinaler Skalierung ist dies nicht möglich. Um dies deutlich zu machen, werden die ordinalen Rangfolgen durch Buchstaben gekennzeichnet.

Falls Sie als Personalleiterin oder Personalleiter mit Ihrem internen Trainer die qualitative Zielrichtung vereinbaren möchten, eine Schulungsreihe erfolgreich durchzuführen, könnten Sie die folgenden zehn Kriterien benennen.

Zielrichtung: Erfolgreiche Word-Schulungsreihe	
Nach der MS-Word-Schulungsreihe können alle Teilnehmer ...	
1	Texte eingeben, markieren, bearbeiten und korrigieren
2	Texte mithilfe von Zeichen-, Absatz- und Seitenformatierung gestalten
3	mit Bausteinen, Autokorrektur und Rechtschreibprüfung umgehen
4	Kopf- und Fußzeilen erstellen
5	Tabellen und Grafiken in Texte integrieren
6	Vorlagensätze und Designs anwenden
7	Formatvorlagen nutzen, selbst erstellen, bearbeiten und löschen
8	anspruchsvolle Dokumentvorlagen erstellen und einsetzen
9	Serienbriefe unter Nutzung von Adressdateien erstellen
10	große Dokumente gliedern, Inhaltsverzeichnis und Index erstellen

Tab. 10: Beispiel für eine Kriterienfestlegung

Die Messung des Zielerreichungsgrades erfolgt durch einfaches Abhaken der Kriterien, die der Schulungsleiter erfüllt hat. Nehmen wir an, Sie haben mit ihm die Erfüllung von 8 Kriterien als Zielhöhe vereinbart, dann ist folglich bei 8 erfüllten Kriterien das Ziel zu 100 Prozent erreicht, bei 9 leicht übererfüllt und bei 10 übererfüllt. Auch die Zielunterschreitung wird hiermit abgebildet: bei 7 erfüllten Kriterien kann das Ziel als leicht verfehlt gelten, bei weniger als 7 ist es als verfehlt zu bezeichnen.

Quantitative, metrische Skala

Falls Boni an die Zielerreichung geknüpft sind, können Sie diese fünfstufige Skala leicht mit entsprechenden Ausschüttungsbeträgen versehen.

Das Verfahren der Kriterienfestlegung findet primär Anwendung bei Aufgabenzielen und dann, wenn der qualitative Nutzen eines Projektergebnisses [Kapitel 5.11] gemessen werden soll. Zudem wird es bei weichen Verhaltenszielen, Entwicklungszielen und Kompetenzzielen eingesetzt.

Auch beim Mystery Shopping kommen Kriterienkataloge zum Einsatz. Hier werden Testkunden in Einzelhandelsfilialen geschickt, um das Verhalten des Verkaufspersonals auf die Erfüllung der zentralseitigen Vorgaben hin zu überprüfen.

Das Verfahren der Kriterienfestlegung setzt annähernd gleiche Relevanz der festgelegten Kriterien voraus. Sofern die Kriterien jedoch bezüglich ihrer Bedeutsamkeit stark differieren, gewichten Sie diese einfach mithilfe von unterschiedlichen Punktwerten. Bei der Vereinbarung des Ziels wird folglich keine »Anzahl erfüllter Kriterien« als Zielhöhe festgelegt, sondern die zu erreichenden Punkte.

5.7 Methode 7: Punktevergabe

Der hervorragende Nutzen der Punktevergabemethode besteht nicht unbedingt in der Messbarmachung weicher Ziele. Falls Sie mehrere Ziele zusammenfassen und gegebenenfalls danach monetär bewerten möchten, verschafft Ihnen dieses Verfahren eine einzige, für alle – qualitative und auch quantitative – Ziele geeignete Maßeinheit.

Gewichtungen vornehmen
Die Methode der Punktevergabe eignet sich zudem ausgezeichnet, um beispielsweise Kriterien mit unterschiedlicher Wertigkeit zu gewichten. Bei dem Beispiel in Tabelle 11 wurde ein qualitatives Kompetenzziel durch eine Punktevergabe für die einzelnen Kriterien messbar gemacht. Hier ergänzen sich somit die Verfahren der Kriterienfestlegung und der Punktevergabe.

Zielrichtung: Konfliktkompetenz steigern	
Der Mitarbeitende kann …	**Punkte**
konfliktbegünstigende Umstände erkennen	50
Konfliktprävention betreiben	50
Konsens zur Konfliktbeilegung entwickeln	30
Konfliktdynamiken für Veränderungen nutzen	20
Konfliktphasen analysieren	20
Konfliktakteure und -rollen unterscheiden	10
Konflikttypen feststellen	10
Konfliktursachen identifizieren	5
Konflikte erkennen und Konfliktsymptome einordnen	5

Tab. 11: Beispiel für eine Punktvergabe

In diesem Beispiel kann der Mitarbeitende offensichtlich insgesamt 200 Punkte erreichen. Nehmen wir an, Sie haben mit ihm 150 Punkte als Zielhöhe in der Zielvereinbarung festgelegt. Dann könnte bei beispielsweise 146 bis 155 Punkten das Ziel als zu 100 Prozent erreicht gelten, bei 156 bis 175 Punkten als leicht übererfüllt usf. Somit bleibt dieses Ziel trotz des für die Gewichtung notwendigen Umwegs der Punktevergabe weiterhin vereinbar und der Zielerreichungsgrad eindeutig messbar.

Prof. Dr. rer. pol. Tim Pidun: »Die Punktevergabe ist eine Umwandlung von verbalen Beurteilungen in eine numerische Bewertung und ist eine Standardmethode bei Evaluationen. Die einzelnen Kriterien können frei gewichtet werden und sowohl auf einer absoluten als auch einer relativen Skala zur Ergebnisfindung herangezogen werden. Bei ansonsten gleicher Bewertung sind damit auch Vergleiche möglich.«

Quantitative, metrische Skala

Das Verfahren der Punktevergabe eröffnet Ihnen als Führungskraft obendrein die Option, auch das Vermeiden negativer Aspekte mit in die Zielvereinbarung aufzunehmen. Das folgende Beispiel zur Zielrichtung richtet sich auf das Verhalten eines Teams in der Fertigung.

Zielrichtung: Negative Verhaltensweisen reduzieren	
Kriterium	**Punkte**
Ordentlichkeit: Herumliegendes Werkzeug, pro Fall	-5
Sauberkeit: Dreck und Öl auf dem Boden, pro Fall	-5
Pünktlichkeit: Nichtanwesenheit bei Schichtbeginn, pro Fall	-10
Vermeiden von Verschwendung: Überproduktion, pro Fall	-20
Qualität: Nicht unverzügliche Fehlerbeseitigung, pro Fall	-30

Tab. 12: Beispiel für eine Vergabe von Negativpunkten

Mit der Methode der Punktevergabe kann somit nicht nur gewünschtes Verhalten, sondern auch das Unterlassen von unerwünschtem Verhalten als qualitatives Ziel in die Zielvereinbarung aufgenommen werden. Als Zielhöhe wird ein Punktebetrag vereinbart. Der jeweilige Punktestand kann im Verlauf der Zielperiode und auch am Ende in Form des Zielerreichungsgrades konkret gemessen werden.

Bonus und Malus möglich

Dabei erfolgt kontinuierlich eine Verrechnung mit Positivpunkten aus anderen Zielen. Bei angekoppelten Boni oder Prämien löst dies unmittelbar einen entsprechenden Malus bzw. Bonusabzug aus.

Bei der Methode der Voraussetzungen entfällt der Bonus sogar komplett, sofern diese vom Mitarbeitenden nicht erfüllt werden.

5.8 Methode 8: Voraussetzungen

Voraussetzungen werden üblicherweise als qualitative Ergänzung von quantitativen Zielen eingesetzt. Die Vorgehensweise: Die Prüfung der Voraussetzungen wird der eigentlichen - gegebenenfalls bonusrelevanten - Erfolgsmessung vorgeschaltet.

Steuerungsdefizite ausgleichen

Erinnern Sie sich noch an das Ziel der Personalentwicklerin, das wir im Zuge der Quoten bei Zielrichtungen in Kapitel 4.2.1 kurz angerissen haben? Der Personalleiter wollte unterbinden, dass die Personalentwicklerin, deren Ziel bei 12 Teilnehmern pro Training lag, 1. Trainings absagt, zu denen sich nicht exakt diese Teilnehmerzahl angemeldet hat und 2. zwar diesen Durchschnitt einhält, ihn aber mit kaum einem Training realisiert.

So formulierte der Personalleiter folgende Voraussetzungen: »Insgesamt so viele Trainings wie im Vorjahr +/-10 Prozent. Mindestens 40 Prozent der Seminare mit genau 12 Teilnehmern. Keine Seminare unter 8 Teilnehmern. Keine Seminare über 20 Teilnehmern. Wird eine der vier Voraussetzungen nicht erfüllt, entfällt der Bonus komplett.«

Falls Sie die Methode der Voraussetzungen nutzen wollen, um weiche Ziele in die Zielvereinbarung zu integrieren, formulieren Sie möglichst kurze, prägnante und unmissverständliche Sätze. Die Methode der Voraussetzungen bietet sich an, wenn quantitative (Haupt-) Ziele durch qualitative (Neben-) Ziele limitiert werden sollen.

Limitierende Nebenziele

Das ist beispielsweise sinnvoll, wenn das Hauptziel sich auf den Output in der Produktion richtet, das limitierende Nebenziel aber verpflichtend eine maximale Ausschussquote vorschreibt. Oder dann, wenn der Umsatz das bonusrelevante Vertriebsziel bildet, dieser aber nicht durch hohe Rabatte erkauft werden soll.

Prof. Dr. rer. pol. Tim Pidun: »Die in dieser Methode vorgeschlagenen Instrumente sind Kontextinformationen aus verschiedenen Ebenen des Ziels. Sie gelten hier als notwendige Voraussetzungen, damit das Ziel erreicht werden kann, und sind daher auf jeden Fall als zusätzliches erforderliches Wissen zu dokumentieren.«

Die Form der Einbindung von qualitativen Zielen bzw. Messgrößen als Voraussetzung wird in der Wenn-Dann-Verknüpfung perfektioniert. Hier werden nicht nur miteinander zusammenhängende Ziele, sondern sämtliche denkbaren, weichen Ziele als Voraussetzungen integriert.

5.9 Methode 9: Wenn-Dann-Verknüpfung

Die Wirkkraft der Wenn-Dann-Verknüpfung entfaltet sich insbesondere dann, wenn sich mit der Zielerreichung ein Bonus verbindet. Ich habe sie entwickelt, um gerade diejenigen qualitativen Zielrichtungen maluswirksam in Zielvereinbarungen einzubinden, die für sich gesehen gar keine Boni wert sind.

Mit dem Einbezug von derartigen weichen Zielen können Sie beispielsweise vermeiden, dass sich Ihre Mitarbeitenden ausschließlich um die Verfolgung der bonusrelevanten Zielrichtungen kümmern und dabei andere Aspekte vernachlässigen.

Erst die Pflicht, dann die Kür

Die Problemstellung: Auf der einen Seite möchten Sie Ihren Mitarbeitenden einen Anreiz dazu geben, diese Verhaltens- und Kompetenzziele zu verfolgen. Auf der anderen Seite können Sie sich nicht vorstellen, einen Bonus dafür auszuschütten, dass Ihre Mitarbeitenden den bereits mit dem Festgehalt abgegoltenen Anforderungen nachkommen.

!

Achtung: Kurzfristige Vorteile, langfristige Nachteile!

Vor einiger Zeit berichtete das Magazin Focus von dem Erfolg, den ein häuslicher Pflegedienst erzielte: Indem der Inhaber den Pflegekräften für unfallfreies Fahren am Monatsende einen Bonus von 40 EUR auszahlte, senkte er die Schadensquote um 80 Prozent.
Das ist auf kurze Sicht sicherlich ein schöner Erfolg. Aber: Wer Nicht-Fehlverhalten vergütet, um Anreize für solche qualitativen Verhaltensziele zu geben, riskiert, dass er auf lange Sicht für jedes weitere Nicht-Fehlverhalten ebenfalls eine Prämie zu zahlen hat.

Möglicherweise gehören beispielsweise »preußische Tugenden« wie Ordnung, Sauberkeit und Pünktlichkeit für Sie zu diesen weichen, aber keinen Bonus rechtfertigenden Zielrichtungen. Oder qualitative Ziele aus dem Bereich von Auftreten und Verhalten, beispielsweise Kritikfähigkeit, Freundlichkeit, gute Umgangsformen, gepflegtes Erscheinungsbild, Unterstützung der Kollegen oder das Einhalten von Qualitätsanforderungen.

Korrigierende Verhaltenssteuerung

Vielleicht sind auch die bereits zuvor angesprochenen weichen »Unterlassungsziele« [Tabelle 12] für Sie relevant: das Verursachen von unnötigen Kosten, fahrlässiges Schädigen von Arbeitsmaterial oder unerlaubte Handlungen.

Falls Sie solche Zielrichtungen mit Bonus- und Handlungsrelevanz versehen möchten, ohne dafür Boni auszuschütten, bietet sich die Wenn-Dann-Verknüpfung an. Hier wird zunächst die Höhe des Bonus an ein anderes, tatsächlich wertschaffendes Ziel angekoppelt. Dies bildet das »Dann«.

Hohe Wirksamkeit

Davor werden die qualitativen »Wenns« geschaltet. Das können die genannten Unterlassungsziele sein, aber auch positive, qualitative Verhaltensziele, sofern sie in den Bereich der Selbstverständlichkeiten fallen. Die Funktionsweise der Wenn-Dann-Verknüpfung ist ebenso einfach wie wirkungsvoll: Werden die Wenns erfüllt, kommt es zur Ausschüttung des Bonus für das Dann-Ziel. Aber werden die Wenns nicht erfüllt, entfällt der Bonus.

Statement Prof. Dr. Fabiola H. Gerpott !

Macht Pay for Performance egoistisch? Bei der Einführung leistungsabhängiger Vergütung machen sich viele Führungskräfte Sorgen, dass prosoziales Verhalten wie zum Beispiel die spontane Unterstützung von Kolleginnen und Kollegen unter den Mitarbeitenden abnimmt. In der Tat zeigen Studien, dass Neid, unethisches Verhalten und kurzfristiges Denken der Mitarbeitenden unangenehme Begleiterscheinungen sein können, wenn derartige Entlohnungssysteme unvorsichtig eingeführt werden. Neuere Forschungsergebnisse weisen nun allerdings darauf hin, dass dies nicht zwingend der Fall sein muss. Überraschenderweise scheint gerade eine gewisse Subjektivität in den Leistungskriterien, die dem Ermessungsspielraum von Führungskräften überlassen bleibt, prosoziales Verhalten zu fördern. Organisatoren, die nach dem Grad der Zielerreichung bezahlen wollen, sind also gut beraten, sich nicht nur über die Kriterien, sondern auch deren Messung ausreichend Gedanken zu machen – denn beides beeinflusst, wie sich Mitarbeitende verhalten werden.
Prof. Dr. Fabiola H. Gerpott
Chair of Leadership, WHU – Otto Beisheim School of Management

Damit rücken die weichen Ziele in den Fokus Ihrer Mitarbeitenden: Welcher Mitarbeitende will schon seine durch hohe Performance erzielte Prämie durch einfach abzustellendes Fehlverhalten gefährden?

Praxisfall: Reisebüro !

Bei einem Unternehmen aus dem Bereich der touristischen Reisevermittlung fanden wir folgende Situation vor: Dank einer lukrativen individuellen Umsatzprovision rissen sich die Mitarbeitenden um buchungswillige Kunden, vernachlässigten aber Arbeiten wie etwa das Auspacken von Prospektsendungen. Um selbst stets für potenzielle Bucher ansprechbar zu sein, verwiesen sie sogar Kunden, die ihre Reiseunterlagen abholen wollten, an völlig überforderte Praktikanten.
Um möglichst wenig zu verändern, ergänzten wir die bestehende Provisionsvereinbarung um verbale Komponenten in Form von »Wenns«. Hierin wurde beschrieben, welche Verhaltens- und Aufgabenziele von den Reiseverkäufern zu verfolgen sind. Falls sich herausstellen sollte, dass diese vernachlässigt wurden, würde die Prämie um 25 Prozent reduziert. Dies sorgte für umgehende Einhaltung der qualitativen und den Geschäftserfolg auch langfristig sichernden Ziele.

Vertriebsleitungen verstehen unter diesen Wenns beispielsweise das Erstellen von Besuchsberichten, saubere Fahrzeuge oder die pünktliche Abgabe von Reisekostenabrechnungen. Fertigungsleitungen nutzen Wenns, um den Fokus der Mitarbeitenden auf geringen Ausschuss oder das Einhalten von Wartungs- und Kalibrierungsvorgaben zu lenken.

Universell einsetzbar
In einem Betrieb, der Boni für erfolgreiche Azubis vorsah, formulierte die Ausbildungsleitung das rechtzeitige Abgeben der Berichtshefte und geringe Fehlzeiten als Wenns. Möglicherweise können Sie für die Formulierung der Wenns auch Passagen aus (bitte aktuellen!) Stellenbeschreibungen nutzen.

Prof. Dr. rer. pol. Tim Pidun: »Diese Indikatoren sind rein binär, das heißt sie sind entweder nur erfüllt oder nicht erfüllt. Mit ihrer Hilfe wird allerdings auch recht hart und eindeutig binär ein Ziel erreicht oder nicht, wovon unter Umständen Boni abhängen. Für Ihre Akzeptanz ist daher ihre transparente Dokumentation unabdingbar – oder wenn notwendig vielleicht sogar die der zugrundeliegenden Strategien.«

Mit der Wenn-Dann-Methode können Sie auch qualitative Nachhaltigkeitsziele, Qualitätsmanagementziele, Risikomanagementziele oder Complianceziele forcieren.

!

Achtung: Konsequent bleiben!

Falls es zu einer Nichterfüllung der Wenns kommt, entfällt der Bonus für den festgelegten Zeitraum – beispielsweise einen Monat – ohne Wenn und Aber. Stets kommt es in der Praxis unmittelbar nach Einführung der Wenn-Dann-Methode zu einem Nichterfüllungsfall. Besonders häufig sind es High Performer, die austesten, welche Freiheiten sie sich herausnehmen dürfen. Falls Sie dann nachgeben, um ihn vor dem Verlust des Bonus zu verschonen, nimmt keiner Ihre qualitativen Ziele mehr ernst. Bleiben Sie hingegen eisern, kommt es üblicherweise nie und bei keinem der Mitarbeitenden mehr vor, dass die Wenns nicht erfüllt werden.

Fazit: Die Wenn-Dann-Verknüpfung bietet Führungskräften eine Fülle an Möglichkeiten zur Steuerung des Verhaltens der Mitarbeitenden. Zugleich können hiermit durch die Verbindung von Boni und Zielen hervorgerufene Nachteile wirkungsvoll beseitigt werden.

5.10 Methode 10: Zielgruppenbefragung

Sofern Sie die Zufriedenheit einer Zielgruppe als relevant erachten, könnte deren Befragung einen gangbaren Weg zur Messbarmachung dieses weichen Ziels darstellen. Verkaufs- und Serviceleitungen befragen die Kunden, Projektleitungen die Nutzer und Softwareentwickler die User. Zur Messung von Schulungserfolgen befragen Personalentwickler die Teilnehmer von Seminaren.

Interne und externe Kunden

Sofern Sie die Prozesse innerhalb des Unternehmens ebenfalls als Kunden-Lieferanten-Beziehungen interpretieren, könnten Sie die internen Kunden Ihrer Abteilung befragen. Wie zufrieden ist die Fertigung mit den Zeichnungen aus der Konstruktion, die Montage mit den Teilen aus der Fertigung, der Außendienst mit dem Support aus dem Vertriebsinnendienst, die Belegschaft mit den Services der IT-Abteilung?

Sie erhalten durch die Zielgruppenbefragung unmittelbar ein Messergebnis in Form einer Note oder eines Punktewertes. Sie sind zwangsläufig und ja nicht unbeabsichtigt subjektiv. Insbesondere, wenn das durch die Ergebnisse erhobene Fremdbild von der Selbstwahrnehmung stark abweicht, verweisen Mitarbeitende gern auf die fehlende Objektivität dieses Verfahrens.

Beabsichtigte Subjektivität

Mithilfe einer entsprechend großen Stichprobe gelingt es Ihnen, extreme Einzelmeinungen zu nivellieren. Doch wirklich objektive Messung erreichen Sie hiermit nicht, lediglich Intersubjektivität. Ob dieses Messverfahren auf Akzeptanz des Mitarbeitenden stößt, mit dem Sie das Ziel der Nutzergruppenzufriedenheit zu vereinbaren planen, hängt stark von dessen Dienstleistungsverständnis ab.

Angenommen, Sie vereinbaren mit Ihrem Mitarbeitenden die Note 2,0 als Zielhöhe. Dann könnte von 1,91 bis 2,10 das Ziel als zu 100 Prozent erreicht gelten, bei einer durchschnittlichen Benotung zwischen 2,11 und 2,20 als leicht untererfüllt usf. Mithilfe der Zielgruppenbefragung kann das weiche Zufriedenheitsziel in eine Zielvereinbarung einbezogen und der Zielerreichungsgrad gemessen werden.

Pseudometrische Skala

Noten werden als pseudometrische Werte bezeichnet, da sie zwar üblicherweise als Zahl dargestellt werden, aber hiermit keine Rechenoperationen möglich sind: »Verdopplung der Kundenzufriedenheit« oder »Steigerung der Userzufriedenheit um 10 Prozent« wären sicher keine sinnvollen Zielhöhen.

Um auch an dieser Stelle Transparenz zu schaffen, ersetze ich stets die Zahlen durch Buchstaben: Entweder durch Ergänzung um Plus und Minus (A+, A, A-, B+, B, B- etc.) oder nach Art der Ratingagenturen (AAA, AA, A, BBB, BB, B etc.).

Aufwand hoch, Nutzen hoch

Der Aufwand für Vorbereitung, Durchführung, Datenerfassung und Auswertung ist nicht gering. Dazu kommt die Unwilligkeit vieler Zielgruppen, bei solchen Befragungen mitzuwirken. Auf der anderen Schale der Waage liegt Ihr Nutzen: die Möglichkeit zur Zielvereinbarung, die erhaltene Information, der Zusatznutzen durch weitere Aspekte, die sie abfragen – beispielsweise Verbesserungsvorschläge der Zielgruppe.

Prof. Dr. rer. pol. Tim Pidun: »Die Zielgruppenbefragung ist ein gutes Beispiel der Nutzung von eher subjektiven Evaluationen. Die darin ermittelten Indikationen zeigen die Außensicht auf Zielerreichung und sind damit auch eher externe Kontextinformation. Werden die Wissensträger auch offen auf ihre eigene Meinung befragt, generiert man dadurch zuvor unerschlossenes Wissen zum Evaluationsgegenstand.«

Sie können die Methoden der Kriterienfestlegung und der Zielgruppenbefragung auch kombinieren und bei der Befragung den Erfüllungsgrad (= Zielerreichungsgrad) einzelner Kriterien beurteilen lassen. Auch die Spektralanalyse eignet sich hervorragend, um Zielgruppenbefragungen umzusetzen.

Rundumbefragung oder 360°-Beurteilung
In vielen Unternehmen wird die 360°-Beurteilung zur Messbarmachung von qualitativen Verhaltens- und Kompetenzzielen eingesetzt. Dabei werden die Mitarbeitenden von Über- und Unterstellten sowie von Kollegen auf gleicher Hierarchieebene beurteilt.

Sofern Sie in Erwägung ziehen, mit Ihren Mitarbeitenden Kompetenzen im Bereich von Führung, von Konfliktkompetenz, von Meetingeffizienz, gegenseitiger Unterstützung oder von Zusammenarbeit als Ziele zu vereinbaren, ist diese Messmethode möglicherweise eine Überlegung wert.

5.11 Methode 11: Projektbewertung

Bitte prüfen Sie zunächst sorgfältig, ob das Projekt nicht besser als Maßnahme in der Zielvereinbarung aufgehoben ist. Eine genaue Projektbewertung ist recht aufwändig. In Kapitel 5.1 finden Sie ein Beispiel für das Projekt »Stand auf der Absolventenmesse«.

Das Magische Dreieck des Projektmanagements
Falls nicht, kann Ihnen die Methode der Projektbewertung mithilfe des »Magischen Dreiecks des Projektmanagements« bei der Messbarmachung helfen.

Dessen drei Ecken heißen time, scope und budget oder erforderliche *Zeitdauer*, erzielbarer *Nutzen* und benötigte *Ressourcen*, letztere zumeist als Projektbudget operationalisiert. Üblicherweise übernimmt der mit der Projektplanung betraute Mitarbeitende die Vorarbeit und beziffert mögliche Werte für die drei Faktoren. Sie, als Führungskraft, entscheiden auf dieser Basis, worauf Sie die Prioritäten legen.

Prof. Dr. rer. pol. Tim Pidun: »Dieses Instrument bedient sich einer multikriteriellen Bewertung ähnlich der Methode 6. Es wendet Kriterien aus dem Projektmanagement auf die

Zielvereinbarung und die Ermittlung der Zielerreichung an. Die Ziele sind damit implizit mit wichtigen strategisch Unternehmenszielen verknüpft. Die Anbindung an Strategien ist dagegen üblicherweise leider oft von der eigentlichen Beurteilung abgekoppelt.«

Zunächst benötigen Sie eine Grundskalierung. In den folgenden Beispielen können von dem Projektteam bzw. von dem Mitarbeitenden, mit dem Sie die erfolgreiche Projektdurchführung als Ziel vereinbaren wollen, bei jedem der drei Faktoren des Projektziel-Dreiecks von -2 (Ziel verfehlt) bis + 2 Punkte (Ziel übererfüllt) erreicht werden. Beachten Sie bitte: Null Punkte bedeutet bei dieser Skalierung, dass das Ziel zu 100 Prozent erreicht wurde.

Drei Projekterfolgsfaktoren

Wir nehmen hier eine Aufspaltung des qualitativen Ziels »Projekterfolg« in drei Unterziele vor, die wiederum leicht messbar sind. Da diese über jeweils eigene Messgrößen verfügen, nutzen wir das Verfahren der Punktevergabe. Dies verschafft Ihnen mit den Punkten eine gemeinsame Messgröße, in die das Messergebnis aller drei Unterziele überführt wird.

Faktor 1: Zeit (time)

Bitte prüfen Sie, welche Bedeutung der Zeitfaktor bei dem betreffenden Projekt besitzt. Manche Projekte sind zeitlich sinnvoll skalierbar, manche nicht. Hierzu stellen Sie sich die Frage: Verschafft die frühere Erreichung des Projektziels einen Vorteil, generiert dieser Zeitgewinn einen Wert? Falls ja, könnten Sie die zur Feststellung des Zielerreichungsgrads erforderliche Grundskala wie in Tabelle13 ausfüllen.

Faktor »Zeit«, Zielrichtung: Verkürzung der Projektdauer	
Termin der Projektbeendigung ...	**Punkte**
um mehr als 10 Tage überschritten	-2
um 1 bis 10 Tage überschritten	-1
eingehalten	0
um 1 bis 10 Tage unterschritten	1
um mehr als 10 Tage unterschritten	2

Tab. 13: Beispiel für die Bewertung der Projektdauer

Anders werden Sie die Zielerreichung im Faktor »Zeit« bei Projekten skalieren wollen, falls durch eine zeitliche Unterschreitung keine Wertschöpfung entsteht. Dann lassen Sie die für Zielüberschreitung erzielbaren Punkte entfallen.

Bei manchen Projekten ist es ganz und gar nicht sinnvoll, den Zeitfaktor zu skalieren. Wenn beispielsweise der besagte Stand bei der Absolventenmesse erst am Tag nach der Veranstaltung fertiggestellt ist, kann man sicher nicht mehr von einem »leicht verfehlten Ziel« sprechen. Dann darf es in der Skala nur die beiden Bewertungen »0 Punkte bei Termineinhaltung« und »-2 Punkte[41] bei nicht rechtzeitiger Fertigstellung« geben.

Faktor 2: Ressourcen (budget)

Diese Frage stellt sich bei dem Budgetfaktor nicht. Die Verringerung der für das Projekt benötigten finanziellen Ressourcen (inkl. indirekter Kosten, insbesondere Arbeitszeitaufwand) erzielt fraglos stets eine Wertschöpfung.

Andersherum ist Wertvernichtung die Folge einer jeden Budgetüberschreitung. Folglich ist immer eine Bewertung über die gesamte Grundskala hinweg möglich.

Faktor »Ressourcen«, Zielrichtung: Senkung des Ressourcenverbrauchs	
Kosten des Projekts …	**Punkte**
um mehr als 5 Prozent überschritten	-2
um bis zu 5 Prozent überschritten	-1
eingehalten	0
um bis zu 5 Prozent unterschritten	1
um mehr als 5 Prozent unterschritten	2

Tab. 14: Beispiel für die Bewertung der Projektkosten

Faktor 3: Nutzen (scope)

Die Qualität des Projektergebnisses, den Nutzen, messen Sie am besten über den Erfüllungsgrad der – ohnehin zumeist vorab schriftlich fixierten – Nutzenkriterien [Kapitel 5.6]. In Tabelle 15 finden Sie ein Beispiel für ein ganz besonders sinnvolles Projektziel der Personalabteilung …

41 Bitte prüfen Sie, ob es dann nicht sogar gerechtfertigt ist, das gesamte Projekt als »nicht erreicht« zu definieren – ungeachtet des Erfüllungsgrads der beiden weiteren Faktoren. Bei diesem Beispiel, einem verspätetet fertiggestellten Messestand, wäre das sicher zweckmäßig.

Zielrichtung: Erfolgreiche Einführung von professioneller Zielvereinbarung	
Im ersten Jahr der Einführung …	
1	führen mehr als 90 Prozent der Führungskräfte den professionellen Zielvereinbarungsprozess durch
2	reduziert sich die Anzahl unterjähriger Rückfragen der Mitarbeitenden an ihre Führungskräfte um mehr als 40 Prozent
3	fließen mindestens 1.000 Maßnahmen als KAP oder AAP in die Ideendatenbank ein
4	kommt es zu weniger als 10 innerperiodischen Ziel- oder Maßnahmenkonflikten
5	werden alle Businessziele der Unternehmensleitung erreicht oder übertroffen
6	werden weniger als 2 Prozent der Ziele unterjährig abgebrochen oder die Zielrichtung korrigiert
7	nutzen mehr als 90 Prozent der Führungskräfte das Zwei-Säulen-Modell für ihre Zielvereinbarungen
8	erfüllen mehr als 90 Prozent der Ziele die definierten Qualitätskriterien
9	werden in mehr als 90 Prozent der Zielvereinbarungen anspruchsvollere Ziele vereinbart als im Vorjahr
10	erreichen mehr als 90 Prozent der Belegschaftsmitglieder die formulierten Ziele zu 100 Prozent

Tab. 15: Beispiel für eine Kriterienfestlegung für den Projektnutzen

Die Messung erfolgt durch Ermittlung, wie viele der Kriterien erfüllt wurden. Sofern Sie Unterschiede zwischen den Projektnutzenkriterien im Hinblick auf ihre Bedeutung treffen möchten, nutzen Sie die Möglichkeit zur Gewichtung [Kapitel 5.7]. Die möglichen Zielzustände bringen Sie erneut in die Grundskala ein.

Faktor »Nutzen«, Zielrichtung: Steigerung des Projektnutzens	
Von den 10 Erfolgskriterien wurden …	**Punkte**
weniger als 7 erfüllt	-2
7 erfüllt	-1
8 erfüllt	0
9 erfüllt	1
10 erfüllt	2

Tab. 16: Beispiel für die Bewertung des Projektnutzens

Als Personalleiterin oder Personalleiter könnten Sie auch die Befragung der Nutzer des fertiggestellten Projektergebnisses [Kapitel 5.10], hier also des professionellen

Zielvereinbarungssystems, in Erwägung ziehen. Sinnvoll wäre, hierzu die Zufriedenheit der Führungskräfte auf allen Ebenen Ihres Unternehmens nach Ablauf der ersten Zielvereinbarungsperiode zu erheben.

Die Notenziele bringen Sie zuvor, wie bei jedem Faktor, in die Grundskala von -2 bis + 2: Die Durchschnittsnote von 1,91 bis 2,10 verschafft dem Projektteam 0 Punkte, zwischen 2,11 und 2,20 gibt es -1 Punkt usf.

Summe der Punkte: Finale Projektbewertung

Mit den Punkten haben wir eine gemeinsame Messgröße für den Projektgesamterfolg geschaffen. Zur Feststellung des späteren Zielerreichungsgrades benötigen wir noch eine umfassende, vierte Skala.

Falls Sie die drei Faktoren nicht gewichten möchten, addieren Sie einfach die in Minimum und Maximum erreichbaren Punkte[42]. Die hieraus erstellbare Skala bildet den Projektgesamterfolg ab und lässt die Feststellung des Zielerreichungsgrades in Prozent zu.

Projekt, Zielrichtung: Steigerung des Projekterfolgs	
Erzielte Punkte in den Faktoren Zeit, Ressourcen, Nutzen	**Zielerreichungsgrad**
-6 bis -5	70 %
-4 bis -3	80 %
-2 bis -1	90 %
0	100 %
1 bis 2	110 %
3 bis 4	120 %
5 bis 6	130 %

Tab. 17: Beispiel für die Bewertung des Projektgesamterfolgs

Alternativ zu den Prozentsätzen der Beispielskala können Sie natürlich auch wieder die zuvor verwendete fünfstufige Grundskala einsetzen. Sofern Sie eine Gewichtung der drei Faktoren vornehmen möchten, addieren Sie einfach die jeweiligen Multiplikationsergebnisse und bringen diese in die Prozent- oder Fünf-Stufen-Skala.

42 Falls Sie bei einem Faktor keine Zielüberschreitung zugelassen haben, ist die Spreizung entsprechend geringer. Im Beispiel des um die Überschreitungsmöglichkeit beraubten Faktors »Zeit« bei dem Messestand läge die Skala zwischen -6 Punkten und +4 Punkten.

5.12 Führen mit qualitativen Zielen

Mit den hier vorgestellten elf Möglichkeiten sind Ihre Möglichkeiten zur Messbarmachung weicher, qualitativer Ziele nach heutigem Stand der Quantifizierungstechnik erschöpft. Einige Verfahren sind leicht umzusetzen, andere stellen zweifellos einen nicht von der Hand zu weisenden Aufwand dar.

Doch in vielen Fällen, wie etwa bei der Projektbewertung, werden Sie neben der Möglichkeit, dies zum Gegenstand der Zielvereinbarung zu machen, einen wertvollen Zusatznutzen erzielen. Die vorherige gedankliche Beschäftigung mit dem Projekt ermöglicht das, was eine Zielvereinbarung sein soll: Ein auf die erfolgreiche Gestaltung der Zukunft gerichtetes Gespräch unter Experten.

Fazit dieses Kapitels !

- Qualitative Ziele gewinnen in allen Unternehmensbereichen an Bedeutung.
- Die Methode der Umwidmung zu Maßnahmen sollte schon allein aufgrund des niedrigen Aufwands stets zuerst geprüft werden: Steht ein Ziel hinter dem qualitativen Aspekt, der gemessen werden soll?
- Das Verfahren der Leistungsergebnisbeurteilung kann hilfreich sein, sofern diese als Erfolgsbeurteilung aufgefasst wird, die Kriterien nicht pauschal festgelegt sind und sich hiermit keine Boni verbinden.
- Der Aufwand für Verhaltensbeschreibungen ist recht hoch, doch auch der Nutzen: Der Mitarbeitende erfährt klipp und klar, welches Verhalten von ihm erwartet wird. Gleiches gilt für die Methode der Zustandsbeschreibungen.
- Der Nutzen der Spektralanalyse liegt in der Visualisierung und in der Vereinfachung durch Verwendung von einzelnen Worten.
- Die recht einfach umzusetzende Methode der Kriterienfestlegung quantifiziert qualitative Ziele, indem das erreichbare Optimum in Kriterien zerlegt wird, die wiederum eindeutig als erfüllt oder nicht erfüllt angesehen werden können.
- Das Verfahren der Punktevergabe verschafft Führungskräften die Möglichkeit zur Gewichtung, wobei Positiv- und Negativpunkte für die das qualitative Ziel operationalisierenden Kriterien vergeben werden können.
- Die Methode, Voraussetzungen zu formulieren, eignet sich als Ergänzung von bonusrelevanten Hauptzielen, um etwaige, dort bestehende Defizite im Bereich der Verhaltenssteuerung durch Nebenziele auszugleichen.
- Die Wenn-Dann-Verknüpfung bietet Führungskräften einen enormen Nutzen durch die Möglichkeit, nicht bonuswürdige Ziele als Korrektiv in eine mit Boni versehene Zielvereinbarung zu integrieren.
- Sofern Sie die Zufriedenheit einer bestimmten Personengruppe (Nutzer, Kunden, Kollegen etc.) als Ziel definieren wollen, ist die Zielgruppenbefragung die sinnvollste und an Messgenauigkeit kaum zu überbietende Methode.
- Falls Sie Projektziele vereinbaren wollen, führt an der Operationalisierung der für den Projekterfolg relevanten Faktoren kein Weg vorbei.

! **Ihr Nutzen: Was Führungskräfte nicht (mehr) tun**

- Aufgrund von Bedenken zu deren Messbarkeit auf die Vereinbarung von weichen Zielen verzichten.
- Konfliktpotenziale im Hinblick auf die Feststellung des Zielerreichungsgrades entstehen lassen.
- Das Unterlassen von Fehlverhalten bonifizieren.
- Zur Rechtfertigung unserer Bewertungen enorm zeitaufwändige Kontroll- und Dokumentationsaufgaben auf uns nehmen.

! **Wie Führungskräfte diesen Nutzen realisieren**

- Mithilfe der elf Methoden jedes gewünschte, qualitative Ziel souverän in die Zielvereinbarung mit dem Mitarbeitenden integrieren.
- Bei Verbindung von Boni und Zielen die Methode der Voraussetzungen für die Sanktionierung von unerwünschten Verhaltensweisen nutzen.
- Mit der Wenn-Dann-Verknüpfung die Einhaltung von Pflichten forcieren.
- Gewünschte Verhaltensweisen klipp und klar formulieren.

6 Boni und Prämien anknüpfen – 3 Modelle

Dieses Kapitel kurz und bündig !

Von diesem Kapitel profitieren insbesondere Mitglieder der Unternehmensleitung und Personalleitungen, zudem Inhaber, Aufsichtsräte und Consultants. Sie erfahren, auf welche Weisen Sie Zielvereinbarungen auf jeder Ebene mit Vergütungsrelevanz versehen können. Denken Sie über die erstmalige Einführung oder über die Modernisierung des bestehenden Bonus- und Prämiensystems nach? Anhand eines durchgängigen Beispiels werden die Wirkungsweisen, Vorzüge und Nachteile der verschiedenen Modelle transparent. Dies ermöglicht Ihnen eine fundierte Entscheidung darüber, von welchem System Sie den größten Nutzen erwarten.

Mit Boni und Prämien sollen finanzielle Anreize geschaffen und höhere Motivation zur Realisierung der Ziele freigesetzt werden. Damit drängen sich zwei Fragen auf, die in den letzten Jahren immer häufiger gestellt werden: Brauchen wir überhaupt Anreizsysteme? Zerstören nicht extrinsische Anreize die intrinsische Motivation?

Doch bei dieser Diskussion muss uns stets bewusst sein: Jede, absolut jede Form der Vergütung gibt einen Anreiz.

Wichtig: Jede Form der Vergütung stellt einen Anreiz dar !

So, wie ein Mensch nicht nicht kommunizieren kann (Watzlawik, 2015), kann ein Unternehmen nicht nicht Anreize geben.

Arbeitgeber können es gar nicht vermeiden, Anreize zu geben. Denn Vergütung ist in Arbeitgeber-Arbeitnehmer-Verhältnissen obligatorisch. Und diese Vergütung richtet sich zwangsläufig nach irgendetwas, dem sogenannten Vergütungsfaktor: Nach der bei der Arbeit verbrachten Zeit beispielsweise, nach der für das Erfüllen der Stellenanforderungen benötigten Kompetenz oder nach der erbrachten Performance.

Definition: Vergütungsfaktor !

Als Vergütungsfaktor werden Faktoren bezeichnet, die eine Vergütung auslösen, deren Höhe bestimmen oder die turnusmäßige Anpassung der Vergütung regeln.

Wir als Unternehmensleitungen und Führungskräfte können kann daher nur beeinflussen, zu was wir mit den einzelnen Vergütungskomponenten Anreize geben. Das »zu was« ist doch zweifellos von enormer Bedeutung. Daher wäre es auch wenig sinnvoll, auf das Steuern der Anreizrichtung zu verzichten.

Brauchen wir Anreizsysteme?

Um die erste der beiden zu Kapitelbeginn gestellten Fragen zu beantworten, vergegenwärtigen wir uns kurz, was unter Anreizen zu verstehen ist. Für uns sind im Zusammenhang mit dem Performance Management jedoch nicht jegliche Anreize und gleich welcher Richtung interessant, sondern primär Erfolgs- und Leistungsanreize.

!

Definition: Leistungsanreiz, Erfolgsanreiz

Ein Leistungsanreiz bezeichnet einen materiellen oder immateriellen Stimulus, der (intrinsisch) in einem Menschen oder (extrinsisch) außerhalb des Menschen entsteht und der diesen im Falle einer zutreffenden Ansprache der Bedürfnisse und Motive zum Erbringen von Leistung bewegt. Ein Erfolgsanreiz hingegen bewegt Menschen dazu, Erfolge zu erzielen.

In dieser Definition sind zum einen die relevanten Anreizquellen genannt: Es sind intrinsische und extrinsische Anreize zu unterscheiden. Zum anderen ist eine wichtige Einschränkung enthalten: Anreize bewegen Menschen nur dann, wenn sie ein individuelles Motiv oder Bedürfnis erfüllen können.

Motive entscheidend

Die Erfahrung zeigt: Den einen Menschen motiviert die Aussicht auf mehr Geld enorm, den zweiten ein bisschen und den dritten lässt der erzielbare Bonus völlig kalt. Den zuletzt genannten interessiert das mögliche Zusatzentgelt an sich offenbar nicht. Falls Sie gerade einen Ihrer Mitarbeitenden wiedererkennen: Sprechen Sie seine Motive oder Bedürfnisse an.

Vielleicht erfährt er eine Motivation durch die Möglichkeit, sich einzubringen und sich – frei nach Maslow – selbst zu verwirklichen? Oder dadurch, dass er seinem Team dabei hilft, die Teamziele zu erreichen?

In Kapitel 8.1.2 werden wir uns dem für Führungskräfte höchst bedeutsamen Thema ausführlich widmen, wie uns das Herstellen einer Verbindung zwischen Zielen und Motiven beim einzelnen Mitarbeitenden gelingt.

!

Definition: Anreizsystem

Als Anreizsystem wird ein strukturiertes und systematisches Vorgehen des Arbeitgebers bezeichnet, das sich an den Bedürfnissen und Motiven der Empfänger orientiert. Es nutzt materielle und immaterielle Anreize, positive Anreize (Belohnungen) und negative Anreize (Sanktionen) sowie extrinsische und intrinsische Anreize mit der Absicht, die Motivation der Mitarbeitenden zu fördern sowie deren Leistungsverhalten in Richtung der Unternehmensziele zu steuern.

Regierungen aller Staaten steuern die Verhaltensweisen ihrer Bürger seit Jahrtausenden erfolgreich mithilfe von Anreizen: Subventionen, Fördermitteln, Steuererleichterungen, Zuschüssen und Prämien. Denn die Volksvertreter wissen: Nicht alle, aber die meisten Menschen reagieren schon recht schnell und zuverlässig, wenn sich damit ein lukrativer Geldbetrag einheimsen lässt. Es gibt wohl kaum eine Regierung, die die Frage »Brauchen wir Anreizsysteme?« verneinen würde.

Zerstören nicht extrinsische Anreize die intrinsische Motivation?
Die These, dass Boni die intrinsische Motivation von Menschen vernichtet, hält sich seit Alfie Kohns Buch »Punished by Rewards« (1999) beharrlich. Machen Sie den Selbsttest: Sicher haben Sie ein Hobby oder etwas, was Sie gerne, oft und (wichtig für den Test!) unentgeltlich tun. Vielleicht ist es ein Sport, zu dem Sie folglich intrinsisch motiviert sind. Jetzt kommt der extrinsische Anreiz: Nehmen wir an, ich würde Ihnen jetzt für jedes Mal, wenn Sie diesen Sport ausüben, eine Prämie zahlen. Würden Sie es dann weniger engagiert betreiben?

Gesetzt den Fall, Sie bekämen von mir einen Bonus dafür, wenn Sie Ihre Leistungen dabei steigern oder gewisse Erfolge erzielen. Würde Sie das demotivieren? Letzte Frage: Wenn ich irgendwann aufhören würde, Ihnen Boni zu zahlen, würden Sie dann auch mit dem Sport aufhören? Wenn Sie jetzt dreimal Nein geantwortet haben, wissen Sie, dass extrinsische Anreize die intrinsische Motivation nicht zerstören können. Auch nicht, wenn man sie – was oft behauptet wird – wieder zurücknimmt.

Extrinsische Anreize und intrinsische Motivation im Wechselspiel
Aber vielleicht können sich Anreize und Motivation ergänzen. Warum schütten Regierungen Solarprämien oder E-Mobilitätsprämien aus? Weil die intrinsische Motivation, etwas Gutes für die Umwelt zu tun, dann doch in vielen Fällen einfach nicht ausreicht, damit Menschen das gewünschte Verhalten an den Tag legen. Auch in vielen Sportarten purzelten die Rekorde, sobald sich damit außer Ruhm und Ehre auch eine schöne Stange Geld verdienen ließ.

Statement Stefan Fritz !

Unternehmen, die Mitarbeiterziele mit Anreizen versehen, sind oft besonders erfolgreich. Denn sie beteiligen ihre Mitarbeitenden an den Erfolgen, die diese selbst errungen haben. Das spricht für Fairness, zeigt Wertschätzung und fördert die Erfolgsorientierung jedes Einzelnen. Das Mitarbeiterhandeln wird in die gewünschte Richtung gelenkt. Fremdführung wird durch Selbstführung ersetzt, Fremdgestaltung durch Selbstgestaltung und Fremdverantwortung durch Selbstverantwortung. Eine Erfolgsgarantie ist mit diesem Schritt nicht verbunden, jedoch die Chance auf ein besseres Endergebnis gepaart mit höherer Mitarbeiterzufriedenheit.
Stefan Fritz
Geschäftsführender Gesellschafter, mit-unternehmer.com Beratungs-GmbH

Lassen Sie uns zwei Zwischenfazits festhalten: 1. Als positiver Nutzen der Kopplung von Boni an Ziele ist festzustellen, dass die meisten Beteiligten sowohl die Zielerreichung engagierter betreiben als auch die Zielvereinbarung ernster nehmen. 2. Extrinsische Motivation kann intrinsische Motivation verstärken oder, falls nicht vorhanden, sogar erzeugen.

Es gibt jedoch ein Aber. Die Einschränkung dahingehend, ob diese positiven Effekte erzielt werden, betrifft primär das eingesetzte Grundmodell.

Unmittelbare Auswirkung auf die vereinbarte Zielhöhe

Monetäre Komponenten verleihen nicht nur dem Prozess der Zielerreichung, sondern auch dem Prozess der Zielvereinbarung zusätzliche Dynamik und Brisanz. Das dem Bonussystem zugrundeliegende Modell stellt den entscheidenden Faktor insbesondere für die Ausprägung der *vereinbarten Zielhöhe* dar. Die Zielhöhe haben wir in Kapitel 4.2.3 ausführlich besprochen: Sie gibt an, »wie hoch die Latte liegt«.

Die vereinbarte Zielhöhe ist wiederum mit der Qualität und Quantität der *Maßnahmen (KAP und AAP)* verknüpft. Auf diese Weise übt die Wahl des Grundmodells auch auf die höchst bedeutsame, ideenreiche Maßnahmenentwicklung und engagierte Maßnahmenumsetzung einen maßgeblichen Einfluss aus.

Performance, Maßnahmen und erreichte Zielhöhe

Da die vereinbarte Zielhöhe für das Entstehen von *Performanceanreizen* einen psychologisch höchst bedeutsamen Aspekt darstellt, sind auch die erzielbaren Motivationseffekte von dem verwendeten Grundmodell abhängig.

Um die Kausalkette komplett zu machen: Der Performanceanreiz und die Qualität und Quantität der Maßnahmen sind zusammen wiederum entscheidend für den Zielerreichungsgrad, die *erreichte Zielhöhe*.

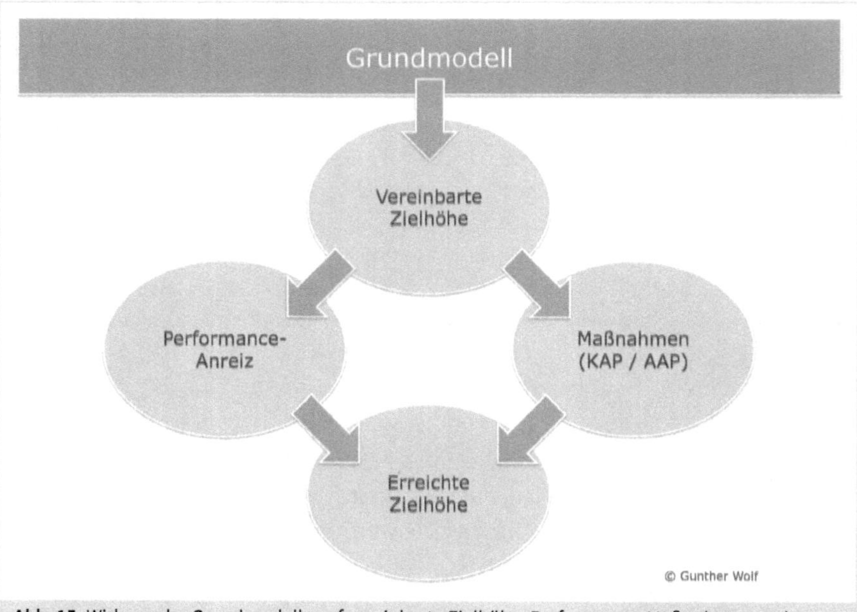

Abb. 15: Wirkung der Grundmodelle auf vereinbarte Zielhöhe, Performance, Maßnahmen und erreichte Zielhöhe

Wir kennen drei Grundmodelle. In der Reihenfolge ihrer Entstehung:

1. Keine Vereinbarung der Zielhöhe
2. Konventionelle Vereinbarung der Zielhöhe
3. Zieloptimierung

Neben den drei Grundmodellen existieren diverse Variationen und Mischformen. Entscheidend ist jedoch: Mit der Wahl des Modells bestimmen Sie unmittelbar die Logik der Prozesse zur Bestimmung der Zielhöhe.

Die drei Modelle in aller Kürze

Modell 1: Eine für das *Modell ohne Vereinbarung der Zielhöhe* typische Formulierung lautet: »Der Bonus beträgt 0,2 Prozent vom Umsatz«. Das Vereinbaren einer Zielhöhe ist nicht zwingend erforderlich, da sie keine Bedeutung für die Höhe der Ausschüttung besitzt.

Auch die Vereinbarung von Maßnahmen als zweite Säule der Zielvereinbarung ist nicht erforderlich. Der Austausch über die Gestaltung einer erfolgreichen Zukunft entfällt völlig. Zudem entfaltet dieses Grundmodell insbesondere im oberen Performancebereich nur wenig motivierende Wirkung.

Modell 2: Bei dem *Modell mit konventioneller Vereinbarung* wird die Zielhöhe zwischen dem Vorgesetztem und den Mitarbeitenden gemeinsam in einem konsensorientierten Prozess vereinbart. In der Praxis wird diese zumeist zwischen den Beteiligten regelrecht ausgehandelt.

Dabei können Verhaltensweisen auftreten, die eher weniger an ein Gespräch unter Experten über die Gestaltung einer erfolgreichen Zukunft und die Bewältigung der anstehenden Herausforderungen erinnern.

Modell 3: Bei dem Verfahren der *Zieloptimierung*, einer Weiterentwicklung des konventionellen Modells in der zurzeit modernsten Form, legt der Mitarbeitende die anvisierte Zielhöhe fest. Ein mathematischer Kniff in der Berechnung des Bonus sorgt dafür, dass dieser stets die höchstmögliche Zielhöhe auswählt.

Diese liegt bei dem Verfahren der Zieloptimierung in allen Fällen wesentlich höher als bei Anwendung der konventionellen Zielvereinbarung. Keines der Unternehmen, die auf die Zieloptimierungsmethode umgestellt haben, ist wieder zur konventionellen Zielvereinbarung zurückgekehrt. Sie berichten von einem regelrechten Performance-Ruck unmittelbar nach der Einführung und seither kontinuierlich steigenden Wettbewerbsvorsprüngen.

Wirkungsweisen am Beispielfall

Die Ursachen für die beschriebenen Wirkungen der drei Grundmodelle lassen sich am besten an einem Beispiel nachvollziehen. Zukunft lässt sich nicht exakt vorhersagen: Es ist ein Charakteristikum der Zielhöhe, dass zum Zeitpunkt der Zielvereinbarung ein breiter Bereich als realistisch anzusehen ist.

Welche Zielhöhe nachher vom Mitarbeitenden realisiert wird, hängt von seinem Engagement in der Zielerreichungsperiode, von der Qualität und Quantität seiner KAP und von seinem Handling der Chancen und Risiken mithilfe der AAP ab.

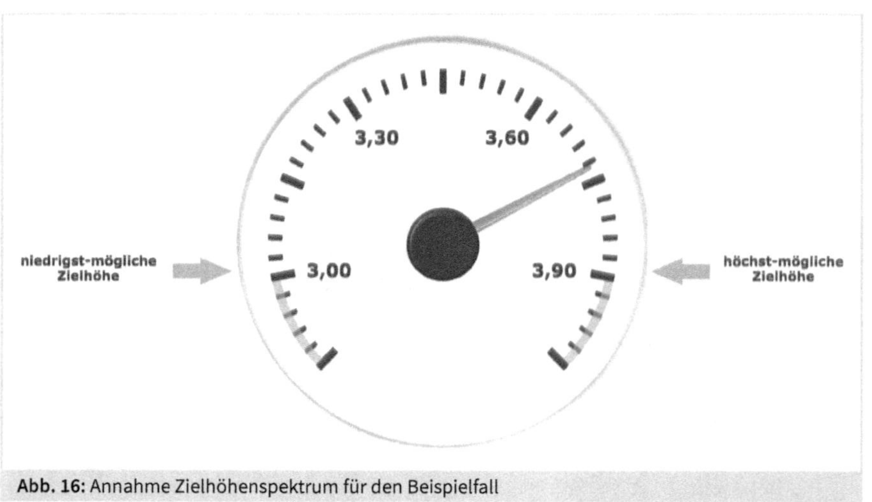

Abb. 16: Annahme Zielhöhenspektrum für den Beispielfall

Für dieses Beispiel nehmen wir einen realistischen Bereich zwischen 3,00 und 3,90 an. Bitte fühlen Sie sich frei, nach Belieben eine Messgröße Ihrer Wahl samt Maßeinheit einzusetzen. Sie können dieses Spektrum auch mit anderen Werten bestücken, etwa 1,0 bis 2,0.

Selbst qualitativ abgestufte Werte wie etwa die Zustände A bis H aus Tabelle 9, Befragungsergebnisse im Notenspektrum von 2,0 bis 4,0 [Kapitel 5.10] oder in Punkteform dargestellte Projekterfolge von -6 bis +6 [Tabelle 17] sind denkbar: Stets ergibt sich ein Bild des realistischen Bereichs von niedrigst- bis höchstmöglich, wie es in Abbildung 16 wiedergegeben ist.

6.1 Modell 1: Keine Vereinbarung der Zielhöhe

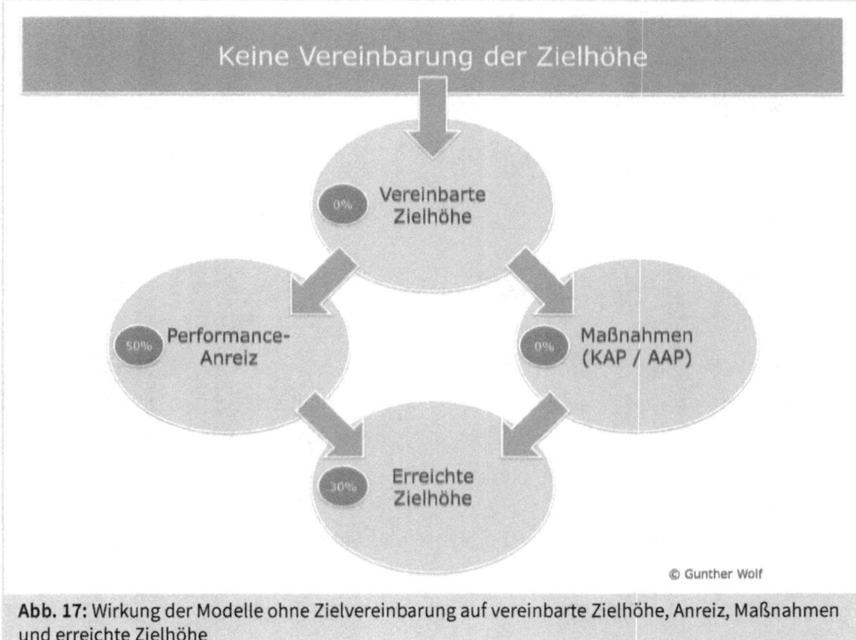

Abb. 17: Wirkung der Modelle ohne Zielvereinbarung auf vereinbarte Zielhöhe, Anreiz, Maßnahmen und erreichte Zielhöhe

Eine typische Formulierung der Bonusregelung in einem Modell ohne Vereinbarung der Zielhöhe lautet: »Der Bonus beträgt 0,2 Prozent vom Umsatz in Mio. EUR«. Es handelt sich hierbei demzufolge um eine Provision.

Definition: Provision

Die Provision bezeichnet eine Form des erfolgsabhängigen Arbeitsentgelts, wobei die absolute Provisionshöhe mithilfe eines vorab festgelegten Prozentsatzes aus der wertmäßigen Höhe des vom Provisionsempfänger erzielten Erfolgs ermittelt wird.

Falls Sie eine analoge Formulierung aus dem Bereich der Produktion zugrunde legen möchten: »Die Prämie beträgt 2.000 EUR pro Tausend Stück«. Die Ausschüttungsbeträge für beide Formulierungen sind identisch, da die Relation von erreichter Zielhöhe zu Bonus in beiden Fällen dieselbe ist.

Simulationstabelle

Um die Auswirkungen dieses Modells zu erkennen, nutzen wir eine Simulation der Ausschüttungsbeträge über das gesamte Spektrum hinweg. Welcher Betrag kommt bei welcher erreichten Zielhöhe zur Ausschüttung?

Für die erstgenannte Formulierung führt eine vom Mitarbeitenden erreichte Zielhöhe von 3,00 Mio. EUR Umsatz zu einem Bonus von 6.000 EUR. Erreicht er 3,90 Mio. EUR, werden 7.800 EUR fällig.

Ausschüttung im Modell ohne Vereinbarung der Zielhöhe						
6.000 EUR	6.300 EUR	6.600 EUR	6.900 EUR	7.200 EUR	7.500 EUR	7.800 EUR
3,00	3,15	3,30	3,45	3,60	3,75	3,90
erreichte Zielhöhe						

Tab. 18: Ausschüttung in einem Modell ohne Vereinbarung der Zielhöhe

Wenn wir die Stückprämienformulierung ansetzen, führt eine erreichte Zielhöhe von 3,00 Tsd. Stück zu einer Prämie von 6.000 EUR. Erreicht er 3,90 Tsd. Stück, erhält er 7.800 EUR. Uns bietet sich für beide Formulierungen dasselbe Bild [Tabelle 18].

Anreizschwächen

Deutlich wird die geringe Differenz der Ausschüttung bei niedrigstmöglicher Performance gegenüber der höchstmöglichen. Ein Mitarbeitender, der höchstmöglich performt, darf mit einer lediglich um 1.800 EUR höheren Ausschüttung gegenüber dem Low Performer rechnen[43].

Das ist kein ausreichender Anreiz. Höchstleistungen und bestmögliche Erfolge, sind mit Blick auf die vergleichsweise geringe Steigerung der Ausschüttungsbeträge nicht zu erwarten.

Vorzüge und Nachteile des Modells

Drei gewichtige Nachteile dieses mehrere tausend Jahre alten Modells:

1. Mitarbeitende sind hiermit nur schwer für eine höchst engagierte Zielrealisierung zu gewinnen.
2. Das Modell leidet daher unter geringer Akzeptanz, insbesondere bei High Performern.
3. Aufgrund der fehlenden Vereinbarung der Zielhöhe wird für beide Seiten keine solide Planungsgrundlage geschaffen.

Führungskräfte können die Planung natürlich in einem separaten Prozess ergänzen, aber deren Einhaltung bleibt irrelevant für die Höhe der individuellen Ausschüttung.

43 Wenn wir unterstellen dürfen, dass der Mitarbeitende ohnehin ein Festgehalt in Höhe von 50.000 EUR erhält, wird der Einkommensunterschied zwischen Low und High Performer nahezu lächerlich.

Die Vorteile und Gründe, warum es noch heute vielfach eingesetzt wird:

1. Die Bonusregelung ist einfach, transparent und für jedermann nachvollziehbar.
2. Hilfreich ist das Modell trotz unabsehbarer Zukunft bei übermäßig langen Zielperioden.

Immer, wenn die Vereinbarung einer Zielhöhe ohnehin so gut wie unmöglich ist, macht dieses Modell durchaus Sinn. Dies kann bei wirtschaftlich turbulenten Situationen, Krisen, Produkteinführungen, neuen Märkten, neuen Geschäftsmodellen, neuen Herstellungsverfahren oder bezüglich ihrer Auswirkungen noch nicht einschätzbaren technologischen Veränderungen der Fall sein.

Nun könnte man argumentieren: Wenn ein Festgehalt gezahlt wird, kann man auch einen gewissen Performancelevel erwarten, der diesem Entgelt entspricht. Warum wird nicht erst ab der Zielhöhe von 3,30 überhaupt erst ein Bonus ausgeschüttet? Diese Frage führte, zusammen mit dem Aufkommen des Führens mit Zielen, in den 50er Jahren zur Entwicklung des Modells mit konventioneller Zielvereinbarung.

6.2 Modell 2: Konventionelle Vereinbarung der Zielhöhe

Abb. 18: Wirkung der konventionellen Zielvereinbarung auf vereinbarte Zielhöhe, Anreiz, Maßnahmen und erreichte Zielhöhe

Doch dies wirft neue Fragen auf, allen voran: In welcher Höhe liegt dieser »erwartete Performancelevel«? Bei 3,00? Bei 3,30? Oder doch eher bei 3,75? Bei dem konventionellen Zielvereinbarungsmodell gilt es, eine Zielhöhe zu bestimmen, bei der es zu einer Ausschüttung in der vorgesehenen Höhe kommt.

Anreizwirkung in der Theorie

In Kapitel 4.2.3 haben wir bereits die dem Führen mit Zielen zugrundeliegende Sogwirkung von noch nicht erreichten Zielen kennengelernt. Diese intensive Motivations- und Anreizwirkung entsteht nur dann, wenn

a) der Mitarbeitende sich der Zielrichtung emotional verbunden fühlt,
b) die Zielhöhe herausfordernd hoch ist,
c) aber nicht zu hoch, da der Mitarbeitende sonst direkt aufgibt.

Um diese drei Voraussetzungen zu schaffen, sollen Führungskraft und Mitarbeitende im Zielvereinbarungsgespräch gemeinsam das Ziel festlegen.

Als Bonusregelung wird bei Nutzung des konventionellen Zielvereinbarungsmodells üblicherweise eine Tabelle der folgenden Form erstellt [Tabelle 19].

Zielerreichungsgrad	Regelung im Modell mit konventioneller Zielvereinbarung	
unter 80 %	0 EUR	Boden
ab 80 %	8.000 EUR	
ab 90 %	9.000 EUR	
ab 100 %	10.000 EUR	vereinbarte Zielhöhe
ab 110 %	11.000 EUR	
ab 120 %	12.000 EUR	
ab 130 %	13.000 EUR	Deckel

Tab. 19: Typische Regelung in einem Modell mit konventioneller Zielvereinbarung

Diese Regelungstabelle erscheint auf den ersten Blick sinnvoll und fair. Doch die Simulation der Ausschüttungsbeträge unter Berücksichtigung der beiden Dimensionen vermittelt uns ein deutlich anderes Bild.

Simulationstabelle

Bitte beachten Sie, dass die Simulationstabelle durch die *vereinbarte Zielhöhe* eine zweite Dimension bekommt: Diese bildet die vertikale Achse. Die erste Dimension, die *erreichte Zielhöhe*, findet sich wie im vorherigen Grundmodell auf der horizontalen Achse wieder.

vereinbarte Zielhöhe	Ausschüttung im Modell mit konventioneller Zielvereinbarung						
3,90	0 EUR	8.077 EUR	8.462 EUR	8.846 EUR	9.231 EUR	9.615 EUR	10.000 EUR
3,75	8.000 EUR	8.400 EUR	8.800 EUR	9.200 EUR	9.600 EUR	10.000 EUR	10.400 EUR
3,60	8.333 EUR	8.750 EUR	9.167 EUR	9.583 EUR	10.000 EUR	10.417 EUR	10.833 EUR
3,45	8.696 EUR	9.130 EUR	9.565 EUR	10.00 EUR0	10.435 EUR	10.870 EUR	11.304 EUR
3,30	9.091 EUR	9.545 EUR	10.000 EUR	10.455 EUR	10.909 EUR	11.364 EUR	11.818 EUR
3,15	9.524 EUR	10.000 EUR	10.476 EUR	10.952 EUR	11.429 EUR	11.905 EUR	12.381 EUR
3,00	10.000 EUR	10.500 EUR	11.000 EUR	11.500 EUR	12.000 EUR	12.500 EUR	13.000 EUR
ab …	3,00	3,15	3,30	3,45	3,60	3,75	3,90
	erreichte Zielhöhe						

Tab. 20: Ausschüttung in einem Modell mit konventioneller Zielvereinbarung

Wird beispielsweise die Zielhöhe 3,30 zwischen der Führungskraft und dem Mitarbeitenden vereinbart, finden wir in der zugehörigen *Zeile* die jeweiligen Ausschüttungsbeträge: Bei einer erreichten Zielhöhe von 3,00 sind es 9.091 EUR, bei 3,15 schon 9.545 EUR, bei 3,30 in der hervorgehobenen 100-Prozent-Diagonale 10.000 EUR, bei 3,45 sind es 10.455 EUR und so fort. Wer mehr erreicht, bekommt mehr: So weit, so sinnvoll.

Anreizwirkung in der Praxis

Doch vergleichen Sie auch einmal die Beträge innerhalb einer Spalte, beispielsweise die High-Performance-Spalte 3,90. Unter allen, die diese ausgezeichnete Performance erreicht haben, wird derjenige Mitarbeitende mit 10.000 EUR am schlechtesten gestellt, der genau dieses Ziel mit seinem Vorgesetzten zuvor vereinbart hat. Planungssicherheit wird in diesem Modell nicht belohnt.

Der hingegen, der bei der Zielvereinbarung am tiefsten gestapelt und am besten gemauert hat, erhält mit 13.000 EUR den Jackpot.

Das ist schlichtweg in allen Spalten der Fall. Dies offenbart, warum die Vereinbarung der niedrigsten Zielhöhe für den Mitarbeitenden besondere Vorteile bietet: Egal, welche Zielhöhe er erreicht, er kann sich stets des höchsten Bonusbetrages sicher sein.

Niedrige Ziele, hohe Boni

Nicht die Ausschüttung, die sich mit dem einhundertprozentigen Zielerreichungsgrad verbindet, sondern der bei *Zielüberschreitung* erreichbare Bonusbetrag ist das Ziel aufgeweckter Mitarbeitender. Der hohe Anreiz, zu blocken und zu mauern, ist der einschneidende Nachteil Nummer 1 der konventionellen Zielvereinbarung (Lobacher et al., 2017a). (Und es werden noch sechs weitere Nachteile folgen.)

! **Praxisfall: Zielvereinbarung mit Filialleitungen (Baustoffe)**

Zitat eines Geschäftsführers: »Macht gegenüber einer Filiale ein Wettbewerber auf, will der Filialleiter die Zielhöhen heruntersetzen, weil der ihm ja Kunden entzieht. Macht der Wettbewerber gegenüber wieder zu, will der Filialleiter auch die Zielhöhen heruntersetzen, weil ja dadurch der Standort an Attraktivität für die Kunden verliert!«

Daher kommt es auch nie zu der in der Theorie vorgesehenen, anreizstiftenden Sogwirkung. Nicht eine der drei Voraussetzungen wird erfüllt. Selbst der unerfahrenste Mitarbeitende hat spätestens nach Ablauf der ersten Zielperiode erkannt, dass eine herausfordernde Zielhöhe aus der Empfängerperspektive in diesem Modell totaler Unsinn ist.

Das sofortige Resultat dieses Lernprozesses: In konventionellen Zielvereinbarungsgesprächen versuchen Mitarbeitende einfach zu realisierende Zielhöhen gegenüber ihren Führungskräften als besonders herausfordernd darzustellen.

Keine Informationen, erschwerte Steuerung

Sie dürfen auch von besonderen Chancen und sicheren Erfolgen der kommenden Zielperiode ihrer Führungskraft nichts erzählen. Denn dann würde dieser ja auf einem höheren Ziel bestehen. Das ist der schwerwiegende Nachteil Nummer 2 der konventionellen Zielvereinbarung: das Versiegen geschäftsrelevanter Bottom-up-Informationsflüsse.

Das zieht den Nachteil Nummer 3 nach sich: Je schlechter die Informationsbasis, desto schwerer fällt auch die Unternehmenssteuerung.

Hoher Aufwand, schlechte Planung

Es gibt nicht wenige Unternehmen, die mit Budget-, Ziel- und Zielplanungsprozessen inklusive Korrekturen, Zielhöhenabstimmung und Rückwärtskorrektur die zeitlichen Ressourcen aller Mitarbeitenden über Wochen hinweg binden. Begeistert schilderte mir ein Vorstandsmitglied eines DAX-Unternehmens, wie man »im Top-down-bottom-up-catch-the-ball-Verfahren so nach und nach zu einem von allen Mitarbeitenden getragenen Zahlenwerk« komme.

Ist »von allen getragen«, ist Konsens ein Kriterium für die Qualität der Unternehmensplanung? Ich mache Planungsqualität eher an einer möglichst geringen Abweichung zur Realität fest. Und da zeigt sich bei diesem Unternehmen, dass die konsensbasierten Prognosen trotz des Riesenaufwands regelmäßig kilometerweit von der Realität abweichen.

Nachteil Nummer 4: Planungsaufwand. Wir werden häufig gebeten, vor Auftragserteilung eine Kosten-Nutzen-Analyse für die von uns begleitete Aktualisierung des Zielvereinbarungssystems bei gleichzeitiger Straffung des Planungsprozesses abzugeben.

Das mache ich ausgesprochen gern, zumal hierfür auch die derzeitigen Vorgänge monetär zu bewerten sind. Welche indirekten Kosten durch solche Planungsrunden entstehen, zieht so manchem Mitglied der Unternehmensleitung die Schuhe aus.

Interessanterweise gibt es auch Mitarbeitende, die wider besseren Wissens mit ihren Führungskräften enorm hohe Zielhöhen vereinbaren.

Praxisfall: Logistische Luftschlösser

!

Der Logistik-Leiter einer Druckerei verriet mir: »Durch meine Bereitschaft, sehr hohe Ziele zu vereinbaren, vermittle ich meinem Chef das Gefühl, ich sei motiviert wie kein anderer. Er sagt immer, dass ihm die Zielvereinbarungsgespräche mit mir Spaß machen. Dieser Ruf, höchst motiviert zu sein, verschafft mir Vorteile bei der Beförderung, bei der Verhandlung über höheres Festgehalt oder bei der Teilnahme an Fortbildungen. Deswegen habe ich auch nie Schwierigkeiten, die Ziele unterjährig so lange herunterkorrigieren zu lassen, bis ich meinen Bonus voll erreiche.«

Nachteil Nummer 5: Solche »Luftschlösser« werden üblicherweise nicht erreicht – und falls doch, wird die Zielabwärtskorrektur oder der Faktor Glück die entscheidende Rolle gespielt haben.

Gib mir die Hand, ich bau dir ein Schloss aus Sand,
irgendwie, irgendwo, irgendwann
Nena

Der Nachteil Nummer 6 des konventionellen Modells liegt in der Folgewirkung des systemimmanenten Anreizes zur Zielüberschreitung. Mitarbeitende entwickeln erfolgversprechende KAP nur widerwillig. Denn – jede Maßnahme zieht ja eine unerwünschte Steigerung der anvisierten Zielhöhe nach sich.

Und die sind ja, wie wir zum Ende von Kapitel 4.2.5 erkannt haben, der entscheidende Schlüssel zum Erfolg.

Keine KAP, keine Lösungen

So erfolgt eine systembedingte Fokussierung der Mitarbeitenden auf Schwierigkeiten statt auf Wege zum Ziel. Lösungen für Hemm- und Hindernisse werden ebenso konsequent ignoriert wie KAP zur Nutzbarmachung von Chancen: Wer die Mechanismen des Modells verstanden hat, erklärt seinem Vorgesetzten immer nur, warum die nächste Periode ohnehin sehr schwer werden wird. Und warum keine Maßnahme helfen kann, weil sie nicht, nicht mehr oder hier nicht geht. Hauptsache: nicht.

!

Praxisfall: Automobil-Verkauf

Zitat eines Leiters Verkauf Deutschland eines Automobilkonzerns: »Der Leiter der Niederlassung auf der grünen Wiese sagt, heute kaufen die Leute Autos wie eine Krawatte. In der Stadt, so nebenbei mit den anderen Einkäufen – aber nicht bei ihm da draußen. Er verlangt ein niedriges Ziel.
Später bin ich bei dem Niederlassungsleiter in der Stadt. Der sagt auch, heute kaufen die Leute Autos wie eine Krawatte. Sie wollen direkt sehen, was sie bekommen können und möglichst sofort mitnehmen – aber er habe ja dank seiner Citylage nur wenig Stellflächen. Auch er will ein niedrigeres Ziel. Alle legen sich die Dinge so zurecht, dass sie negativ wirken.«

Keine Freude an Zielvereinbarungen

Ganz besonders leidet die alles entscheidende Maßnahmenplanung im Zielvereinbarungsgespräch. Nach der langwierigen Diskussion über die Zielhöhen ist für viele Führungskräfte erst einmal »die Luft raus«.

Es bleibt kaum noch Zeit, geschweige denn Lust für die Besprechung von KAP und AAP. Soll der Mitarbeitende doch selbst schauen, wie er die vereinbarte Zielhöhe hinbekommt. Nachteil Nummer 7.

Aufwändige Bürokratie

All diesen Nachteilen zum Trotz ist in den meisten Betrieben ein veraltetes Bonussystem mit konventioneller Zielvereinbarung etabliert. Ich kenne auch einzelne Unternehmen, in denen es gar nicht so schlecht funktioniert.

Hierfür wurden aufwändige Kontrollmechanismen etabliert, mit Formularen, Dokumentationen und Beweisen. Und Schlichtungsausschüsse, die sich mit den Streitfällen befassen. In der Wirtschaftlichkeitsbetrachtung schneidet dieses Grundmodell selbst im bestmöglichen Falle schlecht ab, da der Nutzen diesen immensen Aufwand so gut wie nie auch nur annähernd kompensiert.

Fazit: Das Ziel einer Entlastung für Führungskräfte, geschweige denn für Unternehmensleitung und Personalmanagement, werden mit dem konventionellen Zielvereinbarungsmodell klar verfehlt.

6.3 Modell 3: Zieloptimierung

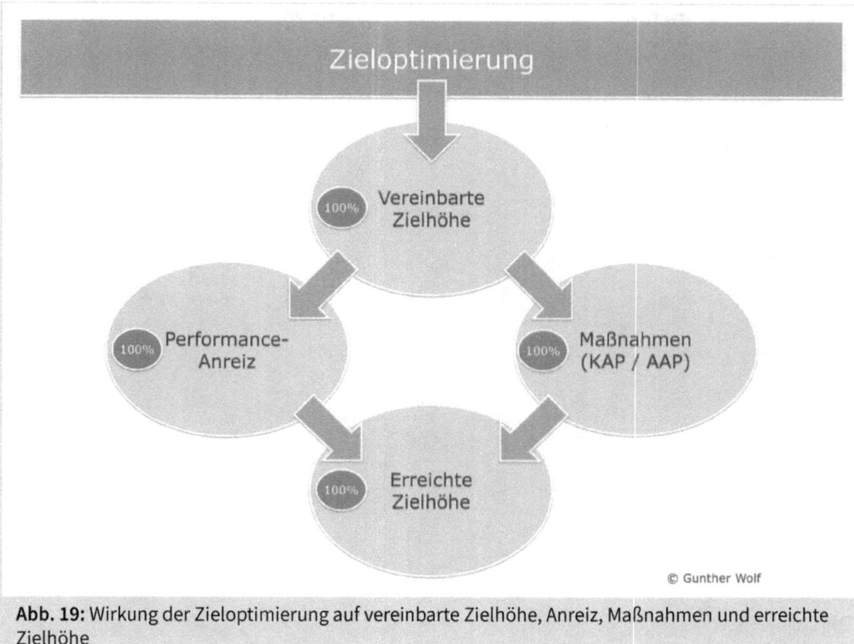

Abb. 19: Wirkung der Zieloptimierung auf vereinbarte Zielhöhe, Anreiz, Maßnahmen und erreichte Zielhöhe

Diese Erfahrungen der Praxis bewegten mich Mitte der 90er Jahre zu der Entwicklung des Modells der Zieloptimierung. Obgleich nunmehr über 20 Jahre alt, ist es damit das jüngste der drei Grundmodelle.

Definition: Zieloptimierung

!

Zieloptimierung bezeichnet eine Methode zur Verbindung von variabler Vergütung an die Festlegung und Erreichung von Zielen, um die Qualität der Zielfestlegungsgespräche und das Niveau der festgelegten Zielhöhen zu optimieren.

Bei Verwendung der Zieloptimierung wird keine Formulierung gefunden und auch keine Regelungstabelle vorgeschoben. Dem Mitarbeitenden wird direkt die Simulationstabelle vorgelegt. Hier fängt Transparenz an: Der Mitarbeitende soll doch klar und deutlich erkennen können, welche Auswirkungen all seine Zielhöhenalternativen haben.

Höchstmögliche Zielerreichung, bestmögliche Planung

Auch bei der Zieloptimierung wird das Prinzip »wer mehr erreicht, bekommt mehr« umgesetzt. Das ist aber auch schon alles, was die Zieloptimierung mit dem konventionellen Zielvereinbarungsmodell gemeinsam hat.

Wichtigste Veränderung: Der höchstmögliche Ausschüttungsbetrag steht jetzt in der High-Performance-Spalte bei demjenigen Mitarbeitenden, der genau dieses Ziel mit seinem Vorgesetzten vereinbart hat. Planungssicherheit wird belohnt. Ein möglicherweise noch wertvollerer Effekt: Ambitioniert gesetzte Zielhöhen ebenfalls.

vereinbarte Zielhöhe	Ausschüttung mit Zieloptimierung						
3,90	400 EUR	2.500 EUR	4.600 EUR	6.700 EUR	8.800 EUR	10.900 EUR	13.000 EUR
3,75	500 EUR	2.600 EUR	4.700 EUR	6.800 EUR	8.900 EUR	11.000 EUR	12.000 EUR
3,60	600 EUR	2.700 EUR	4.800 EUR	6.900 EUR	9.000 EUR	10.000 EUR	10.900 EUR
3,45	700 EUR	2.800 EUR	4.900 EUR	7.000 EUR	8.000 EUR	8.900 EUR	9.700 EUR
3,30	800 EUR	2.900 EUR	5.000 EUR	6.000 EUR	6.900 EUR	7.700 EUR	8.400 EUR
3,15	900 EUR	3.000 EUR	4.000 EUR	4.900 EUR	5.700 EUR	6.400 EUR	7.000 EUR
3,00	1.000 EUR	2.000 EUR	2.900 EUR	3.700 EUR	4.400 EUR	5.000 EUR	5.500 EUR
ab...	3,00	3,15	3,30	3,45	3,60	3,75	3,90
	erreichte Zielhöhe						

Tab. 21: Ausschüttung in einem Modell mit Zieloptimierung

An den Beträgen innerhalb einer Spalte ist sofort erkennbar: Es wird stets derjenige am besten gestellt, der planungssicher die zuvor vereinbarte Zielhöhe auch erreicht. »Mauern und Ziele überschreiten« ist nicht mehr die schlauste Wahl: Der beste Maurer und Zielüberschreiter landet jetzt bei 5.500 EUR. Hätte er doch 3,90 vereinbart, dann könnte er sich jetzt einer Ausschüttung von 13.000 EUR erfreuen! Das ist hier bei der Zieloptimierung der Lerneffekt.

Höchstmögliche Zielvereinbarung, bestmögliche KAP

Zur Technik: Bei der Zieloptimierung richtet sich die Höhe des Ausschüttungsbetrages bei Zielgenauigkeit (100 Prozent) nach der vereinbarten Zielhöhe. Je höher das Ziel, desto höher ist der Ausschüttungsbetrag bei einhundertprozentiger Zielerreichung.

Der Mitarbeitende erfährt einen vierfachen positiven Anreiz zur Optimierung. Dies hat mich veranlasst, dem Modell den Namen »Zieloptimierung« zu geben. Der Mitarbeitende maximiert seinen Bonus, wenn er zuerst eine ...

1. höchstmögliche Zielhöhe vereinbart, dann diese
2. höchstmögliche Zielhöhe erreicht, und zwar mithilfe von
3. bestmöglichen Maßnahmen (KAP/AAP) und somit auch
4. höchstmöglicher Planungsgenauigkeit.

Vierfacher Optimierungsanreiz

Die Stärke der Anreize kann durch Progression in der Diagonalen, aber auch in den Bereichen von Zielüberschreitung und Zielunterschreitung modifiziert werden. Fangen Sie aber bitte nicht an, selbst Zahlen in Tabellenkalkulationsprogramme einzutippen: Zur Erstellung der Zieloptimierungstabellen werden mehrere Programme angeboten[44].

Falls Sie qualitative Ziele im Modell der Zieloptimierung integrieren möchten, verwenden Sie beispielsweise das Verfahren der Zustandsbeschreibung [Tabelle 9] und eine Skala von A bis H statt 3,00 bis 3,90.

Oder nutzen Sie die Methode der Kriterienfestlegung mit einer Skala beginnend mit »7 von 12 Kriterien erfüllt« bis »12 von 12 Kriterien erfüllt«. Präferieren Sie das Verfahren der Zielgruppenbefragung, bilden Sie die Skala aus den Noten. Und falls mehrere qualitative Ziele vorliegen, nutzen Sie am besten das Punktesystem für die Bildung der Stufen.

Vorzüge und Nachteile

Die folgenden Vorteile begründen die allen anderen Modellen überlegene Motivationswirkung der Zieloptimierung:

1. Die Mitarbeitenden erhalten einen Anreiz dazu, die höchstmögliche Zielhöhe mit ihrer Führungskraft zu vereinbaren
2. Der Vorgesetzte kann die Festlegung der Zielhöhe in die Verantwortung des Mitarbeitenden geben, um sich zu entlasten und andersherum dem Mitarbeitenden weitere Entfaltungsfreiräume zu bieten
3. Die Mitarbeitenden entwickeln hohes Commitment im Sinne einer emotionalen Bindung an die Ziele
4. Die Zielhöhe wird im Zielvereinbarungsgespräch mit minimalem Aufwand festgelegt
5. Führungskräfte erhalten von ihren Mitarbeitenden sämtliche relevanten Informationen
6. Führungskraft und Mitarbeitende erörtern Chancen und Risiken sowie passende Maßnahmen
7. Die Mitarbeitenden entwickeln innovative Ideen für Maßnahmen
8. Die fundierte Zielhöhen-Festlegung verschafft dem Mitarbeitenden, der Führungskraft und dem Unternehmen ein Höchstmaß an Planungssicherheit
9. Die Ziele werden sicher erreicht und Erfolge auf Team- und Individualebene realisiert

Sie haben sicher längst erkannt, dass die drei Voraussetzungen für die dem Führen mit Zielen zugrundeliegende Sogwirkung (emotional verbunden, herausfordernde Zielhöhe, aber erreichbar) bei der Zieloptimierung erfüllt sind.

44 Eine sehr einfache, dafür kostenlose Version finden Sie unter den Downloads auf www.verguetungsmodell.de. Eine komfortablere Variante zu moderatem Preis bietet www.maxzie.de an.

Blinder Eifer

Die Sogwirkung, die die höchstmögliche Zielhöhe auf Mitarbeitende ausübt, hat jedoch auch einen Nachteil: Gerade erfolgsorientierte Mitarbeitende neigen dazu, unbedingt die höchstmögliche Zielhöhe festlegen zu wollen. Auch dann, wenn sie gar keine Ahnung haben, wie sie diese erreichen können. Als Führungskraft unterbinden sie diesen blinden Eifer, indem Sie auf Einhaltung des Prinzips #8 bestehen: KAP-Ergebnisse ≥ Zielhöhe.

!

Beispiel Praxisfall: Zieloptimierung im Einsatz[45]

Es war bei einem der Unternehmen, bei dem ich Mitte der 90er Jahre erste Gehversuche mit dem gerade entwickelten Modell der Zieloptimierung machen durfte. Um kein Porzellan zu zerschlagen, hatten wir damals den bonusrelevanten Zielvereinbarungsprozess nicht mit dem der Unternehmensplanung gekoppelt. Im Schnitt wurde eine Steigerung von 19,36 Prozent der Messgröße gegenüber der drei Wochen zuvor durchgelaufenen Planung festgelegt. Die Geschäftsführer schüttelten ungläubig den Kopf: »Herr Wolf, das erreichen die nie!«, nahmen sich aber die Zeit, mit mir gemeinsam die festgelegten Zielhöhen der Teams zu prüfen. Von allen oberhalb des Schnittes liegenden Teams ließen wir uns die Maßnahmenpläne – damals hatte ich das Akronym »KAP« noch nicht erfunden - kommen.
In vielen Fällen erwiesen sie sich als nicht plausibel oder es fehlte die Bewertung der Maßnahmen. Wir hielten die Führungskräfte an, diese von den Teams einzufordern. Ein damals für mich noch verwunderliches Phänomen trat auf: Sofern die Summe des eingeschätzten Erfolges der einzelnen Maßnahmen für die festgelegte Zielhöhe nicht ausreichte, wurde nicht etwa die Zielhöhe von den Teams abwärts korrigiert. Nein, stattdessen erarbeiten die Mitarbeitenden solange weitere Maßnahmen, bis die Summe wieder mit der festgelegten Zielhöhe übereinstimmte!
Mittlerweile weiß ich, dass dieses Phänomen grundsätzlich auftritt und bereite die Führungskräfte in den Inhouse-Trainings darauf vor. Die Zielerreichung der Teams lag übrigens im Durchschnitt sogar noch um 7 Prozentpunkte über der vereinbarten Zielhöhe.

Ein weiterer Nachteil der Zieloptimierung ist, dass keine einfachen Formulierungen für die Regelung des Bonus gefunden werden können. Die Erstellung der Tabellen stellt mit der Software zwar keinen sonderlich hohen Aufwand dar. Doch gegenüber der Aussage »2 Prozent vom Umsatz« ist die Simulationstabelle doch um ein gutes Stück komplexer.

Zäher Paradigmenwechsel

Dazu kommt, dass sich der Paradigmenwechsel nur sehr langsam vollzieht, falls im Unternehmen zuvor mit konventioneller Zielvereinbarung gearbeitet wurde. Dies schließt beispielsweise ein, dass Unternehmensleitung und Führungskräfte auf Be-

45 Die komplette Schilderung der Einführung eines Bonussystems mit Zieloptimierung, Wenn-Dann-Verknüpfung, Team- und Individualzielen bei der Tigges GmbH & Co. KG finden Sie in Wolf, 2019.

richte von Zielüberschreitungen weniger euphorisch reagieren sollten als bei der zielgenauen Realisierung von höchstmöglich festgelegten Zielhöhen.

Zudem ist die Zieloptimierung mit autoritären Führungsstilen und »tayloristischen« Menschenbildern völlig inkompatibel. Für viele Führungskräfte der alten Schule ist unvorstellbar, dass ihre Mitarbeitenden nun automatisch realistische, höchstmögliche Zielhöhen anvisieren.

Loslassen lernen

Um zu verhindern, dass die Mitarbeitenden zu geringe Zielhöhen anvisieren, greifen sie nachdrücklich in die Zielhöhenfestlegung ein. Mit diesen Eingriffen nehmen diese Führungskräfte ihren Mitarbeitenden jedoch die Verantwortung wieder weg.

Sie ziehen damit unbeabsichtigt die Verantwortung für die Zielerreichung an sich und mindern – sofern ihre Empfehlung nachher nicht ganz exakt erreicht wird – sogar den Bonus des Mitarbeitenden! Das kann im Nachhinein für enorme Missstimmungen sorgen. Sofern Zieloptimierung eingesetzt wird, kommen Vorgesetzter nicht umhin, sich zu entlasten.

Zieloptimierung von Beginn an

Es sind daher einerseits die neu gegründeten, oftmals nach agilen Methoden organisierte Unternehmen, die zur Zieloptimierung greifen. Andererseits wird die Zieloptimierung in Unternehmen eingesetzt, bei denen jüngere, oftmals der Bedeutung von Humanressourcen bewusstere Geschäftsführungen oder Nachfolger das Ruder in die Hand genommen haben.

Statement Prof. Dr. Dr. Dr. h.c. Franz J. Radermacher

!

Performance Management in Unternehmen und Organisationen ist ein wichtiges Thema. Dabei empfiehlt es sich, Performance genügend vielschichtig zu sehen und sich bei Bewertungen nicht auf ein enges Kriterienraster zu beschränken. Denkt man an lange Erfolgszeiträume, sind rasche Mitnahmeeffekte, Selbstausbeutung oder Scheinerfolge wenig hilfreich. Auch ist dem implizierten, holistischen Charakter des ablaufenden Geschehens genügend Raum zu geben. Gute Unternehmen können mehr, als sie explizit sagen können und wollen und ziehen Vorteile daraus, dass nicht alles Wesentliche expliziert ist bzw. expliziert werden muss.

Prof. Dr. Dr. Dr. h.c. Franz J. Radermacher
Professor (em.) für Informatik, Universität Ulm
Vorstand, Forschungsinstitut für anwendungsorientierte Wissensverarbeitung/n (FAW/n), Ulm
Mitglied des Club of Rome

Denn der Fisch kann nur von oben anfangen, gut zu riechen: Solange Anteilseigner, Eigentümer und Aufsichtsräte die Tantiemen der Geschäftsführungen und Vorstände mithilfe überkommener Systeme regeln, werden diese unweigerlich dafür sorgen, dass das gleiche veraltete Dogma das Zielvereinbarungssystem der Belegschaft prägt.

Attraktiv für High Performer und High Potentials

Unternehmen, die für High Performer als Arbeitgeber attraktiv sein oder bleiben wollen, sollten das Thema »Modernisierung des Bonussystems« umgehend auf die Agenda nehmen.

Gerade für die Mitarbeitenden der Generationen Y und jünger ist »Command and Control« ein Gräuel. Sie wollen nicht nur mitarbeiten, sondern auch mitdenken und mitgestalten. Sie verlangen Handlungs- und Entscheidungsfreiräume, um Verantwortung übernehmen und ihre Potenziale entfalten zu können.

! **Fazit dieses Kapitels**

- Durch die Kopplung von Boni an Ziele wird sowohl die Zielerreichung als auch die Zielvereinbarung von allen Beteiligten wesentlich ernsthafter betrieben.
- Bei dem Grundmodell ohne Vereinbarung der Zielhöhe ist die Zielplanung, die gedankliche Beschäftigung mit der Zukunft, mit Risiken und Chancen, mit Hemm- und Hindernissen, mit KAP und AAP nicht erforderlich. Daher entfällt dies üblicherweise in der Praxis. Das Modell leidet zudem unter Anreizschwächen im oberen Performance-Bereich.
- Bei dem Modell mit konventioneller Zielvereinbarung soll die Zielhöhe zwischen dem Vorgesetztem und dem Mitarbeitenden gemeinsam in einem konsensorientierten Prozess vereinbart werden. Das Modell krankt in der Praxis daran, dass der Mitarbeitende zunächst einen finanziellen Anreiz dazu erhält, die Zielhöhe möglichst tief herunterzuhandeln. Das verschlechtert die Unternehmensplanung. Bei der Zielerreichung wird ein weiterer Anreiz geboten, die vereinbarte Zielhöhe möglichst weit zu übertreffen.
- Bei dem Modell der Zieloptimierung wird die Zielhöhe nicht vereinbart, sondern einseitig festgelegt. Der Mitarbeitende erhält einen monetären Anreiz dazu, die höchstmögliche Zielhöhe festzulegen, die bestmöglichen Maßnahmen auszuwählen und die höchstmögliche Zielhöhe zu erreichen.

! **Ihr Nutzen: Was Führungskräfte nicht (mehr) tun**

- Zeitaufwändige Verhandlungen mit dem Mitarbeitenden über die Zielhöhe führen – oder zur Zeitersparnis dem Mitarbeitenden die Zielhöhe par ordre du mufti diktieren.
- Verantwortung für die Festlegung der Zielhöhe und deren Erreichung wieder an uns nehmen.
- Für den mauernden Mitarbeitenden selbst Maßnahmen entwickeln und sie ihm vorschlagen, damit er sich vielleicht zu einer höheren Zielhöhe bereiterklärt.
- Uns anhören, warum keine Maßnahme wirklich gegen die Schwierigkeiten der Zukunft hilft.
- Zeitaufwändige Planungsrunden mit falschen oder unzureichenden Bottom-up-Informationen und Top-down-Zielkorrekturen mitmachen, deren Ergebnisse nicht überzeugen können.
- Für uns gebaute Luftschlösser im Verlaufe der Zielerreichungsperiode wieder abwärtskorrigieren.
- Aufwändige Kontrollmechanismen mit Formularen, Dokumentationen und Beweisen etablieren.
- Die Lust an Zielvereinbarungen verlieren.

Wie Führungskräfte diesen Nutzen realisieren

- Bei normalem Geschäftsverlauf die Zieloptimierung einsetzen.
- In turbulenten Situationen die Zielperioden verkürzen und weiterhin die Zieloptimierung nutzen.

!

Der Teil A dieses Buchs hatte gewissermaßen die Meta-Ziele und die dazu passenden Werkzeuge zum Inhalt. Es ging mir darum, Ihnen umfangreich Systeme und Instrumente anzubieten, aus denen Sie sich diejenigen Aspekte herausziehen, die in Ihrer Situation und bei Ihrer Mitarbeitenden-Konstellation den größtmöglichen Nutzen generieren.

Vielleicht haben Sie jetzt an der einen oder anderen Stelle eine konkretere Vorstellung darüber, wie Sie Ihren persönlichen Nutzen beim Führen mit Zielen realisieren werden.

Übersicht zu Teil A: Ihr Ziel im Blick

Wir haben von der sich unaufhaltsam nach oben schraubenden Performance Management-Spirale bis zum System der Zieloptimierung zur positiv wirksamen Ankopplung von Boni bzw. Prämien einige Werkzeuge in Teil A kennengelernt.

- Die Wolf'sche Zwiebel
  mit Performanceinput und -output
- die Performance Management-Spirale
  mit Potenzial, Leistung und Erfolg
- die Potenzial-Aspekte
  Wissen, Können und Wollen
- die Zuständigkeits-Faktoren
  Dürfen, Sollen und Müssen
- die Führungselemente
  Potenzialsteigerung, Potenzialentfaltung und Zielvereinbarung
- die Erfolgsoptimierung
  mit den Ansatzpunkten Ausgangseinsatz und Wegeinsatz
- die Potenzialsteigerungs-Möglichkeiten
  Potenzialaktualisierung, Personalbindung, -gewinnung und -einsatz
- die Zielvereinbarung
  mit den zwei Säulen Ziele und Maßnahmen
- die Zielelemente
  Zielrichtung, Messgröße, Zielhöhe und Zielperiode
- die KAP- und AAP-Dimensionen
  Person, Inhalt, Zeit und Ergebnis
- die bonusrelevanten Grundmodelle
  ohne bzw. mit konventioneller Zielvereinbarung und die Zieloptimierung

Die vier KAP-Typen und die zwei AAP-Typen sowie die Zielrichtungen (Steigern, Senken, Beibehalten und Optimieren) und die Zielrichtungskategorien (Quantität, Qualität und Zusatzziel) haben wir ausführlich besprochen. Den elf Messmodellen für qualitative Ziele, bei dem wir auch das Magische Dreieck des Projektmanagements besprochen haben, war ein eigenes Kapitel gewidmet.

Es sind schon nicht gerade wenige Vorteile und Nutzeneffekte, die Sie durch das Führen mit Zielen realisieren können. Entscheiden Sie, was Sie umsetzen werden: das »ganze Paket« – oder einzelne, die für Sie relevante Teilaspekte. In Buchteil B geht es um praktikable Wege zu diesen Meta-Zielen.

Teil B: Abläufe optimieren

Auch aus den Steinen, die man uns in den Weg legt, lässt sich Schönes bauen.
Johann Wolfgang von Goethe

In Teil A dieses Buchs haben wir unsere Zielvereinbarungs-Werkzeuge geschärft und kalibriert. In Buchteil B geht es um die Frage, wie wir die Zielkaskade des Unternehmens sowie den Zielvereinbarungs- und Zielerreichungsprozess zwischen der Führungskraft und den Mitarbeitenden noch effektiver und effizienter gestalten können.

7 Prozesse auf Unternehmensebene

!

Dieses Kapitel kurz und bündig

Dieses Kapitel ist primär Unternehmensleitungen gewidmet, die innovativen Vorgehensweisen bei der Umsetzung des Zielsystems aufgeschlossen sind. Das Zielsystem eröffnet Organisations- und Unternehmensberatern sowie Führungskräfteentwicklern und Trainern interessante Handlungsfelder. Sie lernen Methoden kennen, mit denen Sie die Unternehmensziele in kürzester Zeit kaskadieren. So erreichen Sie, dass jeder Mitarbeitende unmittelbar nach Verabschiedung der Unternehmensziele damit beginnt, für seine jeweiligen Teil- und Unterziele Maßnahmen zu entwickeln und umzusetzen. Greifen Sie sich diejenigen Methoden heraus, von deren Wirkungen auf Prozesseffektivität, Prozesseffizienz und Zielqualität Ihre Organisationen profitiert.

Das Führen mit Zielen stellt nicht nur ein wirkungsvolles Instrument der Mitarbeiterführung, sondern auch der Unternehmenssteuerung dar. Der über allem stehende und für mehrere Jahre gültige Fixpunkt ist die Vision. Sie bildet den Leitstern, an dem sich die Unternehmensziele orientieren.

Die Unternehmensziele für das nächste Geschäftsjahr werden nach ihrer Festlegung entlang der Zielhierarchie »heruntergebrochen«. Dieses unschöne Wort umschreibt den Prozess des Top-down-Kaskadierens der Ziele. Dabei werden die Unternehmensziele ressort- und funktionsorientiert aufgespalten: in Ziele von Geschäftseinheiten, in Bereichsziele, in Abteilungsziele, in Team-, Gruppen- oder Schichtziele sowie in individuelle Ziele. Durch diese Kaskade gelangen die jeweiligen Teil- und Unterziele der Unternehmensziele schließlich zu jedem einzelnen Mitarbeitenden und werden dort operativ wirksam.

Ziele spalten und kaskadieren

Als Mitglied der Unternehmensleitung stimmen Sie Ihre eigenen Ziele mit den Vorstands- bzw. Geschäftsführungskollegen und den Inhabern oder deren Kontrollgremien ab. Neben den harten Ertrags- und Unternehmenswertzielen spielen häufig Projektziele und andere weiche, qualitative Ressortziele eine Rolle. Hierzu kann etwa der erfolgreiche Eintritt in einen bislang unbeackerten Markt zählen, das marktreife Entwickeln eines neuen Produkts oder die erfolgreiche Bewältigung der digitalen Transformation.

In Kapitel 4.1.2 habe ich sicherlich eindringlich genug an Sie als Mitglied der Unternehmensleitung appelliert, nur blitzsaubere Ziele von oben in die Organisation zu kippen. Sofern einzelne Zielbausteine fehlen oder die Unternehmensziele gewisse Interpretationsspielräume zulassen, ziehen sich die unterschiedlichen Deutungen, Auslegungen und Unschärfen durch bis ins letzte Glied.

Wie du gesät hast, so wirst du ernten.
Marcus Tullius Cicero

Sind es gar Maßnahmen und nicht Ziele, stockt die Zielkaskade schon auf der nächsten Stufe, da Maßnahmen die Eigenschaft fehlt, in Teil- oder Unterziele über alle Funktionsbereiche des Unternehmens hinweg aufgespalten werden zu können.

!

Statement Dr. Gerhard F. Braun

Ein Zielsystem für die gesamte Organisation, aber auch individuelle Ziele für jeden einzelnen Mitarbeiter, sind ein gutes Instrument zur Unternehmensführung. Ziele müssen von der Führung klar definiert, kommuniziert und regelmäßig in Feedbackgesprächen an die Geführten zurückgespielt werden. Dies stiftet Orientierung für die gesamte Organisation. Zur Erreichung vereinbarter Ziele bedarf es geeigneter Umsetzungsstrategien und Controllinginstrumente. Monetäre Anreizsysteme sind dann ein probates Mittel zur Steigerung der Motivation von Mitarbeitern, wenn die Ziele klar messbar sind.
Dr. Gerhard F. Braun
Präsident, Landesvereinigung Unternehmerverbände Rheinland-Pfalz (LVU)

Sie kennen das GIGO-Prinzip[46] und wissen, dass es nirgendwo sonst im Unternehmen so auf die Qualität der Ziele ankommt wie auf Ihrer Ebene. Bitte prüfen Sie die Formulierung der Unternehmensziele anhand der in Kapitel 4.2 genannten Qualitätskriterien und schärfen Sie diese gegebenenfalls nach.

7.1 Effizienz: Ziele schneller kaskadieren

Einige Monate vor Erscheinen der Erstauflage dieses Buchs hatte ich mit der Modernisierung des Zielvereinbarungssystems eines kommunalen Energieversorgers begonnen. Der Anlass: Zu Beginn des neuen Geschäftsjahres wurden die Unternehmensziele mit dem Aufsichtsrat vereinbart und kurze Zeit später im Rahmen einer Belegschaftsversammlung verkündet. Der Vorstand ging davon aus, dass ab diesem Zeitpunkt alle Mitarbeitenden ihr Engagement auf diese Unternehmensziele ausrichten.

Vom Unternehmens- zum Mitarbeiterziel

Das war natürlich nicht der Fall. Der Mitarbeitende, der Straßen aufreißt und Rohre verlegt, kann mit dem EBIT-Ziel und der Information, dass sein Arbeitgeber horizon-

46 Falls nicht: Garbage In, Garbage Out. In sinngemäßer Übersetzung: Nachlässig formulierte Ziele führen zu schlechten Ergebnissen.

tale Kooperationen anstrebt, um Synergieeffekte bei Einkauf, Produktion und Handel mit Energie zu erzielen, deutlich weniger anfangen als mit den belegten Brötchen, die im Nachgang gereicht werden.

Damit er erfährt, was bezüglich der Unternehmensziele in seinem Einflussbereich liegt, bedarf es der Kaskade.

!

Statement Hubert Barth

Jede Teamvorgabe und jedes individuelle Ziel sollte mit dem Unternehmenszweck und Anspruch im Einklang stehen. Entscheidend ist hierbei nicht die Verdrängung von Individualität zugunsten des großen Ganzen, sondern die Kaskadierung und vor allem die Vereinbarung von Zielen auf allen Ebenen, mit der konkreten Bestimmung von individuellen Leistungen. Im Bewusstsein von stärkeren Veränderungen wird das Unternehmensleitbild (sprich: Purpose) mehr Raum einnehmen. Dieses setzt eine höhere Transparenz und aktive Beteiligung der Mitarbeiter an der Zielvereinbarung voraus und berücksichtigt persönliche Gegebenheiten deutlich intensiver.
Hubert Barth
Vorsitzender der Geschäftsführung, Ernst & Young GmbH Wirtschaftsprüfungsgesellschaft

Ich habe bei dem Energieversorger gemessen, wie lange die Kaskade dauert. Das hängt natürlich regelmäßig mit der Anzahl der Hierarchieebenen zusammen, die in dem jeweiligen Betrieb existieren. Um eine für alle Unternehmen sinnvolle Vergleichsgröße für die Prozesseffizienz in den Händen zu haben, nutze ich die Kennziffer »Verweildauer pro Ebene«.

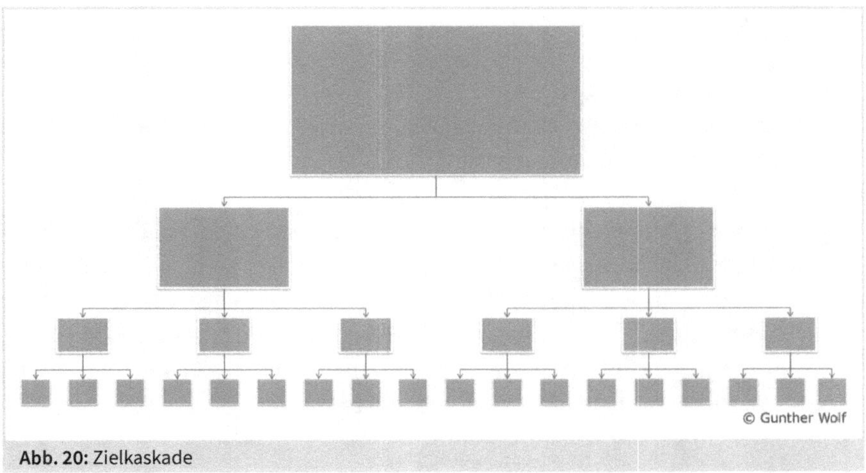

Abb. 20: Zielkaskade

Prozesseffizienz: Verweildauer pro Ebene

Die Verweildauer der Ziele, also der Prozess der Zielvereinbarung auf einer Hierarchieebene, betrug bei dem Energieversorger im Schnitt etwas über einen Monat. Das ist gar kein schlechter Wert. Als Benchmark für Sie: Bei Unternehmen der freien Wirtschaft liegt der Durchschnitt bei 28,73 Tagen pro Ebene, in öffentlichen Verwaltungen bei 41,87 Tagen pro Ebene[47].

Was bedeutete das konkret für den besagten Mitarbeitenden im Rohrnetz? All die Jahre hatte sich der Vorgesetzte des Rohrnetzteams nach den Sommerferien mit ihm und den anderen Monteuren zur Zielvereinbarung zusammengefunden[48]. In anderen Worten: Jedes Jahr im September vereinbarte er mit seiner Mannschaft ein noch bis Ende des Jahres geltendes Teamziel. Ein Teamziel, das die übergeordneten Ziele kraftvoll unterstützen soll. So, wie all die Jahre davor.

Hohe Prozessdauer, niedrige Akzeptanz

Monteure und Teamleiter erachteten daher Zielvereinbarungen im Allgemeinen für ziemlich sinnfrei. Ich gebe zu: Das ist aus ihrer Perspektive auch durchaus verständlich.

Ich legte dem Vorstand dar, wie lange es dauert, bis die Kaskade beim letzten Mann angekommen ist. Dass es bis zu 8 Monaten dauert, bis die ausgerufenen Ziele operativ in die Umsetzung gehen. Dass dann noch vier von zwölf Monaten verbleiben, um zielorientiert Maßnahmen zu entwickeln und umzusetzen.

In Kapitel 4 habe ich das Bild des Admirals bemüht, der eine Flotte zu befehligen hat. Mit welchen Folgen rechnen Sie als Mitglied der Unternehmensleitung, wenn Ihr Befehl zum Auslaufen erst nach den Sommerferien bei denjenigen Menschen ankommt, die für das Einholen der Ankerkette zuständig sind?

Bremsen erkennen und lösen

Der Vorstand entschloss sich spontan zur Modernisierung des Verfahrens. Wie könnte das alles ein gutes Stück schneller gehen?

Das für die Kaskade hinderliche Zielelement ist in 98 Prozent der Fälle die Zielhöhe. Die Zielrichtung hingegen ist für jedes Belegschaftsmitglied leicht anhand der übergeordneten Ziele nachzuvollziehen. Auch die hieraus abgeleitete Messgröße stößt schnell auf Akzeptanz. Die Zielperiode ist ohnehin jedem klar. Insbesondere dann, wenn ein Bonus angekoppelt ist, wird die Bestimmung der Zielhöhe zur Bremse. Wir wissen, dass es bei Anwendung der konventionellen Zielvereinbarung [Kapitel 6.2] un-

47 Die Werte entstammen Erhebungen unseres Instituts. Gemessen wird stets die Gesamtzahl der Tage zwischen der eigenen Zielvereinbarung der Führungskraft und dem Abschluss der Zielvereinbarung mit dem Mitarbeitenden auf der nächsten Ebene. Damit Sie Rückschlüsse auf die Gesamtdauer der Kaskade erhalten, habe ich den Durchschnitt tatsächlich in Tagen und nicht etwa in Werk-, Arbeits- oder Anwesenheitstagen angegeben.

48 Berechnung: 7 Ebenen mal 32,55 Tage = 228 Tage

weigerlich zu langwierigen und mitunter sogar erbitterten Diskussionen über die Zielhöhe kommt. Kann hier die Zieloptimierung auch helfen?

Wird das moderne Verfahren der Zieloptimierung [Kapitel 6.3] eingesetzt, verbessern sich zwar die vereinbarte Zielhöhe und die realisierte Zielhöhe enorm. Die Verweildauer pro Ebene sinkt um rund 36 Prozent auf 18,27 Tage[49]. Damit wäre die Kaskade schon Mitte Mai beim Rohrnetzteam. Das ist schon gar keine schlechte Effizienzverbesserung.

Noch schneller, bitte.
Sehr gern. Aber dann sind einschneidende Veränderungen des Kaskadierungsprozesses erforderlich. Sind Sie dazu bereit? Falls Umstellungen für Sie nicht völlig undenkbar sind, stellen Sie sich bitte die Frage: Sind wir gezwungen, auf jeder Ebene immer zunächst das gesamte Ziel mit allen vier Elementen festzulegen und es dann erst in die nächst niedrigere Ebene zu tragen?

Oder andersherum gefragt: Welche Elemente des Ziels benötigt der Monteur im Rohrnetz und all die anderen operativ tätigen Mitarbeitenden, um sinnvolle, zielorientierte KAP für sich und seinen Einflussbereich entwickeln zu können?

Was der Mitarbeitende unmittelbar benötigt:
1. Die Zielrichtung? Ja, auf jeden Fall, denn daran orientieren sich seine KAP.
2. Die Messgröße? Nein. Solange sie misst, was sie messen soll, nämlich die Zielrichtung, ist die Messgröße für die Entwicklung von KAP nicht relevant.
3. Die Zielhöhe? Nein. Er benötigt sie nur bei der finalen Zielvereinbarung, um zu erkennen, ob seine KAP in Qualität und Quantität ausreichen.
4. Die Zielperiode? Ja, denn er hat den Zeitraum zu kennen, den er durchdenken soll.

Jedoch kann, beispielsweise im Falle des Energieversorgers, die Zielperiode als ohnehin bekannt gelten: Es geht stets um das nächste Geschäftsjahr. Bleibt folglich als einziges relevantes Element die Zielrichtung. Vielleicht ist dies in Ihrem Unternehmen ja ähnlich.

Das Ziel ist heiß
Dieses kommunale Unternehmen hat im nächsten Geschäftsjahr die Kaskade zweigeteilt. Zuerst wurden die Zielrichtungen definiert und ebenenweise aufgespalten, bis die jeweilige Unter- oder Teilzielrichtung exakt den Mitarbeitenden erreicht, der es operativ zu realisieren hat. Der Vorstand formulierte hierfür eine Vorgabe zur Verweil-

49 Ermittelter Durchschnitt in der freien Wirtschaft. Aus dem Bereich der öffentlichen Verwaltung liegen derzeit noch nicht genug Messwerte vor, da sich bis 2018 erst vier Verwaltungen zur Anwendung der Zieloptimierung entschlossen haben.

dauer: »Die Zielrichtung ist heiß! Sie darf nur einen Tag in den Händen der Führungskraft bleiben!«

Der Nutzen: Das Element der Zielrichtung alleine kann sehr effizient und ohne aufwändiges Procedere top-down kommuniziert werden. Die weiteren Zielelemente (Messgröße, Zielhöhe) folgen mit zeitlicher Verzögerung. Sofern die Vorgabe eingehalten wird, erreicht die Kaskade das Rohrnetzteam in 9 Tagen[50]. Das entspricht einer Verkürzung der Kaskadendauer um 96 Prozent. Das geht.

Aber es geht noch schneller.

7.2 Effektivität: Zielkaskade in einem Tag

Eine weitere innovative und doch durchaus praxisbewährte Möglichkeit ist ein Kaskadierungs-Workshop. Sobald die Unternehmensziele für die kommende Zielperiode festgelegt sind, kommen alle Führungskräfte des Unternehmens hierfür zusammen. Bei diesem Workshop werden die Unternehmensziele üblicherweise zunächst hinterfragt und dabei geschärft. Ebene für Ebene werden im nächsten Schritt die Zielrichtungen kaskadiert, und nur diese.

Methode 1: Gruppenarbeit
Zwangsläufig teilt sich nach einiger Zeit die Gruppe, um innerhalb der jeweiligen Geschäfts- oder Fachbereiche weiterzuarbeiten. Üblicherweise kommt es je nach Unternehmensgröße und -struktur zu weiteren Aufteilungen.

! **Praxisfall: Automotive-Unternehmen**

Die Geschäftsführung eines süddeutschen Automobil-Zulieferunternehmens verabschiedet die Unternehmensziele konsequent bis 30.11. des Vorjahres. Anfang Dezember findet eine Führungskräftetagung statt, in die ein Kaskadierungs-Workshop integriert ist. Diesen moderiere ich jedes Jahr.
Nachdem die Unternehmensleitung auf dem Podium gemeinsam die Businessziele des kommenden Jahres dargestellt und erläutert hat, geht jeder Geschäftsführer mit den Führungskräften seines Ressorts zu einer Pinnwand. Glücklicherweise sind es vier Geschäftsführer, sodass wir die Ecken des Saals optimal nutzen können. Dort zeigt der jeweilige Geschäftsführer auf, für welche Teilziele und Unterziele er seinen Bereich in der Verantwortung sieht. Bis hierhin umfassen die Ziele verpflichtend alle vier Elemente.
Sobald diese klar sind, verteilen sich seine direkt Unterstellten mit den ihrerseits unterstellten Führungskräften nach links und rechts sowie in Richtung Saalmitte. Der Geschäftsführer pendelt von Gruppe zu Gruppe und steht für Rückfragen zur Verfügung. Sobald die jeweili-

50 Berechnung: 7 Ebenen mal 1 Tag = 7 Tage; zzgl. Wochenende = 9 Tage

gen Zielhöhen nicht innerhalb einer Frist von 5 Minuten einvernehmlich festgelegt werden können, geht die Kaskade mit der Zielrichtung alleine weiter.
Zuletzt halten all die Führungskräfte, die selbst keine Führungskräfte führen, ihre jeweiligen Ziele oder eben Zielrichtungen auf einem Flipchartblatt fest.

Visualisierung: Sichtbare Ergebnisse
Im Vorfeld ist für ausreichend Pinnwände zu sorgen. Auf den jeweiligen Rückseiten können gegebenenfalls Bandbreiten für Zielhöhen festgehalten werden sowie Ideen für Maßnahmen, falls diese spontan in dem Prozess entstehen.

Es hat sich mit Blick auf die unternehmensinterne Vernetzung als sinnvoll erwiesen, die Ergebnisse in hierarchischer Darstellung festzuhalten und mit allen Workshop-Teilnehmern zu teilen. Dies kann beispielsweise erfolgen, indem alle Pinnwände entsprechend der Zielhierarchie aufgestellt werden. Ganz vorne die Unternehmensziel-Pinnwand, mit zwei bis drei Metern Abstand die Ziele der ersten Führungsebene und so fort.

Statement Prof. Dr. Dr. Dr. h.c. Franz J. Radermacher

!

Wie ein funktionierender Organismus, in dem alle Komponenten miteinander das Überleben und die Erfolge sichern, passiert dies auch in guten Unternehmen und Organisationen. Vieles geschieht dabei explorativ, situativ, Intuitionen folgend, in kluger, wertschätzender Wechselwirkung der Menschen miteinander. Die Mitarbeiter sind ein zentraler Teil eines solchen leistungsfähigen Superorganismus, der einen symbolischen ausdifferenzierten Bereich mit den »Geheimnissen« eines eher holistisch-neuronalen Innenlebens harmonisch verbindet. Andere wesentliche Komponenten sind Hierarchie und Entscheidungskompetenz sowie die Informations- und Kommunikationsprozesse. Immer wieder sind dabei in kluger Weise Leistungsparameter zu erheben und im Kontext zueinander wie zu den Bedingungen im Markt zu bewerten. Performance Management ist teils Handwerk, teils aber auch Kunst.
Prof. Dr. Dr. Dr. h.c. Franz J. Radermacher
Professor (em.) für Informatik, Universität Ulm
Vorstand, Forschungsinstitut für anwendungsorientierte Wissensverarbeitung/n (FAW/n, Ulm)
Mitglied des Club of Rome

Eine weitere Möglichkeit der Visualisierung ist die Nutzung des Beamers und des gleichen Programms, mit dem in Ihrem Hause die Organigramme erstellt werden. Ein oder, je nach Unternehmensgröße mehrere Protokollanten tragen die Teil- und Unterzielrichtungen an der zutreffenden Stelle der Hierarchie ein. So können alle Führungskräfte das Werden der kompletten Kaskade an der Leinwand mitverfolgen.

Bis zu sieben Führungsebenen
Nach meiner Erfahrung liegt die Kaskade mit allen Zielrichtungen in kleineren Unternehmen bereits am Mittag vor, bei größeren erst zum Ende eines Workshoptages[51].

51 Als Faustregel: Rechnen Sie pro Ebene mit einer Stunde.

Achten Sie bitte auf straffe Moderation. Das Ziel sollte sein, innerhalb eines Tages die Zielrichtungen komplett durchzukaskadieren.

Ich habe bislang solche Workshops für Auftraggeber nur mit maximal sieben Führungsebenen durchgeführt. Aus dieser Erfahrung heraus behaupte ich, dass ein solcher Workshop mit acht oder mehr Führungsebenen nicht eintägig möglich ist.

In diesen Fällen empfehle ich, an einem ersten Workshoptag die Ebenen 1 bis 4 zu kaskadieren und sich an einem zweiten Workshoptag mit den darunterliegenden Ebenen zu treffen. Denn über mehr als vier Ebenen verfügen üblicherweise nicht alle Unternehmensbereiche.

Methode 2: Massenstart/Einzelarbeit

Eine zweite Möglichkeit ist, nach dem ersten Schritt, der Darstellung der Unternehmens- und Ressortziele und der Klärung von Fragen, alle Führungskräfte auf ihren jeweiligen Einflussbereich zu fokussieren. Hier ist also nicht Gruppen-, sondern Einzelarbeit angesagt. Materialseitig hat jede Person unterhalb des Topmanagements ein Flipchartblatt plus zwei dicke Marker zur Verfügung: Rot für die Zielrichtung, Schwarz für gegebenenfalls wertvolle Notizen zu den anderen Zielelementen.

Üblicherweise geben sich die Vorgesetzten gegenseitig kollegiale Unterstützung oder finden sich zu funktionsähnlichen Grüppchen zusammen. Warum auch nicht. Wichtig ist, dass alle Führungskräfte aus jedem der Unternehmensziele, sofern möglich, passende Teil- und Unterziele für ihren jeweiligen Bereich ableiten.

Bottom-up-Impulse

Im dritten Schritt werden die Ziele bottom-up abgeglichen. Die Führungskräfte schlagen ihren jeweiligen Vorgesetzten die erarbeiteten Teil- und Unterziele vor. Beide Seiten erhalten die Chance, ihre Zielrichtungen zu ergänzen und zu diskutieren.

Der spannendste Nutzen der Massenstart-Vorgehensweise liegt in der Natur von Bottom-up-Verfahren: Die Ziele, die von eigenverantwortlich arbeitenden Führungskräften mit Blick auf die Unternehmensziele erarbeitet werden, gehen oftmals weit über das hinaus, was durch die Leitplankensetzung bei der Top-down-Kaskadierung möglich ist. Auch die OKR-Methode von Intel bzw. Alphabet (Google) nutzt diesen Effekt [Kapitel 12.2.2].

Methode 3: Cascading Day

Die dritte Möglichkeit, die ich Ihnen anbieten möchte, um die Effizienz und Effektivität Ihrer Zielhierarchie zu steigern, bezeichne ich als *Cascading Day*. Je nach Unternehmensgröße benötige ich hierfür eine oder mehrere im Bereich der Zielformulierung kundige Personen. Das sind in den meisten Fällen interne Mitarbeitende (Internal Consultants, KVP-Verantwortliche, Personalentwickler, Coaches etc.), die ich zuvor eintägig schule.

Diese Cascade Master verbringen je 30 Minuten mit den Führungskräften der jeweiligen Ebenen, um Zielrichtungen aufzunehmen, die die Führungskräfte für ihre jeweiligen, direkten Mitarbeitenden vorsehen. Sie achten dabei auf Methodik und Zielqualität. Zudem weisen sie gegebenenfalls auf Zielkonflikte hin.

Mehr als sieben Ebenen

Der Nachteil des Cascading Days gegenüber den beiden Workshop-Methoden liegt auf der Hand: Bei dieser dem Zielvereinbarungsprozess vorgeschalteten Kaskade kommunizieren die Führungskräfte und ihre Mitarbeitenden nicht direkt miteinander.

Der Vorteil: Dafür beträgt der zeitliche Aufwand für die gesamte Kaskade auch bei mehr als sieben Ebenen nie mehr als einen Tag. Die Cascade Master können optional zudem die Zielvereinbarung bis auf die operative Mitarbeitenden-Ebene begleiten. Diese Ebene wird bei Top-down-Kaskadierungs-Workshop und Massenstart-Workshop nicht erreicht. Obendrein können diese Personen wertvolle Unterstützung leisten bei der kompletten Zielvereinbarung mit allen Zielelementen und KAP.

Klare Ansage

Natürlich können Sie die Kaskade der Zielrichtungen auch ohne Workshops und ohne Cascading Day durchlaufen lassen. Rechnen Sie bitte nur damit, dass es dann nicht einen Tag, sondern etwa zehn- bis zwanzigmal so lange dauert.

Indem Sie die Kaskade an einem Tag durchführen lassen, geben Sie ein deutliches Signal, dass Sie Verzögerungen bei der Umsetzung der Unternehmensziele nicht tolerieren.

7.3 Qualität: Transparenz schaffen

Mit Kaskadierungs-Workshops machen Sie Ziele, zumindest Zielrichtungen, unternehmensweit transparent. Ob und wie viel Transparenz im Bereich der Ziele sinnvoll ist, hängt ab von der vorherrschenden bzw. angestrebten Unternehmenskultur. Falls Sie als Unternehmensleitungsmitglied einen Ansporn durch mehr Transparenz schaffen möchten, können Sie die Ergebnisse der von mir vorgestellten Methoden direkt weiter nutzen.

Statement Tobias Meyer !

Um die Treuhand Hannover erfolgreich zu steuern, braucht es Transparenz und Nachvollziehbarkeit über die Unternehmensziele innerhalb der Organisation. Genauso wichtig ist aber auch eine konkrete Strategie, die alle Ebenen der Organisation miteinander verzahnt.

Durch ein gut aufeinander abgestimmtes Zusammenspiel aller Teilstrategien mit der Gesamtstrategie erzielen wir Wirkung auf allen Ebenen. Zentrale Voraussetzungen sind für uns die offene Kommunikation über die Unternehmensziele, die klare Formulierung von Anspruchsniveaus und ein konsequentes Monitoring der Strategieumsetzung.
Tobias Meyer
Wirtschaftsprüfer, Steuerberater
Sprecher der Geschäftsführung und Partner, Treuhand Hannover GmbH Steuerberatungsgesellschaft

Sobald die Zielvereinbarungsprozesse erfolgt sind, kann in derselben Visualisierung – ob Pinnwand oder Software – das komplett ausformulierte Ziel zu jeder Zielrichtung ergänzt werden.

Dort können auch die zugehörigen KAP der Mitarbeitenden sichtbar gemacht werden. Falls Sie vor der Spitze des Transparenzgipfels nicht zurückschrecken: Nach Ablauf der Zielperiode können an gleicher Stelle die jeweiligen Zielerreichungsgrade publiziert werden.

Transparenz spornt an
Diese Transparenz stößt nicht bei jedem auf Gegenliebe. Insbesondere nicht bei Mitarbeitenden, die sich im unteren Performancelevel bewegen. Und auch bei denjenigen Personal- und Betriebsratsmitgliedern nicht, die sich als deren Sprachrohr positioniert haben.

Mit Transparenz verbindet sich auch die Möglichkeit zur Kontrolle, zur Prüfung und gegebenenfalls zum Angebot von Unterstützung. In vielen Unternehmen ist die Zielvereinbarung Kraft Betriebsvereinbarung ein Akt, der im stillen Kämmerlein zwischen der Führungskraft und den Mitarbeitenden abgeht und sonst keinen etwas angeht.

Transparenz sichert Qualität
Die Folge ist in der Praxis viel zu häufig, dass die Ziele auf der einen oder anderen Ebene den Qualitätskriterien nicht genügen. Die Folge ist nach dem GIGO-Prinzip: Die Kaskade darunter ist Müll. Und die Realisierbarkeit Ihrer Unternehmensziele leidet damit bereits auch genau in diesem Unter- oder Teilziel.

Es ist zweifellos Ihre Aufgabe als Unternehmensleitung, die Flotte zusammenzuhalten und alle Schiffe zu einem Hafen zu bringen, der Erfolg heißt. Aber kann es angehen, dass sich jedes Schiff in Nebel hüllen darf?

Intransparenz schafft Aufwand
Ist es richtig, dass der Admiral unterjährig durch den Nebel von einem zum anderen Schiff zu rudern hat, um dessen Position zu prüfen? Und um es gegebenenfalls als Lotse wieder zurück in den Flottenverband zu führen?

Vielen Unternehmensleitungen ist es gelungen, mithilfe von Kaskadierungs-Workshops eine gewisse Transparenz und damit auch eine kollektive Kontrolle der Ziele zu ermöglichen. Führungskräfte-Workshops werden von Arbeitnehmervertretungen oftmals ohne sonderliche Vorbehalte gebilligt.

Mindest-Zielqualität sichern

Falls nicht: Versuchen Sie zumindest, in Abstimmung mit dem Personal- bzw. Betriebsrat, ein Kontrollgremium zu installieren. Das kann ja gut und gerne auch paritätisch besetzt sein.

Aber es soll dazu berechtigt und fachlich in der Lage sein, alle Zielvereinbarungen auf Führungskraft-Mitarbeitenden-Ebene zu prüfen und gegebenenfalls an die Zielvereinbarungspartner zur Nachbesserung zurückzugeben.

Vereinfachung bei der Unternehmenssteuerung

Entlasten auch Sie sich! Beispielsweise von Tätigkeiten, Nachsteuerungspflichten und Rückfragen aus dem Verantwortungsbereich Ihrer Unterstellten und der Unterstellten Ihrer Unterstellten. Das Handlungsfeld im Bereich der Unternehmenssteuerung, in dem Sie und nur Sie wirklich etwas bewegen können, ist auf der Ziel- und nicht auf der Tätigkeitsebene angesiedelt.

5. Leitsatz !

Die Unternehmensleitung arbeitet am Unternehmen, nicht im Unternehmen.[52]

Formulieren Sie wegweisende Visionen und mutige Unternehmensziele, sorgen Sie für effiziente und effektive Steuerungsprozesse. Schaffen Sie die Bedingungen dafür, dass Ihre Ziele von dem Unternehmen und seiner Belegschaft erreicht werden. Auf diese Weise wird es Ihnen gelingen, die Wettbewerbsfähigkeit Ihres Unternehmens auf eine neue Stufe zu heben.

Fazit dieses Kapitels !

- Eindeutig formulierte Unternehmensziele sind die beste Voraussetzung für ebensolche Ziele auf den nachfolgenden Ebenen.
- Die Dauer der Zielkaskade eines Unternehmens ergibt sich aus der Multiplikation der Verweildauer pro Ebene (bei Unternehmen der freien Wirtschaft im Durchschnitt 28,73 Tage) mit der Anzahl der Ebenen.
- Die Akzeptanz und Handlungsrelevanz von Zielsystem und Zielvereinbarung seitens der Belegschaft sinkt mit zunehmender Dauer der Zielkaskade.

52 Einen Überblick über alle Leitsätze und Prinzipien finden Sie am Buchende in den Kapiteln 13 (Leitsätze des Führens mit Zielen) und 14 (Prinzipien für das Führen mit Zielen).

- Falls variable Vergütungskomponenten mit der Zielvereinbarung verknüpft sind, kann durch die Methode der Zieloptimierung die Verweildauer pro Ebene reduziert werden.
- Kaskadierungs-Workshops (Ebene für Ebene oder nach der Massenstart-Methode) und Cascading Days verkürzen die Kaskadendauer bis zur untersten Führungsebene auf einen Tag.
- Jedes Stück mehr Transparenz im Bereich der Ziele sorgt für höheren Anreiz, bessere Zielqualität und geringeren Steuerungsaufwand.

!

Ihr Nutzen: Was Unternehmensleitungen nicht (mehr) tun

- Keine Interpretationsspielräume, fehlende Elemente und mangelnde Qualität in der Formulierung von Zielen zulassen.
- In Betriebsversammlungen die Mitarbeitenden mit Bilanzkennziffern, Zielen und Strategien überschütten, zu denen diese selbst keinen Zusammenhang mit ihrer täglichen Arbeit erkennen.
- Abwarten, bis sich die in allen Elementen kompletten Ziele die gesamte Unternehmenshierarchie hinuntergewälzt haben.
- Intransparenz der Ziele tolerieren, die sich negativ auf den Erreichungsgrad der Unternehmensziele auswirkt.
- Ziele der Einheiten, Bereiche, Abteilungen und Teams selbst prüfen (oder gar nicht prüfen).
- Tätigkeiten, Nachsteuerungspflichten und Rückfragen aus dem Verantwortungsbereich nachfolgender Ebenen wahrnehmen.

!

Wie Unternehmensleitungen diesen Nutzen realisieren

- Durch Zieloptimierung die Verweildauer pro Ebene reduzieren.
- Die Zielrichtung (vor-) kaskadieren, dann das komplette Ziel.
- Kaskadierungs-Workshops oder Cascading Days durchführen.
- Für umfassende Transparenz im Bereich der Ziele sorgen.
- Unternehmen mit Zielen und Visionen führen.

8 Prozesse auf Führungskraft-Mitarbeitenden-Ebene

Dieses Kapitel kurz und bündig

Das folgende Kapitel richtet sich primär an Führungskräfte jeder Ebene bis hin zur Unternehmensleitung. Sie nehmen hieraus Methoden und Techniken mit, um die Prozesse auf Vorgesetzen-Mitarbeitenden-Ebene zu beschleunigen, die Performance Ihrer Mitarbeitenden zu steigern und deren Zielerreichung zu sichern. Sie erfahren, wie Sie Ihren eigenen Aufwand bei der Zielvereinbarung senken und dennoch zugleich die Qualität der Ziele ihrer Mitarbeitenden verbessern. Von diesem Know-how profitieren auch Mitarbeitende der Organisations-, Personal- und Führungskräfteentwicklung sowie Coaches, Trainerinnen und Trainer.

!

Die Performance jeder einzelnen Führungskraft und damit insbesondere des Bereichs, für den sie die Verantwortung übernommen hat, ist von der Effizienz und Effektivität zweier Prozesse abhängig. Von hoher Bedeutung ist der Zielvereinbarungsprozess, bei dem die Ziele auf die direkt unterstellten Mitarbeitenden übertragen werden.

Dieses Buch trägt zwar den Titel »Performance Management mit Zielvereinbarungen«. Doch mit Zielvereinbarungen wird lediglich eine Basis für Performance gelegt: Zielvereinbarung ist nur die Planung der Zielerreichung.

Nicht ohne Grund haben wir uns schon in Kapitel 2, in Zusammenhang mit Wolf'scher Zwiebel und Performance Management-Spirale, sehr intensiv mit dem Prozess der Zielerreichung befasst.

Ziele vereinbaren, Ziele erreichen

Sie haben, beginnend mit dem Dachdecker-Beispiel in Kapitel 4, einige Einsatzmöglichkeiten für das alltägliche Führen mit Zielen kennen – und vielleicht auch schätzen – gelernt. Uns Führungskräften bieten sich jeden Tag unzählige Möglichkeiten, die »kleine Zielvereinbarung« zu unserem Nutzen bei der Mitarbeiterführung einzusetzen.

Wir werden die beiden performancerelevanten Abläufe von Zielvereinbarung und Zielerreichung anhand der »großen Zielvereinbarung«, der Vereinbarung und Realisierung von Jahreszielen, besprechen. Das soll Ihnen den Transfer in Ihre Führungspraxis erleichtern. Auch den Teilnehmern meiner Seminare fällt es stets leichter, von großen, umfangreichen Prozessen die Hälfte der Aufgaben und Aspekte wegzustreichen, um Zielvereinbarungen alltagstauglich zu machen, als umgekehrt.

In diesem Kapitel gilt, wie in dem ganzen Buch: Cherry Picking ist nicht nur erlaubt, sondern erwünscht. Greifen Sie sich die Rosinen heraus, von denen Sie bei Ihrer speziellen Ausgangssituation und Mitarbeitenden-Konstellation den größten Nutzen erwarten.

8.1 Zielvereinbarungsprozess optimieren – in fünf Stufen

Im Verlaufe der Zielkaskade des Unternehmens erfolgt Ebene für Ebene eine Aufspaltung der Ziele. Top-down, von Ebene zu Ebene, gelangen die jeweiligen Teil- und Unterziele schließlich zu demjenigen Mitarbeitenden, der dieses verfolgen wird.

Mittendrin: Sie. Ihr direkter Vorgesetzter wird Ihnen im Rahmen »seines« Zielvereinbarungsprozesses die Verantwortung für das Erreichen derjenigen Unter- und Teilziele übergeben haben, die er für Sie und den von Ihnen verantworteten Bereich vorgesehen hat. Ihre Aufgabe ist es nun, diese Ziele erfolgreich auf die nachgeordnete Ebene zu übertragen.

Nutzen steigern, Aufwand reduzieren

Wie können Sie »Ihren« Zielvereinbarungsprozess so durchführen, dass er Ihnen einen möglichst geringen Aufwand bereitet, aber einen möglichst hohen Nutzen? Wie schaffen Sie es, diejenigen Aspekte aus den Kapiteln 2 bis 6, die Sie für Ihren Bereich als sinnvoll erachten, einfach und wirkungsvoll umzusetzen?

Ich biete Ihnen hier einen fünfstufigen Ablauf für den Zielvereinbarungsprozess an. Sicher werden Sie sich nicht nur hieraus die Rosinen picken, sondern auch gedanklich streichen, was Sie in Ihrem Unternehmen oder angesichts Ihrer derzeitigen Mitarbeitenden-Konstellation derzeit nicht umsetzen können.

Manch ein Vorgesetzter überrascht seine Mitarbeitenden im Zielvereinbarungsgespräch nach vollzogener Feststellung des Zielerreichungsgrades der vorhergehenden Periode mit den Zielen, die er für die nächste Periode vorgesehen hat. Er möchte damit »alles in einem Aufwasch« und bei einem Termin erledigen. Er will Zeit sparen. Aber das Gegenteil tritt ein: Er verliert Zeit.

Stufe für Stufe

Einer der maßgeblichen Vorteile der Fünf-Stufen-Technik liegt in der zeitlichen Trennung der Aufgaben,

- den Zielerreichungsgrad für die Vorperiode zu bestimmen,
- über Ziele zu informieren und
- Ziele definitiv zu vereinbaren.

Indem Sie die Aufgaben auseinanderziehen, erreichen Sie einen Quantensprung in der Qualität Ihrer Zielvereinbarungen. Wer fünf Stufen mit einem einzigen Schritt nehmen will, riskiert auf jeder Treppe einen schmerzhaften Rückschlag.

Fünf Stufen der Zielvereinbarung
In der ersten Stufe dieses Zielvereinbarungsprozesses beschäftigen Sie sich gedanklich mit der Verteilung der Ziele auf Ihre Mitarbeitenden. Danach prüfen Sie die vorgenommene Aufspaltung auf Fairness, Machbarkeit, Konfliktpotenziale und potenzielle Synergieeffekte.

In Stufe 3 informieren Sie Ihre Mitarbeitenden umfassend, unter anderem auch darüber, welche Anforderungen Sie an die in der Stufe 4 auszuarbeitenden KAP und AAP stellen. Nachdem Sie diese geprüft haben, vereinbaren Sie die Ziele mit jedem Ihrer Mitarbeitenden in 15 Minuten. Hört sich das ausreichend schlank für Sie an?

Die fünf Stufen des professionellen Zielvereinbarungsprozesses !

1. Ziele aufspalten und kaskadieren
2. Quervergleich anstellen
3. Mitarbeitende informieren
4. KAP ausarbeiten
5. Ziele vereinbaren

Wie bei nahezu jedem Ablaufmodell sind die fünf Stufen in der Praxis nicht haarscharf voneinander zu trennen. Als Prozessverantwortlicher werden Sie je nach zeitlichen Ressourcen, sich bietenden Gelegenheiten oder Verfügbarkeit relevanter Personen einzelne Aufgaben vorziehen und andere später nachholen.

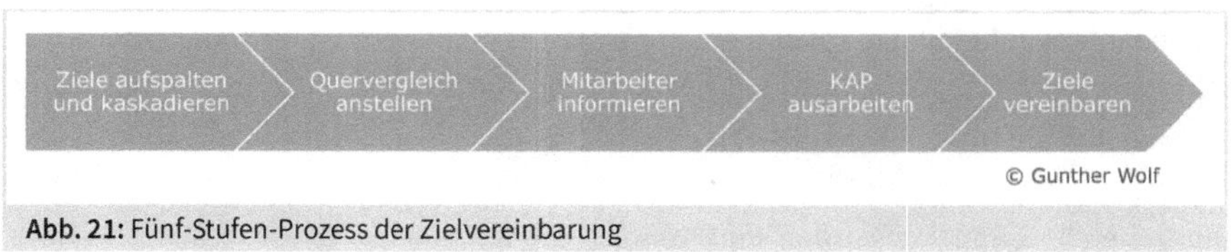

Abb. 21: Fünf-Stufen-Prozess der Zielvereinbarung

Wichtig ist gerade bei großen Führungsspannen, dass Sie nicht die Übersicht verlieren. Nutzen Sie daher die Wiedervorlagen, Termine und Aufgabenlisten digitaler Kalender.

Wie gelingt die Umstellung?
»Ein Fünf-Stufen-Zielvereinbarungsprozess, bei dem am Ende eine Zwei-Säulen-Zielvereinbarung steht!« Wie werden Ihre Mitarbeitenden auf diese Ansage reagieren?

Veränderungen werden von uns Menschen nur selten freudig begrüßt. Nutzen Sie die alte Change-Weisheit und machen Sie von der Veränderung Betroffene zu an der Veränderung Beteiligten. Die erstmalige Durchführung dieses Prozesses sollten Sie nicht im stillen Kämmerlein planen, sondern Ihre Mitarbeitenden aktiv einbeziehen.

Nutzen für die Mitarbeitenden

Erklären Sie ihnen, wie Sie sich den Ablauf der Zielvereinbarung künftig vorstellen. Stellen Sie bei der zwangsläufig aufkommenden Frage nach dem Warum den Nutzen für die Mitarbeitenden heraus, nicht Ihren. Das könnten die sich bietenden Gestaltungsfreiräume bei der KAP-Entwicklung sein, die Sicherheit durch abgestimmte Maßnahmen, die Minderung von Risiken durch Präventionsmaßnahmen – jeder Ihrer Mitarbeitenden wird entsprechend seiner psychologischen Disposition, insbesondere seiner Motivlage, etwas anderes als Nutzen ansehen.

!

Statement Jürgen Weißenrieder

Bei Zielvereinbarung winken viele Führungskräfte wie auch Mitarbeitende gelangweilt ab und sprechen von »alten Hüten« und »langen Bärten«. Sie meinen vielleicht den manchmal schwierig zu steuernden Zusammenhang zwischen Zielerreichungsgrad und Gehalt oder Bonus. Dann wäre es allerdings anzuraten, zuerst mit den richtigen Inhalten zu beginnen. Wenn man nicht nur Formulare ausfüllt, sondern über Erwartungen und Entwicklungsrichtungen spricht, dann wird auf einmal die orientierende Kraft und die steuernde Wirkung von Zielvereinbarungen spürbar. Dann hat man den Zielhülsen wertvolle Inhalte gegeben und ist wieder auf dem Trip von Management by Objectives, das tatsächlich schon in den 80er Jahren des vergangenen Jahrhunderts über den großen Teich schwappte – aber immer noch funktioniert.
Jürgen Weißenrieder
Geschäftsführender Gesellschafter, WEKOS Personalmanagement GmbH

Verwenden Sie ruhig Textpassagen aus diesem Buch, um Ihren Mitarbeitenden hilfreiche Informationen mit auf den Weg zu geben. Indem Sie klarmachen, dass auch Sie bei der erstmaligen Durchführung noch etwas unsicher sind, wird man Ihnen Fehler und Rückschritte auf eine vorherige Stufe sicher nachsehen. Gerade hierfür ist es entscheidend, dass Sie Ihre Mitarbeitenden zu Beginn der Veränderung für sich und Ihr Vorhaben emotional gewinnen konnten.

Zeitaufwand

Wenn Sie diese fünf Stufen einige Male mit Ihren Mitarbeitenden durchlaufen haben, stellt sich ein enormer Nutzen aus der Erfahrungskurve ein. Ich bin ja von Haus aus Controller: Von mir gecoachte Führungskräfte wenden bei der erstmaligen Umsetzung im Schnitt in etwa genauso viel Zeit auf, wie sie auch zuvor, ohne Nutzung von Zwei-Säulen-Methode und Fünf-Stufen-Prozess, für die Zielvereinbarungen benötigt haben.

Aber Sie erzielen sofort eine höhere Zielvereinbarungsqualität und höheren Nutzen für sich und Ihre Mitarbeitenden. Im bisherigen Verlaufe des Buches werden Sie erkannt haben, dass sich Ihre zeitlichen Investitionen in den Zielvereinbarungsprozess bereits in der zugehörigen Zielerreichungsperiode amortisieren.

Erfahrungskurve

Bei dem zweiten Durchlauf reduziert sich die aufgewendete Stundenzahl bereits um 50 Prozent und ab dem dritten Jahr auf rund ein Viertel des Ursprungsniveaus. Das ist durchaus nachvollziehbar: Beispielsweise können KAP und AAP aus dem vorherigen Zielvereinbarungsprozess zu großen Teilen übernommen werden.

Wenn die fünf Stufen Ihnen und Ihren Mitarbeitenden in Fleisch und Blut übergegangen sind, werden Sie auf die Zielvereinbarung auch im alltäglichen Gebrauch nicht verzichten wollen. Das ist gut so: Führungskräfte, die auch unterjährig jede Gelegenheit nutzen, um diese Methode in ihrer komprimierten Form anzuwenden, erzielen nicht nur schneller, sondern auch höhere Effektivitäts- und Effizienzsteigerungen.

8.1.1 Stufe 1: Ziele aufspalten und kaskadieren

Vergegenwärtigen wir uns an dieser Stelle kurz den Ist- und den Sollzustand. Zuerst der Sollzustand: Sie wollen, dass nach Stufe 5 jeder ihrer Mitarbeitenden klipp und klar mit allen vier Elementen weiß, welches seine Ziele sind. Und, dass er ausreichend KAP und AAP im Köcher hat, um diese sicher zu erreichen.

Der Istzustand ist je nach Unternehmen etwas unterschiedlich. In sehr progressiven Unternehmen werden sich in dem Korb, mit dem Sie aus dem Zielvereinbarungsprozess mit Ihrem Vorgesetzten gekommen sind, lediglich ein paar Zielrichtungen befinden. In konservativ strukturierten Unternehmen sind komplette Ziele darin: mit Zielrichtung und passender Messgröße, mit Zielhöhe und passendem Bezugswert.

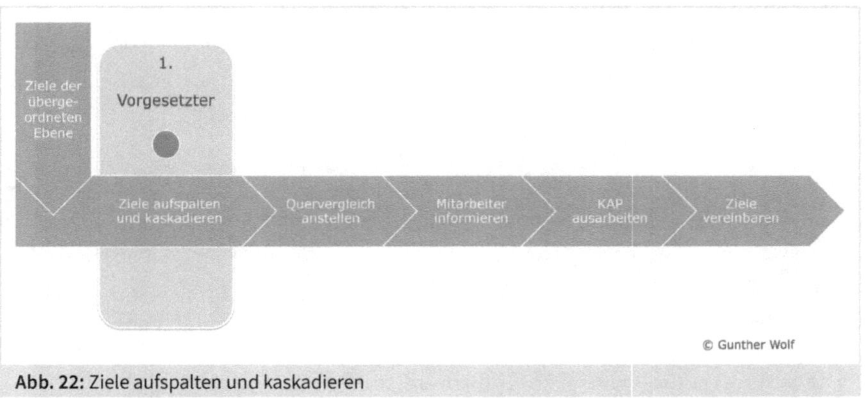

Abb. 22: Ziele aufspalten und kaskadieren

Der letzte Fall trifft derzeit in den meisten Unternehmen zu. Die Tendenz ist zwar sinkend, aber ich möchte dennoch erst einmal diese typische Situation aufgreifen und dort, wo es passt, die Auswirkungen der in Kapitel 7 beschriebenen systemseitigen Optimierungen aufzeigen.

Ziele im Korb

Wenn also Ihr Zielekorb komplette Ziele enthält, fehlen demzufolge nur noch die Antworten auf drei Fragen:

1. Sind Ziele aufzuspalten?
2. Wer verfolgt die Realisierung welches Teil- oder Unterziels?
3. Welche KAP bzw. AAP werden dafür vorgesehen?

Das »Wer bekommt welches Ziel« und die gegebenenfalls dafür erforderliche Aufteilung der Ziele in Teil- und Unterziele ist der Inhalt der ersten Stufe.

Aufgaben in Stufe 1 des Zielvereinbarungsprozesses	Verantwortlich
Entscheiden, welche Ziele Sie selbst bearbeiten werden	Führungskraft
Erkennen, welche Ziele als Teilziele durchzureichen sind	Führungskraft
Übergreifende Ziele in Unterziele zerlegen	Führungskraft
Entscheiden, welcher Mitarbeitende mit welchem Ziel betraut wird	Führungskraft

Tab. 22: Aufgaben und Verantwortlichkeiten in Stufe 1 des Zielvereinbarungsprozesses

Es ist durchaus lohnenswert, zunächst einen kritisch prüfenden Blick in den Korb der Ziele zu werfen, den Sie von Ihrem direkten Vorgesetzten erhalten haben. In der Praxis entpuppen sich viele Ziele bei genauerer Prüfung als Maßnahmen.

Maßnahmen im Korb

Maßnahmen sind bekanntlich meistens bestens geeignet, bestimmte Ziele zu erreichen – aber sie bilden eben nicht selbst das Ziel. Klären Sie mit Ihrem Vorgesetzten das dahinterstehende Ziel und lassen Sie ihn entscheiden, ob für ihn das Umsetzen der Maßnahme oder das Erreichen des Ziels im Vordergrund steht.

!

Achtung: Fehlende Potenziale sofort ansprechen!

In Stufe 1 des Zielvereinbarungsprozesses werden Sie festlegen, für welches Ziel Sie die Verantwortung an welchen Ihrer Mitarbeitenden übergeben werden. Haben Sie für ein bestimmtes Ziel keinen geeigneten Mitarbeitenden im Team? Nehmen Sie das Ziel für diese Zielperiode nicht an.
Sofern Sie dieses von Ihrem Vorgesetzten par ordre du mufti erhalten haben, weisen Sie ihn auf dieses Leistungshemmnis hin. Absehbares Nichterreichen von Zielen kann nicht im Interesse Ihres Vorgesetzten liegen. Sie kennen die Regel für derartige Startprobleme aus

Kapitel 2.1.2 (»Sie streuen Salz …«): Wer ist für die Beseitigung verantwortlich – Ihr Mitarbeitender, Sie, Ihr Vorgesetzter oder ein Dritter?
Kein passender Mitarbeitender zur Verfolgung dieses Ziels: Das ist zweifellos den Startproblemen zuzuordnen. Fällt die Beseitigung in Ihren Verantwortungsbereich, machen Sie hieraus einen KAP für sich selbst: Lassen Sie sich die nötigen finanziellen Mittel zur Umsetzung dieses KAP zusagen, um entsprechendes Personal einzustellen, externe Dritte zu beauftragen oder, sofern möglich, in Frage kommende Mitarbeitende zu qualifizieren.

Ziele mit strategischer Ausrichtung und besonderer Außenwirkung reservieren Sie für sich – vorausgesetzt, Sie sehen sich diesen im Hinblick auf Ihre zeitlichen Ressourcen und Kompetenzen gewachsen.

Die Guten ins Kröpfchen
Dies werden oftmals Projektziele sein, für die Sie sich den Hut aufsetzen möchten oder ihn bereits von Ihrem Vorgesetzten aufgesetzt bekommen haben.

Achtung: Keine Reste fressen! !

In Stufe 1 bestimmen Sie, welches Ziel Sie an wen delegieren. Manche Vorgesetzte widmen sich am Ende nur denjenigen Zielen, die Ihre Mitarbeitenden nicht bearbeiten können oder wollen. Der – übrigens sehr erfolgreiche – Vertriebschef einer großen Werkzeugfirma bezeichnete diese Vorgesetzten kürzlich als »Restefresser«. Wenn Sie diesen Ruf vermeiden wollen, verteilen Sie bitte alle Ziele, die Sie nicht bewusst für sich selbst reserviert haben, an Ihre Mitarbeitenden.

Einige der Ziele werden Sie weitgehend unverändert an einzelne oder alle Ihre Mitarbeitenden weiterreichen. Hat man Ihnen als Werksleitung die Steigerung der Produktivität als Zielrichtung in den Zielkorb gelegt, werden Sie mit der Mehrzahl Ihrer direkt Unterstellten ebenfalls Produktivitätsziele zu vereinbaren haben. Sie richten diese *Teilziele* lediglich auf deren jeweiligen Verantwortungsbereich aus: »Produktivität in der Montage«, »Produktivität in der Teilefertigung« oder »Produktivität in der Instandhaltung«.

Durchreich-Ziele
Was Ihnen im Rahmen des Zielvereinbarungsprozesses zu klären bleibt, ist, bezogen auf diese direkt Unterstellten:

- die jeweilige Zielhöhe
- die jeweiligen KAP

Also genau die beiden Aspekte, die nachher am Ende des Zielvereinbarungsprozesses mathematisch »größer-gleich« zu sein haben (Prinzip #8). Sie werden zudem darauf achten, dass die einzelnen Zielproduktivitäten ebenfalls »größer-gleich« der Zielhöhe sind, die in Ihrer eigenen Zielvereinbarung fixiert ist.

Ziele zerlegen

Sicher haben Sie weitere Ziele im Korb, die nicht einfach an alle Mitarbeitenden durchgereicht werden können, sondern von Ihnen funktionsorientiert in *Unterziele* aufzuspalten sind. Zudem haben Sie möglicherweise selbst weitere Zielrichtungen entwickelt, die Sie in der folgenden Zielperiode umgesetzt wissen wollen.

Diese teilen Sie gedanklich unter Ihren Mitarbeitenden auf. Sofern einer der Mitarbeitenden keine Möglichkeit zur Einflussnahme auf die betreffende Zielrichtung besitzt, scheidet er hierfür aus.

Fünf Kriterien zur Auswahl des Zielnehmenden

Gehen Sie bei dem Prozess der Auswahl des für die Übernahme des Ziels geeigneten Mitarbeitenden systematisch vor. Bestimmen Sie anhand dieser fünf Kriterien, wer welche Zielrichtung verfolgen soll. Vergegenwärtigen Sie sich für jeden der potenziellen Zielnehmenden:

1. dessen Zuständigkeitsbereich
2. dessen zeitliche, finanzielle und personelle Ressourcen
3. dessen Motive (»Wollen«)
4. dessen Kenntnisse (»Wissen«)
5. dessen Fähigkeiten und Fertigkeiten (»Können«)

Gehen wir diese fünf Kriterien zur Auswahl des geeigneten Mitarbeitenden kurz durch.

Zuständigkeitsbereich und Ressourcen

Auch wenn Ihnen klar ist, dass beispielsweise die Fähigkeiten des Mitarbeitenden nicht ausreichen, um das Ziel sicher und einhundertprozentig zu realisieren, werden Sie das erste Kriterium, festgelegte Zuständigkeiten, sicher nicht verletzen wollen. Gleiches gilt, wenn zeitliche, finanzielle oder personelle Ressourcen des betreffenden Mitarbeitenden nicht ausreichen.

!

Tipp: Gleichen Sie Defizite durch Teambildung aus!

Stehen Zuständigkeiten der Zielrealisation entgegen, können Sie diese möglicherweise durch Bildung von Teams sichern. Gibt es zwei oder drei Mitarbeitende, denen Sie die Zielrealisierung zutrauen? Bilden Sie aus diesen und dem zuständigen Mitarbeitenden ein Projektteam, das dieses Ziel verfolgen soll. So sichern Sie die erforderliche Kompetenz bzw. Ressourcen im Team, ohne Zuständigkeiten zu verletzen.

Die anderen drei Kriterien zur Auswahl des passenden Mitarbeitenden sind Ihnen aus der Performance Management-Spirale bekannt. Das Wissen und das Können bezeichnen das Potenzial. Das Potenzial ist der Ausgangspunkt für Performance. Hiermit verbindet sich ein Satz, der im Zielvereinbarungsprozess leicht abgewandelt »der richtige Mensch am richtigen Ziel« heißen könnte. Die Performance, der Erfolg als Ergebnis im Sinne der Ziele ist nur dann gewährleistet, wenn die Kenntnisse, Fähigkeiten und Fertigkeiten den Anforderungen entsprechen, die das Ziel stellt.

Wissen, Können, Wollen

Und, auch daran werden Sie sich sicherlich noch gut erinnern, dieses Potenzial wird sich nur dann entfalten und in Leistung münden, wenn Sie zum einen ausreichend Entscheidungsfreiräume zulassen und für die erforderlichen Rahmenbedingungen sorgen, die in Ihren Verantwortungsbereich fallen.

Statement Jochen Eschborn !

Eine der zentralen Aufgaben von Führungskräften ist es, das Maximum an Produktivität aus den Mitarbeitern herauszukitzeln. Patentrezepte sind dabei rar. Jeder Mitarbeiter muss über individuelle Kanäle angesprochen und intensiviert werden. Eines haben aber alle gemeinsam. Nur mit einem Ziel vor Augen ist der Mensch zu Höchstleistungen fähig. Die erfolgreiche Führungskraft verfügt daher über ein breites Instrumentarium, Ziele für den Mitarbeiter oder das Unternehmen klar zu kommunizieren und nachzuhalten.
Jochen Eschborn
Vorstand, E.L.V.I. S. Europäischer Ladungs-Verbund Internationaler Spediteure AG

Zum anderen ist erforderlich, dass ein Wollen gegeben ist. Wenn Sie mögen, werfen Sie noch einmal einen Blick in Kapitel 2.1.1. Wer als Führungskraft Menschen bewegen (lat. motivare) und motivieren möchte, wird sich intensiv mit den Motiven und Bedürfnissen jedes einzelnen Mitarbeitenden zu befassen haben.

Individuelle Kenntnisse im Bereich der Motive werden Ihnen hier, aber auch in fast allen Stufen des Zielvereinbarungsprozesses und auch des Zielerreichungsprozesses enorm hilfreich sein. Daher möchte ich Ihnen gleich einen Exkurs zu diesem Thema bieten, bei dem Sie Ihr Wissen in diesem Bereich auffrischen können.

Stufe 1 erledigt?

Zum Ende von Stufe 1 des professionellen Zielvereinbarungsprozesses haben Sie die Ziele inventarisiert: Zum einen die Ziele, die Ihr Vorgesetzter für Ihren Bereich vorgesehen hat und zum anderen die Ziele, die Sie realisiert wissen möchten[53]. Sie haben festgelegt, welche Ziele Sie selbst bearbeiten und welche Sie an Ihre Mitarbeitenden weitergeben.

Sie haben erkannt, welche der Ziele an alle, einige oder einen Ihrer Mitarbeitenden unverändert durchzureichen sind. Manche Ziele wurden von Ihnen funktionsorientiert zerlegt und hieraus Unter-Zielrichtungen für Ihre Mitarbeitenden abgeleitet.

53 Sie werden Ihre Mitarbeitenden in Schritt 3 danach fragen, welche Ziele für sie wichtig sind.

Sie haben anhand der jeweiligen Zuständigkeiten, der jeweils verfügbaren Ressourcen, der individuellen Motive sowie der Potenziale Ihrer Mitarbeitenden - Kenntnissen, Fähigkeiten und Fertigkeiten - eine Entscheidung getroffen, welchen Mitarbeitenden Sie mit welcher Zielrichtung betrauen werden.

8.1.2 Exkurs: Motive und Motivation

Motive bilden als individuell unterschiedlich ausgeprägte, relativ stabile Persönlichkeitsmerkmale die Basis für jedes Verhalten. Mit der Kenntnis der Motive besitzen Sie den Schlüssel zum Verständnis menschlicher Handlungsweisen: sei es Engagement oder Arbeitsvermeidung, sei es Zuverlässigkeit oder Absentismus. Es steigert Ihre Führungswirksamkeit enorm, wenn Sie die Kompetenz besitzen, hierauf Einfluss zu nehmen.

! **Statement Julian Weste**

Wenn meine Mitarbeiter morgens aufstehen und es sie stresst, dass sie arbeiten müssen, haben wir ein Problem. Jeder Mitarbeiter soll ein Grinsen im Gesicht haben und voller Neugier den neuen Tag beginnen. Nicht jeder Arbeitstag ist einfach, aber in einem motivierten und engagierten Team fällt jede Arbeit leichter. Auch ich bin lieber abends müde von einem langen, erfolgreichen Arbeitstag als ausgelaugt von demotivierendem Nichtstun oder durch eine mich überfordernde Tätigkeit. Ebenso bedarf es manchmal eines bereinigenden Gewitters, um die Arbeitsatmosphäre wieder in ein angenehmes Klima zu versetzen. Dies ist nur mit einem guten Führungsteam möglich. Entwickeln Sie Ihre Mitarbeiter weiter, getreu dem Motto »fördern und fordern«. Zielvereinbarungsgespräche, Mitarbeiterbefragungen, variable Vergütung und SMARTe Ziele sind die passenden Instrumente, um intrinsische und extrinsische Motivation zu fördern. Hohe Motivation wirkt ansteckend und strahlt positiv auf das gesamte Unternehmen aus.
Julian Weste
Geschäftsführer PLUSCARD GmbH

Jeder Mensch verfügt über eine ihm eigene Motivkonstellation, die ihn weitgehend unbewusst bei der Bestimmung der jeweils für ihn selbst als optimal empfundenen Verhaltensweise leitet. Uns Führungskräften stellt sich also weniger die Frage, *ob* ein Mensch motiviert ist, sondern vor allem, *was* ihn zu Handlungen veranlasst. Denn: Jeder Mensch ist motiviert - jedoch nicht zwingend dazu, von uns geforderte Leistungen zu erbringen.

! **Wichtig: Volition schafft Resultate**

Das, was wir umgangssprachlich üblicherweise als Motivation bezeichnen, wird in der Psychologie »Volition« genannt. Volition beschreibt die Fähigkeit eines Menschen, seine Ziele hartnäckig zu verfolgen. Man könnte Volition auch mit Willenskraft umschreiben. Volition bringt uns Menschen dazu, die Zähne zusammenzubeißen und auch den »inneren Schweinehund« (eigene, kurzfristige Bedürfnisse) zugunsten übergeordneter Ziele zu überwinden.

Motive unbewusst

Die Motive selbst und die von ihnen gesteuerten Prozesse bewegen sich in einem für uns weitgehend unsichtbaren Bereich. Nicht einmal die betreffende Person vermag hierüber umfassend Auskunft zu erteilen, da die Wirkungsketten überwiegend im Unbewussten ablaufen. Wir sind darauf angewiesen, aus dem beobachtbaren Verhalten selbst zutreffende Rückschlüsse auf die individuelle Motivkonstellation zu ziehen.

Wie kommt es von dem Motiv zur Motivation, wie zur Handlung? Die Prozesskette in kurzen Worten: Als Folge einer internen oder externen (1) *Anregung* erwachsen aus unserer individuellen (2) *Motiv*-Konstellation heraus einzelne (3) *Bedürfnisse*. Unsere (4) *Gefühle* zeigen uns an, ob diese Bedürfnisse aktuell erfüllt sind. Sind sie nicht ausreichend erfüllt, kommen (5) *Emotionen* als Motor zum Zug: Die gefühlten Bedürfnisse drängen nach (6) *Befriedigung* und erzeugen die (7) *Motivation* zu entsprechendem (8) *Verhalten*. Emotionen begleiten zum einen das Verhalten selbst, zum anderen die *Erwartung* eines bestimmten Ergebnisses, obgleich unsere (9) *Kognitionen* für das Entstehen der Erwartung verantwortlich sind. Schließlich, am (10) *Motivziel* angekommen, verspüren wir Menschen eine gewisse Befriedigung, nämlich die unserer Motive und Bedürfnisse.

Motive erkennen

Fehlt die Anregung, der Anreiz, kommt der verhaltenserzeugende Prozess gar nicht erst aus den Startlöchern. Mit der Zielvereinbarung und der Sogwirkung der Diskrepanz zwischen Ist- und Sollzustand [Kapitel 4.2.3] kommt es zu einer ausreichenden Anregung. Ein erzielbarer Bonus kann diesen Anreiz verstärken.

Statement Michael H. Kramarsch !

Geld motiviert nicht. Diese Position aus Boni-Debatten besticht, weil wir nicht allein vom Blick auf den Gehaltszettel getrieben werden. Dazu gehört mehr: zum Beispiel Gestaltungsfreiheit und Wertschätzung. Wer jedoch meint, Vergütung spiele für Leistungsträger keine Rolle, liegt falsch. So ist der individuelle Bonus zentraler, differenzierender Bestandteil des »Deals« von Mitarbeitern in Performance-orientierten Organisationen: Welche Strategien und Ziele verfolgt ein Unternehmen und wie werden diese auf Mitarbeiterebene heruntergebrochen? Antworten auf Fragen wie diese müssen ihren Ausdruck im Performance Management finden, aber konsistenter Weise auch in der Vergütung. Denn diese ist prägendes Kulturelement und Steuerungsinstrumentarium. Wer Mitarbeitende zu Bestleistungen anregen will, sollte dies nicht alleine mit Geld tun – aber auch nicht ohne.
Michael H. Kramarsch
Gründer & Managing Partner hkp/// group

Die in der Psychologie am besten erforschten Motive[54] sind zugleich die für das Arbeitsleben bedeutsamsten: Anschlussmotiv, Erfolgsmotiv[55] und Machtmotiv.

Jedes Motiv enthält eine aufsuchende und eine vermeidende Komponente, das Motivziel. So enthält das Anschlussmotiv einerseits das Streben nach sozialen Kontakten, andererseits die Furcht vor Zurückweisung durch andere Menschen. Das Erfolgsmotiv umfasst das Streben nach Erfolg ebenso wie die Angst vor Misserfolg.

Psychologen bezeichnen die Endpunkte solcher Konstrukte als Extrema. Kaum ein Mensch verkörpert ein Extremum, beispielsweise »misserfolgsängstlich« oder das gegenüberliegende Extremum »erfolgsorientiert«, zu 100 Prozent. Wir liegen alle irgendwo dazwischen, vielleicht bei 20/80, bei 70/30 oder in der Mitte bei 50/50.

Motivziele ermitteln

Dann ist für uns noch wichtig zu wissen, dass bei dem Erfolgsmotiv angesichts der jeweiligen, individuellen Motivzielmixtur keine Aussage über das Verhaltensergebnis getroffen werden kann: Ein hoch misserfolgsängstlicher Mensch kann genauso leistungsfähig und erfolgreich sein wie ein hoch erfolgsorientierter.

Der entscheidende Unterschied: Ganz generell gesprochen haben Menschen auf der jeweiligen Furchtseite der Motive das Bedürfnis nach Sicherheit bzw. Risikobegrenzung, während Menschen auf der Strebenseite besonders empfänglich für sich bietende Chancen sind.

Haben Sie beispielsweise einen tendenziell Misserfolgsängstlichen unter Ihren Mitarbeitenden, sollten Sie ihm viel Sicherheit schaffen. Er selbst wird sich beispielsweise weit mehr Maßnahmen als benötigt in KAP aufbürden, um keinesfalls die Zielperiode mit einem geringen Zielerreichungsgrad als 100 Prozent zu beenden.

Motivmix erahnen

Auch oder vielleicht gerade aus der Perspektive der Führungskräfte lohnt sich ein intensiver Blick auf die Motive jedes Einzelnen. Nutzen Sie eine Motivliste Ihrer Wahl und notieren Sie einmal für sich, welcher Ihrer Mitarbeitenden in seinen Verhaltensweisen wohl wie stark durch welches Motiv bestimmt ist.

54 Weitere Motive sind beispielsweise das Neugiermotiv, Aggressionsmotiv, Intimitäts-/Sexualitätsmotiv, Hunger-/Durstmotiv oder das Angstmotiv.

55 In der psychologischen Literatur wird dieses oftmals als »Leistungsmotiv« bezeichnet, obgleich für den jeweiligen Menschen nicht der Performance-Input, sondern der Output im Vordergrund steht. Ich verwende daher die begrifflich saubere Bezeichnung »Erfolgsmotiv«.

Beobachten Sie das Verhalten des Mitarbeitenden, untersuchen Sie vom Mitarbeitenden getroffene Entscheidungen auf zugrundeliegende Motive und Motivziele. Fragen Sie ihn in ganz informeller Atmosphäre nach dem Grund, weshalb er beispielsweise bei der Freiwilligen Feuerwehr ist.

Das Warum erfragen
Anhand der Antwort erkennen Sie, ob er gern anderen Menschen hilft. Oder ob er Anerkennung sucht. Ob ihm die Uniform ein gutes Statusgefühl verleiht. Ob er soziale Kontakte sucht.

Wenn Sie wissen, was ihn motiviert, der Freiwilligen Feuerwehr anzugehören, können Sie möglicherweise erahnen, welches Ziel ihn besonders motiviert. Oder welchen Aspekt des Ziels und des Weges dorthin Sie ihm gegenüber besonders herausstellen sollten, sobald Sie ihn hiermit betrauen: Kann er damit helfen? Erwartet ihn Anerkennung, Status, Anschluss zu anderen Menschen?

Wer liebt was er tut, wird nie mehr in seinem Leben arbeiten!
Konfuzius

Ziel und Motiv in Einklang
Schauen Sie sich die Eigenschaften Ihrer zu verteilenden Ziele an, schauen Sie sich die Motive und Motivziele Ihrer Mitarbeitenden an. Und dann bringen Sie zusammen, was – unter Berücksichtigung aller fünf Kriterien – am besten zueinander passt.

8.1.3 Stufe 2: Quervergleich anstellen

In der ersten Stufe des Zielvereinbarungsprozesses haben Sie die Ziele definiert, die Sie Ihren Mitarbeitenden zur Realisation übergeben wollen. Legen Sie diese gedanklich nach Mitarbeitenden sortiert nebeneinander: Welcher Mitarbeitende wird welche Ziele verfolgen?

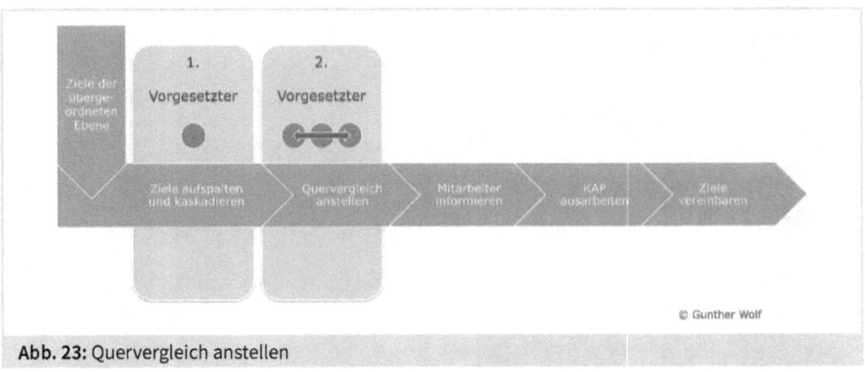

Abb. 23: Quervergleich anstellen

Dabei werden Sie unschwer erkennen, ob die Verteilung der Ziele als fair und angemessen gelten kann. Wir Führungskräfte neigen dazu, den zuverlässigen und engagierten Mitarbeitenden noch ein sattes Ziele-Paket auf deren ohnehin schon umfangreiches Aufgabengebiet obendrauf zu packen, aber die Mitarbeitenden am unteren Rand des Performance-Spektrums mit weiteren Zielen zu verschonen.

Alles fair?

Das ist nur zu verständlich: Es geht uns primär darum, dass erforderliche Maßnahmen engagiert umgesetzt und die Ziele unserer Mitarbeitenden – in summa schließlich unsere eigenen Ziele – am Ende der Zielperiode auch alle zu 100 Prozent erreicht sind. Andererseits: Wir wollen die Guten doch nicht auch noch dafür bestrafen, dass sie so engagiert sind.

!

Tipp: Sorgen Sie für faires Anspruchsniveau!

Machen Sie es den weniger engagierten Mitarbeitenden nicht gemütlich: Entwickeln Sie zusätzliche Zielrichtungen für diese Klientel. Das könnte auch die Zielrichtung sein, die Leistungsträger zu unterstützen. Achten Sie darauf, dass die Supportziele von den leistungsschwächeren Mitarbeitenden auch zu bewältigen sind. Fehlt es an Potenzial, regen Sie mit solchen Zielrichtungen zugleich einen Kompetenztransfer unter den Mitarbeitenden an. Für eine oder zwei Perioden können auch direkte Kompetenzziele infrage kommen oder Zielrichtungen, die Leistungsschwache an das Leistungsniveau der anderen heranführen. Auf diese Weise verschaffen Sie sich für künftige Zielvereinbarungsprozesse größere Spielräume.

Bei dem Quervergleich werden Ihnen zudem mögliche Zielkonflikte auffallen. Vermeiden Sie unbedingt den Fall, dass einer der Mitarbeitenden seine Ziele nur zulasten der Zielerreichung eines anderen Mitarbeitenden verfolgen und realisieren kann.

Zielkonflikte aufdecken

Zielkonflikte können nicht nur zwischen den Zielen zweier Mitarbeitender entstehen. Es kommt auch vor, dass sich zwei Ziele eines einzigen Mitarbeitenden in die Quere kommen. Falls Sie beispielsweise laut Ihrer eigenen Zielvereinbarung eine ertragsrelevante Kennziffer im Vertrieb zu steigern haben und diese hierzu in die zwei Unterziele »Erhöhung der Besuchsfrequenz« und »Reduzierung der Reisekosten« aufgespalten haben, bringen Sie den Mitarbeitenden in einen Zielkonflikt.

Drei Möglichkeiten, Zielkonflikte aufzulösen

Es existieren drei Möglichkeiten, Zielkonflikte aufzulösen: Die einfachste ist, auf eine der beiden Zielrichtungen zu verzichten. Das ist in der Praxis nur in den seltensten Fällen die geeignete Lösung.

Sie könnten aber auch eine neue Zielrichtung definieren, indem Sie die Zielrichtungen zusammenfassen, beispielsweise »Senkung der Reisekosten pro Besuch«. Bitte beachten Sie hierbei die Hinweise zu Quoten und Relationen in Kapitel 4.2.1.

Die sinnvollste Methode besteht nach meiner Erfahrung in den meisten Fällen darin, dass Sie eines der beiden Ziele festschreiben und das andere – das von Ihnen stärker priorisierte – maximieren lassen. Die Formulierung im Beispielfall könnte dann lauten: »Erhöhung der Besuchsfrequenz ohne Steigerung der Reisekosten«, sofern es Ihnen primär um die Steigerung der Besuchsfrequenz geht. Oder, falls Sie der Senkung der Reisekosten die höhere Priorität einräumen wollen: »Senkung der Reisekosten unter Beibehaltung der Besuchsfrequenz«.

Synergieeffekte abschöpfen

Indem Sie die Zielrichtungen nebeneinanderlegen, werden Sie auch der Konstellationen gewahr, in denen sich die Ziele der Mitarbeitenden gegenseitig unterstützen. Halten Sie diese Aspekte schriftlich für sich fest, um Ihre Mitarbeitenden in Stufe 3 darüber zu informieren, welche Synergieeffekte sie bei der Umsetzung abschöpfen sollen.

Aufgaben in Stufe 2 des Zielvereinbarungsprozesses	Verantwortlich
Faires Anspruchsniveau sichern	Führungskraft
Zielkonflikte beseitigen und Synergieeffekte aufdecken	Führungskraft

Tab. 23: Aufgaben und Verantwortlichkeiten in Stufe 2 des Zielvereinbarungsprozesses

Als Führungskraft werden Sie auf diesen kurzen Quervergleich und den Nutzen, Fairness herzustellen und Zielkonflikte ebenso wie Synergien aufzudecken, für den von Ihnen verantworteten Bereich sicher nicht verzichten wollen. Sofern Ihr Vorgesetzter dies nicht ohnehin im Rahmen »seines« Zielvereinbarungsprozesses vorsieht, könnten Sie optional den Kontakt zu benachbarten Bereichen auf gleicher Ebene aufnehmen.

Über den Tellerrand

Welche Einheiten, Abteilungen oder Teams sich hierfür anbieten, entscheiden Sie anhand der Prozessketten und der Kunden-Lieferanten-Beziehungen Ihres Unternehmens. Von welchen Bereichen hängt die Performance Ihres Bereichs maßgeblich ab? Welche Bereiche könnten – positiv wie negativ – die aus dem Verfolgen Ihrer Bereichsziele resultierenden Veränderungen zu spüren bekommen?

Je nachdem, welche Ziele in den angrenzenden Bereichen verfolgt werden, können auch hier potenzielle Zielkonflikte ebenso wie nutzbare Synergieeffekte entstehen. Es ist einer der maßgeblichen Nutzen eines derart professionell gestalteten Zielvereinbarungsprozesses für Sie, dass künftige Chancen und Risiken umfassend vorab erkannt und gemanagt werden. Und nicht erst nach deren Auftreten im Verlaufe der Zielperiode, wenn die Zielkonflikte bereits die Anstrengungen auf der einen oder anderen Seite zunichtegemacht haben oder wenn das Rad an zwei Stellen im Unternehmen unabhängig voneinander neu erfunden wurde.

Stufe 2 erledigt?
Zum Ende von Stufe 2 des Zielvereinbarungsprozesses haben Sie die Zusammenhänge zwischen den einzelnen Zielen innerhalb Ihres Bereichs und denen in prozessual, inhaltlich oder regional benachbarten Bereichen aufgedeckt. Sie haben potenzielle Zielkonflikte beseitigt und die Basis für die Nutzung von Synergieeffekten gelegt.

Zugleich haben Sie das Anspruchsniveau der Ziele unter Ihren Mitarbeitenden angeglichen und Fairness hergestellt. Sie haben damit eine solide Grundlage für die Akzeptanz und das Commitment Ihrer Mitarbeitenden geschaffen. Sie sind nun auf der sicheren Seite, um an Ihre Mitarbeitenden heranzutreten.

8.1.4 Stufe 3: Die Mitarbeitenden informieren

Dafür, wie Sie Ihre Mitarbeitenden über Ihren »Zielverteilungsplan« informieren, stehen Ihnen alle Wege offen. Den schriftlichen Weg mag ich Ihnen nicht empfehlen, auch nicht den mithilfe von am Markt verfügbarer Zielvereinbarungs-Software.

Ein Meeting?
Manche Führungskräfte führen lieber Gespräche unter vier Augen, doch die meisten rufen ihre Mitarbeitenden lieber zu einem Meeting zusammen. Das senkt den zeitlichen Aufwand für den Vorgesetzten natürlich enorm. Zudem ist klar: Hier geht es um Ziele, um nichts anders, hier werden beispielsweise keine Gehaltswünsche diskutiert.

Aufgaben in Stufe 3 des Zielvereinbarungsprozesses	Verantwortlich
Über Ziele, feststehende Elemente bzw. Freiräume, Verteilung, Hintergründe und Synergien informieren	Führungskraft
Ggfs. Ziele der Mitarbeitenden abfragen und über deren Einbezug entscheiden	Führungskraft
Verantwortung deutlich übertragen	Führungskraft
Aufstellung der Leistungshemmnisse, Erfolgshindernisse und Risiken mit Vorschlägen für Maßnahmen anfordern	Führungskraft
Aufstellung der positiven Einflussfaktoren und Chancen mit Vorschlägen für Maßnahmen anfordern	Führungskraft
Ihre Anforderungen an KAP und AAP darlegen, um deren Durchführbarkeit zusagen zu können	Führungskraft
Termine abstimmen	Führungskraft

Tab. 24: Aufgaben und Verantwortlichkeiten in Stufe 3 des Zielvereinbarungsprozesses

In Abhängigkeit von Ihrer Führungsspanne und der Erfahrung Ihrer Mitarbeitenden mit dem Zielvereinbarungsprozess sollten Sie bei dem ersten Teammeeting nach der Fünf-Stufen-Methode zwei bis vier straffe und inhaltsreiche Stunden einplanen. Bei dem zweiten oder dritten Zielvereinbarungsprozess sinkt der Zeitbedarf üblicherweise auf die Hälfte.

Sofern sich auch persönliche Ziele für einzelne Mitarbeitende unter den zu verteilenden Zielen befinden, die sich beispielsweise auf den Ausgleich von Verhaltensdefiziten richten, empfiehlt sich ein ergänzendes Gespräch unter vier Augen.

Mitarbeitende informieren

Schütten Sie Ihr Füllhorn aus! Lassen Sie Ihre Mitarbeitenden wissen, für wen Sie welche Zielrichtungen vorgesehen haben. Falls daneben bei einigen Zielen auch schon die jeweiligen Messgrößen und gegebenenfalls auch Bezugswerte feststehen, teilen Sie diese ebenfalls mit.

Sind in weiteren Zielen auch die Zielhöhen oder sogar die umzusetzenden Maßnahmen unverrückbar festgelegt, etwa aufgrund der Zielvereinbarung mit Ihrem Vorgesetzten oder aufgrund Ihrer eigenen Überlegungen? Dann lassen Sie Ihre Mitarbeitenden auch diese wissen.

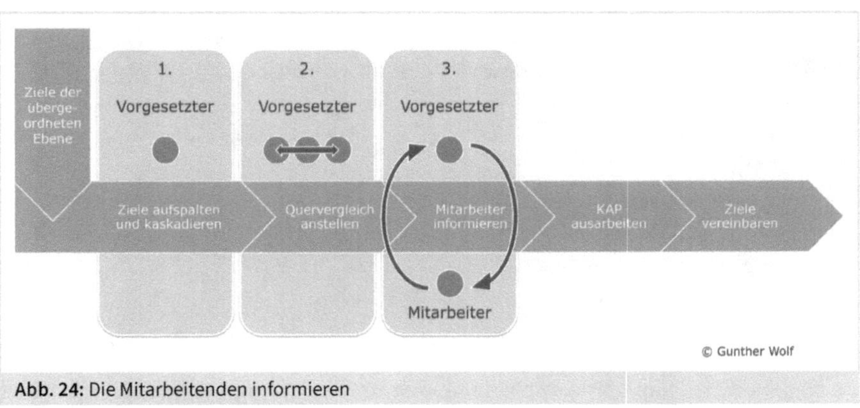

Abb. 24: Die Mitarbeitenden informieren

Schaffen Sie Transparenz und sagen Sie klipp und klar, was vom jeweiligen Mitarbeitenden gefordert wird, welche Freiräume sich für ihn bieten und in welchen Grenzen er sich bewegen darf. Das verschafft Ihnen nicht nur Anerkennung und Respekt, sondern ist auch die beste Basis für Akzeptanz und Commitment.

Zeigen Sie Ihren Mitarbeitenden die von Ihnen identifizierten Chancen für realisierbare Synergieeffekte auf und stellen Sie Verbindungen zu Zielen anderer Bereiche her.

Hintergründe
Geben Sie den Mitarbeitenden ergänzende Informationen, etwa dem Ziel zugrundeliegende Absichten oder Hinweise auf die Oberziele, aus denen Sie die jeweiligen Teil- und Unterziele für Ihre Mitarbeitenden abgeleitet haben. Bringen Sie die Ziele in übergeordnete Sinnzusammenhänge und stellen Sie Verbindungen zu den Visionen des Unternehmens her. Verdeutlichen Sie den Nutzen für das Unternehmen, die Region oder die Gesellschaft.

Denkbare, motivierende Hintergrund-Informationen zum Ziel:
- Absichten
- Oberziele
- Visionen
- Sinn
- Zweck
- Bedeutung
- Nutzen

Sicher können Sie bei jedem Ziel, das Sie an Ihre Mitarbeitenden transportieren wollen, zu mindestens einem der vorgenannten Aspekte etwas sagen.

!

Praxisfall: Rohrnetzteam

»Herr Wolf, ich leite ein Team, das Rohre verlegt«, sagte jüngst ein Teilnehmer der Ihnen schon aus Kapitel 7.1 bekannten Stadtwerke, »was für Sinnzusammenhänge soll ich zu der dreckigen Arbeit im Erdloch herstellen?« Als Zielrichtungen hatte er für die Monteure definiert, mehr Meter pro Tag zu verlegen und undichte Rohre in kürzerer Zeit zu reparieren bzw. auszutauschen.
Seine Kollegen schlugen ihm vor, die Auswirkungen der Zielerreichung seines Teams auf die Bürger der Stadt zu verdeutlichen, denen seine Rohrnetzmonteure die Möglichkeit zum Kochen und Heizen sichern. Ich habe wirklich noch nicht ein Berufsfeld, nicht eine Tätigkeit und nicht ein Ziel gesehen, das keinen übergeordneten Sinn hat.

So begleiten Sie jedes Ziel mit motivierenden Worten. Warum ist dieses Ziel wichtig, welchen Nutzen bringt es, was macht es so spannend? Hier schlägt die große Stunde Ihrer motiv-orientierten Zielverteilung. Auch wenn Ihnen ein optimales Matching von Motiven und Zielen angesichts der vier anderen Kriterien zur Auswahl des optimalen Zielnehmenden nicht ganz gelungen ist: Passen Sie Ihre Erläuterungen den Motiven des jeweiligen Mitarbeitenden an.

Motive im Einsatz
Ein Beispiel? Nehmen wir an, das Ziel ist die Einführung einer Software. Ihre Möglichkeiten zur Formulierung solcher Projektziele kennen Sie aus Kapitel 5. Sie nehmen an, dass der Mitarbeitende primär anschlussmotiviert ist. Dann könnten Sie beispielswei-

se solch eine Bemerkung in Ihren Ausführungen zu diesem Ziel unterbringen: »Wenn alle von den Arbeitserleichterungen durch die neue Software profitieren, wirst du dir viele Freunde im Unternehmen machen«.

Wäre der Mitarbeitenden eher statusmotiviert, könnten Sie anmerken: »Als dem Verantwortlichen für diese neue, für alle Unternehmensbereiche bedeutsame Software wird dir nach erfolgreicher Einführung von allen Seiten hohe Anerkennung zufallen«. Meine Beispiele sollen Sie nur inspirieren; Sie werden sicher passendere, eigene Worte finden.

Mit diesen kleinen Bemerkungen treten Sie die Lawine der Motivkette los. Ja, selbstverständlich: Der Mitarbeitende wäre möglicherweise auch selbst und weitgehend unbewusst darauf gekommen, dass er seine Motive und Bedürfnisse hiermit befriedigen kann.

Aber so sind Sie auf der sicheren Seite, dass die initiale Anregung erfolgt ist. Erwarten Sie dennoch bitte keinesfalls umgehend eine entsprechend freudige Reaktion und keine La-Ola-Welle. Das Ziel – und was sich für ihn damit verbindet – wird erst einmal vom Mitarbeitenden genau durchdacht und verarbeitet. Aber Ihr Satz wird haften bleiben. Spätestens bei der Erarbeitung der KAP durch den Mitarbeitenden wird er seine Wirkung entfalten.

Ziele der Mitarbeitenden abfragen

Viele Führungskräfte fragen ihre Mitarbeitenden, ob sie diese Ziele um eigene Vorschläge ergänzen wollen. Falls Ihnen Anregungen zugetragen werden, werden Sie diese Zielrichtungen unmittelbar auf mögliche Zielkonflikte und Synergieeffekte durchdenken.

Prüfen Sie, ob der Mitarbeitende über die notwendigen Ressourcen und Kompetenzen verfügt. Ausreichende Motivation dürfte vorhanden sein, wenn er selbst diese Zielrichtung einbringt. Dann entscheiden Sie, ob Sie die jeweilige Zielrichtung in diesem Jahr mit in die Zielvereinbarung aufnehmen werden oder nicht.

Loslassen

Wenn die Ziele und Rahmenbedingungen für Ihre Mitarbeitenden klar sind, kommt der Moment, an dem Sie die Ziele in die Hände Ihrer Mitarbeitenden übergeben. Ob die Ziele wirklich richtig verstanden wurden, prüfen Sie am einfachsten, indem Sie die Mitarbeitenden bitten, reihum ihre Zielbündel kurz mit eigenen Worten den anderen Teilnehmern darzustellen.

Wichtig: Verantwortung übergeben !

Mit dem Akt der Übergabe der Verantwortung an Ihre Mitarbeitenden endet der aktive Teil der Führungskraft in dem gesamten Zielvereinbarungs- und Zielerreichungsprozess.

Die Ziele verlassen nun Ihre Hand. Es ist sehr wichtig, sich das als Führungskraft in Erinnerung zu rufen, um den Nutzen der Entlastung durch Zielvereinbarungen für sich zu sichern. Sie haben getan, was Sie konnten, um die Ziele passend und optimal vorbereitet zu übergeben.

! **Prinzip #10**

Wer die Maßnahmen für die Zielerreichung umsetzen wird, übernimmt die Verantwortung für die Zielerreichung.[56]

Verdeutlichen Sie Ihren Mitarbeitenden, dass diese nun selbst sowohl für die weitere Planung als auch später für die Realisierung der Ziele die alleinige Verantwortung tragen. Erwähnen Sie das bitte keinesfalls nebenbei. Machen Sie lieber aus der Übergabe einen besonderen Moment.

»Ich bin raus«

Heben Sie gegenüber Ihren Mitarbeitenden hervor, dass Ihnen daran gelegen ist, dass alle Ihre Mitarbeitenden ihre Ziele zu 100 Prozent erreichen. Aus diesem Grunde ist Ihnen wichtig, dass Ihre Mitarbeitenden in der folgenden Stufe 4 des Zielvereinbarungsprozesses die folgenden Aufgaben sehr sorgfältig erfüllen:

1. Vorschläge für KAP erarbeiten
2. Inventur der Startschwierigkeiten, der Leistungshemmnisse, der internen und externen Erfolgshindernisse, der Risiken und der Chancen samt passender Maßnahmen
3. Vorschläge für AAP entwickeln

Zielvereinbarungen verstehen wir als Ergebnisse eines Austauschs unter Experten über die Gestaltung einer erfolgreichen Zukunft. Sie haben sich mit der Zukunft bereits in den ersten beiden Phasen befasst. Jetzt geben Sie Ihren Mitarbeitenden die nötige Zeit, um sich auf den Austausch über die Gestaltung der Zukunft vorzubereiten.

! **Prinzip #11**

Der Fokus der Zielvereinbarung liegt auf den

a) Aktivitäten
b) des Mitarbeitenden in der
c) Zukunft.[57]

56 Einen Überblick über alle Leitsätze und Prinzipien finden Sie am Buchende in den Kapiteln 13 (Leitsätze des Führens mit Zielen) und 14 (Prinzipien für das Führen mit Zielen).

57 Einen Überblick über alle Leitsätze und Prinzipien finden Sie am Buchende in den Kapiteln 13 (Leitsätze des Führens mit Zielen) und 14 (Prinzipien für das Führen mit Zielen).

8.1.4.1 Konkrete Aktions-Pläne

KAP sind die Wege zum Ziel. Bei denjenigen Zielen, für die bislang nur die Zielrichtung festgelegt ist, kann der Mitarbeitende seinen gesamten Erfahrungsschatz und sein kreatives Potential bei der Entwicklung von sinnvollen KAP entfalten. Steht hingegen die Zielhöhe bereits fest, erinnern Sie daran, dass die Summe der vom Mitarbeitenden erwarteten KAP-Ergebnisse die Zielhöhe zu überschreiten hat, um einen Puffer zu bilden. Ein Formular für KAP finden Sie bei den digitalen Extras zu diesem Buch.

Indem Ihre Mitarbeitenden die KAP selbst entwickeln und bewerten, übernehmen sie emotional die Verantwortung für deren optimale Umsetzung und deren Erfolg. Dann ist Ihnen die Übergabe der Ziele perfekt gelungen! Manche Mitarbeitende bezeichnen ihre Ziele, häufiger noch ihre KAP sogar als »ihr Baby«. Das lässt genau die Art von motiv-orientierter, emotionaler Verbundenheit schließen, die Sie als Führungskraft zu Ihrer Entlastung von operativen Aufgaben benötigen.

Freiheitsgrade definieren

Es ist zugleich der Stoff, aus dem herausragende Erfolge und Zielerreichungsgrade gewebt werden: Falls Ihre Mitarbeitenden im Verlaufe des Zielerreichungsprozesses erkennen, dass sie selbst die Resultate im Sinne der Erfolgsauswirkung Ihrer jeweiligen KAP zu optimistisch eingeschätzt haben, werden sie in den meisten Fällen Ihr Engagement enorm erhöhen, um die Ziele zu erreichen. Dazu kann gehören, dass sie weitere KAP entwickeln und couragiert umsetzen. Beides ist ja durchaus in Ihrem Sinne.

Mit Maßnahmen, die Sie vorgeben, ist die Wahrscheinlichkeit für das Auftreten dieser emotional geprägten Verantwortungsübernahme deutlich geringer. Dennoch: Sofern es Ihnen um die Umsetzung einer ganz bestimmten Maßnahme geht, gaukeln Sie Ihrem Mitarbeitenden bitte keine Freiheiten vor und lassen Sie ihn auch nicht Ihre Lösung erraten. Geben Sie dem Mitarbeitenden bitte sowohl das Ziel als auch die gewünschte Maßnahme klar vor. Ihm verbleibt die Aufgabe, diese in einen KAP zu konkretisieren, zu durchdenken und zu genau planen.

Rahmen setzen

Hierzu zeigen Sie die Rahmenbedingungen auf, in denen sich Ihre Mitarbeitenden bewegen dürfen. Ist es erforderlich, dass die Maßnahme zu einem bestimmten Zeitpunkt abgeschlossen ist, beispielsweise um Synergiepotenziale zu realisieren?

Nennen Sie die Mindestanforderung für KAP: Person(en), Inhalt, Zeit, erwartetes Ergebnis im Hinblick auf das Ziel: Wer (ggf. mit wem) macht was wann (ggf. ab/bis wann) und mit welchem Ergebnis? Erst dann ist ein KAP ausreichend konkret.

Optional: Kosten

Ergänzen Sie diese Mindestanforderungen ruhig sinnvoll – zielbezogen, situationsgerecht und mitarbeiterindividuell. Welche Aspekte des KAP möchten Sie durchdacht und geklärt wissen? Möchten Sie, dass der Mitarbeitende auch die Kosten seines KAP schätzt? Dürfen die KAP überhaupt mit Kosten verbunden sein – wenn ja, bis zu welcher Höhe? Welche Ergebnis-Kosten-Relation soll gegeben sein? Ist, falls der jeweilige Mitarbeitende selbst in Führungsverantwortung steht, die Einstellung von weiterem Personal denkbar?

Zwei Vorteile dieser Zusatzanforderung:

1. Sie und Ihre Mitarbeitenden können die wirtschaftlichsten KAP mit einem Blick identifizieren.
2. Sie erkennen Optimierungspotenziale und können dem Mitarbeitenden zum Ende von Stufe 4 ein fundierteres Feedback geben.

Optional: Planung

Soll der Mitarbeitende bereits den KAP ganz konkret und in einzelnen Prozessschritten planen? Soll er die Verfügbarkeit der für die KAP-Umsetzung benötigten Ressourcen im Vorfeld klären, beispielsweise Räume oder Leistungen Dritter? Oder soll der Mitarbeitende Ihre Entscheidung über seine KAP abwarten?

Vielleicht wünschen Sie im ersten Schritt nur eine Sammlung, eine Auswahl denkbarer und noch nicht konkretisierter Maßnahmen, um im zweiten Schritt hieraus die aus Ihrer Sicht interessantesten Ideen auszuwählen? Falls letzteres, welche Ansprüche stellen Sie an diese Sammlung?

Optional: Ideensammlung

Falls Sie auf diese Weise vorgehen möchten, ist der Aufwand für Sie etwas höher. Sie realisieren im Gegenzug einen hohen Nutzen durch die Aktivierung der Innovationspotenziale Ihrer Mitarbeitenden.

! **Praxisfall: Baumarkt**

Eine große Baumarktkette arbeitet seit 2015 mit der Zielvereinbarung nach der Fünf-Stufen-Methode. Bei der erstmaligen Durchführung in seiner Filiale zeigte sich ein Marktleiter nach Durchsicht der KAP seiner Mitarbeitenden schwer enttäuscht: Sie hatten ihm nur KAP erarbeitet, die seiner Ansicht nach zum Standardprogramm eines attraktiven Baumarktes gehören. Um die Kreativität seiner Mitarbeitenden anzuregen, forderte er all seine Mitarbeitenden dazu auf, ihm mindestens zehn Vorschläge zu unterbreiten: »Fünf die nichts kosten, fünf die besonders viel zur Zielerreichung beitragen und nicht einer davon darf einer sein, den wir schon mal gemacht haben!«
Er erhielt schließlich – nach Bereinigung um doppelte – rund 100 hoch wirksame, innovative Ideen, die noch immer umgesetzt werden. Er legte so einen Grundstein für das bis heute deutlich spürbare Klima, in dem sich die Mitarbeitenden bezüglich wirkungsstarker, ausgefallener Ideen ständig gegenseitig zu übertreffen versuchen.

Bitte erinnern Sie Ihre Mitarbeitenden daran, dass die Schätzung des KAP-Ergebnisses in der jeweiligen, aus der Zielrichtung abgeleiteten Messgröße auszudrücken ist. Denn die angenommenen Einzelergebnisse benötigen Sie beide, die Zielhöhe festzulegen – oder, falls diese schon feststeht, zu prüfen, ob die KAP hierfür ausreichen.

Üblicherweise kommt dann von den Mitarbeitenden schon die Frage, wie sie denn mit Eventualfällen bei der Konkretisierung der Maßnahmen umgehen sollen. »Ich weiß doch gar nicht, ob das Steuerumgehungsbekämpfungsgesetz noch dieses Jahr verabschiedet wird, was es enthält und ab wann es wirksam wird«, monierte einer der Mitarbeitenden eines Kreditinstituts im Rahmen der Zielvereinbarung 2017. Der Vorgesetzte nahm die Flanke dankbar an und richtete die Blicke seiner Mitarbeitenden auf die Risiken der Zukunft. »Vor welchen Unwägbarkeiten stehen wir noch? Kennen wir alle Ungewissheiten der Zukunft?«

8.1.4.2 Inventur externer und interner Einflüsse

Realismus zeichnet die Entwicklung der KAP aus. Welche Leistungshemmnisse, Erfolgshindernisse, Risiken und Chancen mit hoher Eintrittswahrscheinlichkeit oder hoher Auswirkung sehen Ihre Mitarbeitenden in der Zukunft, bezogen auf Ihre Ziele?

Ich kenne Führungskräfte, die hieraus einen halbtägigen Workshop mit Ihren Mitarbeitenden gemacht haben. Andere vertrauen darauf, dass sich diese untereinander austauschen. Sie werden angesichts Ihrer Mitarbeitenden sicher selbst am besten einschätzen können, ob und wie viel *Hilfe zur Selbsthilfe* Sie bieten sollten.

Falls Ihre Mitarbeitenden noch etwas ungeübt sind im Hinblick auf die gedankliche Beschäftigung mit der Zukunft, liegt die Aufteilung in zwei Schritte nahe: Zuerst sollen die Mitarbeitenden alle Hemm- und Hindernisse, Chancen und Risiken auflisten, danach Maßnahmen entwickeln. Im zweiten Jahr können Sie direkt die Erarbeitung der »vier KAP-Typen« [Kapitel 4.3.1] anfordern.

!

Achtung: Informieren, nicht erarbeiten!

Die Stufe 3 des Zielvereinbarungsprozesses dient der Information der Mitarbeitenden über deren Ziele für die kommende Periode und darüber, was diese selbst in Stufe 4 erarbeiten sollen. Auch wenn Sie zunächst in ratlose Gesichter blicken: Unterliegen Sie nicht der Versuchung, hier selbst mit den Mitarbeitenden eine Inventur der Risiken vorzunehmen und KAP bzw. AAP zu entwickeln. Entlasten Sie sich, nehmen Sie die Verantwortung nicht wieder an sich. Sofern Ihre Mitarbeitenden zutreffend eingesetzt sind, werden sie diese Aufgaben schon zu Ihrer Zufriedenheit erfüllen.

Sobald Sie mit Ihren Mitarbeitenden über Chancen und Risiken sprechen, kommt ebenfalls so gut wie automatisch die Frage auf, wie diese im Falle des Falles zu behandeln sind.

8.1.4.3 Alternative Aktions-Pläne entwickeln

AAP richten sich primär auf potenzielle Hemm- und Hindernisse bzw. förderliche Faktoren: Chancen und Risiken mit eher geringer Eintrittswahrscheinlichkeit. Welche Anforderungen Sie an AAP [Kapitel 4.3.2] stellen, entscheiden Sie. Die meisten Führungskräfte entscheiden sich dafür, die Mitarbeitenden bereits konkrete Vorschläge erarbeiten zu lassen: In welchem Falle wird wer (ggf. mit wem) was machen, um welches Ergebnis zu erzielen?

Ihre Mitarbeitenden haben somit AAP zu erarbeiten, die der Beseitigung von Risiken bzw. der Reduzierung der Schadensauswirkung dienen und AAP, die sich auf die Nutzung von Chancen richten.

Termine für Abgabe und Zielvereinbarungsgespräche
Wenn Sie alle Fragen Ihrer Mitarbeitenden geklärt haben, stimmen Sie bitte die Terminschiene ab. Bei der erstmaligen Durchführung der Fünf-Stufen-Methode geben wir den Mitarbeitenden mehr Zeit, etwa 14 Tage. Dieser Zeitrahmen reicht üblicherweise aus, um erstmalig die Inventur sowie KAP und AAP zu erstellen. In der Folgeperiode reicht, falls sich Ziele und Gegebenheiten nicht völlig verändert haben, zumeist eine Woche.

Legen Sie auch direkt fest, in welcher Form Ihnen diese bis zum Ablauf der Frist zugestellt werden sollen. Rechnen Sie für sich ein bis zwei Wochen dazu, um diese durchzusehen, ein Feedback zu geben und gegebenenfalls Nachbesserungen einzufordern. Etwa drei bis vier Wochen nach der Informationsveranstaltung sollten – bei erstmaliger Durchführung – die Termine für Zielvereinbarungsgespräche möglich sein.

> **!** **Tipp: Nicht mit harten Nüssen starten!**
> Wenn Sie selbst die Zielvereinbarung nach der Fünf-Stufen-Methode erstmalig durchführen, legen Sie die Termine für Zielvereinbarungsgespräche mit denjenigen Mitarbeitenden an den Beginn, von denen Sie die beste Vorbereitung erwarten. Wenn die »schweren Fälle« kommen, verfügen Sie bereits über eine gewisse Routine.

Sofern Ihre Mitarbeitenden wiederum über eigene Mitarbeitende verfügen, die sie an der Maßnahmengenerierung und -bewertung beteiligen möchten, passen Sie die Termine bzw. Zeiträume bitte entsprechend an.

Stufe 3 erledigt?
Am Ende dieser dritten Stufe haben Sie die Verantwortung für die Ziele an Ihre Mitarbeitenden übertragen. Sie haben Ihre Mitarbeitenden ausführlich über Zielrichtungen und Messgrößen mitsamt etwaiger Bezugswerte informiert, sowie über möglicherweise feststehende Zielhöhen und Maßnahmen.

Sie haben Hintergründe und Freiräume dargelegt. Ihre Mitarbeitenden werden diese nun ausfüllen: Maßnahmen entwickeln und konkretisieren, Einflussfaktoren inventarisieren, Alternative Aktions-Pläne ausarbeiten. Auf diese Weise nutzen Sie zum einen deren Erfahrungsschatz und deren innovatives Potential. Zum anderen dürfen Sie erwarten, dass Ihre Mitarbeitenden selbst entwickelte Ideen besonders engagiert umsetzen.

Bildlich gesprochen haben Sie die individuelle Wettkampfvorbereitung nun an Ihr Team übergeben und nehmen nun Ihre Rolle als Coach ein.

8.1.5 Stufe 4: Konkrete Aktions-Pläne ausarbeiten

Vielleicht fragen Sie sich gerade, welche Inhalte Sie wohl in diesem Kapitel finden. Denn Ihre Aufgabe in Stufe 4 ist ja primär: Abwarten.

Ob Sie dabei Tee trinken oder nicht: Sie spüren gerade, wie sich die Vorteile eines professionell gemanagten Zielvereinbarungsprozesses anfühlen. Dank Ihrer disziplinierten Vorarbeit können Sie sich jetzt entspannt zurücklehnen. Ihre Mitarbeitenden sind bestens vorbereitet, kennen ihre Aufgaben und wissen, welche Resultate Sie erwarten.

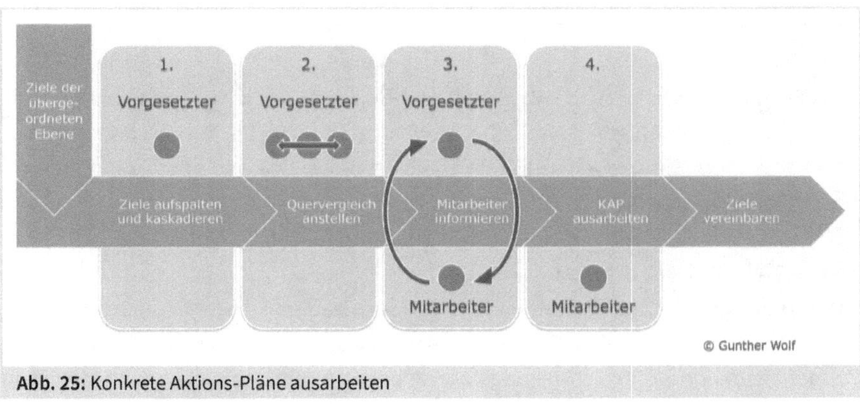

Abb. 25: Konkrete Aktions-Pläne ausarbeiten

Zielvereinbarungen dürfen niemals zu einer zusätzlichen Bürde für Sie als Führungskraft und Ihre Mitarbeitenden werden. Zielvereinbarungen sollen Sie als Führungskraft von rückdelegierten Tätigkeiten, Schwierigkeiten und Entscheidungen aus dem operativen Aufgabenbereich Ihrer Mitarbeitenden entlasten. Zielvereinbarungen sollen Ihren Mitarbeitenden Orientierung, Transparenz und Verhaltenssicherheit verleihen. Dafür haben Sie nun das Fundament gelegt.

Entlastung spüren

Indem Sie konsequent auf die gleiche Weise im Zielvereinbarungsprozess weiter vorgehen, können Sie sich sicher sein, dass Sie solche Tee-Phasen auch im Verlauf des Zielerreichungsprozesses, also die gesamte Zielperiode hinweg, wesentlich häufiger erleben werden als bisher.

!

6. Leitsatz

Zielvereinbarung bedeutet Lust, nicht Last.[58]

Ihren Mitarbeitenden haben Sie in der dritten Stufe des Zielvereinbarungsprozesses die Verantwortung für die Ziele erfolgreich übertragen. Falls Sie mögen, lassen Sie die KAP-Ausarbeitungen auf einem Formblatt festhalten. Das erleichtert die gegebenenfalls von Ihnen vorgesehene Eingabe in eine Datenbank. Eine nutzbare Vorlage finden Sie unter den Digitalen Extras, die Ihnen Haufe mit diesem Buch zur Verfügung stellt.

Aufgaben in Stufe 4 des Zielvereinbarungsprozesses	Verantwortlich
Leistungshemmnisse, Erfolgshindernisse und Risiken mit Vorschlägen für Maßnahmen erarbeiten (desgleichen bezüglich der positiven Einflussfaktoren und Chancen)	Mitarbeitende
KAP und AAP entwickeln und bewerten	Mitarbeitende
Eigene Zielerreichung planen, eigene KAP und AAP entwickeln und bewerten	Führungskraft

Tab. 25: Aufgaben und Verantwortlichkeiten in Stufe 4 des Zielvereinbarungsprozesses

Falls Sie statt Tee zu trinken lieber etwas tun möchten, böte sich beispielsweise die Möglichkeit an, diejenigen Maßnahmen konkret zu planen, die Sie für sich selbst vorgesehen haben: Strategisch relevante Projekte beispielsweise oder Aktivitäten mit besonderer Außenwirkung.

Eigene Ziele und Maßnahmen

Auch für Sie gilt: Welche Hemm- und Hindernisse werden sich Ihnen in den Weg stellen? Mit welchen Chancen und Risiken rechnen Sie auf lange Sicht? Welche Trends und Tendenzen sehen Sie? Welche Herausforderungen, welche schleichenden und welche disruptiven Veränderungen erwarten Sie in den kommenden Jahren?

58 Einen Überblick über alle Leitsätze und Prinzipien finden Sie am Buchende in den Kapiteln 13 (Leitsätze des Führens mit Zielen) und 14 (Prinzipien für das Führen mit Zielen).

Stärken Sie Ihre Position und die Wettbewerbsfähigkeit Ihres Unternehmens, indem Sie Eventualitäten als Erster erkennen und erfolgreich auf Ihre proaktiven Handlungsoptionen hin durchleuchten. Wie wird sich Ihr Funktionsbereich, wie wird sich Ihr Geschäftsfeld in den nächsten ein bis fünf Jahren wandeln?

Welche Veränderungen in angrenzenden Branchen, bei Kunden und Lieferanten üben einen Einfluss auf Ihr Tätigkeitsgebiet aus? Welche relevanten Umbrüche bringen die Entwicklungen im Bereich von Digitaler Transformation, Mobilität, Automation, Kommunikation, Gesundheit, Wertewandel und Klimaschutz?

Frühwarnsignale identifizieren

Überlegen Sie, anhand welcher Frühindikatoren Sie den Eintritt relevanter Chancen und Risiken rechtzeitig erkennen können. Wie werden Sie dann vorgehen? Welche Optionen bieten sich Ihnen? Sind risikopräventive Maßnahmen zu ergreifen? Welche Vorarbeiten werden Sie dafür künftig erledigen, welche Projekte sollten Sie nun aufs Gleis setzen, welche Voraussetzungen sollten Sie prüfen und gegebenenfalls im Unternehmen schaffen?

Statement Univ.-Prof. Dr. Dr. h.c. mult. Horst Wildemann !

Kein Controller kann alle Supply Chain KPIs überwachen. Muss er auch nicht, es reichen genau die Indikatoren, welche den Wandel ankündigen, um Überraschungen besser managen zu können. Die Tipping Point Analyse etwa ist ein großer Mehrwert der Algorithmen basierten Prognosemodelle, erlaubt sie doch die Identifikation der kritischen Ausschläge im Dickicht zu überwachender Umweltzustände, welche Logistikketten oder auch Produktionslinien ins Chaos stürzen lassen. Ein smartes Erwartungsmanagement heißt nicht, die Zukunft zu kennen, sondern die Optionen ausrechnen zu können und zu wissen, an welchen kritischen Schwellwerten die Controller ihre Antennen ausrichten sollten und wann eingegriffen werden muss. Die Technologie dazu halten die Unternehmen in Händen. Der Umgang mit dem Unplanbaren lässt sich üben und verbessern mit technischen Instrumenten.

Univ.-Prof. Dr. Dr. h.c. mult. Horst Wildemann
Inhaber, Geschäftsführer und Gründer, TCW Transfer-Centrum für Produktions-Logistik und Technologie-Management
Institutsleiter, Forschungsinstitut für Unternehmensführung, Logistik und Produktion

Sie bieten nicht nur Ihren Mitarbeitenden, sondern auch sich selbst in dieser Stufe 4 die Gelegenheit, sich intensiv gedanklich mit der Zukunft und deren Auswirkungen auf die Aufgaben in der folgenden Zielperiode zu befassen.

Entspannt die Zukunft gestalten

Ihre Mitarbeitenden haben in Stufe 4 die Chance, Maßnahmen- und Verbesserungsideen zu entwickeln, diese im Hinblick auf die Ziele zu bewerten und die Umsetzung konkret zu planen. Manche Ihrer Mitarbeitenden tun sich mit dieser Aufgabe ausgesprochen leicht und setzen enorm kreative Potenziale frei. Als zöge man den Stopfen von einer Flasche, so sprudeln die Einfälle. Stets sind hierunter auch ausreichend viele praktikable und erfolgversprechende Ideen.

Anderen Mitarbeitenden fällt es hingegen sehr schwer, sich Zukunft und damit etwas noch nicht Vorhandenes überhaupt nur vorzustellen – geschweige denn eine Aktivität zu durchdenken, die sie noch nie umgesetzt haben. Das ist jedoch eine wiedererlernbare Fähigkeit[59].

Hilfe zur Selbsthilfe

Zudem können Sie führend unterstützen durch Fragen, die Bilder im Kopf der Mitarbeitenden entstehen lassen und sie zum Nachdenken anregen.

! **Tipp: Kreativität ist lernbar!**

Ein Kreativworkshop inmitten von Stufe 4 für Ihr Team kann dazu beitragen, den Funken der Geistesblitze von dem einen Mitarbeitenden zum anderen überspringen zu lassen. Bringen Sie einen erfahrenen Kreativitätstrainer ins Spiel, der mithilfe von zielführenden Kreativitätstechniken mit den Mitarbeitenden sinnvolle Ideen für Maßnahmen erarbeitet. Die wirtschaftlichkeitsorientierte Auswahl und Konkretisierung der Maßnahmen wird danach und ohne den Trainer erfolgen können.

Begehen Sie auch hier nicht den Kardinalfehler, für diese Mitarbeitenden die umzusetzenden Maßnahmen zu entwickeln. Halten Sie sich weiter aus der Aufgabenbearbeitung in Stufe 4 heraus und ziehen Sie nicht die Verantwortung wieder zu sich zurück.

Verantwortung nicht zurückziehen

Wenn Sie sich in die Planung und Entwicklung einmischen würden, bekämen Sie die Verantwortung für den Erfolg der Maßnahmen auch in der Umsetzungsperiode nicht wieder von den Schultern: Sie blieben auch nachher für Lösungen verantwortlich, falls es zu Problemen kommt oder der Erfolg ausbleibt. Schließlich war es doch Ihr Vorschlag! Daher müssten Sie auch im Zielerreichungsprozess ständig aushelfen. Sie sind aber kein Aushelfer, sondern Führungskraft. Fordern und fördern Sie Ihre Mitarbeitenden. Halten Sie an Ihrem Nutzen fest.

! **Tipp: Ressourcen freisetzen!**

Unter der Bezeichnung »Zieltuning« werden vermehrt Teamtrainings auf der Basis des Zürcher Ressourcenmodells (ZRM) angeboten. Teilnehmer berichten, dass Ihnen hierdurch das Entwickeln, Konkretisieren und auch das spätere Umsetzen der KAP wesentlich leichter gefallen sei.

59 Im Kindesalter ist jeder Mensch in der Lage, Visionen zu entwickeln und inmitten der eigenen Phantasien zu agieren.

Stufe 4 erledigt?
Am Ende von Stufe 4 sollten Ihre Mitarbeitenden einen bunten Strauß an konkreten und alternativ denkbaren Aktionsplänen entwickelt haben: bewährte und innovative, kostenneutrale und wirkungsstarke, risikominimierende und chancenorientierte.

Ihre Mitarbeitenden haben diese nach den vorgegebenen Kriterien bewertet und die zur Umsetzung erforderlichen Einzelschritte konkret aufgelistet. Falls Sie hierum vorher gebeten haben, sind die Fälle, in denen die Mitwirkung anderer Personen oder Abteilungen erforderlich wäre, sogar bereits auf ihre Machbarkeit hin geprüft.

Demokratie oder Partizipation
Falls Sie den demokratischen Führungsstil pflegen, werden Sie Ihre Mitarbeitenden entscheiden lassen, welche KAP zur Umsetzung kommen – und zu Stufe 5 übergehen. Dies ist, je nach Reifegrad Ihres Teams, in vielen Fällen durchaus denkbar.

Sofern Sie sich eher als partizipativer Leader Ihrer Mitarbeitenden begreifen, lassen Sie sich die KAP übergeben und prüfen Sie die Vorschläge. Notieren Sie für das Zielvereinbarungsgespräch beispielsweise, wo Ihrer Ansicht nach fragwürdige Annahmen zugrunde liegen, wo Unklarheiten bestehen oder wozu Sie dem Mitarbeitenden weitere Anregungen geben wollen.

Kontrolle und Unterstützung
Wo sind Sie in den KAP enthalten? Sieht Sie dort der Mitarbeitende nur in der Pflicht oder sind Sie es wirklich? Wo kommen Sie oder gar Ihr Vorgesetzter nicht umhin, für die nötige Unterstützung zu sorgen? Identifizieren Sie auch hier, auf der Maßnahmenebene, potenzielle Konflikte und Synergien.

Sofern die KAP für Sie akzeptabel sind, gehen Sie zu Stufe 5 über, dem Zielvereinbarungsgespräch. Falls aber die Ausarbeitungen eines Mitarbeitenden Ihrer Ansicht nach keine Grundlage für ein sinnvolles Zielvereinbarungsgespräch bilden, weil sie etwa den gestellten Anforderungen nicht genügen, oder es an ausreichender Erfolgs- bzw. Zielwirksamkeit fehlt, führen Sie bitte *kein Zielvereinbarungsgespräch.* Lassen Sie den Mitarbeitenden die KAP selbst so lange überarbeiten, bis diese Ihren Anforderungen entsprechen.

Achtung: Vertrauen nicht entziehen! !

Bitte überarbeiten Sie die KAP niemals selbst. Lassen Sie den Mitarbeitenden lernen, fördern Sie sein Potenzial und damit das gesamte Potenzial Ihres Teams.

Sie haben diesen Mitarbeitenden in Stufe 1 ausgewählt, weil Sie ihm die Verfolgung des Ziels angesichts seiner Ressourcen und seines Potenzials zutrauen. Entziehen Sie ihm das Vertrauen nicht. Lassen Sie ihn die KAP selbst noch einmal überarbeiten, notfalls auch ein zweites und drittes Mal.

Fordern und fördern

Dann sollten die KAP aber in Qualität und Quantität stimmen, sonst hätten Sie sich zu fragen, ob der Mitarbeitende überhaupt richtig eingesetzt ist. Zeigen Sie aber bitte nur im ersten Jahr der Einführung der Fünf-Stufen-Methode solch einen Langmut.

Man hilft den Menschen nicht, wenn man für sie tut, was sie selbst tun können.
Abraham Lincoln

Manche der Mitarbeitenden tun sich mit der Umstellung auf einen professionellen Zielvereinbarungsprozess echt schwer. Andere wollen testen, ob Sie es ernst meinen und konsequent bleiben – oder ob Sie ihnen auf den Leim gehen und die KAP-Entwicklung und deren Bewertung irgendwann »doch lieber selbst« machen.

8.1.6 Stufe 5: Zielvereinbarungsgespräch in 15 Minuten

Im Zielvereinbarungsgespräch machen Sie zusammen mit Ihren Mitarbeitenden Nägel mit Köpfchen. Sofern Sie nicht noch andere Aspekte neben den Zielen zu besprechen haben, reichen dafür 15 Minuten.

! **Definition: Zielvereinbarungsgespräch**

Als Zielvereinbarungsgespräche werden die den Zielvereinbarungsprozess abschließenden und den Zielerreichungsprozess einleitende Dialoge zwischen den Zielgebenden (zumeist den Vorgesetzten) und den Zielnehmenden (zumeist einzelnen Mitarbeitenden oder Teams) bezeichnet, in deren Verlauf eine Zielvereinbarung mit Zielen und Konkreten Aktions-Plänen abgeschlossen wird.

Treffen Sie zunächst eine gemeinsame Entscheidung, welche KAP vom Mitarbeitenden umgesetzt werden. Die anderen KAP gehen nicht verloren, sondern werden als AAP für sich verändernde Umstände in die Hinterhand genommen.

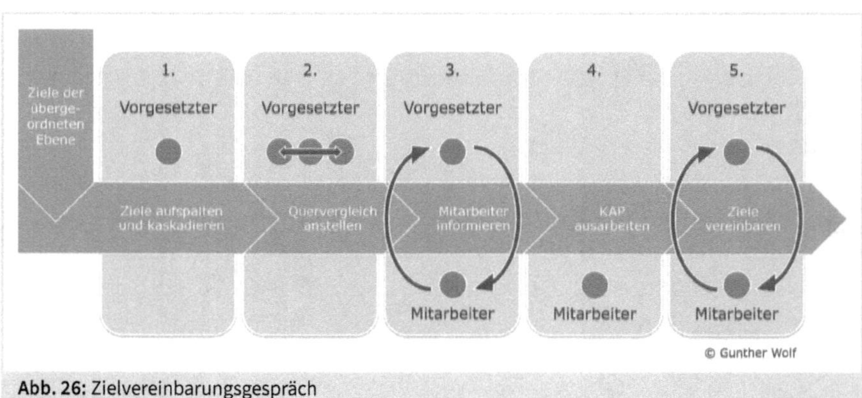

Abb. 26: Zielvereinbarungsgespräch

Zeigen Sie die von Ihnen erkannten Maßnahmenkonflikte und die Synergien auf Maßnahmenebene auf. Besprechen Sie mit den Mitarbeitenden, wie sie diese Konflikte in der konkreten Planung umgehen und wie sie die Synergien nutzen werden. Legen Sie fest, zu welchen Terminen oder Stadien Sie informiert werden möchten bzw. wann Sie gemeinsam Zwischengespräche führen wollen.

Aufgaben für Sie?

Sie werden an der einen oder anderen Stelle in der Pflicht stehen. Möglicherweise ist erforderlich, dass Sie Rahmenbedingungen schaffen, notwendige Budgets zusagen oder Verbindungen zu anderen Unternehmensbereichen herstellen, die bei der KAP-Umsetzung mitzuwirken haben.

Aufgaben in Stufe 5 des Zielvereinbarungsprozesses	Verantwortlich
Über KAP und AAP des Mitarbeitenden entscheiden, Maßnahmenkonflikte und Synergien aufzeigen	Führungskraft
Rahmenbedingungen zusagen, die außerhalb des Einflussbereichs des Mitarbeitenden liegen	Führungskraft
Zielhöhe festlegen, Ziel über alle vier Elemente komplettieren	Führungskraft o. Mitarbeitende
Zwei-Säulen-Zielvereinbarung dokumentieren, Termine für Umsetzungsberichte und Zwischengespräche festlegen	Führungskraft o. Mitarbeitende
Dank, Wertschätzung, Vertrauen, Motivation	Führungskraft

Tab. 26: Aufgaben und Verantwortlichkeiten in Stufe 5 des Zielvereinbarungsprozesses

Sagen Sie bitte nur zu, was Sie einhundertprozentig gewährleisten können. Gleiches erwarten Sie ja auch von Ihrem Gegenüber. Sind Sie sich nicht sicher, beispielsweise weil Dritte auf Ihre Entscheidung Einfluss nehmen könnten? Dann legen Sie mit dem Mitarbeitenden direkt fest, welche AAP er dann aus der Schublade zieht.

Bürokratie als vorletzter Akt

Wahrscheinlich haben Sie das Gespräch zu dokumentieren. Führen Sie bitte erst das Zielvereinbarungsgespräch. Dann füllen Sie oder der Mitarbeitende das Formular aus. Hier halten Sie zumindest die Ziele komplett fest mit Zielrichtung, Zielperiode, Zielhöhe, Messgröße und, sofern erforderlich, Bezugswert. Hiervon, aber auch von den KAP und AAP samt der Feedback-Termine halten Sie beide eine Kopie bei sich.

! **Prinzip #12**

So viel Dokumentation wie nötig, so wenig Dokumentation wie möglich.[60]

Nachdem Sie beide das Formular unterzeichnet haben, beenden Sie das Gespräch mit positiven, zukunftsgerichteten und stärkenden Worten. Selbst wenn Sie im Verlauf des Zielvereinbarungsprozesses gewisse Differenzen hatten: Der letzte Eindruck bleibt.

Das Beste zum Schluss

Vergegenwärtigen Sie sich daher vor dem Zielvereinbarungsgespräch noch einmal die Motivkonstellation jedes einzelnen Mitarbeitenden. Bereiten Sie für jeden Ihrer Mitarbeitenden ein bis drei persönliche, individuelle Sätze vor.

Verleihen Sie auch Ihrer Wertschätzung für die Mitwirkung des Mitarbeitenden in dem professionellen Zielvereinbarungsprozess Ausdruck. Betonen Sie Ihr Vertrauen, dass er auch den nun folgenden Zielerreichungsprozess erfolgreich bewältigt und alle seine Ziele erreicht.

Stufe 5 und den Zielvereinbarungsprozess erledigt?

Am Ende der 5. Stufe halten Sie und Ihre Mitarbeitenden komplette Zielvereinbarungen in den Händen – mit Zielen und Konkreten Aktions-Plänen. Zielvereinbarung ist ein auf die Gestaltung einer erfolgreichen Zukunft gerichteter Austausch unter Experten.

Der Zielvereinbarungsprozess war dann erfolgreich, wenn Sie erkennen, dass der Mitarbeitende für die Herausforderungen und Eventualitäten der Zielperiode gut gerüstet ist, sich die Ziele zu eigen gemacht hat und sie energisch verfolgt.

8.2 Zielerreichungsprozess – in nochmals fünf Stufen

Im Verlaufe des Zielerreichungsprozesses setzen Ihre Mitarbeitenden die KAP engagiert um. Sofern sich Rahmenfaktoren verändern und die beschlossenen KAP nicht mehr als optimal gelten können, greifen Ihre Mitarbeitenden auf die Alternativen Aktions-Pläne (AAP) zurück.

Sollten auch diese nicht mehr umsetzbar sein oder nur unzureichende Ergebnisse mit Blick auf die Ziele versprechen, besitzen Ihre Mitarbeitenden nun ausreichend Übung und Selbstvertrauen, um kreativ neue Vorgehensweisen zu entwickeln.

60 Einen Überblick über alle Leitsätze und Prinzipien finden Sie am Buchende in den Kapiteln 13 (Leitsätze des Führens mit Zielen) und 14 (Prinzipien für das Führen mit Zielen).

Sofern Sie dies mit dem jeweiligen Mitarbeitenden abgesprochen haben, wird er Modifikationen und Austausch der ursprünglich geplanten KAP lediglich mit Ihnen abstimmen und seine Kollegen im Team hierüber informieren.

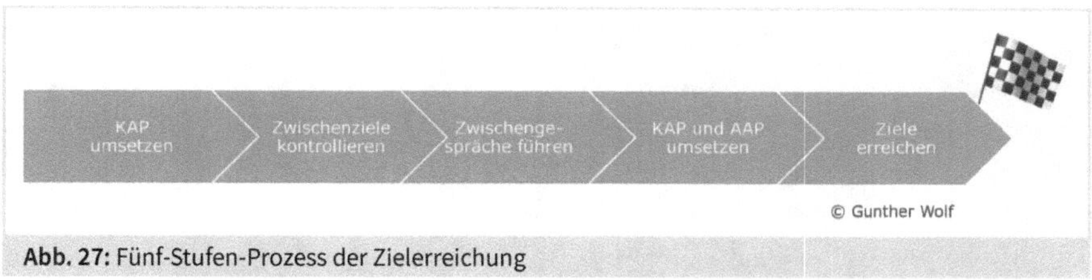

Abb. 27: Fünf-Stufen-Prozess der Zielerreichung

Ist die Hürde der Veränderung in Richtung eines professionellen Zielvereinbarungs- und Zielerreichungsprozesses erst einmal genommen, gewöhnen sich alle Beteiligten schnell an dieses Verfahren, erlangen Routine und wollen es bald nicht mehr missen.

8.2.1 Stufe 6: KAP umsetzen

In Stufe 6 des umfassenden Zielvereinbarungs- und Zielerreichungsprozesses werden üblicherweise erst einmal einige »Quick Wins« eingefahren, auf die Sie sich mit Ihren Mitarbeitenden geeinigt haben. Zumeist sind dies Aktivitäten, bei denen zwar nicht allzu große Schritte in Richtung Ziel gemacht werden, die aber als besonders leicht umsetzbar erkannt wurden.

Quick Wins mitnehmen
Bei manchen wurde wahrscheinlich im Zielvereinbarungsprozess die augenblickliche Gelegenheit als günstig erkannt. Andere sind von einem Tag auf den anderen umsetzbare KAP des Formats »ab jetzt machen wir es soundso«.

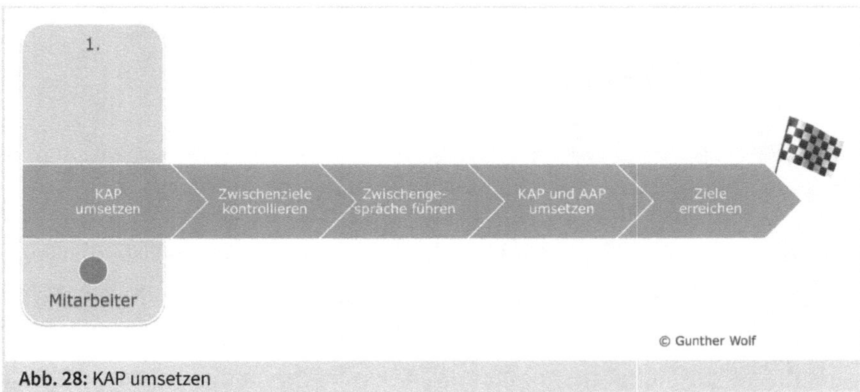

Abb. 28: KAP umsetzen

Zugleich beginnt die Analyse- und Detailplanungsphase bei den ersten Projekten, die Ihre Mitarbeitenden in Angriff nehmen werden. In den meisten Unternehmen, die auf die Fünf-Stufen-Methode umgestellt haben, führt dies zu intensiven, bereichs- und funktionsübergreifenden Abstimmungsprozessen. Mehrfach habe ich schon die Aussage gehört, seit der Umstellung ginge »es zu wie in einem Bienenstock«.

Projekte planen

Wenn nur Sie und Ihre Mitarbeitenden den Zielvereinbarungs- und Zielerreichungsprozess professionalisiert haben, sollten Sie damit rechnen, dass das Verhalten Ihrer Mitarbeitenden im Unternehmen auffällt. Es wird sicherlich häufig positiv Beachtung finden, kann aber auch für Irritationen sorgen.

!

Praxisfall: Personalmanagement im Pharmaunternehmen

In einem mittelständischen Pharmaunternehmen geht die Personalabteilung seit Anfang 2017 nach der Fünf-Stufen-Methode vor. Ein Mitarbeiter der IT-Abteilung sprach seinen Vorgesetzten recht fassungslos an: »Frau X von der HR-Abteilung will, dass ich ihr für September 2017 ein Zeitbudget von 60 Stunden zusage. Das ist doch nicht deren Ernst! Woher soll ich heute wissen, was im September ist?«

Wenn manche Abteilungen des Unternehmens ihre Zielvereinbarungs- und Zielerreichungsprozesse professionell aufgestellt haben und andere nicht, prallen zwangsläufig unterschiedliche Professionalisierungsgrade bezüglich der Ziel- und Zukunftsplanung aufeinander.

Zugesicherte Rahmenbedingungen

Als Führungskraft werden Sie insbesondere damit zu tun haben, bei all Ihren Mitarbeitenden für die versprochenen Rahmenbedingungen zu sorgen. Auf diese Weise gewährleisten Sie, Ihre Mitarbeitenden und gegebenenfalls zu involvierende Dritte, dass es gar nicht erst zu den in Kapitel 2.1.2 besprochenen Startschwierigkeiten kommt.

8.2.2 Stufe 7: Zwischenziele kontrollieren

Mehr noch als bei dem zuvor dargestellten Zielvereinbarungsprozess gehen im Zielerreichungsprozess die einzelnen Phasen ineinander über. Die Aufgabe, Zwischenziele zu kontrollieren, fällt für den Mitarbeitenden und Sie während der gesamten Zielperiode an. Wer wen informiert, Sie den Mitarbeitenden oder der Mitarbeitende Sie, hängt mit dem jeweiligen Ziel, mit dem Zugang zu Messdaten und mit den im Zielvereinbarungsgespräch getroffenen Absprachen zusammen.

Ergebnisse der KAP prüfen

Idealerweise können Sie dafür sorgen, dass die betreffenden Informationen aus dem Controlling an Sie beide gleichzeitig versendet werden. In der zuvor erwähnten Personalabteilung wussten die Personalleiterin und die Mitarbeitenden des Recruitings bereits im April, um wie viel Tage sie mit den letzten zehn Einstellungen unter dem durchschnittlichen Time-to-Hire[61] des Vorjahres lagen. Die Recruiter konnten somit prüfen, ob die zuvor umgesetzten Quick Wins in Summe den kalkulierten Ergebnisbeitrag gebracht hatten.

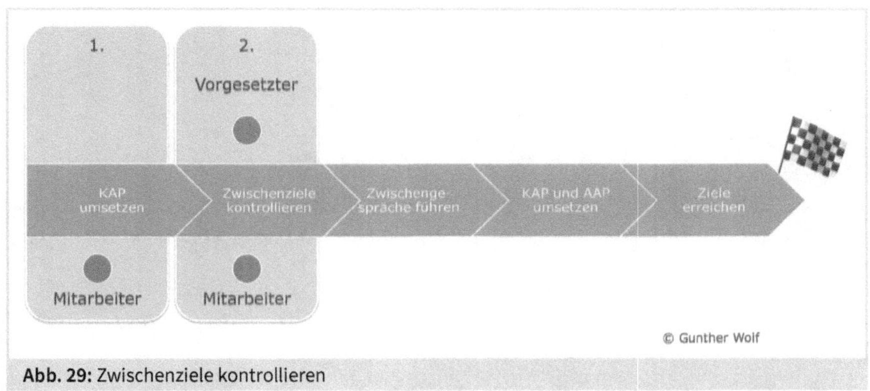

Abb. 29: Zwischenziele kontrollieren

In der Praxis ist der Rückschluss auf den einzelnen KAP nur selten unmittelbar und präzise möglich. Wenn im Vertrieb die Umsätze steigen, lag es dann an der im Haus durchgeführten Kundenveranstaltung oder an der verkürzten Bearbeitungszeit im Innendienst? Oder haben gar externe Einflüsse eine Rolle gespielt, die wir im Zweifel nicht einmal erfahren werden?

KAP-Erfolge zuordnen

In einer Schokoladenfabrik, die komplett auf den professionellen Zielvereinbarungs- und Zielerreichungsprozess umgestellt hat, meldete das Controlling weniger und kürzere Maschinenstillstände als im Vorquartal. »Erfolg hat viele Väter« weiß der Volksmund. Hier beantragten die Rohmassenvorbereitung (KAP: Umstellung des Verfahrens), die Maschineneinrichter (KAP: Einstellungen optimieren), die Instandhaltung (KAP: schneller vor Ort sein) und sogar der Einkauf (KAP: bessere Kakaobohnen) die Vaterschaft.

Das macht aber nichts: Unsere Absicht ist doch, dass es überhaupt zu den Verbesserungen kommt, das Unternehmen höhere Produktivität realisiert und die Perfor-

61 Die Messgröße Time-to-Hire gibt den Zeitraum zwischen Bekanntwerden der Vakanz und dem Abschluss des Arbeitsvertrages mit dem neuen Mitarbeitenden in Tagen an.

mance Management-Spirale nach oben zeigt. Wahrscheinlich hat letztlich jede dieser Abteilungen einen wertvollen Beitrag zu der Reduzierung der Stillstände geleistet.

8.2.3 Stufe 8: Zwischengespräche führen

Im Zielvereinbarungsgespräch haben Sie mit dem Mitarbeitenden festgelegt, zu welchen Terminen oder Stadien Sie informiert werden möchten und wann Sie gemeinsam Zwischengespräche führen wollen. Damit Sie sich auch an dieser Stelle entlasten, übertragen Sie dem Mitarbeitenden am besten auch die Verantwortung für das Einhalten der Termine.

Terminverantwortung beim Mitarbeitenden
Dennoch sollten Sie sich die Termine in Ihrem Kalender vormerken, um sich hierfür frühzeitig etwas Zeit für Vorbereitung und Durchführung der Gespräche zu blocken und um kontrollieren zu können, ob der Mitarbeitende seiner Verantwortung nachkommt.

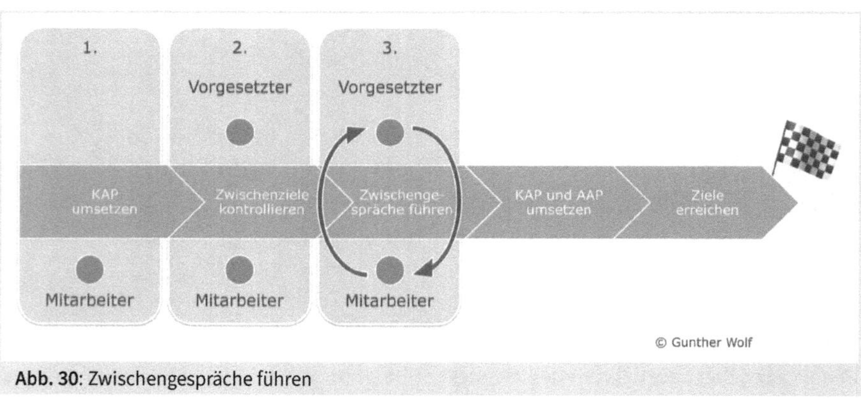

Abb. 30: Zwischengespräche führen

In den Zwischengesprächen stehen der Mitarbeitende und seine Ziele im Fokus. Sie bieten Ihren Mitarbeitenden mit diesen Gesprächen einen wertvollen Service. Auch für das Zwischengespräch gilt: 15 Minuten reichen aus.

Auf den Feldherrenhügel
Führen Sie lieber mehrere Gespräche, falls die Zielperiode ein Jahr beträgt. Ziehen Sie den Mitarbeitenden gedanklich aus dem operativen Schlachtgetümmel heraus, gehen Sie mit ihm auf den Feldherrenhügel und schauen Sie sich mit ihm gemeinsam die nun vorliegende Lage an.

Statement Prof. Dr. Ronald Gleich

!

Performance Management kann sich auf verschiedene Leistungsebenen im Unternehmen beziehen. Zum Beispiel Fachbereiche, Business Units oder Prozesse. Die wichtigste Leistungseinheit ist allerdings der Mitarbeiter, ob Manager oder Experte. Ziele sollten demzufolge nicht nur abstrakt anhand von Organisationseinheiten formuliert und geplant werden, sondern auch stets im Bezug zu den verantwortlichen und unterstützenden Menschen. Das gilt auch für die Steuerung der Zielerreichung sowie eventuelle Korrekturmaßnahmen. Hierfür müssen geeignete Performance Managementtools und -konzepte aufgebaut und eingesetzt werden, um die Potenziale einer Organisation voll nutzen zu können.
Prof. Dr. Ronald Gleich
Professor for Management Practice & Control, Frankfurt School of Finance & Management gGmbH
Academic Director, Center for Performance Management & Controlling

Erheben Sie zusammen mit dem Mitarbeitenden den Status Quo. Wo steht er im Hinblick auf die anvisierte Zielhöhe? Liegt er »auf Plan«? Ist er auf einem guten Weg? Zeigen die umgesetzten KAP den erwarteten Erfolg? Welche AAP hat er zusätzlich in die Pipeline genommen? Ergeben sich aus den positiven und negativen Erfahrungen des zurückliegenden Zeitraums Erkenntnisse für die Zukunft?

Auch hier gelten, wie in allen Phasen außer der zehnten: Legen Sie den Fokus auf Aktivitäten des Mitarbeitenden in der Zukunft. Führen Sie mit Fragen, geben Sie Hilfe zur Selbsthilfe[62].

Sparen Sie sich den detaillierten Rückblick auf die umgesetzten Maßnahmen und darauf, ob der Mitarbeitende dies oder das hätte vielleicht besser machen können. Das bringt Ihren Mitarbeitenden jetzt nicht weiter.

Kein Verharren in der Vergangenheit

Lassen Sie sich auch nicht darauf ein, wenn der Mitarbeitende erklären will, wieso etwas nicht so gut geklappt hat. Oder warum die KAP nicht den gewünschten Erfolg gebracht haben. Oder wer bzw. was aus seiner Sicht daran die Schuld trug. Auch das bringt ihn nicht weiter.

Richten Sie mit Fragen seinen Blick nach vorne und auf seine künftigen Aktivitäten. Es geht Ihnen doch primär um die Steigerung der Performance: Ermutigen Sie ihn, noch ein Schippchen obendrauf zu legen. Welche Maßnahmen kann er in der verbleibenden Zielperiode noch zusätzlich umsetzen?

62 Prinzip #2, 3 und 11. Einen Überblick über alle Leitsätze und Prinzipien finden Sie am Buchende in den Kapiteln 13 (Leitsätze für das Führen mit Zielen) und 14 (Prinzipien für das Führen mit Zielen).

!

Wichtig: Einer geht noch

Sprechen Sie mit dem Mitarbeitenden über weitere, realisierbare AAP und neue KAP. Denn: Liegt er unterhalb seines Plans im Hinblick auf die Realisierung der Zielhöhe, führt ja gar kein Weg an zusätzlichen Maßnahmen vorbei, um das Ziel noch zu 100 Prozent zu erreichen. Liegt er exakt auf Plan, wäre es zu seiner eigenen Sicherheit doch wichtig, sich mit zusätzlichen Maßnahmen einen Puffer für Unvorhergesehenes zu schaffen. Und liegt er oberhalb des Plans, scheinen die Umfeldbedingungen für zusätzliche Maßnahmen ja gerade besonders günstig zu sein ...

Lassen Sie ihn gestärkt und ermutigt aus den Zwischengesprächen gehen. Er hat noch eine Wegstrecke vor sich, die es engagiert und einfallsreich zu bewältigen gilt.

8.2.4 Stufe 9: KAP umsetzen

Insbesondere dann, wenn sich die Zielperiode über ein Geschäftsjahr erstreckt, häufen sich in der zweiten Hälfte des Jahres die Fälle, in denen die AAP aus der Schublade gezogen werden. Die ursprünglich für diesen Zeitraum geplanten KAP erweisen sich als nicht mehr ausreichend ziel- und erfolgswirksam. Das ist gut so, dafür sind die AAP ja entwickelt worden.

Die AAP kommen

Allerdings würde ich aus der Erfahrung in der Praxis schätzen, dass sicher die Hälfte der gezogenen AAP erneut modifiziert werden. Dies stellt für die Mitarbeitenden dann aber keine ungewohnte Aufgabe mehr dar. Sie werden von den Mitarbeitenden in fast allen Fällen eigenverantwortlich geprüft, durchdacht, optimiert und dann umgesetzt.

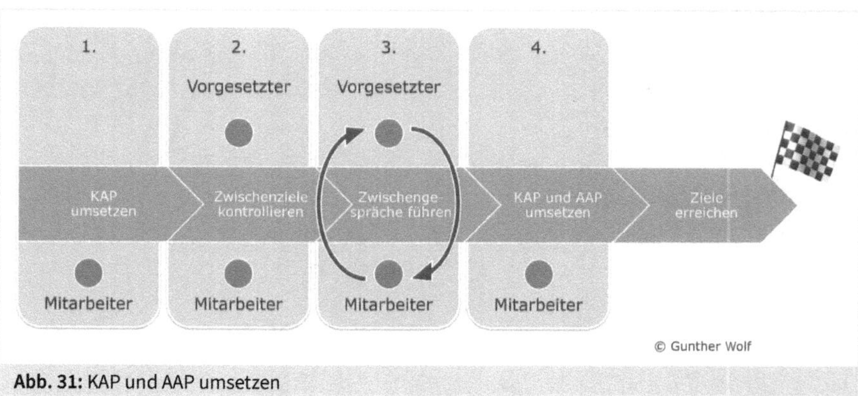

Abb. 31: KAP und AAP umsetzen

Zudem gehen die längeren Projekte nach und nach in die Realisierungsphase. Wenn man den diversen Studien verschiedener Institute Glauben schenken darf, werden durchschnittlich in deutschen Unternehmen lediglich 20 bis 40 Prozent der angefangenen Projekte zu Ende geführt.

Erfolge realisieren

Ich wage die Behauptung, dass der Anteil der erfolgreich beendeten Projekte in Unternehmen, die das Zwei-Säulen-Verfahren nutzen, um einiges höher ist. Nicht beendete Projekte sind die Ausnahme, nicht die Regel – und so soll es auch sein.

Durch das Zwei-Säulen-Verfahren in Verbindung mit dem fünfstufigen, professionellen Zielvereinbarungsprozess werden Mitarbeitende offenbar umsetzungssicherer, treiben ihre Projekte engagierter voran und sorgen eigenverantwortlich für die erfolgreiche Beendigung. Vor allem lassen sie sich von Hemmnissen und Hindernissen nicht aufhalten, da sie für nahezu alle Eventualitäten einen Plan B in Form des AAP in der Tasche haben.

8.2.5 Stufe 10: Ziele erreichen

Am Ende des Prozesses steht die gemeinsame Feststellung des Zielerreichungsgrades und, sofern vorgesehen, die Ausschüttung der Boni. Das Zielerreichungsgespräch ist die einzige Phase, in dem Führungskräfte und Mitarbeitende zurückblicken. In agilen Arbeitsformen nutzt man den Begriff der Retrospektive.

Prinzip #13
Zielerreichung ist das Ergebnis eines Zielerreichungsprozesses.[63]

!

In allen anderen 9 Stufen des gesamten Zielvereinbarungs- und Zielerreichungsprozesses tragen Sie kontinuierlich dafür Sorge, dass der Fokus jeder Aktion und jeder Interaktion auf die Zukunft gerichtet ist.

Der Blick zurück

Das Zielerreichungsgespräch liegt zeitlich nach Abschluss der Zielperiode. Üblicherweise hat dann die nächste Zielperiode längst begonnen und auch der Zielvereinbarungsprozess für die Folgeperiode ist bereits komplett erfolgt.

63 Einen Überblick über alle Leitsätze und Prinzipien finden Sie am Buchende in den Kapiteln 13 (Leitsätze des Führens mit Zielen) und 14 (Prinzipien für das Führen mit Zielen).

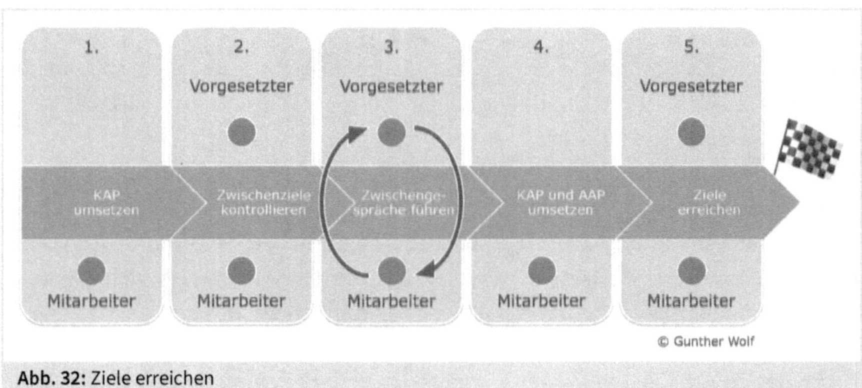

Abb. 32: Ziele erreichen

Viele Ratgeber zum Thema Zielvereinbarung empfehlen den Einstieg in ein solches Zielerreichungsgespräch mit der Frage danach, was gut lief und was schlecht. Erachten Sie das als sinnvoll und zielführend? Ich nicht. Die Lessons Learned aus dem, was schlecht und gut lief, sind zu diesem Zeitpunkt längst in Form von Chancen und Risiken in die KAP und AAP der Folgeperiode eingeflossen.

Jetzt falsche Vorgehensweisen und falsches Verhalten zu diskutieren, ist aus meiner Sicht ein Zeitaufwand, den Sie sich sparen können. Das entspricht nur der überkommenen Oberlehrer-Methode, mit dem roten Stift das Licht auf die Fehler zu richten.

Was lief gut?

Wofür also überhaupt ein Zielerreichungsgespräch? Wenn keine Leistungsbeurteilung zur Feststellung des Zielerreichungsgrades bei bestimmten, qualitativen Zielen erforderlich ist, wissen die Mitarbeitenden doch ohnehin, welche Ziele sie erreicht haben.

!

Wichtig: Gemeinsam erreichte Ziele verbinden

Wenn gemeinsame Ziele verbinden, Motivation und Identifikation schaffen, dann gilt dies umso mehr für gemeinsam erreichte Ziele. Stärken Sie die Bindungen der Mitarbeitenden zu Ihnen und zu Kollegen. Nutzen Sie diese Gelegenheit für eine gebührende Würdigung der erbrachten Leistungen und der erzielten Erfolge. Richten Sie den Fokus darauf, was gut war.

Legen Sie den Rotstift weg und nehmen Sie den grünen zur Hand. Selbst dann, wenn die vergangene Zielperiode für Ihre Mitarbeitenden nicht sonderlich gut verlaufen ist, wenn Erfolge im Sinne der Ziele eher die Ausnahme als die Regel waren: Richten Sie den Fokus auf das Positive. Denn es gilt stets: Das, worauf die Aufmerksamkeit fällt, davon bekommt man mehr.

Selbst bei ausgebliebenen Erfolgen haben Sie die Möglichkeit, die erbrachten Leistungen, erfolgreich umgesetzte KAP oder innovative AAP ins Scheinwerferlicht zu rücken.

Erfolge feiern

Führen Sie die Zielerreichungsgespräche nicht unter vier Augen. Aus der Perspektive Ihrer Mitarbeitenden startete der Gesamtprozess mit der Information über die Ziele (Zielvereinbarungsprozess, Stufe 3). Wenn Sie beim Start Ihr Team zusammengerufen haben, warum dann nicht auch beim Zieleinlauf?

Eine solche Zusammenkunft in Form einer kleinen Zielerreichungsfeier verschafft Ihnen vielfältige Möglichkeiten, denen wir uns bereits in Kapitel 2.3.1 eingehend gewidmet haben. Falls Sie dieses Kapitel zuvor überschlagen haben sollten und ein paar Inspirationen zur Gestaltung des Zielerreichungsgesprächs wünschen, blättern Sie kurz einmal dorthin.

Emotionen Raum geben

Führen Sie ergänzend Einzelgespräche, sofern Sie

a) persönliche, beispielsweise auf das individuelle Verhalten oder auf den Erwerb von Kompetenzen bezogene Ziele in Zielvereinbarungen mit einzelnen Mitarbeitenden aufgenommen haben oder
b) qualitative Ziele, die Sie zur Feststellung des Zielerreichungsgrades zu *beurteilen* [Kapitel 5.2] haben.

Das Erreichen von Zielen ist immer mit Emotionen verbunden. Nicht nur der Zielvereinbarungs- und Zielerreichungsprozess, auch die Motivkette, die Sie in dem kleinen Exkurs [Kapitel 8.1.2] kennengelernt haben, ist bei Punkt (10) angekommen.

Gibt es etwa eine bessere Motivation als den Erfolg?
Ion Tiriac

Führungspsychologisch ist die Zielerreichung ein ganz besonderer Moment. Kehren Sie ihn nicht unter den Teppich, lassen Sie ihn für sich wirken: Verleihen Sie dem Team einen neuen Schub für die Herausforderungen der bereits laufenden, nächsten Periode.

8.3 Teamzielvereinbarung

Lehrbuchmäßig unterscheiden wir individuelle Ziele (synonym: Individualziele) und gemeinsame Ziele. Individualziele sind nicht mit den sogenannten persönlichen Zielen zu verwechseln, etwa Karriereziele, Weiterbildungsziele oder Verhaltensziele. Individualziele beziehen sich schlicht und einfach auf den von einer einzelnen Person erbrachten Performance-Beitrag.

!

Individuelle und gemeinsame Ziele

- Individualziele richten sich auf den von einer einzelnen Person erbrachten Performance-Beitrag.
- Bei gemeinsamen Zielen ist die von allen Beteiligten zusammen erreichte Zielhöhe relevant, ungeachtet der individuellen Anteile am Erfolg.

Gemeinsame Ziele sind demgegenüber beispielsweise Teamziele, Abteilungsziele, Bereichsziele und Ressortziele. Auch Unternehmensziele gehören zu den gemeinsamen Zielen. Gemeinsame Ziele werden zwar durch Einzelbeiträge der dieser Gemeinschaft zugehörigen Individuen erbracht, aber für die Feststellung des Zielerreichungsgrades zählt einzig die insgesamt erreichte Zielhöhe.

8.3.1 Individuelle und gemeinsame Ziele

Es ist keineswegs unüblich, dass einer der Mitarbeitenden sowohl Individualziele als auch Teamziele zu verfolgen hat. Angenommen, Sie sind die Leiterin oder der Leiter des Werkzeugbaus. Sie haben von Ihrer Führungskraft die Zielrichtung »Senken des Materialverbrauchs im Werkzeugbau« erhalten.

Indem Sie diese Zielrichtung an Ihre Mitarbeitenden als Team weitergeben, wird hieraus im Verlaufe des Zielvereinbarungsprozesses ein gemeinsames Ziel definiert: Ein Ziel, dem sich alle Mitarbeitenden des Werkzeugbaus zusammen mit Ihnen widmen.

Ebenenübergreifend gemeinsame Ziele

Ihr direkter Vorgesetzter hat möglicherweise die Zielrichtung »Senken des Materialverbrauchs in der Produktion« zu verfolgen, zusammen mit Ihnen und den anderen direkten Mitarbeitenden auf der gleichen Ebene. Solche ebenenübergreifend gemeinsamen Ziele sorgen dafür, dass Führungsebenen nach oben wie nach unten in Teamziele integriert werden.

!

Statement Peter von Windau

Ein Team optimal zu führen, heißt, die unterschiedlichen Potentiale genau zu erkennen und zu verstehen und jedem einzelnen Teammitglied das Gefühl zu vermitteln, dass es sich durch die Erreichung der Teamziele eigene Wünsche erfüllt. Das erfordert von Anfang an ehrlichen Austausch auf Augenhöhe und Offenheit, Wahrnehmen der Empfindungen und eine gelebte Vorbildrolle. Ein Teamführer sollte nicht versuchen, eigene Schwächen zu verbergen, sondern diese deutlich machen und von seinen Teamkollegen partnerschaftlich Unterstützung einfordern.
Peter von Windau
Ehem. Seniorpartner, Roland Berger Strategy Consultants
Gründer, Deutsche Gesellschaft für Mittelstandsberatung
Gründer und heutiger Beirat, Deutsche Juniorenakademie

In diesem Beispiel hätten Sie als Leiterin oder Leiter des Werkzeugbaus schon zwei Teamziele. Ohne einen Bruch in der Zielhierarchie ist es alternativ möglich, dass Sie dieses Ziel als Teamziel für Ihre Mitarbeitenden definieren und zugleich Ihr Vorgesetzter für Sie als Individualziel.

Unreine Individualziele

Letzteres wird als *unreines Individualziel* bezeichnet, denn es ist ja ein Ziel, auf das tatsächlich nicht nur Sie selbst, sondern auch Ihr Team hinarbeiten. Je höher eine Person in der Unternehmenshierarchie angesiedelt ist, desto häufiger kommen solche unreinen Individualziele zum Einsatz.

Bei der Unternehmensleitung sind reine Individualziele (beispielsweise die Anbahnung eines Unternehmensverkaufs) weitaus seltener als unreine, das jeweilige Ressort oder das ganze Unternehmen betreffende Individualziele (beispielsweise die Steigerung des Jahresüberschusses).

Zwei Prüfsteine

Wann setzen Sie besser Individualziele, wann besser Teamziele ein? Vielleicht haben Sie gar keine Wahl. Der erste Prüfstein nimmt die Realisierbarkeit von individuellen Zielen unter die Lupe: Sind die einzelnen Ergebnisbeiträge auf Individualebene überhaupt ermittelbar? Wenn sie sich zu stark vermischen, kommen Sie um Teamziele nicht umhin.

Der zweite Prüfstein richtet sich auf den Sinn von Teamzielen: Ist es überhaupt ein Team im eigentlichen Sinne? Darunter sind Teams zu verstehen, deren Mitglieder wirklich eng zusammenarbeiten können und sollen. Falls Sie das verneinen, lassen Sie lieber die Finger von Teamzielen.

Werfen Sie keinesfalls Mitarbeitende in einen Pott, die nichts miteinander zu schaffen haben und sich – der klassische Fall – nur einmal jährlich bei der Vertriebstagung treffen.

Bereichsübergreifend gemeinsame Ziele

Ein Teamziel kann auch bereichsübergreifend formuliert werden. Falls Sie Personalleiter oder Personalleiterin sind und einer Ihrer Mitarbeitenden ein SAP-HR-Modul einführen soll, könnte die intensive Zusammenarbeit mit einem Mitarbeitenden der IT erforderlich sein.

!

Statement Ingrid Gerlach

Es ist eine Binsenweisheit, dass gute Mitarbeiter*innen nicht »auf Bäumen wachsen«. Führung und Motivierung von Mitarbeitenden ist heute wesentlicher Bestandteil eines jeden Führungsprozesses. Dazu reicht es nicht aus, Aufgaben zuzuteilen und Ergebnisse zu kont-

rollieren. Vielmehr muss der interne Prozess reorganisiert werden. Weg vom Denken »Gehalt gegen Arbeitsleistung« und hin zu »Teamorientierung, Wertschätzung und fachliche Beteiligung« der Mitarbeiter*innen. Dies kann durch Zielvereinbarungsmethoden erfolgen. Es ist Aufgabe jeder Führungskraft, sich den veränderten Bedingungen anzupassen.
Ingrid Gerlach
1. Vorsitzende im geschäftsführenden Vorstand des Verbandes medizinischer Fachberufe e. V.

Suchen Sie den Austausch mit dessen Chef und machen Sie das Projekt zum Teamziel der beiden. Das dürfte sinnvoller sein, als wenn Sie und der andere Vorgesetzte unabhängig voneinander versuchen, die Zielbeiträge des einzelnen Mitarbeitenden in Ziele zu gießen.

Die Qual der Wahl

Falls Sie beide Prüfsteine bejahen und somit die Wahl haben, sollten Sie die Vor- und Nachteile kennen und sich entsprechend vorbereiten. Individuelle Ziele werden durch den Mitarbeitenden allein realisiert. Sieht man von dem – ohnehin durch ausreichend viele und gute AAP möglichst gering zu haltenden – Einfluss interner und externer Faktoren ab, spiegelt die spätere Zielerreichung genau den Erfolg des Mitarbeitenden wider.

Vor- und Nachteile von Individualzielen und Teamzielen	
Individualziele	Individualziele sind durch den Arbeitnehmer allein zu realisieren. Sie können das Einzelkämpfer- und Konkurrenzdenken der Mitarbeitenden fördern. Unternehmensorientiertes Handeln sowie das Interesse an der Optimierung arbeitsplatzübergreifender Prozesse wird hiermit nicht gefördert.
Teamziele	Teamziele fördern den Teamgedanken. Gegenseitiges Unterstützen und Motivieren hilft insbesondere den leistungsschwachen Personen, schadet jedoch den Höchstleistern. Dazu kommt die Neigung eines Teils der Mitarbeitenden, es sich in der Team-Hängematte bequem zu machen.

Tab. 27: Vor- und Nachteile von Individualzielen und Teamzielen

Doch es ist bekannt, dass Individualziele das Einzelkämpfertum und – insbesondere bei angekoppelten Boni – sogar das Konkurrenzdenken der Mitarbeitenden fördern. Das ist nicht grundsätzlich als schlecht abzustempeln. Ob es Ihnen bzw. dem Unternehmen einen Nutzen bringt oder nicht, hängt von der Art der Tätigkeit und von der Arbeitsorganisation ab.

Sie sollten bedenken, dass mit individuellen Zielen das Interesse für über den eigenen Verantwortungsbereich hinausgehende Vorgänge weder gefördert noch gefordert wird. Mit Individualzielen wird kein Anreiz gegeben, sich mit teambezogenen Prozessen zu befassen. Auch das unternehmensorientierte Denken und Handeln wird hierdurch nicht gefördert.

8.3.2 Vor- und Nachteile von Teamzielen

Gemeinsame Ziele hingegen fördern den Teamgedanken. Das hiermit verbundene gegenseitige Unterstützen hilft insbesondere den leistungsschwachen Mitarbeitenden, kostet aufseiten der guten Mitarbeitenden jedoch viel Zeit und Energie.

Tipp: Teamziele nur bei kleinen Teams! !

Bei gemeinsamen Zielen sind drei Aspekte zu beachten:

1. Teamziele verlieren ab einer Gruppengröße von etwa 8 Personen mit jedem hinzukommenden Mitglied an Handlungsrelevanz für den Einzelnen. Bei etwa 15 Teammitgliedern wird der eigene Beitrag zu den Teamzielen nicht mehr als ausreichend wahrgenommen, um sich besonders zu engagieren.
2. Unternehmensziele entfalten daher, sofern die Belegschaft aus mehr als 15 Mitarbeitenden besteht, keine motivierende Wirkung.
3. Die Teamgröße sollte ein hinreichend gutes Zielvereinbarungsgespräch erlauben. Dies ist Führungskräften bei mehr als 10 Teammitgliedern nur möglich, wenn sie über außerordentlich gute Moderations-Kompetenzen verfügen.

Der zentrale Nachteil von Teamzielen besteht darin, dass stets ein Teil der Mitarbeitenden dazu neigt, es sich in der Team-Hängematte bequem zu machen.

Team- und Individualziele entfalten unterschiedliche Wirkungen in Abhängigkeit von dem individuellen Leistungslevel der Mitarbeitenden. Drei Ergebnisse aus Studien unseres Instituts.

1. Auf gut 50 Prozent der *Leistungsschwachen* wirken Teamziele als Anreiz zu höherer Performance. Nur rund 20 Prozent verspüren durch Individualziele eine zusätzliche Motivation.
2. Der größte Teil der *soliden Leistungsträger* steigert seine Leistungsbeiträge, sowohl bei Team- als auch bei Individualzielen. Teamziele wirken sich leicht positiver aus als Individualziele.
3. Bei rund 70 Prozent der *Hoch- und Höchstleister* sinkt die Performance bei Teamzielen. Dieser Effekt tritt bei Individualzielen nicht ein.

Daneben sind Unterschiede in den jeweiligen Persönlichkeitsdispositionen dafür verantwortlich, ob der Mitarbeitende hohe Leistung als Einzelner oder im Team entfaltet. Manch einer erzielt nur Erfolge, wenn er konzentriert und für sich alleine arbeitet, ein anderer benötigt das Miteinander im Team.

8.3.3 Team- oder Individualziele?

Wann setzen Sie Teamziele am besten ein, wann arbeiten Sie möglichst mit Individualzielen? Sie stehen als Führungskraft tatsächlich vor einem Dilemma: Wollen Sie mit Teamzielen den Schwächeren helfen und die Stärkeren hemmen? Oder mit individuellen Zielen die Stärkeren fördern und die Schwächeren liegenlassen?

Diese Problematik können Sie nicht lösen, indem Sie die Schwächeren zu einem Team zusammenfassen und für die Top Performer eine individuelle Zielvereinbarung treffen: Um die beiden erstgenannten Effekte zu realisieren, brauchen Sie die Höchstleister mit im Team.

Aus den vorgenannten drei Wirkungen, die von der jeweiligen Leistungsbereitschaft abhängen, können drei Vorgehensweisen mit Empfehlungscharakter abgeleitet werden. Sie sind jedoch für jeden Einzelfall zu prüfen und gegebenenfalls zu modifizieren.

8.3.3.1 Mehr Leistungsschwache?

Sollte Ihr Team vorwiegend aus Leistungsschwächeren und Mitarbeitenden des Mittelfelds bestehen, greifen Sie zu Teamzielen. Stellen Sie aber sicher, dass ein High Performer im Team ist, der als Performancetreiber fungiert. Treffen Sie mit diesem zusätzlich eine individuelle Zielvereinbarung, in der Sie die Steigerung von Potenzial und Performance der anderen Teammitglieder als Zielrichtung definieren.

Diese Vorgehensweise, hier darf ich Kapitel 12.2 einmal vorgreifen, wird auch in agilen Methoden genutzt. Als Performancetreiber sind dort indes tägliche Teammeetings vorgesehen. Jeder einzelne Mitarbeitende bestimmt bei diesen Meetings seine geplante Tagesleistung selbst. So entsteht ein Verpflichtungsgefühl gegenüber den Kollegen, dieses auch zu erbringen. Indem zugleich das individuell erledigte Tagespensum transparent gemacht wird, kann sich ein Gruppendruck entfalten. Ergänzend erfolgt eine 14-tägige Kontrolle von außen.

8.3.3.2 Normalverteilung?

Ist Ihr Team hingegen bezüglich der individuellen Leistungslevel gut durchmischt, nutzen Sie Vorteile und nivellieren Sie Nachteile von Team- bzw. Individualzielen durch sinnvolles Kombinieren und gezieltes Verknüpfen der individuellen und der gemeinsamen Ziele.

Falls in Ihrem Hause die Individual-, Team- und Unternehmensziele mit Boni gekoppelt sind, gilt es bei der Verknüpfung von Zielen jedoch einige Aspekte zu beachten, damit der Schuss nicht nach hinten losgeht. Falls in Ihrem Hause mit mehreren Zielen gearbeitet wird, an die Bonuszahlungen geknüpft sind, finden Sie als Führungskraft und als systemverantwortliche Personalleitung diesbezüglich umfassende Gestaltungshinweise in meinem Buch über variable Vergütung (Wolf, 2019).

8.3.3.3 Mehr Leistungsstarke?

Sofern die Mehrzahl Ihrer Mitarbeitenden den High Performern zuzurechnen ist, nutzen Sie vorwiegend Individualziele. Die höhere Performance der Leistungsstarken macht die fehlende Leistungssteigerung bei Low Performern wett.

Machen Sie bei Letzteren dennoch das Aufschließen auf den Level der Kollegen zum Ziel: Vielleicht gehören Ihre leistungsschwachen Mitarbeitenden ja zu den 20 Prozent, die dann in Wallung kommen. Als weitere Zielrichtung formulieren Sie für diese Klientel den Support der Leistungsträger.

8.3.4 Teamziele, Team-KAP

Wenn ein Team gemeinsam ein Teamziel zu erreichen hat, kommt die Frage nach der Vorgehensweise bei der Erarbeitung der KAP und damit auch, falls Sie dies offengelassen haben, gegebenenfalls auch der Bestimmung der angepeilten Zielhöhe auf den Tisch.

Es geht somit um die Stufen 4 und 5 des Zielvereinbarungsprozesses: Werden die KAP im Team erarbeitet? Und dort auch den jeweiligen Personen zugeordnet, die sich einzelnen KAP oder einzelnen Umsetzungsschritten innerhalb der KAP zu widmen haben? Wird das Ziel gemäß dem Zwei-Säulen-Modell komplettiert, indem das gesamte Team mit Ihnen als Führungskraft zusammenkommt?

Zielvereinbarung mit Teams
Auf all diese Fragen kann es nur ein Ja als Antwort geben. Das wiederum führt zu der Frage: Kann man dann nicht die Stufen 4 und 5 des Zielvereinbarungsprozesses zusammenlegen? Die Antwort hierauf ist nicht ganz so trivial. Denn in Stufe 4 ist Ihre Anwesenheit nicht vorgesehen, in Stufe 5 hingegen verpflichtend.

Vorab: Es gibt keine generelle Empfehlung. Versuchen Sie die Folgen zu erahnen oder probieren Sie die Zusammenlegung der Schritte einfach aus.

Trennung von Stufe 4 und 5
Falls Sie die Schritte *nicht* zusammenlegen, erfolgt nur Stufe 5 mit Ihnen, die Komplettierung und definitive Vereinbarung der Ziele. Vorschläge für KAP und AAP entwi-

ckelt das jeweilige Team hingegen alleine und selbstverantwortlich. Es kommt also zu einem KAP-Workshop des Teams, um die Aufgaben aus Stufe 4 des Zielvereinbarungsprozesses zu erfüllen.

Die Verhaltensweisen von Teams bei der Erarbeitung der KAP unterscheiden sich häufig enorm von denen, die ich bei individueller KAP-Erarbeitung beobachte. Ich habe viele, viele Male gesehen, dass die Mitarbeitenden des Teams in solchen Workshops bei der KAP-Entwicklung die nötige Kreativität und Innovationsfreudigkeit vermissen ließen. Teams orientieren sich oft am kleinsten gemeinsamen Nenner, nicht am größten.

Den Risiken der Trennung von Stufe 4 und 5 können Sie beispielsweise durch den bereits in Kapitel 8.1.5 angesprochenen Kreativitätstrainer entgegenwirken. Ich persönlich würde dies empfehlen, wenn Sie an der Trennung der Schritte festhalten wollen.

Zusammenlegung von Stufe 4 und 5

Vorgesetzte, die die beiden Stufen hingegen zusammenlegen, nehmen zwangsläufig auch an Stufe 4 teil. Nicht selten wird dieser in einer solchen Runde solange von den Mitarbeitenden angestarrt, bis er sich genötigt fühlt, zu »helfen« und für das Team die KAP zu entwickeln.

! **7. Leitsatz**

Die Führungskraft arbeitet an und mit ihrem Team, nicht statt ihrem Team.[64]

Das ist sicher nicht im Sinne der von uns angestrebten Entlastung für Führungskräfte, zumal ihm damit auch nahezu unmerklich ein großer Teil der Verantwortung zurückgegeben wird. Diesen Nachteil überwinden Sie am besten durch eiserne Selbstdisziplin.

»Ich bin raus.«

Falls Sie sich für eine Zusammenlegung der Stufen entschieden haben und dann spüren sollten, dass das Team in Ihrer Gegenwart nicht ausreichend sprudelt: Verlassen Sie doch einfach den Raum. Manche Teams haben Leichen im Keller, über die sie in Ihrer Anwesenheit nicht sprechen möchten. Das sind insbesondere Verhaltensweisen einzelner Teammitglieder, die schon seit längerem der Teamzielerreichung entgegenlaufen.

! **Praxisfall: Fertigung von Elektronikbauteilen**

Bei einem Elektronik-Hersteller führten wir mit dem Werksleiter ein Bonussystem auf der Basis von Teamzielen im Fertigungsbereich ein. Die positive Wirkung der Gruppendynamik entfaltete sich erst, als sowohl Produktions- als auch Werksleiter die Teams bei der KAP-Entwicklung alleine ließen.

64 Einen Überblick über alle Leitsätze und Prinzipien finden Sie am Buchende in den Kapiteln 13 (Leitsätze des Führens mit Zielen) und 14 (Prinzipien für das Führen mit Zielen).

Die Produktivität einzelner Schichten sprang rapide um bis zu 12 Prozent – ohne zusätzliche KAP und Leistungen, allein durch »Unterlassen« von nach- und fahrlässigem Verhalten, provozierten Maschinenausfällen etc. Diese Verhaltensweisen von einzelnen Mitarbeitenden wären in Anwesenheit der Chefs niemals zur Sprache gekommen. Als die Teams aber unter sich waren, wurden die Betreffenden von der Gruppe angesichts der finanziellen Produktivitätsbeteiligung gehörig unter Druck gesetzt und nahmen fortan von diesen Handlungen Abstand.

Falls Sie den Raum zu verlassen planen: Bringen Sie Ihren Mitarbeitenden, sofern nicht hinlänglich bekannt, zuvor eine Kreativitätstechnik bei. Die einfachste Methode dürfte das Brainstorming sein. Um diese zu erklären, benötigen Sie nicht mehr als 5 Minuten.

Kreativität fordern

Dann bestimmen Sie, wer die Ideen an Pinnwand oder Flipchart festhält. Und, wer als Einpeitscher fungiert, also das Team zu immer neuen Ideen und Verbesserungsvorschlägen auffordert. Äußern Sie eine realistische Anforderung, wie viele Punkte Sie in einer Stunde erwarten und verlassen Sie erst dann den Raum.

Fazit dieses Kapitels !

- Der Fünf-Stufen-Zielvereinbarungsprozess ist eine vielfach bewährte Technik, um den Zeitaufwand für Führungskräfte zu senken und den Nutzen durch Entlastung und hohe Zielvereinbarungsqualität zu steigern.
- In der ersten Stufe beschäftigt sich die Führungskraft gedanklich mit der Verteilung der Ziele auf ihre Mitarbeitenden.
- In der zweiten Stufe prüft die Führungskraft die vorgenommene Aufteilung der Ziele auf Fairness, Machbarkeit, Konfliktpotenziale und potenzielle Synergieeffekte.
- In der dritten Stufe informiert die Führungskraft ihre Mitarbeitenden über die Ziele und übergibt die Verantwortung hierfür in die Hände der Mitarbeitenden.
- In der vierten Stufe erfolgt die Ausarbeitung und Bewertung der KAP und AAP durch die Unterstellten.
- In der fünften Stufe erfolgt die Komplettierung der Zwei-Säulen-Zielvereinbarung in 15 Minuten.
- Der Fünf-Stufen-Zielerreichungsprozess sichert die Zielerreichung, ohne dem Mitarbeitenden die Verantwortung wieder zu entziehen.
- Individualziele richten sich auf den von einer einzelnen Person erbrachten Performance-Beitrag. Bei gemeinsamen Zielen ist hingegen die von allen Beteiligten zusammen erreichte Zielhöhe relevant, ungeachtet der individuellen Anteile am Erfolg.
- Sofern das Team vorwiegend aus Leistungsschwächeren und Mitarbeitenden des Mittelfelds besteht, zieht die Führungskraft Teamziele in Erwägung.
- Falls das Team sich bezüglich der individuellen Leistungslevel als gemischt darstellt, nutzen sinnvolle Verknüpfungen von Team- und individuellen Zielen.
- Sofern die Mehrzahl der Mitarbeitenden den High Performern zuzurechnen ist, nutzt die Führungskraft vorwiegend Individualziele.

! **Ihr Nutzen: Was Führungskräfte nicht (mehr) tun**

- Fünf Stufen in einem Schritt nehmen, damit Zeit vergeuden und Nutzen verschenken.
- Ziele, die Mitarbeitende nicht bearbeiten wollen, selbst in die Hand nehmen.
- Ziele ungeeigneten Mitarbeitenden anvertrauen.
- Leistungsschwächere Mitarbeitende schonen.
- Zielkonflikte erst bei deren Auftreten in der Zielperiode managen.
- Maßnahmenkonflikte erst bei deren Auftreten in der Zielperiode managen.
- Startschwierigkeiten, Leistungshemmnisse, interne und externe Erfolgshindernisse, Risiken und Chancen bei der Zielvereinbarung unbeachtet lassen.
- KAP und AAP für die Mitarbeitenden erarbeiten.
- Das Ausfüllen des Zielvereinbarungsformulars in den Vordergrund des Zielvereinbarungsgesprächs stellen.
- Mitarbeitende im Zielvereinbarungsgespräch mit Zielen überraschen.
- Den Zielerreichungsgrad der vorhergehenden Periode im Zielvereinbarungsgespräch besprechen.
- In Zwischengesprächen die Qualität der vorhergehenden KAP-Umsetzung diskutieren.
- Im Zielerreichungsgespräch darüber sprechen, was nicht gut lief.
- Mitarbeitende in Team-Hängematten tolerieren.
- Teamziele vereinbaren, wenn das Team aus mehr als 15 Mitgliedern besteht.

! **Wie Führungskräfte diesen Nutzen realisieren**

Mit der Fünf-Stufen-Technik sowohl bei Zielvereinbarung als auch bei Zielerreichung den eigenen Zeitaufwand senken und den Nutzen durch Entlastung von Aufgaben, Abgabe von Verantwortung, hohe Zielvereinbarungsqualität und maximale Zielerreichungssicherheit steigern.

9 Führungskräftetraining »Führen mit Zielen«

(Co-Autor: Jochen Kraft)

Dieses Kapitel kurz und bündig !

Dieses Kapitel richtet sich primär an Trainerinnen und Trainer. Sie nehmen einen erprobten Ablauf für ein Führungskräftetraining zum Thema »Führen mit Zielen« sowie zum Thema »Zielvereinbarungen treffen« mit. Sie erfahren, mit welchen Tools Sie eine Bereitschaft der Teilnehmenden dazu erzeugen, Ziele mit ihren Mitarbeitenden und Teams zu vereinbaren, statt lediglich Arbeitsaufgaben zu verteilen. Damit leisten Sie einen wertvollen Beitrag zu dem führungs- und unternehmenskulturellen Wandel von der Tätigkeits- und Verrichtungsorientierung, der das Management by Delegation prägte, hin zu der modernen und flexiblen Zielorientierung des Management by Objectives. Aus diesem Grunde ist dieses Kapitel auch für Mitarbeitende der Organisations-, Personal- und Führungskräfteentwicklung sowie Coaches interessant.

Worauf kommt es bei einem Training an? Jede Trainerin und jeder Trainer weiß, dass sich nicht bei der Vermittlung der Trainingsinhalte die Spreu vom Weizen trennt. Viele Menschen sind in der Lage, nachdem sie sich intensiv in ein Thema eingelesen haben, den Teilnehmenden ausreichend viele, interessante Inhalte vorzutragen. Unternehmen, die einfach nur einen Haken hinter bestimmte Weiterbildungsangebote machen wollen, nutzen für Trainings aus Kostengründen zum Teil praxisunerfahrene Studierende. Das kann man machen. Insbesondere bei Schulungen oder Fachseminaren, bei denen es wirklich nur um die reine Vermittlung von Wissen geht, ist das mitunter sogar zielführend. Bei Trainings jedoch nicht. Denn bei Trainings stehen zwar auch fachliche Inhalte auf der Agenda, aber die entscheidende Agenda ist unsichtbar: Es geht um Veränderung. Genauer: Es geht um Verhaltensveränderung.

Verhaltensveränderung im Training

Wer als Mitarbeitender der Organisations-, Personal- oder Führungskräfteentwicklung etwas verändern möchte, nutzt dafür ausschließlich die Dienste von Trainerinnen und Trainern, die psychologisch geschickt vorgehen. Es sind drei Aspekte, auf die es bei einem solchen Training ankommt:

1. Boden bereiten: Die Bereitschaft (»Wollen«) bei den Teilnehmenden zu erzeugen, künftig ein anderes Verhalten an den Tag zu legen und damit – eigentlich die schwierigere Aufgabe – auch dazu, gewohnte Verhaltensweisen abzulegen.
2. Neue Erfahrungen machen: Das Führen mit Zielen einzuüben und eine gewisse Routine in der Zielformulierung zu entwickeln.
3. Transfer sichern: Das Führen mit Zielen so stabil zu verankern, dass es später nicht wieder abgelegt wird.

Wer mir und Jochen Kraft, dem Co-Autor dieses Kapitels, in diesen drei Punkten zustimmt, wird uns sicher auch hierbei zustimmen: Die Chance, das in einem eintägigen Training bei allen Teilnehmenden zu realisieren, ist gering. Wir empfehlen aus tiefster Überzeugung und Erfahrung ausschließlich zweitägige Trainings.

!

Statement Prof. Dr. Christian Lebrenz

Performance Management ist nicht ohne Grund in der Praxis ein weit verbreitetes Management-Instrument. Schließlich ermöglicht es nicht nur Firmen, die Unternehmensstrategie über die verschiedenen Ebenen herunterzubrechen und in konkrete Maßnahmen der einzelnen Mitarbeitenden umzusetzen. Ebenso können mit dem Performance Management die Motivation und Leistung der einzelnen Mitarbeitenden gesteuert und Entwicklungspotenziale aufgedeckt werden. All dies macht Performance Management zu einem sehr mächtigen Instrument. Gleichzeitig ist es aber auch ein Instrument, dass sehr hohe Ansprüche an alle Beteiligten stellt. Denn falsch angewendet kann es schnell zu Fehlanreizen und Demotivation führen. Daher ist für die erfolgreiche Umsetzung eines Performance Managements nicht nur eine sorgfältige Anpassung an das jeweilige Unternehmen unerlässlich, sondern auch eine intensive Schulung und Begleitung der Führungskräfte, die das Instrument leben sollen.
Prof. Dr. Christian Lebrenz
Hochschule Koblenz – Fachbereich Wirtschaftswissenschaften

Dieses Kapitel soll Ihnen ein paar Anregungen verschaffen, wie Sie dies bei einem Führungskräftetraining zum Thema »Führen mit Zielen« oder zum Thema »Zielvereinbarungen treffen« erreichen können.

9.1 Boden bereiten

Vorab: Warum unterscheiden wir das Training »Führen mit Zielen« von »Zielvereinbarungen treffen«? Bei den letztgenannten Trainings geht es üblicherweise darum, die Führungskräfte fit zu machen für die »große Zielvereinbarung« im Bereich der Jahreszielgespräche oder Quartalszielgespräche. Dann ist der Handlungsrahmen für die Führungskräfte entsprechend eingeschränkt: Es existiert beispielsweise meistens eine verbindliche Betriebsvereinbarung, es gibt ein passendes Formular oder eine Ziel-App, die Zielrichtungen ergeben sich aus der Zielkaskade, die Zielperiode ist festgelegt. Möglicherweise ist sogar ein Bonus für den Mitarbeitenden hieran geknüpft.

Rahmenbedingungen klären

Diese Rahmenbedingungen ermitteln Sie als Trainerin oder Trainer vor dem Training. Nur dann können Sie Freiräume und Pflichten der Führungskräfte zutreffend abschätzen, sowie deren Grenzen. Im Vordergrund des Zielvereinbarungs-Trainings steht der Zielvereinbarungsprozess [Kap. 8.1] auf Führungskraft-Mitarbeitenden- Ebene bzw. Führungskraft-Team-Ebene mit dem Ergebnis einer Zielvereinbarung nach der Zwei-Säulen-Methode [Kap. 4] oder nach der OKR-Methode [Kap. 12.2.2].

Ergänzend kommen Aspekte aus dem Bereich der Zielformulierung bei qualitativen Zielen [Kap. 5] oder aus dem Bereich der Begleitung der Zielerreichung [Kap. 8.2] hinzu.

Führen mit Zielen

Das ist bei Trainings zum Thema »Führen mit Zielen« anders. Da geht es zwar auch um die zuvor genannten Inhalte, aber primär um Mitarbeiterführung und damit um die ganze Potenzial- und Performance Management-Spirale [Kap. 2]. Diese oftmals tagtäglich mehrfach getroffenen »kleinen Zielvereinbarungen« sind nicht unternehmensweit einheitlich geregelt und formalisiert. Wir treffen deswegen den Unterschied, weil sich damit viele weitere Vorteile für Führungskräfte verbinden. Jeder einzelne Vorteil für das Generieren des Wollens aufseiten der Teilnehmenden ist mit Blick auf die angestrebte Verhaltensveränderung Gold wert.

Auf das Wollen kommt es primär an. Ich hatte den Dreiklang aus Wissen, Können und Wollen bereits in Kapitel 2.1.1 am Beispiel des Mitarbeitenden erläutert. Alle drei Faktoren im Training zu entwickeln, ist die Basis für die zu erzielende Verhaltensänderung. Wenn Sie mögen, blättern Sie noch einmal kurz dorthin zurück. Hier, bei dem Training der Führungskräfte, liegen die Dinge nicht anders.

Im Folgenden beziehen wir uns auf das etwas umfassendere Training »Führen mit Zielen«, zudem als Inhouse-Veranstaltung. Falls Ihr Trainingsauftrag etwas eingeschränkter ist, lassen Sie die nicht relevanten Aspekte bitte einfach entfallen. Falls es gar ein für Teilnehmende aus verschiedenen Unternehmen offenes Training ist wie beispielsweise das der Haufe Akademie (https://www.haufe-akademie.de/3269), sollten Sie die vorgenannten Rahmenbedingungen bei jedem einzelnen Teilnehmenden im Rahmen der Vorstellungsrunde ermitteln.

9.1.1 Teilnehmende abholen

Mit welcher Einstellung kommen die Führungskräfte in Ihr Training? Als Trainer holen Sie sie dort ab, wo sie stehen. Aber wo genau stehen sie? Einen ersten, eher grundsätzlichen Eindruck über die Grundhaltung zu dem Trainings-Thema werden Sie sicher aufgrund der Körperhaltungen der Teilnehmenden bereits zu Beginn des Trainings gewinnen.

Außerdem wissen Sie bereits aus den Vorgesprächen mit dem Auftraggeber, ob das Training den Teilnehmenden als Pflichtveranstaltung für alle Beschäftigten in Vorgesetztenpositionen »verordnet« wurde oder ob sie sich freiwillig angemeldet haben. Im letzteren Fall können Sie davon ausgehen, dass die Teilnehmenden motiviert sind.

Aufwands-Nutzen-Bilanz erstellen
Dennoch sollten Sie es sich als Trainer nicht ersparen, mit den Teilnehmenden eine Aufwands-Nutzen-Bilanz zu erstellen. Fragen Sie die Führungskräfte zum Einstieg nach den für sie relevanten Punkten auf beiden Seiten dieser Bilanz. Diese Abfrage verrät Ihnen, welche Aspekte den Führungskräften bekannt sind und welche noch nicht. Lassen Sie die Teilnehmenden jeden genannten Punkt mit einem oder zwei Beispielen erläutern: Bekanntlich prägen sich Stories wesentlich besser ein als bloße Schlagworte.

Außerdem können Sie die Beispiele für die Aufwandspositionen im Verlaufe des Trainings wieder aufgreifen. In Präsenztrainings lassen sowohl Jochen Kraft als auch ich die Aufwands- und die Nutzen-Pinnwand über den gesamten Zeitraum des Trainings hinweg stehen. Sobald die Teilnehmenden ein hilfreiches, aufwandsreduzierendes Tool kennengelernt haben, können Sie mit Einverständnis aller die betreffende Moderationskarte entfernen.

Und wenn ein neuer Nutzen hinzukommt, lassen Sie eine entsprechende Karte hinzupinnen. Am Ende des Führungskräftetrainings sieht das oftmals sehr beeindruckend aus, wenn die Aufwands-Pinnwand so gut wie leer ist und die Nutzen-Pinnwand überquillt. Es gibt kaum einen Teilnehmenden, der das nicht fotografiert.

Maßgebliche Nutzenaspekte vorbereiten
Wir haben bei jedem Training ein Blatt bei uns, auf dem alle Nutzenaspekte stehen, die wir mit den Teilnehmenden erarbeiten werden. Falls Sie sich auch so einen Spickzettel anfertigen möchten – in diesem Kapitel soll nichts wiederholt werden, was schon woanders steht: Es sind genau die gleichen, die Sie hier im Buch in den »Ihr Nutzen«-Kästchen am Ende der Kapitel 2, 4, 5, 6 und 8 finden und dazu die Meta-Ziele, die ich zu Beginn des Kapitels 2 wiedergegeben habe. Insgesamt sind es also rund 70 Punkte, von denen Sie allerdings bei der zielgruppen- und unternehmensspezifischen Vorbereitung des Trainings die wichtigsten 30 oder 40 heraussuchen sollten.

Falls Sie die Unternehmensleitung coachen, dürften ergänzend die beiden »Ihr Nutzen«-Kästchen am Ende der Kapitel 3 und 7 gute Quellen für Ihre gezielte Vorbereitung sein.

9.1.2 Offenheit generieren

Manch eine Führungskraft hat zuvor noch gar nicht gezeigt bekommen, dass sich mit dem Führen mit Zielen überhaupt irgendein Nutzen für ihn verbindet. Andere nervt primär der zu betreibende Aufwand. Indem Sie diese beiden, den Führungskräften am Herzen liegenden Aspekte deutlich zu den zentralen Themen Ihres Trainings ernennen, erzielen Sie bereits oftmals ausreichend Akzeptanz und Offenheit der Teilnehmenden.

Sicher nicht alle, aber viele der Aspekte der Aufwands-Nutzen-Bilanz können Sie direkt thematisieren: »Was können wir Führungskräfte tun, um diesen Nutzen für uns zu steigern? Was können wir tun, um diesen Aufwand zu verringern?«

Erfolgsbeispiele sammeln

Denn eine ganze Reihe der hier in diesem Buch vorgestellten Werkzeuge und Methoden sind kein Hexenwerk. Manch einer der Teilnehmenden setzt eine bestimmte Vorgehensweise vielleicht bereits erfolgreich um und kann die anderen an seinen Erfahrungen teilhaben lassen. Insbesondere für die Schwierigkeiten und Aufwandspositionen liegen viele Lösungen sogar mehr oder weniger auf der Hand.

Tipp: Quick Wins nutzen !

Lassen Sie Teilnehmende ausführlich zu Wort kommen, die mithilfe des Führens mit Zielen bereits erfolgreich Schwierigkeiten bei der Führung von Mitarbeitenden und Teams gelöst haben. Wie sind Sie genau vorgegangen? Hiervon profitieren die anderen Teilnehmenden enorm. Und auch Sie als Trainerin oder Trainer hinsichtlich Ihres Ziels, bei den Führungskräften eine Offenheit für die Verhaltensveränderung zu generieren.

Geben Sie diesen »Quick Wins« für die Teilnehmenden ausreichend Raum. Jochen Kraft und ich haben nicht selten Führungskräfte zur Mittagspause des ersten Tages bereits sagen gehört, dass sie jetzt schon mehr mitgenommen haben als aus allen Führungstrainings davor. Dabei haben Sie als Trainerin oder Trainer noch gar nicht richtig angefangen.

Nie ungestört?

Bei den anderen Aspekten, die noch kommen werden, machen Sie die Teilnehmenden neugierig. Erzeugen Sie Bilder in den Köpfen Ihrer Teilnehmenden. Was gerade bei Vorgesetzten der unteren Ebenen fast immer passt, ist die Frage nach Störungen im eigenen Arbeitsablauf durch Fragen der Unterstellten.

Es gibt fast immer einen Vorgesetzten in der Runde, der sagt, er könne erst dann konzentriert und effizient arbeiten, nachdem seine Mitarbeitenden nach Hause gegangen sind. Spielen Sie mit diesem Bild! Stellen Sie eine Vision daneben: »Wie wäre es, wenn Sie künftig gar nicht mehr durch Rückfragen aus dem operativen Verantwortungsbereich Ihrer Mitarbeitenden gestört würden?«

Rausgehen schadet nicht

Wenn Ihnen seitens des Auftraggebers die Möglichkeit dazu gelassen wird, gehen Sie zum Unfreezing – dem Auftauen bzw. selbstgesteuerten Infragestellen der bestehenden Verhaltensweisen – mit den Führungskräften aus dem Seminarraum hinaus in die freie Natur. Bei einem in das Training integrierten Outdoor-Modul treten die Teilnehmenden in ein anderes, für manche sogar ungewohntes Umfeld ein.

Dieses Setting weckt zum einen die Neugier. Zum anderen fördert es die Bereitschaft, uneffektive und ineffiziente Führungsverhaltensweisen abzulegen sowie dazu, Neues auszuprobieren. Durch Erfahrungen lernt man leichter. Das geht Outdoor am besten, aber selbstverständlich auch durch Indoor-Module aus dem Bereich der erfahrungs- und erlebnisorientierten Erwachsenenbildung.

Wichtig ist, dass die Teilnehmenden bei diesem Modul erfahren, dass wir Menschen dann richtig gute Ideen entwickeln und für auftretende Schwierigkeiten sofort sinnvolle Lösungen selbst finden, wenn wir das Ziel kennen. Und in der Reflexion erkennen, dass das reine Delegieren von Arbeitsaufgaben nahezu unvermeidlich zu ständigen Rückfragen führt. Einige Inspirationen für passende Outdoor-Module finden Sie bei 1. European Outdoor Training Center (2021).

Ohne Ziel keine KAP und keine AAP
Falls Sie eine Indoor-Variante als Gedankenspiel im Sitzen bevorzugen, stellen Sie beispielsweise diese Frage: »Sie sollen mir einen Kaffee machen, stellen aber fest, dass kein Pulver mehr da ist. Es gibt nur Kakaopulver, Milch, Hagebuttentee, Darjeeling, Cola und einen Energy Drink. Was tun Sie?«

Hier wird für die Teilnehmenden direkt erkennbar: Das war dann wohl eine reine Aufgabendelegation. Mit der Folge, dass sie aufgrund der aufgetretenen Schwierigkeit nicht umhinkommen, wieder bei Ihnen nachzufragen, was Sie statt des Kaffees haben möchten. Ohne erneute Rückfrage können die Teilnehmenden eine geeignete Alternative nur dann selbst ermitteln, wenn sie das Ziel kennen. Ist Ihr Ziel, sich aufzuwärmen oder brauchen Sie etwas, was Sie wachmacht?

In der Reflexion dieser fiktiven Situation erkennen die Teilnehmenden: Hätten Sie sie mit Zielen geführt und ihnen nicht (oder nicht nur) eine Aufgabe gegeben, hätten Sie das richtige Getränk direkt mitbringen können. Ziehen Sie gemeinsam mit den Teilnehmenden das Fazit: Führen mit Zielen verschafft dem Mitarbeitenden Orientierung und entlastet die Führungskraft.

9.2 Neue Erfahrungen machen

Wenn Sie sich sicher sind, dass die Führungskräfte die zentralen Erkenntnisse mitgenommen haben und ein »Wollen« gewährleistet ist, können Sie die Performance

Management-Spirale als ersten Punkt im Bereich »Wissen und Können« thematisieren. Denn da warten bekanntlich einige weitere Aha-Erlebnisse auf die Teilnehmenden.

9.2.1 Den roten Faden verdeutlichen

Bieten Sie den Teilnehmenden die Inhalte in einer didaktisch sinnvollen Reihenfolge an. Unter den vielen denkbaren Vorgehensweisen hat sich der folgende rote Faden besonders bewährt, der die zehn wichtigsten Themen integriert. Sie werden auf diese Weise in eine in sich schlüssige und daher leicht nachvollziehbare Reihenfolge gebracht.

Das ist auch der Grund, weshalb sich mit diesem roten Faden die Agenda des Trainings in wenigen Sätzen darstellen lässt. Beispielsweise so:

»Ich werde Ihnen im Rahmen der Darstellung der

1. Performance Management-Spirale die
2. Wolf'sche Zwiebel vorstellen sowie
3. Erfolg von Leistung differenzieren. Zwei Begriffe, die unmittelbar mit den
4. Zielen und den
5. Konkreten Aktions-Plänen in Verbindung stehen. Diese bilden die Säulen der
6. Zwei-Säulen-Methode. Diese ist das Ergebnis des
7. Zielvereinbarungsprozesses mit
8. Teams oder Individuen, wobei
9. qualitative und quantitative Ziele vereinbart werden, die im Rahmen des
10. Zielerreichungsprozesses realisiert werden.«

Im Verlauf der inhaltlichen Bearbeitung des Themas sammeln die Teilnehmenden gemeinsam mit Ihnen alle für sie relevanten Nutzenaspekte ein und nehmen Tools mit, um ihren Aufwand zu reduzieren. An der Aufwands-Pinnwand und der Nutzen-Pinnwand werden die eigenen Fortschritte und die Erfolge Ihres Trainings für die Führungskräfte von Stunde zu Stunde sichtbarer.

9.2.2 Routine erlangen

Es ist für den Trainingserfolg höchst bedeutsam, dass die Teilnehmenden ausreichend Zeit zum Üben erhalten. Das betrifft zum einen das Unterscheiden von Maßnahmen und Zielen. Es ist immer wieder schön zu sehen, wie diese Differenzierung bei vielen Führungskräften den Gordischen Knoten löst. Arbeiten Sie hierzu direkt mit Beispielen aus dem Führungsalltag der Teilnehmenden.

Zum anderen ist es wichtig, dass die Führungskräfte Routine bei der Formulierung von Zielen erlangen. Als Trainerin oder Trainer können Sie sich im ersten Schritt zum Mitarbeitenden der Gruppe machen. Dann geben Sie Zielrichtungen für sich vor und die Teilnehmenden formulieren Ziele. Aber bitte komplett, mit Messgrößen, fiktiven Zielhöhen und sinnvollen Zielperioden.

Lassen Sie absolute Ziele formulieren und auch die immer bedeutsamer werdenden, relativen Ziele (Pfläging, 2011). Fordern Sie Variationen ein. Wechseln Sie Beruf und Funktion nach Lust und Laune, auch mal außerhalb des auftraggebenden Unternehmens. Werfen Sie quantitative und qualitative Zielrichtungen in den Raum. Dazwischen auch mal eine Maßnahme: Wenn die Teilnehmenden diesbezüglich schon ausreichend sensibilisiert sind, werden sie diese sofort als solche identifizieren.

Üben, üben, üben
In der Gruppe hat immer einer eine Idee für die passende Zielformulierung und alles wirkt recht leicht. Deswegen lassen Sie die Teilnehmenden im zweiten Schritt in Einzelarbeit reale Ziele für Ihre Mitarbeitenden formulieren. So gut wie fix und fertige Ziele aus dem Training herauszutragen, ist für die Führungskräfte stets ein besonders wertvolles Resultat.

Am besten werden zuerst die Zielrichtungen für jeden Unterstellten notiert. Da die Zielkaskade üblicherweise zum Zeitpunkt des Trainings nicht gerade bei den Teilnehmenden Halt macht ist, dienen Annahmen über eigene Ziele hierfür als Basis. Danach folgen das Ausformulieren und das Präsentieren vor der Gruppe mit hilfreichem Feedback.

9.3 Transfer sichern

Das Training fordert die Führungskräfte auf, durch ihre Art zu führen die Eigenverantwortlichkeit ihrer Mitarbeitenden und Teams zu stärken. Es bietet die Möglichkeit, ihre tägliche Führungsarbeit im Sinne der sich immer schneller verändernden Bedingungen zufriedener für sich und ihr Team zu gestalten.

Im Verlaufe des Trainings und der Reflexion erhalten die Teilnehmenden eine Vielzahl an motivierenden Ideen, wie sie sich zukünftig den Erfordernissen der zeitgemäßen Führung und Zusammenarbeit stellen können. Sie realisieren damit Vorteile für sich, ihre Mitarbeitenden und das Unternehmen, zugleich senken sie den hierfür erforderlichen Aufwand. Da Verhalten aus Haltung resultiert, vollzieht sich in Ihrem Training folglich ein entscheidender Mind Change bei den Führungskräften.

9.3.1 Externe Hindernisse überwinden

Selbstverständlich ist allen Teilnehmenden zumindest unterschwellig klar, dass eine Änderung ihres Führungsverhaltens nicht im Handumdrehen umsetzbar ist. Aus diesem Grunde sollten Sie als Trainerin oder Trainer die Umsetzungshürden thematisieren, die die Führungskräfte bereits jetzt vorhersehen. Lassen Sie die Teilnehmenden mit diesen Schwierigkeiten nicht allein.

Geben Sie der letztlich alles entscheidenden Transfersicherung zeitlich ausreichend Raum. Die letzten 10 Minuten reichen dafür mit Sicherheit nicht. Dafür spielen – vom eigenen Vorgesetzten über Kollegen auf gleicher Ebene bis hin zu den Mitarbeitenden – zu viele Menschen als Umsetzungserschwernisse (oder Umsetzungsermöglicher) eine Rolle.

Für die Sicherung des Transfers hat fast jede Trainerin und jeder Trainer sein eigenes Erfolgsrezept. Fühlen Sie sich frei, Ihre eigenen Tools für diese Veränderung der Führungsverhaltensweisen anzupassen und einzusetzen. Es ist zwar sicher kein Geheimtipp, aber immer höchst hilfreich für die Teilnehmenden ist, sich für jede Schwierigkeit eine eigene Form zu deren Bewältigung zurechtzulegen.

AAP anfertigen

Im Verlaufe des Trainings werden Sie auch die Liste der Chancen und Risiken sowie der Hemmnisse und Hindernisse aus Kapitel 2 und das Anfertigen passender AAP besprochen haben. Dieses Vorgehen, das Mitarbeitende bei dem Erreichen ihrer Ziele gegen potenzielle Widrigkeiten stark macht, kann auch die Führungskräfte bei der von ihnen selbst angestrebten Veränderung der Führungsverhaltensweisen unterstützen. Es hier anzuwenden, stellt somit eine Übung und eine Transfersicherung zugleich dar.

Sammeln Sie hierzu in der Gruppe alle Geschehnisse, Faktoren und Verhaltensweisen anderer, die den Transfer aus Sicht der Teilnehmenden erschweren können. Bilden Sie »Murmelgruppen« aus zwei bis drei Teilnehmenden, die für jeden Fall ein bis zwei Reaktionsmöglichkeiten ausarbeiten und präsentieren.

Ein Vorgehen, das in vielen Fällen erfolgversprechend ist: Betroffene zu Beteiligten oder sogar potenzielle Böcke zu Gärtnern machen. Das kann gelingen, indem die Führungskräfte beispielsweise die eigenen Mitarbeitenden mit Aufgaben betrauen, die ihnen bei der Sicherung des Transfers helfen. Oder es gelingt, indem die Mitarbeitenden ihren Vorgesetzten, entsprechende Kompetenz vorausgesetzt, in der Funktion als Coach einbinden.

Jeder Teilnehmende ist aufgefordert, die von ihm präferierten Handlungsweise in seinen Unterlagen festzuhalten, um sie bei Eintritt des Falles oder sich dafür mehrenden Anzeichen schnell nachschlagen zu können.

9.3.2 Interne Rückfälle verhindern

Neben Umsetzungsschwierigkeiten, die durch äußere Umstände oder andere Personen entstehen, bestehen auch interne Hürden. Es passiert uns Menschen sehr leicht, dass wir ganz allmählich und nahezu unmerklich wieder in vorherige Denk- und Verhaltensweisen zurückfallen. Mit dem bekannten »Brief an sich selbst«, der den Teilnehmenden einige Wochen nach dem Training zugestellt wird, kann die Rückfallwahrscheinlichkeit etwas verringert werden.

Um diesem »inneren Schweinehund« umfassend gerecht zu werden, lassen Sie die Teilnehmenden am besten einen Plan erarbeiten, anhand dessen sie den Fortschritt der Veränderungen ihrer Verhaltensweisen überprüfen können. Ab morgen einfach alles anders machen zu wollen, ist ein schöner Vorsatz, aber wird erfahrungsgemäß nur selten Realität. Lieber realistische Iterationen, auch angesichts der zuvor erwähnten externen Hindernisse.

KAP schmieden
Dieser Plan soll konkret darstellen, welche Aktionen sie in welcher Schrittfolge nach und nach zur Umsetzung der von ihnen angestrebten Verhaltensveränderung durchführen werden. Hilfsfrage: Was mache ich wann (ggf. ab/bis wann), um welches Ergebnis mit Blick auf die Veränderung meines Führungsverhaltens? Spätestens jetzt wird Ihren Teilnehmenden ziemlich bekannt vorkommen, was Sie gerade verlangen: Es sind KAP.

Erneut können Sie als Trainerin oder Trainer auf diese Weise Übung und Transfersicherung miteinander verbinden. Dabei wird auch dem letzten der Teilnehmenden klar, dass die Erstellung solcher Pläne keine Zumutung für ihre Mitarbeitenden darstellt, sondern eine unschätzbar hilfreiche Unterstützung dabei, Ziele zu erreichen.

Zielvereinbarung treffen
Je nach Teilnehmendenkreis ist folgende Ergänzung denkbar: Jedem der Teilnehmenden wird ein anderer als Coach zugeordnet, der ihn auf die gleiche Weise unterstützen soll, wie es bei dem Prozess der Zielerreichung [Kap. 8.2] für die Rolle der Führungskraft vorgesehen ist. Dazu muss der Teilnehmende, der die Rolle des Coachs übernimmt, die auf das Ziel der Umsetzung des Führens mit Zielen gerichteten KAP erfahren. Wie in einem Zielvereinbarungsgespräch legen die beiden dann Termine für Umsetzungsberichte und Zwischengespräche fest.

Es ist selbstverständlich zudem denkbar, bei den Teilnehmenden einen selbstgesteuerten Erfahrungsaustausch anzuregen, sofern beispielsweise aus Kostengründen kein extern moderiertes Follow-up möglich ist.

Erfahrungsaustausch anregen

Denn für derartige Führungskräftetrainings bietet sich zudem generell ein halbtägiges Follow-up als moderierter Erfahrungsaustausch mit integrierter Umsetzungskontrolle an. Bei einem Führungskräftetraining zum Thema »Führen mit Zielen« kann dies etwa zwei bis drei Monate später erfolgen. Bei den Trainings, die Führungskräfte für die »große Zielvereinbarung« – Jahres- bzw. Quartalszielvereinbarungen – fit machen, erfolgt das Follow-up sinnvollerweise nach Abschluss der Zielvereinbarungsprozesses.

Wenn Sie als Trainerin oder Trainer dem Auftraggeber im Zuge der Auftragsklärung ein Follow-up vorschlagen, verdrehen die Mitglieder der Personal- bzw. Führungskräfteentwicklung verständlicherweise oft die Augen: Die gleiche Gruppe später noch einmal zu einem Termin zusammenzutrommeln, ist regelmäßig ein großer organisatorischer Aufwand. Deswegen holen Sie sich von dem Auftraggeber einfach vorab das Einverständnis, den Termin selbst mit der Gruppe direkt im Seminar auszumachen. Wenn alle direkt im Kalender checken, ob der Termin passt, ist das in 10 Minuten erledigt.

Mit den in diesem Kapitel genannten Instrumenten und Methoden wird Ihnen die erfolgreiche Durchführung des Trainings, die Sicherung des Transfers und die nachhaltige Veränderung von Haltung und Führungsverhalten gelingen.

Fazit dieses Kapitels !

- Im Führungskräftetraining »Führen mit Zielen« ist bei den Teilnehmenden eine hohe Bereitschaft (Wollen) zur Änderung ihres Führungsverhaltens zu generieren.
- Zugleich sind den Teilnehmenden die fachlichen Inhalte (Wissen) einprägsam zu vermitteln und Routine (Können) durch Üben zu erzielen.
- Die starke Fokussierung des Trainings auf den Nutzen des Führens mit Zielen für die teilnehmenden Führungskräfte sichert die erforderliche Akzeptanz.
- Zum Erzeugen einer Offenheit aufseiten der Teilnehmenden tragen erfahrungs- und erlebnisorientierte Module zu Beginn des Trainings bei.
- Das Erstellen und trainingsbegleitende Modifizieren der Aufwands-Nutzen-Bilanz verschafft Trainierenden und Teilnehmenden wertvolle Erkenntnisse.
- Die Vermittlung der Inhalte und die Übungen folgen einem roten Faden, der für die Teilnehmenden stets sichtbar ist.
- Für die Transfersicherung bietet sich das Erstellen von KAP und AAP an, da hiermit zugleich Übung und ein besseres Verständnis für den Nutzen dieser Tools erreicht wird.
- Das Ziel der Veränderung eigener Führungsverhaltensweisen und die hierauf ausgerichteten KAP und AAP können in einem »Zielvereinbarungsgespräch« mit einem anderen Teilnehmenden vereinbart werden, der daraufhin die Begleitung des Zielerreichungsprozesses übernimmt.
- Follow-Up und Erfahrungsaustausch sind weitere Instrumente, die zur Nachhaltigkeit der Haltungs- und Verhaltensveränderung beitragen.

In Teil A dieses Buchs hatten wir uns primär mit den Meta-Zielen, insbesondere der Realisierung von Vorteilen und Nutzeneffekten für Führungskräfte aller Ebenen bis hin zur Unternehmensleitung, sowie den passenden Werkzeugen befasst. Folgerichtig ging es in Teil B darum, wie Sie die zugehörigen Prozesse optimal gestalten können.

Methodenkoffer gefüllt?

In den Teilen A und B haben wir uns die folgenden Methoden, Techniken und Instrumente angesehen:

- Die zwei Performance-Dimensionen differenzierende Wolf'sche Zwiebel,
- die drei Stationen umfassende Performance Management-Spirale,
- die drei Aspekte des Potenzials,
- die drei Faktoren der Zuständigkeit,
- die drei Elemente der Führung,
- die zwei Ansatzpunkte für Erfolgsoptimierung,
- die vier Möglichkeiten zur Potenzialsteigerung,
- die vier Wirkrichtungen für Zielrichtungen,
- die drei Kategorien für Zielrichtungen,
- die Zwei-Säulen-Zielvereinbarung,
- die vier Elemente eines Ziels,
- die vier Dimensionen der Konkreten und Alternativen Aktions-Pläne,
- die vier KAP-Typen,
- die zwei AAP-Typen,
- die elf Messmodelle für qualitative Ziele,
- das Dreieck des Projektmanagements,
- die drei bonusrelevanten Grundmodelle inklusive der Zieloptimierung,
- die Ein-Tag-Unternehmenszielkaskade,
- der Fünf-Stufen-Zielvereinbarungsprozess,
- die fünf Kriterien für Zielnehmende,
- die zehnstufige Motivkette,
- der Fünf-Stufen-Zielerreichungsprozess sowie
- die drei Normstrategien für Individual- und Teamzielvereinbarung.

Ich habe Ihnen im allerersten Kapitel versprochen, dass Sie das Führen mit Zielen bei der Mitarbeiterführung kraftvoll unterstützen und von manchen Aufgaben zumindest teilweise entlasten kann.

Ich habe zudem versprochen, Ihnen als Mitglied der Unternehmensleitung ein paar zusätzliche Impulse zu geben, mit denen Sie sich die wert- und ergebnisorientierte Steuerung des Unternehmens ein wenig leichter machen können.

Rosinen herausgegriffen?

Habe ich meine Versprechen erfüllt? Konnten Sie aus all den Techniken ein paar neue, hilfreiche Ansätze für sich herausziehen? Haben Sie für sich bereits entschieden, ob und an welchen Stellen Sie möglicherweise erkannte Optimierungspotenziale umsetzen werden?

Diese Methoden sind auch oder vielleicht sogar insbesondere in netzwerkartigen Unternehmensstrukturen der digitalen Ökonomie für Sie hilfreich. Sie finden sich wieder in Agile, Scrum, Kanban, Lean, Lean Startup, Extreme Programming, Objectives and Key Results und Design Thinking. Sie werden gewisse Modifikationen erkennen, beispielsweise andere Verantwortlichkeiten. Manchmal wurden jedoch die Prozesse und Instrumente unverändert übernommen und lediglich die Begriffe durch angloamerikanische ersetzt.

Fit for future?

Sind wir also mit den in Teil A geschärften Werkzeugen und den in Teil B geölten Abläufen gut gerüstet für die künftigen Anforderungen? Oder sind die Elemente stärker zu flexibilisieren? Treffen Sie den Nerv der Generationen, die im Digitalzeitalter geboren sind?

Was für Christen und Juden die Zehn Gebote sind, ist für Agilisten das Agile Manifest. Das erste Gebot, wenn ich es mal so nennen darf, lautet: »Wir schätzen Individuen und Interaktionen mehr als Prozesse und Werkzeuge«.

Na, da kommt wohl noch ein bisschen was auf uns zu. Oder doch nicht, da es in den bisherigen Buchteilen um den Mitarbeitenden als Individuum ging und um die Gestaltung der Interaktionen zwischen der Führungskraft und den Mitarbeitenden bzw. unter den Mitarbeitenden?

Bilden Sie sich Ihr Urteil.

Teil C: Zukunft gestalten

Wer sich seine Zukunft ausmalt, sollte kräftige Farben nehmen.
Helmut Glaßl

Im folgenden Teil wagen wir einen Blick in die Zukunft. Während die Entwicklungen an den Arbeitsmärken über die nächsten zwanzig Jahre klar abzusehen sind, fällt eine Prognose der technologischen und der absatzmarktbezogenen Veränderungen schon über einen Zeitraum von zwei Jahren keineswegs leicht. Wir befassen uns mit agilen Frameworks, die schon heute die Art zu arbeiten in vielen Unternehmen prägen. Aus dem hieraus gewonnen Bild leiten wir die zentralen Anforderungen ab, die künftig an das Führen mit Zielen sowie die eingesetzten Methoden zu stellen sind.

10 Trends und Tendenzen des Performance Managements

Dieses Kapitel kurz und bündig

!

Dieses Kapitel ist interessant für Unternehmens- und Personalleitungen sowie für jede Führungskraft. Wir vergegenwärtigen uns relevante Trends am Arbeitsmarkt und technologische Tendenzen, um einen Blick in die Zukunft zu werfen. Wir prüfen anhand der hierbei gewonnenen Erkenntnisse, ob und gegebenenfalls welche Anpassungen wir bezüglich des Führens mit Zielen vorzunehmen haben. Da von den Auswirkungen der Markt- und Technologieveränderungen nicht alle Unternehmen gleich betroffen sind, sind Sie gefordert, die für Sie relevanten Aspekte zu identifizieren.

Dieses Buch trägt den Titel »Performance Management mit Zielvereinbarungen«. Es soll Ihnen für das Management der Performance Ihres Verantwortungsbereichs, für das Führen mit Zielen und für die Nutzung der Zielvereinbarung als Führungsinstrument auch zukünftig einen hohen Nutzen bieten. Aus diesem Grunde werfen wir einen Blick auf Zukunftsszenarien, soweit diese für unser Thema relevant sind.

Das Buch ist aber keinesfalls – oder nur indirekt – ein Ratgeber für die Steigerung der Arbeitgeberattraktivität im Sinne des Gewinnens, Bindens und Motivierens von Potenzial- und Leistungsträgern der Generationen Y ff. Werfen Sie dazu, falls das für Sie ein bedeutsamer Aspekt ist, einmal einen Blick in mein Buch zu diesem Thema (Wolf, 2020).

Es ist auch kein Ratgeber für die digitale oder die agile Transformation in Ihrem Unternehmen. Auch wenn es mir in den Fingern juckt, hierzu aus meiner Erfahrung als Unternehmensberater einige Tipps beizutragen: Ich werde zu digital, agil & Co. hier nur die Punkte ansprechen, soweit diese für das Performance Management mit Zielvereinbarungen von Bedeutung sind.

10.1 Führung der Generationen Y ff

Mit dem Begriff »Generationen Y fortfolgende«, kurz Gen Y ff, bezeichne ich die Generationen Y, Z und die noch namenlose, auf Z folgende Generation. Ich habe diese Kapitelüberschrift etwas widerwillig gewählt. Das Schubladendenken in Generationen widerstrebt mir. Via Geburtszeitraum kommt jeder Erdenbürger in eine Box: »Sag mir, wann du geboren bist und ich sage dir, wie du tickst« (Haderlein, 2017)?

Sind erstens die Unterschiede zwischen Tiffany, der 1993 geborenen Tochter von Donald Trump und dem im gleichen Jahr geborenen Sohn eines slowakischen Bergarbeiters gering genug, um beiden die gleiche Schublade zuzuweisen? Und wird zweitens nicht jede Generation auch mal älter und wandelt ihre Werte? Wer achtet darauf, die Labels der Boxen zu aktualisieren?

Zielgruppen vereinfachen

Andererseits bin ich natürlich gewohnt, in Zielgruppen zu denken. Wenn ich für meine Kunden Projekte zur Verbesserung der Arbeitgeberattraktivität aufsetze, nehmen wir Personas ins Visier. Derartig segmentierte und charakterisierte Zielgruppen erleichtern die strategische Ausrichtung von Maßnahmen. Dies gilt sowohl für die nach innen gerichteten Mitarbeiterbindungskonzepte als auch für die auf potenzielle Zielkandidatengruppen gerichtete Personalgewinnung.

Warum haben so viele Unternehmen Projekte zur Verbesserung der Arbeitgeberattraktivität aufgelegt? Warum boomt Employer Branding seit Jahren? Warum werden vermehrt Chief Human Resources Officer, Chief People Officer und sogar Chief Feelgood Officer in den Vorstand berufen?

! **Arbeitgeberattraktivität**

»Die Arbeitgeberattraktivität einer Organisation bezeichnet, in welchem Ausmaß es von Außenstehenden als erstrebenswert erachtet wird, ihr als Arbeitnehmer anzugehören.« (Wolf, 2014)

Unternehmensleitungen haben erkannt, dass die Wirkung von Arbeitgeberattraktivität auf die erfolgsentscheidenden Mitarbeitenden nicht ein Nice-to-have, sondern ein wettbewerbs- oder sogar existenzentscheidender Faktor ist. Der Grund dafür ist unter anderem der demografische Wandel und sein Niederschlag auf dem Arbeitsmarkt.

Werte und Berufstätigkeit

Ich bin als ein 1964 Geborener mal Babyboomer und mal ein rechtschaffenes Mitglied der Generation X – je nachdem, wo einer die Grenze gezogen hat. Daher weiß ich nur zu gut, mit welchen Werten meine Altersgenossen ins Berufsleben eingestiegen sind und was dann – manchmal direkt nach dem Sprung ins kalte Arbeitswasser, manchmal über Jahre und Jahrzehnte – mit diesen Werten passierte.

Die relevanten Werte zum Zeitpunkt des Berufseinstiegs waren gar nicht viel anders als die der Gen Y ff. Aber uns fehlte die Macht, diese Werthaltungen in die Unternehmen zu transferieren. Das ist heute anders und das hat wiederum etwas mit den Verhältnissen am Arbeitsmarkt zu tun. Werfen wir einen Blick auf diesen spannenden Markt.

10.1.1 Arbeitsmarkt im Wandel

In allen relevanten Wirtschaftsnationen brachten die Jahre zwischen 2008 und 2014 einen epochalen Wendepunkt. Erstmalig verließen mehr Personen durch Verrentung den Arbeitsmarkt als neue Schul- und Hochschulabsolventen eintraten. Ein entscheidender Aspekt für die Situationen der Führenden und Leitenden in den Unternehmen ist, dass dies mit einhundertprozentiger Gewissheit auch künftig so bleiben wird.

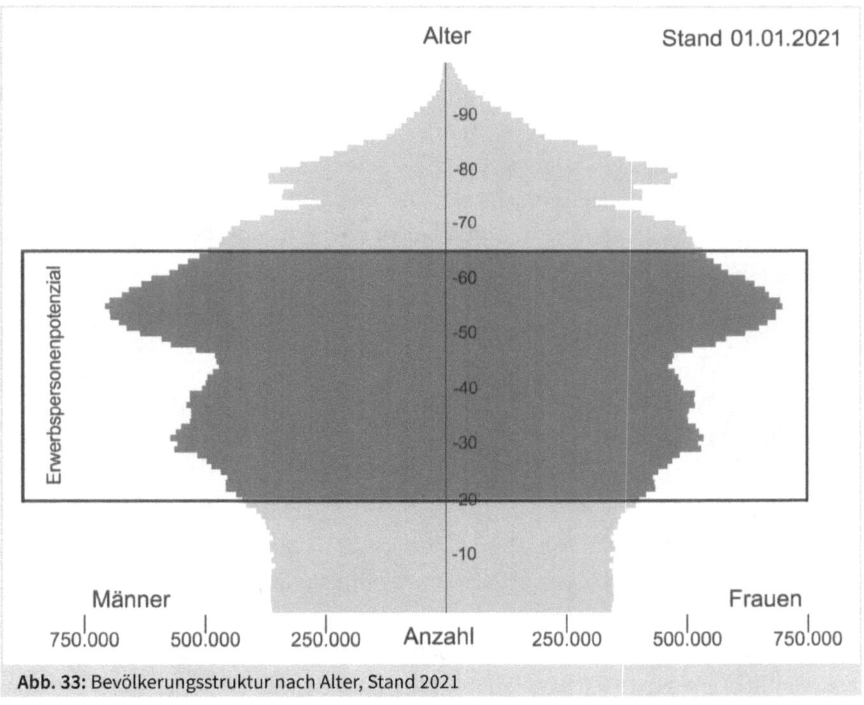

Abb. 33: Bevölkerungsstruktur nach Alter, Stand 2021

Eine Umkehr dieser demografischen Entwicklung würde erst dann erfolgen, wenn die Geburtenziffer von derzeit 1,4 Kindern pro Frau langfristig auf über 2,0 anstiege. Doch damit ist erstens nicht zu rechnen, zweitens käme es erst weitere 20 Jahre später zu entlastenden Arbeitsmarkteffekten. Dann nämlich, wenn diese Kinder das erwerbsfähige Alter erreicht haben.

In Abbildung 33 habe ich das Erwerbspersonenpotenzial für Sie hervorgehoben. Dieses wird üblicherweise anhand der Anzahl der Personen zwischen 20 und 64 Jahren geschätzt. Deutlich erkennbar ist: Die 500.000 unbesetzten Stellen, die wir derzeit als Fachkräftemangel im Nacken spüren, ist nur der erste kalte Hauch einer beginnenden Arbeitsmarkt-Eiszeit.

Arbeitskräftedefizit steigt

Das Arbeitskräftedefizit wird überproportional zunehmen. Dafür sind zwei Faktoren verantwortlich: zunehmende Austritte und sinkende Eintritte. Seit 2010 steigt die Zahl der aus dem Erwerbsalter austretenden Jahr für Jahr.

Gleichzeitig sinkt bereits seit 1965 die Zahl der jährlich neu Geborenen. Daher wird das Arbeitskräftedefizit progressiv wachsen und sich dabei gewaltig aufsummieren. Mit einem Defizit von 10 bis 12 Mio. Menschen in 20 Jahren hört eine seriöse Vorausschau auf, da die Zahl der diesjährigen Neugeborenen noch nicht bekannt ist.

Ungleichgewicht am Arbeitsmarkt

Was die Folge ist, wenn das Angebot an Arbeitskräften sinkt, die Nachfrage in Form von Vakanzen aber unverändert bleibt oder sogar weiter ansteigt, gehört zum wirtschaftlichen Basiswissen: Die Gehälter steigen. Die ersten Unternehmen stellen ihren Azubis zu Ausbildungsbeginn ein schickes Auto vor die Türe (Geiger, 2014). Derzeit vollzieht sich eine Machtverschiebung am Arbeitsmarkt von der Arbeitgeber- zur Arbeitnehmerseite.

! **Wichtig: Machtwechsel am Arbeitsmarkt**

Der Wandel vom Arbeitgeber- zum Arbeitnehmermarkt geht mit einer Pflicht zur Mitarbeitenden- und Bewerberorientierung einher. Er wird alle Unternehmen vom Markt fegen, die das nicht erkennen (wollen).

Im Jahre 2020 gingen rund 45 Mio. Personen in Deutschland einer Erwerbstätigkeit nach. Aus Arbeitgebersicht: Wir zählen 45 Mio. besetzte Stellen, Tendenz trotz Digitalisierung [Kapitel 12] laut Bundesministerium für Arbeit und Soziales (BMAS) steigend[65].

Rechnen Sie mit: Falls bis zum Ende des seriösen Prognosezeitraums 12 Mio. Arbeitskräfte fehlen, können folglich nur noch 33 Mio. Stellen besetzt werden. Das bedeutet ganz konkret für ein durchschnittliches Unternehmen: Wo heute 500 Mitarbeitende tätig sind, werden dann nur noch 366 arbeiten.

Auswirkungen für das Performance Management

Die fehlenden 134 Arbeitskräfte gibt es schlicht und einfach nicht. Diese Vakanzen bleiben definitiv unbesetzt. Prüfen Sie: Ist Ihr Betrieb in der Lage, diesen unausweichlichen Rückgang der Personaldecke um 27 Prozent durch Automatisierung oder effizientere Prozesse aufzufangen? Aber Vorsicht: Möglicherweise machen Sie sich

65 Zum Vergleich, jeweils gerundet: 1995 waren es 38 Mio., 2005 schon 39 Mio. und 2015 rund 43 Mio. Erwerbstätige. Das BMAS rechnet aufgrund der Digitalisierung mit einer weiter ansteigenden Zahl an Arbeitsstellen (BMAS, 2016).

hierdurch von höherqualifizierten Arbeitnehmern abhängig, die am Arbeitsmarkt noch schlechter verfügbar sind.

Die konkreten Berechnungen der Experten des Kompetenz Centers Mitarbeiterbindung auf der Basis der Daten des Statistischen Bundesamtes zeigen selbstverständlich Durchschnittswerte auf. Vielleicht ist Ihr Unternehmen ja besonders attraktiv für Bewerber.

Wo Gewinner, da Verlierer

Dann werden Sie möglicherweise sogar *alle* Vakanzen besetzen können. So, wie die anderen beliebten Arbeitgeber, beispielsweise Airbus, Amazon, Apple, Audi, BMW, Daimler, Google, Microsoft, Porsche, SAP (aus Sicht der Absolventen von Wirtschaftswissenschaft, Ingenieurwesen und IT) sowie Polizei, Bundeswehr und adidas (für Schulabgänger)[66].

Gehört Ihre Firma jedoch nicht zu den Top 10 der sehr beliebten Unternehmen, sondern zu den 3,4 Mio. anderen Betrieben hierzulande, wird es doppelt hart: Dann wird Ihr Betrieb vielleicht gar *keine* Vakanzen mehr besetzen können, weil die attraktiven Arbeitgeber Ihnen alle geeigneten Bewerber wegschnappen und auch noch Personal bei Ihnen abwerben.

Neue Wettbewerber, neue Arenen

Im Wettbewerb um knapper werdende, bedeutsame Ressourcen gibt es stets Gewinner und Verlierer. Die Unterlegenen werden dann noch über 40 oder 50 Prozent ihres derzeitigen Personals verfügen können. Klar, dass dies nicht ohne Konsequenzen für Umsätze, Kosten und letztlich für die Erträge bleiben wird. Für viele kleinere, mittelständische und auch große Firmen, die für Bewerber nur mäßig attraktiv sind, wird dies definitiv das Ende bedeuten.

Wichtig: Arbeitgeberattraktivität immer bedeutsamer !

Die Arbeitgeberattraktivität wandelt sich von einem Aspekt, der die Wettbewerbsfähigkeit eines Unternehmens unterstützt, zu einem Faktor, der über die Existenzfähigkeit eines jeden Unternehmens entscheidet.

Ihre Wettbewerber sind somit künftig nicht mehr nur diejenigen, mit denen Ihr Unternehmen um Kunden buhlt. Auch die Firmen, die das gleiche oder ähnliches Personal benötigen wie Ihre, sind nun als Wettbewerber zu behandeln.

66 Quelle ist das recht unabhängige trendence-Barometer, genannt sind jeweils die ersten Fünf, bereinigt um Doppelnennungen (trendence 2021).

Schon heute wildern Unternehmen aus den vom Arbeitskräftemangel besonders betroffenen Branchen in sämtlichen Sektoren. Rechnen Sie damit, dass über Gedeih und Verderb Ihres Unternehmens künftig auch auf dem Arbeitsmarkt entschieden wird.

Kurs Arbeitgeberattraktivität
Sie wollen zu den Gewinnern gehören, also zu denen, die auch in zehn Jahren noch alle Stellen besetzen können? Dann ergreifen Sie bitte jetzt das Ruder. Steuern Sie Ihr Unternehmen in Richtung hoher Arbeitgeberattraktivität. Um attraktiv für Potenzial- und Leistungsträger zu sein, kann Ihr Betrieb ruhig auch etwas anderes produzieren als tolle Autos.

Auch kleine und mittlere Unternehmen, auch Unternehmen anderer Branchen können zu Bewerbermagneten werden. Wie? Indem sie neben einer umfassend kunden- und kundennutzenzentrierten Erfolgsorientierung auch Mitarbeiterorientierung als Wert schätzen und leben.

Mitarbeiterzentrierte Führung
Mitarbeiterorientierung hat in der Corporate Mission gleichberechtigt neben die Kundenorientierung zu treten. Denn genauso, wie sich vor einigen Jahrzehnten an den Absatzmärkten der Übergang vom Verkäufer- zum Käufermarkt vollzog, verschiebt sich nun die Macht am Arbeitsmarkt in Richtung der Arbeitnehmer.

Diejenigen Unternehmen, die damals den Wandel des Absatzmarkts verschlafen und ihre Kunden nicht rechtzeitig und der neuen Machtstellung entsprechend hofiert haben, sind allesamt über die Wupper gegangen. Das blüht auch all den Betrieben, die ihre Augen vor dem Wandel am Arbeitsmarkt verschließen.

Die umworbenen Generationen Y ff
Zurück zu den Gen Y ff. Unternehmen, die ihre Vakanzen nicht nur dadurch decken können oder wollen, dass sie Berufserfahrene in anderen Firmen sourcen und headhunten lassen, umwerben die Schul- und Hochschulabgänger. Um jeden dieser qualifizierten Absolventen schlagen die Recruiter der Unternehmen wie Pfauen ihr Rad.

Bei besonders gefragten Kompetenzen sind das gut und gern täglich 100 Arbeitgeber, die dem frischgebackenen IT-Experten oder dem Ingenieur die Social Media Nachrichtenbox vollstopfen. Die Gen Y ff werden hofiert, gelockt und verwöhnt. Sie haben die Macht.

»Machen wir nicht.«
Aller Klarheit über die für Unternehmen bedrohliche Situation am Arbeitsmarkt zum Trotz: Gerade im Mittelstand scheitern viele Versuche der Personalleitungen, das Unternehmen für Bewerber der Gen Y ff attraktiver zu gestalten, an der Unnachgiebig-

keit der Geschäftsführer. Das ist kein Wunder, denn bei deren Berufseinstieg war noch alles anders.

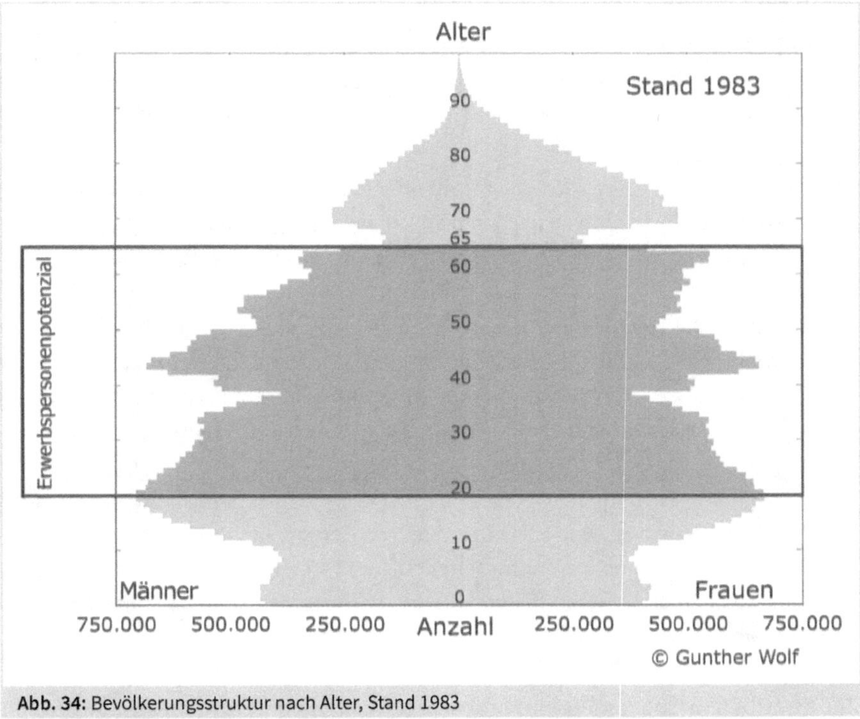

Abb. 34: Bevölkerungsstruktur nach Alter, Stand 1983

Ein paar Zahlen zum Vergleich: Alle heutigen CEOs, die 1983 in den Arbeitsmarkt eintraten, hatten 1.369.000 Konkurrenten gleichen Alters. Sie hatten sich als Berufseinsteiger enorm anzustrengen, um eine der 436.000 im gleichen Jahr durch Verrentung freiwerdenden Stellen zu bekommen. Die anderen 933.000 guckten bezüglich eines Jobs in die Röhre. Gerundet: Von 3 der 1963 Geborenen bekam nur ein einziger direkt nach seinem Schul- oder Hochschulabschluss eine Stelle.

1983 war jeder froh, wenn er überhaupt »untergekommen« war. Doch der Druck auf die Gen X ließ nicht nach: Weiter ging es im Konkurrenzkampf mit spitzen Ellenbogen, mit Stuhlsägen, mit Opportunismus und mit Leistung bis an die Grenze des Machbaren. Die besten Kämpfer sind die, die heute ganz oben angekommen sind.

Heute ist alles anders

2018 treten 841.000 junge Menschen ins Berufsleben ein. Gleichzeitig gehen 1 Mio. Menschen in Rente und räumen ihre Arbeitsplätze. Bezüglich 159.000 Vakanzen gucken jetzt die Unternehmen in die Röhre. Der Durchschnitt der Einstiegsgehälter ist so hoch wie nie zuvor. Die Gen Y ff brauchen das auch und noch viel mehr. Sie gehen dorthin, wo ihnen das Arbeiten Spaß macht. Und sollte es dort irgendwann keinen mehr machen: Andere Unternehmen haben auch schöne Vakanzen.

! **Wichtig: Die Gen Y ff passen sich nicht an**

Die Gen Y ff werden ihre Werte und Verhaltensweisen den Gepflogenheiten ihres Arbeitgebers nicht anpassen, weil es für sie keinen Grund dazu gibt. Unternehmen, die den Vorstellungen der Gen Y ff nicht entsprechen, kommen als Arbeitgeber schlicht und einfach nicht infrage.

Ob es uns CEOs der Klasse von 1983 gefällt oder nicht: Wenn wir dem Personaler nicht gestatten, das Unternehmen nach den Wünschen der jungen Leute zu gestalten, sie zu hofieren und zu umwerben, wird unsere Firma den Weg allen Fleisches gehen.

Konsequenzen für die Führung

Wir Führungskräfte wissen, dass wir mit unserer Führungsaufgabe »Halten und Mehren der Potenziale unserer Mitarbeitenden« [Kapitel 2.3.2] einen enormen Beitrag zur Arbeitgeberattraktivität und damit zur Sicherung der Existenzfähigkeit des Unternehmens leisten.

Da gemeinsame Visionen und Ziele bekanntermaßen die Identifikation stärken, eine Verbundenheit zwischen den Mitarbeitenden und der Führungskraft erzielen und auch den Zusammenhalt innerhalb des Teams verbessern, können wir uns diese Aufgabe mit professionellen Zielvereinbarungen erleichtern.

Zudem haben wir mit der Performance Management-Spirale eine Methode zur Hand, mit der wir Personalrückgänge in gewissem Maße sogar durch Steigerungen im Bereich der Performance ausgleichen können.

10.1.2 Performance Management bei Gen Y und Z

Möge die Macht mit dir sein.
Obi-Wan Kenobi

Die Macht, über Schicksale von Unternehmen zu entscheiden, ist nicht das einzige relevante Merkmal der Gen Y ff. Aber es ist dafür verantwortlich, dass sie nicht gezwungen sind, ihr Wertesystem und ihr hier hierauf basierendes Verhalten den Gegebenheiten im Unternehmen anzupassen – so, wie die Gen X.

Werfen wir einen Blick auf die Kennzeichen, die den Gen Y ff zugeschrieben werden und prüfen, ob wir diese in unsere Vorgehensweisen zum Führen mit Zielen integrieren können. Bejahendenfalls habe ich die Nummer des Kapitels vermerkt, damit Sie im Zweifel noch einmal dort nachschlagen können.

Freiwilligkeit und Umgang auf Augenhöhe

Die Gen Y ff wissen um ihre Macht und um ihre Wahlmöglichkeiten. Wenn Mitarbeitende der Gen Y ff in Ihrem Unternehmen tätig sind, dann auf der Basis von *Freiwilligkeit.*

Das ist für uns Führungskräfte doch perfekt: Ein Heer von Freiwilligen statt einem Haufen Söldner – gibt es etwas Schöneres? Bei der Steigerung der Performance hemmen uns doch stets insbesondere diejenigen Mitarbeitenden, die längst innerlich gekündigt haben und trotz ihrer Unzufriedenheit doch nicht gehen.

Freiwillige verlangen lediglich andere Behandlung, allem voran – wie sollte es auch anders sein: keinen Zwang. Mit »Ober sticht Unter« stoßen wir bei den jungen Menschen auf Granit. Die Gen Y ff sind es gewohnt, mit Eltern, Lehrern und Professoren *auf Augenhöhe* zu sprechen, bei allem mitzuentscheiden und mitzugestalten. Die Bereitschaft hierzu erwarten sie auch von uns Führungskräften.

Mitentscheiden und Verantwortung

Als mit Zielen führende Führungskräfte schaffen wir mit den KAP und den AAP diese Räume zum Gestalten, Diskutieren und *Mitentscheiden.* Wir profitieren von dieser Entscheidungsfähigkeit und -freudigkeit der Gen Y ff enorm, da wir neben der engagierten Umsetzung [Kapitel 8.2] auch die kreative Entwicklung, exakte Bewertung und detaillierte Planung der Maßnahmen [Kapitel 8.1.5] an die jungen Menschen abtreten können.

Mit all den Spielräumen rund um die Maßnahmen und Aktions-Pläne bieten wir zudem die Möglichkeit zur Übernahme von *Verantwortung.* Diese wird stets als besonders wichtig für die Gen Y herausgestellt, weniger für die Gen Z. Auch das geschieht nicht ganz uneigennützig. Wir Führungskräfte verschaffen uns damit den vielleicht gewichtigsten Entlastungseffekt.

Sicherheit und Empowerment

Wir sorgen mit den zwei Säulen [Kapitel 4.1] und der Größer-gleich-Verbindung von KAP und Zielen [Kapitel 4.1.4] für die Erfüllung des Bedürfnisses nach *Sicherheit* in der Ziel- und, falls vorgesehen, in der Bonuserreichung. Sicherheit scheint für die Gen Z eine hohe Bedeutung zu besitzen. Die hohe Arbeitgeberbeliebtheit von Polizei, Bundeswehr und öffentlicher Verwaltung unter Schulabgängern spiegelt dieses Sicherheitsstreben der Gen Z wider.

Wir Führungskräfte wählen Ziele potenzialorientiert [Kapitel 8.1.1] aus. Wir sorgen durch Kompetenzverbreiterung und -vertiefung für die Mehrung der Potenziale [Kapitel 2.3.2]. Wir bieten *Empowerment und Enabling* entlang der Transformation von Potenzialen bis hin zu ihrem voll entfalteten Zustand, den wir als Leistung bezeichnen [Kapitel 2.1.1].

Individualität und Sinn

Die Verteilung der Ziele erfolgt im ersten Schritt des professionellen Zielvereinbarungsprozesses jedoch nicht nur anhand der individuellen Potenziale. Wir Führungskräfte befassen uns auch intensiv mit den individuellen Motiven unserer Mitarbeitenden. Den jungen Generationen wird ein starkes Bedürfnis nach Berücksichtigung der *Individualität* zugeschrieben. Dieses beachten wir nicht nur bei der zutreffenden Zuordnung der Tätigkeitsbereiche [Kapitel 2.1], sondern auch bei der Zielzuordnung [Kapitel 8.1.1].

Zweifellos hat die Gen Y ihren Buchstaben primär deswegen bekommen, weil er auf X folgt. Englisch ausgesprochen weist er jedoch auf ein weiteres Charakteristikum hin. Mitglieder der Gen Y können dank ihrer Machtposition weitaus häufiger und vor allem offener fragen: Why?

Die Frage nach dem Warum ist gut: Sie hilft, Ziele und Maßnahmen zu unterscheiden [Kapitel 4.1.4]. Die Warum-Frage unterstützt uns dabei, zu erkennen, welches Ziel hinter einer Maßnahme steht [Kapitel 5.1]. Sie gibt uns Aufschlüsse über den individuellen Motiv-Mix des Mitarbeitenden [Kapitel 8.1.2].

! **Statement Jens Wagner**

Ich habe gute Erfahrungen damit gemacht, statt konkreter Vorgaben eine übergeordnete Idee zu vermitteln. Wenn Mitarbeitende diese teilen und den Freiraum haben, daraus selbst ihre Ziele abzuleiten, tragen sie in der Regel deutlich wirksamer bei, um die gemeinsame Zielvorstellung zu verwirklichen. Denn selbstbestimmt und eigenverantwortlich arbeiten zu können, steigert die Motivation der Menschen immens, sich für die gemeinsame Sache einzusetzen und sich ihre Ziele immer höher zu stecken. So entsteht Spitzenleistung.
Jens Wagner
Responsibility for Corporate Human Resources, Robert Bosch GmbH

Die Mitarbeitenden der Gen Y ff wollen wissen, was der *Sinn* ihrer Tätigkeit ist. Vielleicht haben Sie noch den Praxisfall des Rohrnetzteams aus dem Zielvereinbarungsprozess-Kapitel 8.1.4 präsent. Der Leiter der Rohrmechaniker transportiert den Sinn, die Bedeutsamkeit des Schaffens seiner Mitarbeitenden für die Gesellschaft, mit den Zielen. In Schritt 3 des Zielvereinbarungsprozesses haben wir Führungskräfte die beste aller Gelegenheiten, um Sinnzusammenhänge zwischen den Zielen der Mitarbeitenden und den übergeordneten Zielen aufzuzeigen.

Vision, Purpose und Werte

Why hinterfragt aber nicht nur Ziele auf operativem Niveau, sondern auch den Sinn des »großen Ganzen«. In Kapitel 6 haben wir Optimierungsmöglichkeiten für die Zielkaskade abgewogen. Diese begann mit der *Vision*, dem mehrere Jahre leuchtenden Leitstern. Letztlich sind alle Jahresziele hierauf ausgerichtet. Als Mitglieder der Unternehmensleitung richten wir die Augen aller auf diesen Stern und sorgen für identifikationsfähige Inhalte.

Erinnern Sie sich noch an den zu isolierenden XYZ-Virus aus Kapitel 4.1.4? Es diente uns als Beispiel für einen Teilschritt der Strategie auf dem Weg zur Vision, in ein paar Jahren das Gegenmittel auf den Markt zu bringen und betroffene Menschen zu heilen. Solche Visionen zu formulieren, erzeugt bei den Gen Y ff Emotionen und schafft Identifikation. Der dadurch um 10 Prozent steigende Jahresüberschuss? Eher nicht.

Ein Visionär hat mehr Gefolgschaft als alle Divisionäre.
Emil Baschnonga

Denn hinter der Vision steht der Purpose und die Mission: Welche *Werte* leben wir im Unternehmen? Welcher Sinn steht hinter dem Betreiben unseres Geschäfts (Schüller & Steffen, 2019)? Ja, Gewinne erzielen ist okay, aber Profitgier als einziges treibendes Element? Das ist zu wenig, sagen die Gen Y ff. Sie haben in ihrer Jugend bereits – je nach Land – drei bis vier Wirtschaftskrisen erlebt. Als verantwortlich sehen sie das rücksichtslose Streben nach Gewinnmaximierung an. Da die Gen Y ff wissen, dass sie über Schicksale von Unternehmen entscheiden, helfen sie lieber bei denen mit, die auch etwas Gutes tun.

Transparenz, Co-Creation und Kollaboration
Die Gen Y ff sind gewohnt, stets über das Internet Zugang zu allen Informationen zu besitzen. Sie sind Informationsüberfluss gewohnt und haben gelernt, damit umzugehen. Mangelnde *Transparenz* macht junge Menschen misstrauisch. Indem wir unternehmensweit die Ziele und KAP aller Ebenen für alle verfügbar machen [Kapitel 4.3.2 und 7.3], schaffen wir Synergien und sorgen für deren Weiterentwicklung.

Erstaunlicherweise finden sich bei den wirklich relevanten Werten der jungen Menschen gar nicht so wenige Übereinstimmungen mit denen der Generation X – zumindest mit denen der Gen X, als sie noch jung war … Natürlich war die Gen X tendenziell kompetitiver, opportunistischer, egoistischer – sonst wäre ihnen kein berufliches Vorwärtskommen möglich gewesen. Aber Kooperation fand auch die Gen X gut. Schön, dass die Gen Y ff in der Lage sind, das Bedürfnis nach *Zusammenarbeit* auszuleben. Darauf legen sie auch viel wert. Den Rahmen dafür schaffen wir Führungskräfte mit Teamzielen [Kapitel 8.3.3].

Unterschiede zwischen Gen X und Y ff
Kleines Zwischenfazit: Offenbar hat es sich für Sie nicht nur bezüglich der Gegenwart, sondern auch in Bezug auf das Führen der jungen Generationen mit Zielen gelohnt, die Teile A und B dieses Buchs zu lesen. Soziologen weisen jedoch immer wieder auf

Unterschiede zwischen den Generationen hin. Bitte prüfen Sie selbst, ob Sie diese als bedeutsam für Ihre Art und Weise ansehen, mit Zielen zu führen:

- Die Gen Y ff sind digital aufgewachsen. Sie haben schon im Kindesalter nicht nur, wie die Gen X, mit realen Gegenständen, sondern auch mit digitalen Burgen und Kriegern gespielt.
- Die Gen X neigt zu hoch technischen Produkten, auch wenn sie von deren Funktionen üblicherweise maximal 20 Prozent kennt und regelmäßig nutzt. Die Gen Y ff hingegen sind bereits an Bedienungsanleitungen wenig interessiert: Sobald sich etwas nicht intuitiv bedienen lässt, ist ihnen der Aufwand schon zu hoch.
- Die Gen Y ff sind an dem Besitz von Gegenständen wenig interessiert. Sie sammeln nichts, außer vielleicht digitale Likes auf ihre Posts.
- Die Gen X hat sich daran gewöhnt, zu dem einen oder anderen Zweck ins Internet zu gehen. Die Gen Y ff hingegen gehen nicht online: Sie sind online.
- Die Gen X hat den Wandel der Kommunikation von Telefon und Brief zu Mobile und Mail mitgemacht. Nicht wenige denken wehmütig an die Zeiten zurück, als pro Tag nur eine gewisse Anzahl an Briefen einging. Die Gen Y ff hingegen schätzen die nahezu unterbrechungsfreie Kommunikation mit ihren Netzwerken im Web 2.0.
- Die Gen X versteht Karriere in dem Sinne, dass man viele unter sich hat. Für die Gen Y ff ist relevanter, viele tolle Kollegen neben sich zu haben.

Ich persönlich sehe bei keinem dieser Punkte einen Aspekt, der das Führen mit Zielen wirklich maßgeblich verändern könnte. Der eine oder andere mag vielleicht für die Gestaltung von Rewards bedeutsam sein: Die Gen Y ff legen offensichtlich mehr Wert auf Anerkennung der Gleichrangigen als auf materielle Anreize. Diesem Bedürfnis kommen wir ja in der fünften Stufe des Zielerreichungsprozesses intensiv nach [Kapitel 8.2.5].

Doch die Punkte sind möglicherweise höchst relevant dafür, mit welchen Produkten und Dienstleistungen Unternehmen in Zukunft erfolgreich Geschäfte machen können. Werfen wir also einmal einen kurzen Blick auf die Märkte der Zukunft.

Diese werden, das darf ich vorankündigen, Einfluss auf unsere künftige Mitarbeiter- und Unternehmensführung mit Zielen nehmen. Denn wir haben unsere Mitarbeitenden und das Unternehmen künftig durch einige Nebelbänke zu führen, die uns die VUCA-Welt beschert.

10.2 Steuern im Nebel

Der Wandel am Arbeitsmarkt ist ein bedeutsamer, aber nicht der einzige Pfeiler, auf dem sich die Macht der jungen Generationen begründet. Ein weiterer ist die Verkürzung der Halbwertszeit von Wissen oder, etwas böse ausgedrückt, das bezogen auf das individuelle Lebensalter immer früher eintretende Stadium der Unwissenheit.

10.2.1 Menschen: Schneller dümmer

Es ist noch nicht allzu viele Jahrzehnte her, als die Meinungen der Alten eine herausgestellte Bedeutung besaßen. Noch vor 30 Jahren musste fast jeder führende Politiker 70 oder mehr Jahre alt sein, um als erfahren und überzeugend genug zu gelten. In vielen Gesellschaften der Dritten Welt ist es immer noch so: Der Ältestenrat, oder mit gewisser Doppelsinnigkeit: der Rat der Ältesten, steuert die Gemeinschaft.

Früher: Von den Alten lernen

Noch etwas früher lebten Großmutter und Großvater auf dem Hof mit der Familie unter einem Dach. Auch wenn beide bei der körperlichen Arbeit auf dem Feld nicht mehr so mithelfen konnten, waren sie geschätzt, bedeutsam und im wahrsten Sinne des Wortes gefragt.

Denn sie wussten aufgrund ihrer Erfahrung besser als die Jungen, wann die beste Zeit zum Säen und zum Ernten ist und konnten langfristige Wettertrends recht zuverlässig vorhersagen. In Bauernregeln gefasst, gaben sie ihr Wissen von Generation zu Generation weiter.

Heute ist das Wissen der Großeltern nichts mehr wert. Das Internet informiert die jungen Menschen über alles, was sie wissen wollen. Wer Rat benötigt, schaut sich bei YouTube das passende Video dazu an oder schaut in Foren nach, welche Tipps dort gegeben werden.

Heute: Von den Jungen lernen

Die älteren Generationen haben heute enorme Probleme, der Entwicklung zu folgen. Ohne Account bei zentralen Sozialen Medien des Web 2.0 erfahren Großeltern schlichtweg so gut wie nichts mehr über das, was ihre Enkel bewegt. Umständlich werden Fotos für sie ausgedruckt und dann noch postalisch oder persönlich zu ihnen hin transportiert.

Schön, wenn sie den Umgang mit dem Smartphone lernen wollen. Doch ohne Computerspiele sozialisiert, fehlt ihnen die Fähigkeit, Apps intuitiv zu bedienen. Die traumwandlerische Sicherheit, mit der Zehnjährige sämtliche relevanten Geräte bedienen, werden die heute 70-Jährigen niemals erreichen.

Ihre über 7 Jahrzehnte gesammelten Erfahrungen helfen ihnen kaum noch weiter. Im Gegensatz zu früher lernen die älteren Generationen heute in allen Bereichen relevantes Fachwissen von den jungen.

Oder auch nicht

Wer als junger Mensch einem heute 70-jähigen die Bedienung eines Tablets beibringen soll, ist oft der Verzweiflung nahe. Opa schreibt sich gewissenhaft Schritt für Schritt auf einem Zettel auf, aber sobald er eine falsche Wischbewegung macht, hilft ihm das Papierchen schon nicht mehr weiter.

Die Ursache liegt darin, dass die Halbwertszeit des Wissens rapide sinkt. Mit dem Wissen und den Fähigkeiten, die der heute 50-jährige Automechaniker in Jahrzehnten erworben hat, kann er schon jetzt nicht mehr viel anfangen. Wer einem Fahrzeug mehr PS verleihen will, bohrt keine Vergaser mehr auf, sondern greift in die Programmierung ein. Vielleicht hat sich der 50-jährige dieses zusätzliche Wissen noch angeeignet. Aber wird er den nächsten technologischen Quantensprung auch noch schaffen?

Immer schneller unwissend

Dank der Mooreschen Grundregel, dass sich die Komplexität integrierter Schaltkreise alle 24 Monate verdoppelt, wissen wir: Nie wieder laufen die Veränderungen und Entwicklungen in der digitalen Welt so langsam ab wie heute. Die Unfähigkeit, aufgrund mangelnden Wissens am sozialen oder sogar am beruflichen Leben teilhaben zu können, gilt heute für viele 70-jährige und wird morgen schon die 50-jährigen treffen.

Wir Führungskräfte werden immer mehr Mitarbeitende zu führen haben, die weit, weit mehr berufsrelevantes Wissen besitzen als wir. Und was sie selbst nicht wissen, das fragen sie nicht uns, sondern das Netz – das Web oder das eigene Netzwerk.

!

Wichtig: Die Halbwertszeit relevanten Wissen sinkt rapide

Auf dem Weg unserer Gesellschaft in die Digitalisierung werden Kenntnisse, Fähigkeiten und Fertigkeiten relevant, die bald schneller veralten als sie von Menschen erworben werden können.

Um bei dem Bild aus Kapitel 4 zu bleiben: Der reife, viele Dienstjahrzehnte alte Admiral steuert eine Flotte, auf deren Schiffe jüngere Kapitäne auf der Kommandobrücke stehen, deren Know-how und Do-how denen des Admirals weit überlegen sind. Und diese Kapitäne wiederum haben eine Mannschaft von gut ausgebildeten Wissensarbeitern unter sich, die wiederum weit mehr wissen und können als der Käpt'n.

Hierarchie: Kann das gutgehen?

Die Zweifel mehren sich, dass dieses Hierarchiemodell tragfähig genug ist, um uns in die Zukunft zu begleiten. In dem Unternehmen, in dem ich Anfang der 90er tätig war, existierte eine Vorschrift, wonach für untere Leitungsstufen die Vollendung des 30. Lebensjahres vorgesehen war. Heute sind viele erfolgreiche Admiräle unter 30 – und wenn sie dafür ihre eigene Flotte gegründet haben.

Wird die Hierarchie in Pyramidenform fähig sein, die Flotten heil durch die rauen VUCA-Meere zu bringen? Wird sie optimal genug sein, um im Wettbewerb bestehen zu können? Oder sollten Admiräle den Erfolgshafen benennen, die Schiffe miteinander vernetzen und sich aus allem anderen heraushalten? Mangels Fachkompetenz sind sie ohnehin nicht in der Lage, zu kontrollieren oder Wege vorzugeben.

Werfen wir einen prüfenden Blick auf das, was wir derzeit über diese Meere und über die Schiffe sagen können.

10.2.2 Maschinen: Schneller intelligenter

In die Produktionsbereiche der Unternehmen hat die Automatisierung schon lange Einzug gehalten. Wir vertrauen Robotern, dass sie feine Autos für uns bauen. Wir verlassen uns auf die Autopiloten der Passagierflugzeuge und auf unbemannte Fluggeräte, die Gebiete überwachen und uns Pakete bringen können.

Wir setzen uns in Achterbahnen und andere Vergnügungsgeräte, die kein Mensch steuert. Schon seit vielen Jahren vertrauen wir darauf, dass uns die Google-Suchalgorithmen die besten Ergebnisse für das ganz oben anzeigt, was wir wissen wollen.

Vom Tellerwäscher zum Millionär

Maschinen, die zunächst nur niedere Tätigkeiten wie den Abwasch für uns erledigen konnten, werden offenbar langsam erwachsen. Wir steuern mit Geräten die Licht- und Wärmeverhältnisse des Hauses. Unweigerlich bringen wir den intelligenten Assistenten all die Kausalzusammenhänge zwischen messbaren Faktoren und unseren hierauf gerichteten Reaktionen bei.

Dieses Wissen benötigen die Algorithmen dieser Maschinen, um die richtigen Entscheidungen künftig auch ohne uns fällen zu können. Kurz die bestehende Internetverbindung genutzt – und schon befindet sich dieses Wissen in einer Datenbank. Und steht allen anderen Robotern zur Verfügung, die hierauf Zugriff haben. Die Geräte tauschen sich aus, ermitteln die besten Vorgehensweisen und teilen auch diese untereinander.

Ein neuer Typ unter den Mitarbeitenden

»Sagen Sie Hallo zu den Robotern! Sie werden ihren Job stehlen und sie werden Sie zukünftig betreuen. Im kommenden Jahrzehnt wird es einem gewaltigen gesellschaftlichen Wandel geben und die Menschen werden lernen, Seite an Seite mit Robotern zu leben« (Ross, 2016). Was der Tech-Berater von Barack Obama und Hillary Clinton anspricht: Wir werden in Kürze Entwicklungen im Bereich der Artificial Intelligence (AI) erleben, die unsere Unternehmen, unsere Märkte und unsere Gesellschaft enorm verändern.

Was wir sehr sicher wissen ist beispielsweise, dass selbstfahrende Autos bald Realität werden. Was wir nur erahnen können, ist zum einen der Zeitpunkt, ab dem dies Normalität sein wird. Zum anderen, welche Auswirkungen die selbstfahrenden Fahrzeuge beispielsweise auf die Erwerbsfähigkeit der heutigen LKW- und Taxifahrer haben wird.

! **Wichtig: Automatisierungsgrad**

Der Automatisierungsgrad wird auch als Substituierbarkeitspotenzial bezeichnet. Er gibt an, wie viel Prozent der Tätigkeiten eines Berufs durch softwaregesteuerte Maschinen erledigt werden könnten. Da die technische Entwicklung fortschreitet, werden auch momentan nicht-automatisierbare Tätigkeiten künftig zu automatisierbaren Tätigkeiten.

Wer glaubt, dass hiervon nur Berufe mit leicht erlernbaren Tätigkeiten betroffen sind, irrt. Auch eine Hochschulausbildung kann nicht verhindern, dass sich Mitarbeitende komplett umzuqualifizieren haben[67]. Prädestiniert für die Automatisierung sind Berufe mit wiederkehrenden, informations- bzw. datenintensiven und aufwändigen Aufgaben. Das japanische Versicherungsunternehmen Fukoku Mutual Life hat beispielsweise kürzlich die Mitarbeitenden der für Prüfung und Erstattung zuständigen Abteilung durch AI ersetzt.

Wiederkehrende Aufgaben? Das könnte auch auf Konzerte von Musikern zutreffen. Stimmt: Mit Hatsune Miku schafft es die erste virtuelle, als 3D-Hologramm auftretende Sängerin, auf ihren Tourneen die Konzerthallen zu füllen[68]. Sie interagiert mit dem Publikum, nimmt den Stimmungspegel auf und passt ihr Programm flexibel an. Auch kreative Bereiche bleiben offenbar von AI nicht verschont.

Ein neuer Typ Unternehmensleitung

Deep Knowledge Ventures ist ein Investmentunternehmen, das sich auf Biotechnologie-Unternehmen für altersbezogene Medizinprodukte spezialisiert hat. Angesichts der Altersbäume in den Nationen der Ersten Welt ist dies möglicherweise keine allzu unrentable Spezialisierung.

Schon vor einigen Jahren wurde Vital in den Vorstand dieses Unternehmens gewählt. Vital steht für Validating Investment Tool for Advancing Life Sciences und wurde von der britischen Firma Aging Analytics entwickelt (Aging Analytics, 2014). Als Vorstandsmitglied verfügt Vital nicht über hervorgehobene Stimmrechte, hat aber schon einige hervorragende Investitionsentscheidungen herbeigeführt.

Bestmögliche Ergebnisse unter einem hohen Grad an Unsicherheit zu erzielen, zeichnet die Entscheidungen von Unternehmensleitungen aus. Die zugrundeliegenden

67 Das IAB stellt einen »Job-Futuromat« im Netz bereit, der für alle Berufe aufzeigt, wie viel Prozent der jeweils ausgeübten Tätigkeiten zum aktuellen Stand bereits von Maschinen übernommen werden könnten (IAB, 2021).

68 Ihr YouTube-Profil mit vielen Konzertmitschnitten finden Sie auf https://www.youtube.com/user/HatsuneMiku.

Wahrscheinlichkeitsannahmen könnten von AI durch die schnelle Verarbeitung großer Datenmengen auf eine solidere Grundlage gestellt werden. Auf mittlere Sicht kann AI sicher einige Aufgaben der Admiräle übernehmen und Unternehmen insgesamt erfolgreicher und wettbewerbsfähiger werden lassen.

Ein neuer Typ Führungskraft

Auch die Funktion der Innovationsleitung könnte in den Händen von AI gut aufgehoben sein. Sie sei eine Führungskraft, die das Unternehmen erfolgreich durch sogar disruptive Veränderungen steuern könne: AI kombiniere technologisches Wissen mit der Geschäftsstrategie, mit Kreativität und der Fähigkeit, das Unternehmen auf der Basis von Wahrscheinlichkeitsberechnungen in eine neue Richtung zu lenken (IPSoft, 2017).

Hitachi-Roboter sind in der Lage, Arbeitsvorgänge schneller zu erfassen und besser zu analysieren als Menschen. Sie können sie eine von Menschen nicht zu bewältigende Menge an Daten in ihre Analysen integrieren. Hierzu zählen beispielsweise die aus der Performance Management-Spirale bekannten, potenziellen externen Einflussfaktoren für den Performance-Output. Auf diese Weise können sie Mitarbeitende im Hinblick darauf steuern, mit welchen Leistungen diese zu einem optimalen Performance Improvement kommen werden.

Bei Hitachi selbst ersetzen Roboter insoweit nach und nach Führungskräfte im Unternehmen. Computer-Vorgesetzte sollen gegenüber den menschlichen Vorgesetzten bereits eine Steigerung der Produktivität um 8 Prozent erzielt (Hitachi, 2021). Ähnliche Ergebnisse können die künstlich intelligenten Vorgesetzten aufweisen, denen Trader an den Börsen unterstellt sind.

Wer sagt's dem Roboter?

Werden sich die Mitarbeitenden (oder die Menschheit) künftig in zwei Lager teilen: Auf der einen Seite stehen die Programmierer der Roboter und auf der anderen Seite die, denen die Roboter sagen, was sie tun sollen, wann und wie? Dann sind wir Führungskräfte zumindest im Hinblick auf unsere fachliche Kompetenz überflüssig. Uns sollte bewusst sein, dass nicht wenige Entwicklerteams weltweit sich genau das zum Ziel gesetzt oder sogar als Geschäftsmodell definiert haben.

Da ich ein Verfechter der Dualen Karrieresysteme bin, der Trennung von Fach- und Führungslaufbahn, kann ich dem nicht zwingend etwas Schlechtes abgewinnen. Durch die Algorithmen werden Führungskräfte von Fachaufgaben entlastet und gewinnen mehr Zeit, um uns eingehend mit Aufgaben aus dem Bereich von Mitarbeitermotivation, Mitarbeiterbindung und nicht-fachlicher Mitarbeiterführung zu widmen.

Wenn Roboter Roboter programmieren

Doch was, wenn Roboter selbst Roboter bauen, programmieren und gegebenenfalls auch reparieren können? Laut Steven Hawking werden die Computer noch in diesem Jahrhundert die Menschen mit ihrer künstlichen Intelligenz übertreffen. Er prophezeit: »Das wird das größte Ereignis in der Geschichte der Menschheit werden – und möglicherweise auch das letzte.« (Knop, 2015)

Auf kurze Sicht, über ein bis zwei Jahre, sehen wir recht klar, was im Hinblick auf die AI auf uns zukommt. Aber in strategischen Zeiträumen können wir, ob Admiral oder Kapitän, beim Blick auf das Meer vor uns nur Silhouetten im Nebel ausmachen.

Die Rolle der Führung

Wir wissen lediglich, dass wir unsere Führungspositionen künftig nicht mehr mit längerer Erfahrung und auch nicht mit höherem Fachwissen rechtfertigen können. Das eine zählt immer weniger und von dem anderen haben unsere Mitarbeitenden und selbst Roboter mehr als wir.

Was zählt, ist die Kompetenz, Mitarbeitende zu binden, zu motivieren und für Ziele zu begeistern. Das sind genau die drei Aspekte, die wir schon in Kapitel 2 als die Elemente erfolgreicher Führung identifiziert haben. Über diese Fähigkeiten wird so schnell kein Algorithmus verfügen.

Sinnvolle Planungs- und Zielperioden

Die Zyklen der Veränderungen und damit die prognostizierbaren Zeiträume haben sich enorm verkürzt. Wie die In- und Umwelt von Unternehmen in 5 Jahren aussehen werden, ist heute so unvorhersehbar wie es im 17. Jahrhundert das kommende 18. war.

!

Statement Isabell Hametner

Zielvereinbarungen, die einmal im Jahr vereinbart und einmal im Jahr evaluiert werden, sind weder motivierend noch zielführend, um Leistung zu fördern. Sie wirken in unserem Jahrtausend bereits aus der Zeit gefallen. Dieses Modell sollte getauscht werden durch einen laufenden Dialog über das, was im Moment wichtig ist, durch Vereinbarungen und offenes Feedback. Dieser Dialog basiert auf der Grundhaltung von Wertschätzung und auf der Annahme, dass jede/r einen guten Job machen möchte, ein Interesse hat zu lernen und sich weiterzuentwickeln.

Isabell Hametner
Senior Vice President Human Resources, OMV Group

Damit ist klar, dass wir uns von den bisherigen Planungszeiträumen über kurz oder lang zu verabschieden haben. Wir werden künftig wesentlich kürzere Zielperioden ansetzen, um die richtigen Zielrichtungen ableiten zu können und um unseren Mitarbeitenden zu ermöglichen, sinnvolle KAP zu entwickeln.

Fazit dieses Kapitels

- Der Arbeitsmarkt hat sich von einem Arbeitgeber- zu einem Arbeitnehmermarkt entwickelt. Folglich wird die Arbeitgeberattraktivität zunehmend zu einem Faktor, der über die Existenzfähigkeit eines jeden Unternehmens entscheidet.
- Der Fachkräftemangel wird progressiv steigen und in 2 Jahrzehnten mehr als zwanzigmal höher liegen als heute, sodass die Mehrzahl der Unternehmen künftig mit wesentlich weniger Personal auskommen muss als heute.
- Neben dem Wettbewerb am Absatzmarkt erlangt der Verdrängungswettbewerb am Arbeitsmarkt eine strategische Bedeutung.
- Besonders umworben sind Schulabgänger und Hochschulabsolventen der Generationen Y ff, die ihre besondere Machtposition nutzen, um Einfluss auf viele Bereiche des Unternehmens auszuüben.
- Das für Arbeiten und Leben relevante Wissen verlagert sich zunehmend in den digitalen Bereich. Da sich die Halbwertszeit dieses Wissens progressiv verkürzt, verliert das durch Lebensalter erworbene Erfahrungswissen zunehmend an Bedeutung.
- Führungskräfte werden zunehmend Mitarbeitende führen, die weit mehr Wissen besitzen als sie. Daher wird die klassische, pyramidenförmige Unternehmens- und Zielhierarchie in den nächsten Jahren einer stärkeren Vernetzung weichen.
- Die Algorithmen der künstlichen Intelligenz werden viele Tätigkeiten übernehmen, sowohl operative als auch fachlich anweisende Vorgesetztenaufgaben.
- Die technologischen Entwicklungen, die unsere Art zu arbeiten und zu leben verändern werden, sind über die üblichen strategischen Planungshorizonte nicht einmal ansatzweise absehbar.

Wie mit Zielen führen?

- Indem Unternehmensleitungen mit sinnstiftenden Visionen, Purpose- und Wertestatements führen, verbessern sie die Identifikation und damit die Verbundenheit der Mitarbeitenden gegenüber der Gesamtorganisation.
- Das Vereinbaren von Zielen versetzt Führungskräfte in die Lage, erfolgsrelevante Mitarbeiterpotenziale zu binden.
- Mithilfe der Steigerung der Performance durch das Führen mit Zielen gelingt es Führungskräften, fehlende Potenziale partiell auszugleichen.
- Die zunehmende Unsicherheit bezüglich der technologischen Entwicklungen und ihrer Implikationen verlangt nach einer iterativen Verkürzung der Zielperioden.
- Führungskräfte werden durch Artificial Intelligence (AI) und durch mit überlegenem Wissen ausgestattete Mitarbeitende zunehmend von fachlichen Weisungs-Aufgaben entlastet.
- Alle Führungskräfte bis hin zur Unternehmensführung werden sich künftig primär auf ihre Kernkompetenz zu konzentrieren haben, Mitarbeitende zu binden, zu motivieren und für Ziele zu begeistern.
- Mit dem Methodenbaukasten aus den Teilen A und B sind Führungskräfte gut gerüstet für die Anforderungen der Generationen Y ff und für das Führen unter Unsicherheitsbedingungen.

11 Remote Performance Management

!

Dieses Kapitel kurz und bündig

Dieses Kapitel widmet sich dem Remote Performance Management, dem Führen mit Zielen auf Distanz und richtet sich an Führungskräfte aller Ebenen. Sie können prüfen, ob Sie all Ihre Chancen nutzen, um auch aus der Ferne die Performance Ihrer Mitarbeitenden zu steuern und zu steigern. Nehmen Sie Tipps und Techniken mit, mit denen Sie Ihre Mitarbeitenden erreichen und führen – sei es in fernen Ländern oder im Homeoffice.

Die Pandemiewelle im Jahr 2020 spülte von einem Tag zum anderen einen großen Teil der Mitarbeitenden und der Führungskräfte aller Ebenen ins Homeoffice. Das hatte Folgen: Mal eben kurz zu einem Mitarbeitenden hingehen, sich mal eben Informationen oder einen Zwischenstand ansehen, mal eben die Stimmung im Team auffangen, mal eben etwas beim informellen Gespräch klären – all das war für viele Vorgesetzten und Kollegen, die sich zuvor an diese »Mal-Ebens« und das Walking Around gewöhnt hatten, plötzlich nicht mehr möglich.

Remote Leadership: Führen aus der Distanz

Das Thema Remote Leadership, das Führen aus der Distanz, gewann für viele Führungskräfte schlagartig an Bedeutung. Wer als Vorgesetzter zuvor schon beispielsweise Außendienstmitarbeitende zu führen hatte, die über das ganze Land verteilt oder über mehrere Staaten hinweg tätig waren, steht hingegen beim Remote Leadership vor einer mehr oder minder altbekannten Aufgabe.

Gleiches gilt für Vorgesetzte von Mitarbeitenden, die beim Kunden vor Ort tätig sind: Leitungen von Servicetechnik- und Montageabteilungen, von IT-Dienstleistern oder von Unternehmensberatungen. Sie benennen seit jeher das Pflegen des Kontakts zwischen Führungskraft und Mitarbeitendem als Hauptaufgabe beim Remote Leadership. Aus der räumlichen Entfernung zu Chef und Betrieb soll ja keine emotionale Distanz werden.

Führungskräfte oder Projektleitende, die international besetzte und in unterschiedlichen Zeitzonen arbeitende Teams zu managen haben, kennen eine weitere Herausforderung, die das Remote Leadership stellt: Das Management der Zusammenarbeit zwischen den Mitarbeitenden über Distanzen hinweg.

Remote Leadership ist Remote Performance Improvement

Unser 4. Leitsatz, den wir in Kapitel 2.4.2 erarbeitet haben, besagt, dass Leadership nichts anders ist, als Performance Improvement. In diesem Schritt haben wir die drei zentralen Aufgaben der Führung von Mitarbeitenden, Teams und Organisationen identifiziert [Abbildung 7]:

1. Potenziale entfalten und nutzen
2. Leistung auf Erfolg ausrichten und steuern
3. Potenziale halten und mehren

Remote Leadership ist daher nicht mehr und nicht weniger als Remote Performance Improvement.

In diesem Kapitel widmen wir uns der Frage, wie es uns Führungskräften gelingt, diese drei Führungsaufgaben und damit das Führen aus der Distanz optimal umzusetzen. Um Wiederholung zu vermeiden, setze ich voraus, dass Sie das Kapitel 2 gelesen haben. Sollten Sie es übersprungen haben, holen Sie es jetzt bitte nach. Ohne diese Informationen wird Ihnen die Lektüre dieses Kapitels wenig nützen.

Aus Erfahrung werden Sie wahrscheinlich schon wissen – als führungsunerfahrener Leser zumindest erahnen –, dass das Führen mit Zielen gerade beim Remote Leadership das bedeutsamste Führungsinstrument darstellt.

Virtuell Führen?

Vorab noch zwei Sätze dazu, warum ich den häufig genutzten Begriff des »virtuellen Führens« nur ungern verwende. Der Duden (Bibliographisches Institut, 2021) definiert virtuell über zwei Bedeutungen:

- Zum einen bildungssprachlich als »entsprechend seiner Anlage als Möglichkeit vorhanden« bzw. »die Möglichkeit zu etwas in sich begreifend« (Beispiel: virtueller Gegensatz der Interessen).
- Zum anderen als »nicht echt, nicht in Wirklichkeit vorhanden, aber echt erscheinend« (Beispiel: virtuelle Realität). Letzteres entstammt dem englischen »virtual«. Das hat aus meiner Sicht mehr mit der Serie »Matrix« zu tun, als damit, wie man Mitarbeitende aus der Distanz führt.

Wenn Sie erfolgreich remote führen wollen, bleiben Sie bitte auch dabei weiterhin echt, verlässlich und authentisch.

11.1 Potenziale entfalten auf Distanz

In Kapitel 2.1.2 hatten wir uns die Potenziale der Mitarbeitenden bildlich vorgestellt als PS eines Fahrzeugs, die auf die Straße zu bringen sind. Auf dieser Basis haben wir zwei Aspekte ausfindig gemacht, die für das Entfalten und Nutzen der Potenziale bedeutsam sind. Als Führungskräfte sorgen wir in unserem Verantwortungsbereich dafür, dass

1. keine unüberwindbaren Leistungshemmnisse bestehen und
2. ausreichendes Wollen (»Motivation«) aufseiten des Mitarbeitenden besteht.

Grundvoraussetzung ist selbstverständlich auch beim Potenzial-Management aus der Distanz, dass der Mitarbeitende über ausreichend PS verfügt. Falls das – stets relative, auf die bekleidete Stelle, Funktion oder Rolle bezogene – Potenzial des Mitarbeitenden zur Bewältigung der Aufgaben und Ziele der Stelle nicht ausreicht, ist zuerst über Personalentwicklungsmaßnahmen und, sofern diese fruchtlos bleiben, über eine Versetzung auf eine passendere Stelle zu entscheiden.

11.1.1 Hemmnisse beseitigen

Sicher erinnern Sie sich noch an die unterschiedlichen Leistungshemmnis-Kategorien »leerer Tank«, »Glatteis« und »keine Straße«. Mit diesen Kategorien waren jeweils Verantwortungsbereiche verbunden, die Sie im Rahmen der Vereinbarung von Zielen definieren.

Geben Sie beim Remote Leadership den von Ihnen realisierten Entlastungsnutzen nicht wieder weg. Jetzt sind weitere Verantwortungen im Rahmen potenzieller Leistungshemmnisse zu regeln, beispielsweise technische Fragen wie Kollaborationstools, Access Management, Datensicherheit oder IT-Support. Möglicherweise müssen manche Verantwortungsgrenzen neu gezogen werden. Wer wofür zuständig ist, lässt sich auch beim Führen aus der Distanz in Zielvereinbarungen integrieren.

Verantwortungsbereiche definieren

Auch beim Remote Leadership gilt: Geben Sie Ihren Mitarbeitenden die Chance, sich intensiv mit der Gestaltung einer erfolgreichen Zukunft zu befassen. Führen Sie mit Fragen, die zum Nachdenken sowie zum Durchdenken zukünftiger Situationen und Arbeitsabläufe anregen. Lassen Sie Ihre Mitarbeitenden eine Liste aller denkbaren Leistungshemmnisse anfertigen.

Die Verantwortung dafür, dass diese Leistungshemmnisse entweder vermieden, umgehend beseitigt oder mithilfe des Ergreifens einer Alternative umgangen werden, halten Sie (1) entweder bei sich, vereinbaren es im Rahmen des Zielvereinbarungsprozesses (2) mit Ihrem Vorgesetzen als von ihm zu schaffende Rahmenbedingung oder legen es (3) vertrauensvoll in die Hände Ihrer Mitarbeitenden.

Maßnahmen, die der Prävention von absehbaren Leistungshemmnissen dienen – oder positiv: Maßnahmen, die die ungehinderte Potenzialentfaltung und Leistungserbringung des Mitarbeitenden bei der Online-Zusammenarbeit sichern – werden als KAP des Mitarbeitenden festgehalten. Sofern sie in dessen Einfluss- und Arbeitsbereich fallen, gehören sie auch in seinen Verantwortungsbereich.

Vertrauens-voll

Vertrauen ist generell von großer Bedeutung bei der Führung von Mitarbeitenden, aber beim Führen auf Distanz unabdingbar. Und zwar in beide Richtungen: Die Führungskraft vertraut dem Mitarbeitenden, der Mitarbeitende der Führungskraft.

!

Statement Prof. Dr. Gunther Olesch

Die Digitalisierung und Corona ändern das Führungsverhalten jetzt und in Zukunft grundsätzlich. Durch mobiles Arbeiten und durch virtuelle Kommunikation wird die klassische Führung durch Präsenz elementar verändert. Wenn Mitarbeitende und Führungskraft weniger vor Ort zusammenarbeiten, ist Führung durch Zielvereinbarung und besonders durch Vertrauen und Zutrauen gefordert. Ich habe es stets erlebt, dass wenn man Vertrauen schenkt, man Verantwortung und Performance zurückbekommt. New Work by Trust wird die Zukunft der Führung sein, die wir erfolgreich meistern können.
Prof. Dr. Gunther Olesch
Chief Representative, Phoenix Contact GmbH & Co. KG

So, wie das Potenzial mit der Performance in einer Wechselwirkung steht, die sich gegenseitig befruchten oder aber in die Tiefe ziehen kann, steht Vertrauen ebenfalls in einer Wechselwirkung: mit dem Verantwortungsbewusstsein des Gegenübers.

Vertrauen geben, Verantwortungsbewusstsein steigern – 6 Grundsätze

Sie können diese Wechselwirkung nutzen, um sowohl Vertrauen als auch Verantwortungsbewusstsein gezielt zu steigern. Es sind lediglich 6 Grundsätze bei dieser Wechselwirkung zu beherzigen. Jeweils direkt im Anschluss habe ich – in kursiver Schrift – ein einfaches, aber dadurch auch recht merkfähiges Beispiel aus dem Privatleben notiert.

1. Grundsatz: Es fängt immer mit Vertrauensvorschuss an. Niemand kann Ihnen sein Verantwortungsbewusstsein beweisen, wenn Sie ihm nicht mithilfe eines Vertrauensvorschusses dafür einen Raum und die Gelegenheit geben. *Leihen Sie mir 100 Euro, wenn Sie mein Verantwortungsbewusstsein prüfen wollen.*

2. Grundsatz: Diese Räume sollten keinesfalls zu groß dimensioniert werden. Zum einen fällt im Falle eines Mangels an Verantwortungsbewusstsein der Schaden größer aus. Zum anderen könnten Sie Ihren Mitarbeitenden mit dem Übertragen von zu viel Verantwortung auch überfordern. *Bieten Sie mir nicht direkt einen Kredit über 100.000 Euro an, wenn ich nur 100 Euro möchte.*

3. Grundsatz: Sie als Vertrauensgeber definieren präzise, welches Verantwortungsbewusstsein Sie von dem Mitarbeitenden erwarten. Sinnvollerweise werden hierfür KAP mit allen vier Elementen vereinbart. *Legen Sie mit mir gemeinsam fest, wann und in welchen Raten ich die 100 Euro zurückzahle.*

4. Grundsatz: Sie als Vertrauensgeber überwachen und prüfen, ob der Mitarbeitende sich verantwortungsbewusst zeigt. Indem Sie diese Kontrolle und die Kontrollzeitpunkte vorab mit dem Mitarbeitenden absprechen, wird diese als sinnvoll und keineswegs als negativ wahrgenommen. *Legen Sie fest, wann und wie Sie den Eingang der Ratenzahlungen prüfen.*

5. Grundsatz: Nur im Erfolgsfall, also dann, wenn der Mitarbeitende den zuvor übertragenen Verantwortungsraum ausgefüllt und das Ziel erreicht hat, können Sie eine Erweiterung Ihres Vertrauens und der Handlungsräume in weiterhin kleinen Schritten in Erwägung ziehen. *Wenn ich pünktlich zurückzahle, können Sie mir im nächsten Bedarfsfall auch 200 Euro leihen.*

6. Grundsatz: Im Nichterfolgsfall neigen wir Menschen dazu, unser Vertrauen entsprechend zu reduzieren. Dies wird aber in den meisten Fällen eine weitere Abwärtsbewegung auf beiden Seiten der Wechselwirkung zur Folge haben, den bekannten Teufelskreis. Damit das nicht passiert, halten Sie das Niveau: Lassen Sie nicht locker und fordern Sie die Erfüllung der Verantwortungsräume, die der Mitarbeitende bei der Übertragung der Verantwortung zugesichert hat. *Wenn ich Ihnen die 100 Euro nicht wie vereinbart zurückzahle, beharren Sie auf der Einhaltung der Vereinbarung.*

Verantwortungsbewusstsein remote steigern

Bei der Übertragung von Verantwortung für die Beseitigung von Leistungshemmnissen bei Remote Work gehen Sie nicht anders vor: Legen Sie erst kleinere Verantwortlichkeiten für das reibungslose Funktionieren der Online-Zusammenarbeit fest, später umfassendere. Entlasten Sie sich auch hier, indem Sie Ihre Verantwortlichkeiten nach und nach vertrauensvoll in die Hände des Mitarbeitenden oder des sich selbst organisierenden Teams legen.

Lassen Sie den Mitarbeitenden die Botschaft reformulieren, damit Sie sicher sein können, dass sie richtig angekommen ist. Im Rahmen einer Remote-Zielvereinbarung sorgen Sie am besten direkt dafür, dass der Mitarbeitende die damit verbundenen Tätigkeiten für sich als KAP mit Blick auf die Ziele festhält.

11.1.2 Motivation schaffen

Wir haben uns in Kapitel 2.1.1 ausführlich mit dem Generieren des Wollens befasst und in Kapitel 8.1.2 mit der zutreffenden Ansprache der individuellen Motivkonstellation durch Ziele und die damit verbundenen Aufgaben. Alles, was wir dort besprochen haben, ist auch beim Remote Performance Management umsetzbar.

Es gibt jedoch einige Besonderheiten, die darüber hinaus zu beachten sind. Da sie mit ihren Chefs und den Kollegen nur online im Kontakt stehen, kommt es bei nicht wenigen Mitarbeitenden beispielsweise zu mangelnder Selbstpflege auf allen Ebenen. Im Homeoffice reißt bei manchen der Schlendrian ein. Damit dieser sich bei Ihren Leistungsträgern nicht auf die Arbeitsaufgaben überträgt, bestehen Sie bei Online-Dailies mit dem Team und bei Online-Einzelgesprächen zumindest auf das Einschalten der Kamera.

Sich sehen: Kamera on!
Zweifellos wird es auch immer Mitarbeitende geben, die ihre Distanz und die Annehmlichkeiten des Homeoffice nutzen, um möglichst wenig Leistung zu erbringen. Sofern es Ihnen als Führungskraft gut gelingt, die individuellen Motivkonstellationen bei der Zielverteilung zu berücksichtigen und den Sinn bzw. Purpose zu verdeutlichen, werden dies keinesfalls mehr als 5 Prozent sein. Diese Nicht-Woller werden Ihre KAP nicht komplett umsetzen und folglich auch Ihre Ziele nicht erreichen.

Was tun? Boni an die Ziele knüpfen ist denkbar, zumal es eine schöne Anerkennung für die Leistungsträger darstellt. Aus Kapitel 8.3.2 und den zugehörigen Unterkapiteln mit den empfohlenen Vorgehensweisen wissen Sie, dass rund 20 Prozent der Low Performer durch Individualziele einen Anreiz zu höherer Performance verspüren, bei Teamzielen sind es 50 Prozent. Nutzen Sie diesen Effekt auch beim Remote Leadership, sofern es bei den jeweiligen Zielen sinnvoll und möglich ist.

Teamziele vereinbaren
Kollaborationstools und Digital Workplaces bieten den anderen Teammitgliedern ausreichend Möglichkeiten, leistungssteuernd auf einzelne Kollegen einzuwirken. Das auch zu tun, könnten Sie im Rahmen der Teamzielvereinbarung zu einem KAP machen lassen. So erhöhen Sie die Wahrscheinlichkeit für die Umsetzung. Denn wir Menschen sind soziale Wesen: Mitarbeitende neigen ansonsten leicht dazu, die Low Performance einzelner zu vertuschen.

Motivorientierte Aufgaben und Ziele, Vertrauensvorschuss, Verantwortungsübergabe, Potenzialentwicklung, Einzelgespräche, Teamorientierung: Wer trotz all dieser – Ihrer – Bemühungen dann immer noch nicht in Wallung kommt, den lassen Sie liegen. So hart dies für manche Ohren klingen mag: Bereiten Sie den Weg für die Trennung vor.

Big Brother is not watching you
Kommen Sie bitte nicht auf die Idee, diese Leistungsvermeider und -verweigerer stattdessen durch aufwändige Online-Tools dauerhaft zu überwachen. Diese Aufgabe ist Ihrer Rolle nicht angemessen und würde den Nutzen Ihres Remote Leaderships mit Zielen drastisch herabsetzen.

Es ist zudem nicht zu erwarten, dass die hierdurch zu erwartende Performance-Steigerung bei den betreffenden Mitarbeitenden den Überwachungsaufwand auf Ihrer Seite auch nur annähernd kompensiert. Sie wollen doch Spaß an Ihren Führungsaufgaben haben: Leistungsvermeider zu überwachen und ständig zu ermahnen, das ist sicher nichts, was Ihnen Freude bereitet.

11.2 Leistung steuern auf Distanz

Wenn Mitarbeitende nicht vor Ort sind, müssen sie wesentlich häufiger eigenständig Entscheidungen treffen als in der Präsenzsituation. Damit Ihnen dies gelingt und sie diese Entscheidungen sicher treffen können, benötigen sie Ziele als Orientierung. Der Vertrauensvorschuss beim Remote Performance Management bezieht sich demnach primär auf die sorgfältige Erledigung der anfallenden Aufgaben, die engagierte Umsetzung der KAP bzw. AAP sowie das hieraus resultierende Erreichen der Ziele.

Wenn es dann zum Eintritt von Einflüssen kommt, seien es lukrative Chancen oder zielgefährdende Risiken, können Ihre Mitarbeitenden selbst neue Wege zum Ziel finden. Das Führen mit Zielen ist der bedeutendste Erfolgsfaktor beim Remote Leadership. Die von uns als Führungskräfte zu meisternden Aufgaben sind die Remote-Begleitung des Zielvereinbarungs- und des Zielerreichungsprozesses.

Das Nachsteuern und spätere korrigierende Eingreifen ist in der Distanzsituation wesentlich schwerer als dann, wenn die Mitarbeitenden in Reichweite tätig sind. Dies stellt höhere Anforderungen an Sie im Hinblick auf die Präzision bei der Formulierung von Zielen. Kleinere Nachlässigkeiten in der Zielformulierung können beim Remote Leadership schnell dazu führen, dass die von Ihnen angestrebten Erfolge seitens des Mitarbeitenden nicht erreicht werden. Das GIGO-Prinzip[69] gilt beim Führen auf Distanz noch um einiges mehr als beim Führen in Präsenz.

Statement Susanne Nickel M.A. !

Wer keine Ziele hat, arbeitet an den Zielen anderer. Genau deshalb ist es so wichtig als Führungskraft gemeinsam mit seinen Mitarbeitern gute Ziele zu vereinbaren. Als Remote Leader gilt es, besonders auf das eigene virtuelle Erwartungsmanagement zu achten. Das erfordert klare, verbindliche und empfängerorientierte Kommunikation. Dann gelingt es Mitarbeitern auch auf Distanz ihr Bestes zu geben, durchzuhalten und in die Zielgerade einzulaufen.
Susanne Nickel M.A.
Top100-Speakerin, Management-Beraterin, Rechtsanwältin und Mediatorin

69 Garbage In, Garbage Out. In sinngemäßer Übersetzung: Nachlässig formulierte Ziele führen zu schlechten Ergebnissen.

Die bei manchen Mitarbeitenden sehr plötzlich aufgetretene Notwendigkeit, digitale Tools und Techniken zur Kollaboration zu nutzen, birgt für uns Führungskräfte große Chancen. Wahrscheinlich war die Bereitschaft Ihrer Mitarbeitenden nie höher, sich auf Schritte in Richtung Digitale Transformation – und generell auf Veränderungen – einzulassen.

Diese Offenheit können wir nutzen, um unser Team bzw. unsere Mitarbeitenden für die in Kapitel 10.2 skizzierten Anforderungen der Zukunft rüsten. Es könnte Sinn machen, jetzt hierauf gerichtete Ziele zu vereinbaren.

11.2.1 Ziele vereinbaren

Indem Sie mit Ihren Mitarbeitenden Ziele vereinbaren, wird klar definiert, was ein Erfolg ist und was nicht. Sofern Sie nach der Zwei-Säulen-Methode vorgehen, wird zudem der Weg zum Ziel geplant: Welche KAP nach dem Stand zum Zeitpunkt der Zielvereinbarung voraussichtlich umgesetzt werden und welche AAP als »Plan B« im Falle des Eintretens von externen oder internen Einflüssen zum Tragen kommen.

Die Prozess-Schritte der Online-Zielevereinbarung und das Remote Leadership mit Zielen unterscheiden sich nicht von der Zielvereinbarung beim alltäglichen Führen mit Zielen oder aber dem Zielvereinbarungsprozess bei der turnusmäßigen Zielvereinbarung.

Und doch ist alles ein bisschen anders, als wenn man sich gegenübersitzt. Die räumliche Distanz konterkariert die Verbindlichkeit der Zielvereinbarung. Dazu kommt es in der Online-Kommunikation leichter zu Missverständnissen. Um das auszugleichen, nutzen Sie möglichst das Tool, der die Sinne beider Seiten des Tisches maximal anspricht: das Onlinemeeting mit angeschalteter Kamera. Es ist bei der Zielvereinbarung, der großen turnusmäßigen wie der kleinen alltäglichen, allen anderen Online-Kommunikationstools vorzuziehen.

Turnusmäßige Zielvereinbarung

Im Falle der »großen Zielvereinbarung«, der *Jahres- oder Quartalszielvereinbarung*, gibt es keine Alternative zum Onlinemeeting. Auf dem Markt existiert zwar mittlerweile eine ausreichende Auswahl an Zielvereinbarungs-Software. Aber wir wissen ja, dass es bei dem Zielvereinbarungsprozess nicht auf das Ausfüllen des Formulars ankommt – egal ob auf Papier oder in einer App. Es geht um den Austausch unter Experten mit Blick auf die Gestaltung einer erfolgreichen Zukunft. Das Formular steht an dessen Ende und ist die Ergebnisdokumentation. Nicht mehr und nicht weniger.

Bitte vergegenwärtigen Sie sich an dieser Stelle noch einmal die fünf Stufen des Zielvereinbarungsprozesses. Eine Interaktion mit Ihren Mitarbeitenden ist in Stufe 3 und in Stufe 5 vorgesehen. Die Information der Mitarbeitenden in Stufe 3 können Sie sicher leicht mithilfe von Onlinemeetings umsetzen. Berufen Sie ein Teammeeting bzw. ein Onlinemeeting mit allen Mitarbeitenden ein. Dort informieren Sie sie über die Ziele und Ihre Anforderungen an die Arbeitsergebnisse von Stufe 4.

In Stufe 5, dem Zielvereinbarungsgespräch, werden Sie – sofern Sie nicht zu Teamzielen greifen – Einzelgespräche online führen. Inhaltlich dürfte uns Führungskräften dies keine nennenswerten Schwierigkeiten bereiten: Besprechen Sie den Umgang mit potenziellen Maßnahmenkonflikten und mit nutzbaren Synergien, legen Sie Kanäle und Zeitpunkte für Fortschrittsinformationen und Zwischengespräche fest, dokumentieren Sie die getroffene Zielvereinbarung.

Der besondere Moment – online

Schließlich kommt die Gestaltung des letzten Eindrucks, der bekanntlich lange erhalten bleibt. Online fehlt nicht nur der Handshake bei der Verantwortungsübergabe, sondern auch das Schulterklopfen, der direkte Blickkontakt und das besondere Gesprächsklima in Stufe 5 des Zielvereinbarungsprozesses.

Was können wir also tun, um dennoch einen besonderen Moment zu schaffen und damit auch für hohe Verbindlichkeit der Ziele zu sorgen?

Zum einem ist der direkte Blick in die Kamera wichtig. Unser Gegenüber gewinnt den Eindruck, als würden Sie ihn direkt ansehen. Das gelingt uns online im Falle der Teamzielvereinbarung sogar bei allen Teammitgliedern zugleich.

Zum anderen sind bei einem Online-Zielvereinbarungsgespräch unsere Worte noch entscheidender als in der Präsenzsituation. Entscheiden Sie hierüber nicht spontan. Legen Sie sich die passenden Worte vor dem Zielvereinbarungsgespräch zurecht. Vergegenwärtigen Sie sich dafür erneut die individuelle Motivkonstellation des Mitarbeitenden. Sprechen Sie diese Motive gezielt mit Ihren Worten an: Ein paar Tipps und Beispiele für motivorientierte Aussagen haben Sie aus Kapitel 8.1.2. mitgenommen.

Drücken Sie dem Mitarbeitenden gegenüber deutlich Ihre Wertschätzung für sein Mitwirken in dem gesamten Zielvereinbarungsprozess aus. Da dies primär die Entwicklung der KAP und AAP war, sprechen Sie diese ruhig erneut an. Stellen Sie deutlich heraus, dass nun die Verantwortung für die Zielerreichung bei dem Mitarbeitenden liegt und bekunden Sie Ihr Vertrauen, dass er seine Ziele erreichen wird.

Alltägliches Führen mit Zielen

Sofern Sie Ihre Mitarbeitenden *kontinuierlich mit Zielen führen*, gilt selbstverständlich ebenfalls, dass Onlinemeetings der Königsweg beim Remote Performance Management sind. Für das eine oder andere Alltagsziel bei einer »kleinen Zielvereinbarung« kann allerdings auch mal ein Chat oder ein Telefongespräch ausreichen.

Warum Onlinemeetings auch beim tagtäglichen Führen mit Zielen? Diese Ziele sind doch zumeist nicht von solch wesentlicher Bedeutung wie die formellen Jahres-, Quartals- oder Monatsziele. Außerdem per se nicht bonusrelevant. Der maßgebliche Grund ist, dass die Gefahr von Missverständnissen wesentlich geringer ist als bei E-Mails, Messages, Chats oder Voicemails. Emoticons in Textbotschaften zu integrieren vermindert das Risiko von Fehlinterpretationen nicht wirklich. Nur dann, wenn es um die Vermittlung von ganz einfachen, unmissverständlichen Zielen oder Sachinformationen geht, können Sie hin und wieder auf die vier anderen Tools zugreifen.

Zehn-Sätze-Regel anwenden

Vielen Führungskräften hilft folgender Anhaltspunkt: Alle Inhalte, bei denen zur Erläuterung zehn oder mehr Sätze benötigt werden, sind besser per Telefon oder Onlinemeeting zu vermitteln. Zum einen steigt mit der Komplexität des Inhalts die Wahrscheinlichkeit für Missverständnisse, zum anderen dauert das Erstellen einer Mail mit mehr als zehn glasklar formulierten Sätzen regelmäßig länger als eine Viertelstunde. Fünfzehn Minuten reichen aber auch für ein Telefonat oder Onlinemeeting, bei dem Sie sich den Inhalt sogar reformulieren lassen können. Damit schließen Sie Missverständnisse so gut wie aus.

Sie sparen also mit der Zehn-Sätze-Regel auch noch Zeit. Sofern Sie einen Beleg für die mündlich geschlossene Vereinbarung brauchen, senden Sie eine kurze Mail (»wie besprochen«) mit den wichtigsten Punkten hinterher. Oder Sie fordern den Mitarbeitenden dazu auf, den Inhalt schriftlich zusammenzufassen.

! **Statement Lucia Falkenberg**

Ein großer Teil unserer Arbeitsroutinen ist mit Beginn der Corona-Pandemie in den digitalen Raum gewandert. Collaboration Tools und Digital Workplaces schlagen die technologischen Brücken zwischen den Menschen im Homeoffice. Im neuen Normal entsteht ein neues Verständnis von partizipativer Führung. Heute sind die Ergebnisse und die Qualität der Arbeit wichtiger als reine Präsenzzeiten und es wird deutlich, dass Produktivität nicht zwangsläufig von der Anwesenheit im Büro abhängt. Ziele vereinbaren Führungskräfte und Mitarbeiter gemeinsam und verknüpfen dabei die individuellen Ziele der Mitarbeiter mit den Unternehmenszielen. Zur digitalen Führung in einem agilen Umfeld gehört eine ausgeprägte, zeitnahe Feedbackkultur. In der kontinuierlichen Kommunikation geht es weniger um rückwärtsgewandte Beurteilung, wie früher im Jahresgespräch üblich, als um die Realisierung gemeinsamer Ziele in der Zukunft. Im Ergebnis haben die Mitarbeitenden mehr Freiheiten, sich selbst zu organisieren. Mitarbeiter sind dadurch eigenverantwortlicher und kreativer – und das Unternehmen insgesamt innovationsfähiger.
Lucia Falkenberg
CPO, eco – Verband der Internetwirtschaft e. V.

Die vier Tools E-Mail, Message, Chat und Voicemail verbieten sich außerdem selbstverständlich für alle Inhalte, bei denen Sie zwischendurch die unmittelbare Reaktion Ihres Gegenübers erhalten und aufnehmen wollen, um diese in Ihr weiteres Vorgehen einzubinden. Bei Veränderungen, Konflikten, schlechten Nachrichten oder zu erwartenden Widerständen sind die vier Tools denkbar ungeeignet, selbst wenn Sie den Inhalt in zehn Sätze fassen könnten.

Denken Sie bitte auch bei der Online-Zielvereinbarung an die Vereinbarung von Maßnahmen gegen Faktoren, die Ihren Mitarbeitenden das Erreichen der Ziele verhageln können. Lassen Sie Ihre Mitarbeitenden – zumindest bei der turnusmäßigen Zielvereinbarung – eine ausführliche Risiko- und Chancenliste erstellen. Auf dieser Basis gelingt es Ihren Mitarbeitenden im Zielvereinbarungsprozess leicht, die geeigneten KAP zur Risikoprävention und AAP zur Risikominimierung bzw. Chancennutzung vorzubereiten.

Denn schlussendlich kommt es darauf an, dass Ihre Mitarbeitenden ihre Ziele erreichen. Wie können Sie diesen Prozess optimal aus der Distanz begleiten?

11.2.2 Zielerreichung begleiten

Die Technik bietet uns ausgezeichnete Möglichkeiten, beim Remote Performance Management die Leistungserbringung und damit den Prozess der Zielerreichung zu monitoren. Über kollaborative Apps können wir Führungskräfte, alle Teammitglieder und gegebenenfalls sogar Dritte die Fortschritte von Projekten, Aufgaben und Prozessen sehr effizient und einfach verfolgen. Damit hat das zuvor mit großen Vorbehalten gesegnete Thema »Transparenz von Zielen und Performance« einen großen Schritt nach vorne getan.

Fortschrittsinformationen teilen

Die reine Fortschrittsinformation, ist nur ein Teil dessen, was Zielerreichung sichert. Technik ist ein entscheidender Aspekt bei Management der Performance aus der Distanz. Doch bei dem zweiten, wesentlichen Erfolgsgarant ist sie eher hinderlich: Es geht uns als Führungskräften doch darum, für den Mitarbeitenden spürbar nah dran und mit dabei zu sein.

Um dieses Defizit an Nähe zu den Mitarbeitenden und zwischen den Mitarbeitenden auszugleichen, schaffen Sie am besten Kontakt, Kontakt und nochmals Kontakt. Beim Remote Performance Management ist die Häufigkeit entscheidend (Nickel & Keil, 2021). Nicht zu oft, aber keinesfalls zu selten. Und lieber kurz als lang.

Online häufigere Kontakte

Bei Präsenzmeetings sind Anreisezeit und Anreisekosten üblicherweise recht hoch. Selbst, wenn alle in einem Gebäude sitzen und Sie alle Methoden, Tricks und Tipps zur Steigerung von Effizienz und Effektivität von Besprechungen (Wolf, 2016b) beachten, ist mit jedem Meeting ein gewisser Zeitaufwand für das Zusammenpacken der Siebensachen, den Weg an der Teeküche vorbei, das Getting Started und die Verabschiedungen beim Auseinandergehen verbunden. Daher versucht die Führungskraft, möglichst viele Themen im vorgegebenen Besprechungszeitraum abzuhandeln.

Das ist bei Onlinebesprechungen anders: Meeting-App starten und schon kann es losgehen. Daher bietet sich für uns Führungskräfte die Chance, häufiger und dafür wesentlich kürzere Meetings online einzuberufen. Nutzen Sie zudem die hervorragende Chance, Onlinemeetings aufzuzeichnen. Falls Teilnehmende das Meeting verlassen oder aus Krankheitsgründen kurzfristig absagen mussten, können Sie ihnen die Video-Datei zur Verfügung stellen.

Effizienz der Team-Onlinemeetings sichern

Ich empfehle zur Strukturierung von Team-Onlinemeetings, bei denen es um die Begleitung der Mitarbeitenden bei der Leistungserbringung bzw. Zielerreichung geht, die folgenden drei Kernfragen:

1. Was habe ich seit dem letzten Meeting erreicht?
2. Was werde ich bis zum nächsten Meeting erreichen?
3. Wobei benötige ich Unterstützung von Kollegen?

Damit wird für Sie und jeden Ihrer Mitarbeitenden transparent, welche KAP umgesetzt worden sind bzw. noch werden und ob die Mitarbeitenden auf einem guten Weg sind, Ihre Ziele zu erreichen.

Das wichtigste dabei, auch hier: Kamera an! Das gilt für alle Teilnehmenden. Sonst geht die visuelle, nonverbale Kommunikation ja völlig flöten. Ich habe mich mit meinen Mitarbeitenden darauf verständigt, dass jeder selbstverständlich und zu jeder Zeit die Kamera ausschalten kann, wenn er gerade eine private Angelegenheit bearbeiten muss oder kein Interesse an dem Thema hat. Das ist gleichbedeutend mit dem Hinausgehen bei Präsenzmeetings. Aber teilnehmen ohne laufende Kamera? Nein, das ist nicht möglich.

Online kürzere Kontakte

Generell gilt bei Onlinemeetings: In der Kürze liegt die Würze. Bei längeren Meetings erhöht sich die Wahrscheinlichkeit enorm, dass die Teilnehmenden nebenbei per Mail und Messenger mit anderen kommunizieren oder im Netz surfen. Laut einer Studie ist dies bei bis zu 70 Prozent der Mitarbeitenden heute schon Usus (NeXR, 2020). Begrenzen Sie die Dauer von Onlinemeetings daher auf 15 bis 45 Minuten. Falls es ausnahmsweise erforderlich sein sollte, darüber hinauszugehen, richten Sie alle 45 Minuten eine Pause ein.

Beachten Sie bei der Steuerung, dass in Onlinemeetings kein Blickkontakt existiert. Jeder kann jeden sehen, aber keiner sieht, ob er gerade von einem anderen angesehen wird. Die Teilnehmenden können zwar keine tiefgründigen Blicke austauschen. Doch dies birgt einen Vorteil für Sie als Führungskraft: Sie können in die Kamera schauen, wenn Sie sprechen.

Zwar nehmen Sie auf diese Weise die unmittelbaren Reaktionen der Teilnehmenden auf das von Ihnen Gesagte nur aus dem Augenwinkel wahr. Doch es wirkt auf jeden der Teilnehmenden so, als würden Sie ihm dabei in die Augen ansehen. Nutzen Sie diesen Vorteil in Onlinemeeting konsequent für sich! In Präsenzmeetings können Sie diesen Effekt nicht erzielen.

Remote Feedback

Online noch wichtiger (sofern dies überhaupt möglich ist) als bei Führung in der Präsenzsituation: Feedback. Auch online gilt die alte Führungsregel: Lob immer vor allen, Kritik nur unter vier Augen. Der Mitarbeitende befindet sich während seiner Arbeit weit weg von seinen Teamkollegen und seinem Chef, mitunter allein im Homeoffice oder einer Dependance. Wenn er sich dann nicht sicher ist, dass seine Arbeitsergebnisse gesehen und wertgeschätzt werden, wird sein Engagement mit großer Wahrscheinlichkeit leiden.

Statement Ralf Metzmaier

!

Führen auf Distanz, besonders in der aktuellen Zeit, hat sehr viel mit Vertrauen zu tun, denn Kontrolle funktioniert hier nicht und das ist auch gut so. Wichtig ist mir dabei ein authentisches Führen auf Augenhöhe, mit ehrlichem Interesse am Mitarbeiter, Wertschätzung und Respekt. Das aus meiner Sicht wichtigste Instrument aus dem Performance Management ist regelmäßiges, ehrliches Feedback. Feedback ist schon immer wichtig gewesen, allerdings aktuell noch bedeutender, da wir fast ausschließlich in virtuellen Teams und auf Distanz zusammenarbeiten. Gemeinsam vereinbarte Ziele sind hierzu die Grundlage, geben Leitlinien und sollen fördern und fordern.
Ralf Metzmaier
Group TRG Director, Prokurist und Betriebsleiter Group Operations Service Practices, Computacenter AG & Co oHG

Nutzen Sie erreichte Ziele als Chance für Retrospektiven, Feedback und Lessons Learned. Anders als in der Präsenzführung macht es beim Remote Performance Management durchaus Sinn zu besprechen, was das Team im Hinblick auf die Online-Zusammenarbeit künftig anders machen sollte. Die Merkmale der Gen Y ff. weisen recht deutlich darauf hin, dass diese hierauf besonderen Wert legen.

11.3 Potenziale mehren auf Distanz

Bevor wir uns mit den Potenzialen – dem Wissen und Können – Ihrer Mitarbeitenden befassen, gönnen Sie mir noch ein paar Worte dazu, wie Sie Ihre eigene Führungs-Kraft und Präsenz im Online-Raum stärken können. Nutzen Sie die sich bietende Gelegenheit, um Ihre eigenen Remote Leadership Kompetenzen zu aktualisieren.

!

Statement Andreas Buhr

Die digitale Transformation führt überall zu hybriden Welten. Offline und online wächst weiter zusammen. Und Corona wirkt hierbei wie ein Katalysator auf die Veränderung ein. Es gibt heute kaum noch Geheimwissen und die nachfolgenden Generationen beschäftigt die Frage nach dem Sinn ihres Tuns in allen Lebensbereichen. Führung auf Distanz (Präsenz/Homeoffice) muss wirksam und in der Praxis noch iterativ gelernt werden. So wird gutes Performance Management für alle Beteiligten zu einem wichtigen Orientierungsanker!
Andreas Buhr
Unternehmer, Redner, Autor

Sie sollten auf jeden Fall das *Führen mit Zielen* beherrschen. Dazu gehört auch das *Führen mit Fragen*, wobei für den Erfolg dieser Technik entscheidend ist, dass Sie den auf Ihre Fragen folgenden Antworten auch aufmerksam und *aktiv zuhören*.

Sie sollten sich ausreichend *technische Kompetenz* angeeignet haben, um Soft- und Hardware routiniert zu bedienen. Als Remote Leader werden Sie von Ihren Mitarbeitenden sehr stark darüber wahrgenommen, ob Sie sich im Online-Bereich bewegen (und wohlfühlen) wie ein Fisch im Wasser oder eher wie ein Fisch an Land. Auf keinen Fall sollten Sie die Situation bejammern. Bleiben Sie souverän und stellen Sie die Vorteile der Online-Zusammenarbeit heraus.

Konflikte online managen

Bei auftretenden Konflikten ist das optimale Vorgehen beim Führen auf Distanz nicht anders als beim *Konfliktmanagement*, wenn die Parteien im Büro nebenan sitzen. Gerade bei Remote Work sollten Sie Konflikte sehr schnell klären und keinesfalls lange schwelen lassen. Führen Sie auch beim Remote Leadership intensive Gespräche mit Konfliktbeteiligten und -betroffenen, um die Konflikte in Ihrem Sinne zu managen.

An einem Onlinemeeting – wie immer: Kamera ist bei allen Teilnehmenden eingeschaltet – führt kein Weg vorbei. Nutzen Sie ausschließlich diese Kommunikationsform, um in Konfliktgesprächen einen Kompromiss oder einen Konsens mit dem Beteiligten zu finden. E-Mail, Message, Chat oder Voicemail sind hierfür denkbar ungeeignete Kanäle.

!

Tipp: Achten Sie auf sich!

Selbstfürsorge ist von höchster Bedeutung für die mitunter enorm kräftezehrende Aufgabe des Remote Leaderships. Bringen Sie regelmäßig Abstand zwischen sich und die teils anstrengenden professionellen Ansprüche. Sorgen Sie sich um sich selbst. Kümmern Sie sich um Ihre (Führungs-) Kraft, Energie und Empathie. Laden Sie Ihre Akkus regelmäßig auf, zu Ihrem Wohl und zum Wohl Ihrer Mitarbeitenden. Wenn Sie im digitalen Burnout landen, ist niemandem gedient.

Mitarbeitenden-, Team- und auch Unternehmensführung erfolgt in erster Linie durch Kommunikation. Aus diesem Grunde sind für Remote Leadership *online-kommunikative Fähigkeiten* von besonderer Bedeutung. Sie kennen das Eisberg-Modell, bei dem nur die Sachinformationen aus dem Wasser ragen, aber unterhalb der Wasseroberfläche der riesige Berg an Aspekten auf der Beziehungsebene schlummert? Letzteren deutlich zu erkennen, ist schon offline nicht trivial. Aber online ist alles, was unter der Oberfläche liegt, so gut wie gar nicht mehr wahrnehmbar.

Führungskommunikation online: Eindeutigkeit gefordert

Der Grund dafür ist die enorme Reduzierung von Optik und Akustik bei der Online-Kommunikation. Alles haptische entfällt komplett. Alles, was wir online für die nonverbale Kommunikation mit unserem Gegenüber nutzen können, ist das auf zwei Dimensionen beschränkte Bild auf dem Monitor. All die zum Richtig-Verstanden-Werden hilfreichen kleinen Gesichtsausdrücke, wie Stirnrunzeln, eine hochgezogene Augenbraue oder lächelnde Augen, sind bei Onlinemeetings nicht sichtbar. Relevante Betonungen können von Mikrofon, Übertragung und Kopfhörern verzerrt werden. Sonst eindeutige Handbewegungen und Gesten werden vom Gegenüber kaum wahrgenommen – und gar nicht, wenn sie außerhalb des Kamerabereichs liegen.

Die Folge: Zwischen den Zeilen versteckte Botschaften, Ironie, Sarkasmus und leider sogar Humor werden online viel häufiger falsch als richtig verstanden. Es gibt nur eine Lösung, die wirklich funktioniert: Verzichten Sie auf diese Sprachformen.

In der Online-Führungskommunikation zählt Klarheit und Präzision. Drücken Sie sich deutlich und eindeutig aus. Online stärken Sie Ihre Inhalte und dessen Wirkung, indem Sie ausschließlich klare, unmissverständliche Sätze formulieren.

Nonverbale Online-Kommunikation

Andererseits fehlen auch Ihnen wichtige Signale. Offline, im Präsenzmeeting oder im Face-to-face-Einzelgespräch, erkennen Sie die innere Haltung oftmals gut an der Körperhaltung. Wenn die Beine übereinandergeschlagen oder die Arme verschränkt werden, wissen Sie als Führungskraft, dass Sie jetzt erst einmal auf der Einstellungsebene Ihrer Mitarbeitenden arbeiten müssen. Diese Informationen aus der Körpersprache fehlen Ihnen bei der Online-Kommunikation. Auch die Füße, die führungspsychologisch erfahrenen Führungskräften oftmals mehr verraten als es dem Gegenüber lieb ist, sind nicht sichtbar.

Wenn es nur darum geht, Informationen auszutauschen, wird sich diese Beschränkung sicher nicht gravierend auswirken. Aber wie leicht erhält eine Gesprächssituation, die allein zu Informationszwecken geplant war, eine andere Dimension. Beispielsweise dann, wenn die Information ist, dass einer der Mitarbeitenden bestimmte Aufgaben oder zieldienliche KAP nicht umgesetzt hat. Oder wenn Sie neutral über etwas informieren wollen, dann aber eine ablehnende Haltung erkennen.

Stimmungen sichtbar machen

Wie kann man die unter der Wasseroberfläche liegenden Stimmungen in Onlinemeetings auffangen? Falls Sie parallel mit dem Chat arbeiten, könnten Sie alle 10 oder 15 Minuten die Fragen aus dem Chat beantworten. Als besonders hilfreich hat sich herausgestellt, das Onlinemeeting um häufige Sequenzen anzureichern, in denen reihum jeder Teilnehmende aufgefordert ist, sich zu den Inhalten zu äußern.

Damit halten Sie zugleich die Aufmerksamkeit hoch und laufen nicht Gefahr, dass das Onlinemeeting zu einer Fernsehsendung verkommt, die man lediglich passiv konsumiert. Mögliche Fragen Ihrerseits: »Was war aus Ihrer Sicht der wichtigste Aspekt der letzten Sequenz?«, »Was nehmen Sie für sich und Ihre Arbeit daraus mit?« oder »Wie geht es Ihnen (damit)?«

Sie können auch ein Stimmungsbild abfragen, beispielsweise mithilfe einer Skalierungsfrage: »Auf einer Skala von 1 bis 10, wie gefällt Ihnen diese Vorgehensweise?« oder »Auf einer Skala von 1 bis 10, in welchem Grad stimmen Sie zu?«

11.3.1 Zukunfts- und zielorientierte Potenzialentwicklung

In Kapitel 2.3.2 hatten wir erarbeitet, dass wir die individuelle Potenzialentwicklung primär als eine der Maßnahmen auf dem Weg zum Erfolg bzw. Ziel ansehen und sie auch als solche in die Zielvereinbarungen integrieren. Die Aktualisierung des Potenzials des Mitarbeitenden – seiner Kompetenzen und Qualifikationen – sollte auch beim Remote Work nur in Ausnahmefällen und nur vorübergehend zum Ziel ernannt werden.

Welche Defizite im Bereich seiner Kompetenzen sieht der Mitarbeitende, welche haben Sie bei ihm erkannt? Welche Karriere- und Entwicklungspfade sind für ihn vorstellbar und welche Kompetenzen benötigt er hierfür? Für die vertraulichen Themen der Potenzialentwicklungsgespräche gilt das persönliche, individuelle Onlinemeeting – selbstverständlich mit angeschalteter Kamera – als Methode der Wahl.

Potenzialentwicklung im Einzelgespräch

Beim Potenzialmanagement aus der Distanz empfehlen sich erneut häufigere, dafür kürzere Gespräche. Nehmen Sie sich möglichst einmal pro Monat Zeit für einen maximal viertelstündigen Austausch über die von Ihnen als sinnvoll bzw. erforderlich angesehenen Potenzialentwicklungs-Maßnahmen und die, die sich der Mitarbeitende wünscht. Denken Sie daran, den Mitarbeitenden als KAP festhalten zu lassen, auf welchem Weg die schließlich vereinbarte Potenzialentwicklung erfolgen wird. Damit haben Sie auch eine Unterlage, um die terminierte Umsetzung zu kontrollieren.

Möglicherweise fehlen dem Mitarbeitenden auch bestimmte Remote-Work-Kompetenzen. Vieles, was wir im vorhergehenden Kapitel im Zusammenhang mit der Online-Führungskommunikation erarbeitet haben, gilt auch im Bereich der nicht führenden Online-Kommunikation. Beispielsweise das Erfordernis von Klarheit, Präzision und Eindeutigkeit in der Online-Kommunikation oder die Zehn-Sätze-Regel. Als Führender aus der Distanz sollten Sie dieses Know-how auch aufseiten Ihrer Mitarbeitenden sicherstellen.

Online-Kommunikationskompetenz

Zudem sollten Ihre Mitarbeitenden die Erreichbarkeits- und Nichterreichbarkeitsregeln sowie die Verhaltensregeln bei Onlinemeetings kennen, beispielsweise,

- dass die Kamera stets *an*zuschalten ist,
- dass Mikrophone *aus*zuschalten sind, wenn man selbst gerade keinen Wortbeitrag leistet, da über das Mikrophon kratzende Bärte, Papierrascheln oder das Abstellen von Geschirr in vielen Fällen für die anderen Teilnehmenden unangenehm laut übertragen wird,
- dass bei Onlinemeetings noch mehr als bei Präsenzmeetings gilt, andere Teilnehmende ausreden zu lassen, weil die meisten Tools nicht zwei Wortbeiträge zur gleichen Zeit übertragen können und stets mit einem Zeitverzug durch die Übertragung zu rechnen ist,
- dass es die Effizienz und Effektivität von Kollaboration und Kommunikation beeinträchtigt, wenn sie während eines laufenden Onlinemeetings nebenbei anderen Tätigkeiten nachgehen oder zeitgleich weitere Gespräche führen.

Professioneller Online-Auftritt

Damit Ihre Mitarbeitenden bei Onlinemeetings professionell auftreten, sollten Sie erfahren, dass durch den Bildausschnitt automatisch Schweißränder oder Flecken auf dem Hemd, ungepflegte Bärte und Frisuren stärker ins Visier der anderen Teilnehmenden rücken. Sie sollten auf den an die anderen Teilnehmenden übertragenen Hintergrund achten, bevor sie ihre Kamera anschalten.

Ihre Mitarbeitenden sollten erfahren, wie sich in Onlinemeetings mit Rücksicht auf die anderen Teilnehmenden gut beleuchten, ohne sich jedoch selbst zu blenden oder störende Reflexionen auf Brillengläsern zu verursachen.

Kollaborationstools und -kanäle
Ihre Mitarbeitenden sollten wissen, zu welchem Zweck welches Tool zu benutzen ist. Welches Tool sollen sie für die kurzfristige Abmeldung vom Arbeitsplatz verwenden, welches für Beginn und Beendigung des Arbeitstages, welches für die Kommunikation von Arbeitsergebnissen, welches für Persönliches, welches für Konflikte, welches für Kritik.

Sie als Führungskraft achten darauf, dass es möglichst wenige Tools sind, am besten sogar nur eines. Dann sollten Sie übrigens die anderen Kanäle auch abschaffen: Lassen Sie als Remote Work-Regel festhalten, dass diese im Rahmen der Einzel- oder Zusammenarbeit im Rahmen des von Ihnen verantworteten Performance Management-Prozesses nicht zu benutzen sind.

Soft Skills mit Online-Relevanz
Neben Kompetenzen im Hinblick auf Tools und Techniken im Bereich der Online-Zusammenarbeit sind einige Soft Skills aufseiten Ihrer Mitarbeitenden erforderlich. Wenn der Chef und die Kollegen so weit weg sind, steigt die Relevanz der Eigenverantwortung und damit auch der hierfür nötigen, außerfachlichen Kompetenzen. Dazu zählt die bereits angesprochene Selbstfürsorge, aber auch Kompetenzen im Bereich von Selbstdisziplin, Zeitmanagement und Selbstmanagement.

Damit ist nicht selten auch das Erfordernis einer Einstellungs- und Haltungsänderung bei dem betreffenden Mitarbeitenden verbunden. Wenn der Schreibtisch, Notebook und Arbeit nicht weit weg sind von Küche, Couch und Bett, fällt vielen Menschen die Trennung von Arbeit und Privatleben schwer.

Einerseits kommen Ablenkungen gerade im Homeoffice oftmals von allen Seiten. Störungen des konzentrierten Arbeitens – und das gedankliche Zurückfinden – kosten den Mitarbeitenden viel Energie und können die Performance Ihrer Mitarbeitenden enorm mindern.

Andererseits kann man ja auch vor dem Zubettgehen noch einmal kurz die Mails checken ... Beim Remote Work gilt es weitaus mehr als bei der Arbeit in Präsenzform, auf Selbstdisziplin zu achten – sowohl im Hinblick auf die zu erledigende Arbeit als auch hinsichtlich der eigenen Gesundheit.

Da der Weg nach Hause entfällt, werden berufliche Probleme leichter ins Privatleben mitgenommen. Ihre Mitarbeitenden müssen möglicherweise den Umgang damit noch erlernen und erfahren, wie sie Arbeit in der Arbeit lassen. Beobachten Sie Ihre Mitarbeitenden, sprechen Sie häufig und intensiv mit ihnen. Sofern Sie Defizite oder Ansatzpunkte zur Potenzialentwicklung erkennen, sollten Sie mit dem Mitarbeitenden besprechen, wie er die erforderlichen Kompetenzen erwerben kann.

11.3.2 Mitarbeitende binden

Die vielleicht schwierigste und zugleich bedeutsamste Aufgabe beim Führen aus der Distanz ist, für Mitarbeiterverbundenheit zu sorgen. Geflügelte Sätze wie »Aus den Augen, aus dem Sinn« oder »Wenn in China ein Sack Reis umkippt« weisen darauf hin, dass es bei einer gewissen räumlichen Entfernung sehr schwer ist, eine Beziehung oder Bindung aufrechtzuerhalten. Das ist bei Mitarbeitenden und Teams nicht anders.

Mit dem Begriff »Mitarbeiterbindung« verbinden viele Menschen primär die Senkung der Fluktuation. Dass Mitarbeitende, die sich verbunden fühlen, selten eine hohe Neigung zum Weggang in sich verspüren, ist tatsächlich eine bedeutsame Auswirkung von Mitarbeiterbindung. Aber es ist nicht die einzige. Eine weitere, für uns Führungskräfte relevante Auswirkung von Mitarbeiterbindung betrifft die individuelle Performance: Wer sich verbunden fühlt, geht auch die Extra-Meile.

Gefahren mangelnder Mitarbeiterbindung

Das Risiko bei niedriger Mitarbeiterbindung ist daher zum einen, dass der Mitarbeitende geht. Zum anderen, dass er innerlich kündigt und nur noch so viel tut, wie es gerade sein muss. Für uns Führungskräfte ist letzteres, wenn der Mitarbeitende bleibt und nur noch Dienst nach Vorschrift schiebt, in den meisten Fällen eine höhere Belastung als sein Weggang.

Was wollen Sie erwarten, wenn Sie mit einem Mitarbeitenden, der keine Bindung zu Ihnen, seinen Aufgaben, dem Team bzw. den Kollegen und dem Unternehmen verspürt, Ziele festlegen? Die gehen dem Betreffenden doch da dran vorbei, wo der Rücken seinen anständigen Namen verliert.

Statement Norma Schöwe !

Ausgelöst durch die COVID-19-Pandemie hat sich seit dem Jahr 2020 die Art des Führens von Unternehmen und Mitarbeitern* nachhaltig verändert. Remote Arbeiten ist zum Alltag geworden. Aufseiten der Führungskräfte braucht es insbesondere die Fähigkeit, klare Ziele festzulegen, Empathie und Achtsamkeit zu zeigen und die Stärken und Schwächen der Mitarbeiter* zu kennen. Zahlreiche Studien belegen, dass Remote Arbeiten sich positiv auf Produktivität, Mitarbeiterengagement und Zufriedenheit auswirkt. Diese Erfahrung bestätigen nicht nur unsere DGFP Mitglieder, sondern das zeigen auch die Ergebnisse unter anderem einer Studie, die wir in Kooperation mit dem Fraunhofer IAO zum Thema Homeoffice im letzten Jahr durchgeführt haben. Führen auf Distanz und Remote Arbeiten wird mehr und mehr als normal angesehen. Die Basis des neuen Führens ist Vertrauen und dies ist ein bedeutsamer Hebel für Mitarbeitermotivation und Unternehmenserfolg.
Norma Schöwe
Geschäftsführerin, Deutsche Gesellschaft für Personalführung e. V.

Mitarbeiterbindung ist ein Begriff aus der Psychologie. Soziologen sprechen von Identifikation und Freunde der Anglizismen von Commitment. Weil das Management der Mitarbeiterbindung bei der Führung von Mitarbeitenden so grundlegend und wichtig ist, haben wir dieses Thema bereits in Kapitel 3.1.1 im Zusammenhang mit dem Corporate Performance Improvement besprochen. Sollten Sie dieses Kapitel übersprungen haben, weil Sie nicht der Unternehmensleitung angehören, blättern Sie gern noch einmal dorthin zurück und lesen erst dann hier weiter. Denn für die Mitarbeiterbindung aus der Distanz möchte ich Ihnen jetzt ein bewährtes Tool speziell für Führungskräfte vorstellen.

Mitarbeiterbindung analysieren und steuern

Mit diesem Werkzeug gelingt es Ihnen, für jeden Mitarbeitenden auch aus der Distanz die richtigen Bindungsmaßnahmen auszuwählen. Tipps wie Erhöhung der Kontaktfrequenz, die Sie aus den vorhergehenden Kapiteln mitgenommen haben, sind richtig, wichtig und für alle Mitarbeitenden gut. Mit diesem Tool machen Sie den Schritt hin zu einer Individualisierung der Bindungsmaßnahmen.

Dazu sollten Sie wissen, welche Ebenen die Bindungsmaßnahmen ansprechen können und wie sie wirken. In jedem von uns existieren 4 Bindungsebenen, die jedoch individuell sehr unterschiedlich ausgeprägt sind:

1. Rationale Mitarbeiterbindung (synonym: kalkulatorische Bindung)
2. Habituelle Mitarbeiterbindung (synonym: behaviorale Bindung)
3. Normative Mitarbeiterbindung
4. Emotionale Mitarbeiterbindung (synonym: affektive Bindung)

Bindungsebene 1: Rationale Mitarbeiterbindung

Auf der rationalen Ebene wirksame Maßnahmen sind beispielsweise Gehalt, Zuwendungen und Benefits. Mit solchen Maßnahmen können Sie die Bindung auch aus der Distanz stärken. Dabei muss Ihnen jedoch klar sein: Zum einen sind rational geprägte Mitarbeitende selten besonders performant.

Zum anderen: Wenn der Mitarbeitende primär rational gebunden ist, dann kann diese Bindung auch an der gleichen Stelle durchtrennt werden. Ein kleiner Gehaltssprung genügt und der Mitarbeitende ist weg. Unter Führungskräften kursiert der Satz »Wer wegen Geld kommt oder wegen Geld bleibt, geht auch wegen Geld«. Das beschreibt sehr zutreffend, wie wenig nachhaltig diese Bindungsebene wirkt, sowohl in Richtung Verbleibsneigung wie in Richtung Performance.

Bindungsebene 2: Habituelle Mitarbeiterbindung

Die drei anderen Bindungsmaßnahmen sprechen tiefer gelegene, nicht rationale Ebenen an. Die habituelle Bindungsebene beschreibt eine Bindungsform, die aus dem individuellen Wunsch nach Beibehaltung von Gewohntem entsteht. Die Effekte von habitueller Bindung: Habituell gebundene Mitarbeitende neigen so gut wie nie zum Weggang. Allerdings zählen die reinen »Gewohnheitstiere« auch selten zu den High Performern, da sie sich mit Veränderungen und Innovationen sehr schwertun.

Doch jeder Mensch hat solch eine habituelle Ader, mehr oder weniger stark ausgeprägt. Was braucht der Mitarbeitende in seinem Homeoffice oder in der Dependance in einem anderen Land? Wenn Sie die habituelle Bindung stärken möchten, schaffen Sie Rituale und stärken Sie die Vernetzungen innerhalb des Teams. Aus der Distanz kann dies beispielsweise durch regelmäßige Team-Onlinemeetings gelingen, die allein der Kontaktpflege und dem informellen Austausch dienen. Warum nicht jeden Donnerstagmorgen zusammen online frühstücken? Warum nicht online zusammen Kaffee oder Tee trinken? Wie wäre es mit einem gemeinsamen Online-Corona-Bier zum Feierabend? Einem Online-Mittagessen-Ritual?

Bindungsebene 3: Normative Mitarbeiterbindung

Normative Mitarbeiterbindung beruht hingegen primär auf Verpflichtungsgefühlen. Die Bindung besteht, weil sich der Mitarbeitende dem Bindungspartner besonders verpflichtet fühlt. Diese Haltung bei einem Mitarbeitenden ist beispielsweise an Sätzen wie »Ich kann das Team doch nicht alleine lassen« oder »Mein Chef ist doch aufgeschmissen ohne mich« erkennbar. Manch einer bezeichnet ein Projekt, dem er sich normativ besonders verbunden fühlt, gar als »sein Baby«.

Die normative Ebene können Sie beim Führen aus der Distanz beispielsweise stärken, indem Sie dem Mitarbeitenden aufzeigen (oder von den anderen aufzeigen lassen), wie wertvoll der von ihm zu leistende Beitrag für die Kollegen ist. Oder auch, indem Sie in die Fortbildung des Mitarbeitenden investieren. Die Effekte von normativer Bindung auf Verbleibsneigung und Performance sind recht hoch.

Bindungsebene 4: Emotionale Mitarbeiterbindung

Bezüglich ihrer Effekte stechen besonders diejenigen Bindungsmaßnahmen positiv heraus, die auf der emotionalen Ebene wirksam werden. Emotional geprägte Bindungen zeichnen sich durch zwei bedeutsame Wirkungen aus: Einerseits durch den Wunsch, dass diese Bindung möglichst lange erhalten bleibt. Andererseits durch die Bereitschaft, sich in besonders hohem Maße für den Bindungspartner einzusetzen. Die emotionale Ebene der Bindung ist folglich die wirkungsstärkste, sowohl im Hinblick auf die Verbleibsneigung als auch auf die Performance.

Emotionale Bindung beruht darauf, dass die beiden Bindungspartner hinsichtlich ihrer Werte und Ziele zu einem hohen Grad übereinstimmen. Wenn Sie die emotionale Mitarbeiterbindung aus der Distanz stärken wollen, sollten Sie hier gezielt ansetzen. Erarbeiten Sie dazu beispielsweise mit all Ihren Mitarbeitenden zusammen die gemeinsamen Werte.

Das geht in jeder Funktion und in jeder Skalierung: Welches sind unsere Werte im Vertriebsgebiet Südwest? Für welche Werte stehen wir im Controlling? Welche Werte leiten unser internationales Entwicklungsteam? Und revidieren Sie diese, wiederum zusammen mit Ihren Mitarbeitenden, im drei- bis zwölfmonatigen Turnus: Gibt es weitere Werte, die wir ergänzen sollten? Durch diese Revision bleiben die Werte authentisch, präsent, handlungsrelevant und bindungswirksam.

Wer oder was bindet wen?

Neben den vier Ebenen sollten Sie in Ihre Überlegungen einbeziehen, welche Bindungsbeziehung gestärkt werden soll. Bindungen sind immer auf etwas und auf jemanden gerichtet. Auch Mitarbeiterbindung bildet da keine Ausnahme. Aber auf was? Im beruflichen Kontext kommen 4 Bindungspartner infrage: das Unternehmen, die Arbeitsaufgaben, das Team bzw. die Kollegen und selbstverständlich Sie, der Vorgesetze.

So entstehen 16 mögliche Handlungsfelder: 4 Bindungsebenen mit je 4 Bindungsbeziehungen. Wenn Sie nun individuell exakt passende Mitarbeiterbindungsmaßnahmen entwickeln möchten: Gehen Sie alle 16 Felder auf individueller Ebene unter der Fragestellung durch, in welchem Feld bei dem Mitarbeitenden der größte Bedarf besteht.

Ebene: / **Beziehung:**	**Rationale Bindung**	**Habituelle Bindung**	**Normative Bindung**	**Emotionale Bindung**
Unternehmens-bindung				
Aufgaben-bindung				
Team-bindung				
Vorgesetzten-bindung				

Abb. 35: Vier-mal-vier-Matrix zur Ableitung wirksamer Mitarbeiterbindungsmaßnahmen

Wer sich als Führungskraft dieser Aufgabe stellt, erkennt schnell: Wie relevant das jeweilige Feld für die Bindung des Mitarbeitenden ist, hängt von dessen individuellen Persönlichkeitsdispositionen ab: Der eine ist besonders offen für habituelle Bindungen zu Teamkollegen, der andere schätzt rational die Vorzüge des Unternehmens, der dritte findet sich emotional in seinen Arbeitsaufgaben wieder.

Bindung ist eben – nicht nur im Privatleben – eine sehr individuelle Angelegenheit. Auf welchem Feld der höchste Bedarf und damit die höchste Wirksamkeit gegeben ist, kann nur auf individueller Ebene ermittelt werden. Niemand ist für diese Aufgabe besser geeignet als Sie.

Remote Mitarbeiterbindung auf individueller Ebene

Mitarbeitende können durch gutes Remote-Leadership-Verhalten in einem mitarbeiterzentrierten plus ziel- bzw. erfolgsorientierten Arbeitsklima enorm begeistert werden, entsprechend hohe Bindung und Verbleibabsichten aufbauen sowie immer wieder neue persönliche Performance-Bestmarken aufstellen. Fragen Sie Ihre Mitarbeitenden, wie es ihnen geht im Homeoffice oder in der Niederlassung in China. Fragen Sie gezielt, ob ihnen etwas Probleme bereitet. Und hören Sie den Antworten besonders aufmerksam zu, damit Ihnen keine »zwischen den Zeilen« versteckten Botschaften entgehen.

Eine weitere Erkenntnis teilt auch so gut wie jeder Vorgesetzte, der dieses Tool einsetzt: Um Mitarbeitende auch über Distanzen hinweg zu binden, müssen meistens gar keine kostspieligen Zuwendungen her. Bindung kostet eben – erneut: nicht nur im Privatleben – eher Zeit als Geld.

Mitarbeiterbindungsmaßnahmen online umsetzen

Doch leider sind die zeitlichen Ressourcen von uns Führungskräften auch nicht unerschöpflich. Es bleibt uns nichts anderes übrig, als zu differenzieren – so, wie es der Vertrieb auch im Hinblick auf die Kundenbindung tut: Für welche unserer Mitarbeitenden betreiben wir großen Aufwand, für welche mittleren, für welche nur geringen? Sie werden die Antwort wissen. Fangen Sie mit den für Sie wichtigsten Mitarbeitenden an.

!

Fazit dieses Kapitels

- Remote Performance Improvement umfasst das Führen aus der Distanz ebenso wie die Steuerung der Online-Kollaboration.
- Das Führen mit Zielen stellt beim Remote Performance Improvement das bedeutsamste Führungs- und Steuerungsinstrument dar.
- Durch die Online-Kollaboration entstehen neue Leistungshemmnisse, die auf die Verantwortungsbereiche der hierbei involvierten Personen aufzuteilen sind.
- Authentizität, Wertschätzung, Feedback sowie die Wechselwirkung aus Vertrauen und Verantwortung erfahren beim Remote Leadership einen Bedeutungszuwachs.

- Das Führen aus der Distanz stellt besondere Anforderungen an die Präzision der Zielformulierung.
- Das Onlinemeeting mit stets eingeschalteter Kamera bei allen Teilnehmenden ist die Methode der Wahl, um bei der Zielvereinbarung die Verbindlichkeit der Ziele zu sichern und Missverständnisse auszuschließen.
- Bei dem Prozess der Zielerreichung erfolgt die Begleitung und Fortschrittskontrolle des einzelnen Mitarbeitenden bzw. des Teams mithilfe von Kollaborationstools und Onlinemeetings.
- Die Zehn-Sätze-Regel hilft, das Erfordernis von Onlinemeetings zu prüfen.
- Häufigere und kürzere Onlinemeetings bieten entscheidende Vorteile für das Führen aus der Distanz und die Steuerung der Online-Zusammenarbeit.
- Zu den bedeutsamsten Remote Leadership Kompetenzen gehört neben dem Führen mit Zielen das Führen mit Fragen, das aktive Zuhören, die Online-Führungskommunikation sowie Kompetenzen im Umgang mit Tools und Technik.
- Das Erfordernis zur zukunftsorientierten Steigerung der Mitarbeiterpotenziale setzt häufige und kürzere Potenzialentwicklungsgespräche voraus.
- Die Qualifizierung der Mitarbeitenden im Bereich der Online-Kollaboration sichert den bestmöglichen Zielerreichungsgrad.
- Die Steigerung der performancewirksamen Mitarbeiterbindung kann generell durch häufige, kurze und qualitativ wertvolle Kontakte erfolgen.
- Mithilfe der Vier-mal-vier-Matrix leiten Führungskräfte ergänzend die erfolgversprechendsten Ansatzpunkte für die individuelle Mitarbeiterbindung ab.

12 Performance Management im digitalen Zeitalter

Dieses Kapitel kurz und bündig

!

Dieses Kapitel richtet sich an zunächst an Unternehmensleitungen, im weiteren Verlauf auch an Führungskräfte und Personalleitungen. Da sich das für Arbeiten und Leben relevante Wissen zunehmend in den digitalen Bereich verlagert, können hieraus neue Geschäftsmodelle entstehen. Wir versuchen, diese Chancen für Unternehmen zu erahnen. Um die Folgen für das Performance Management und das Führen mit Zielen abzuschätzen, analysieren wir die Vorgehensweisen in agilen Strukturen digitaler Unternehmen. Aus diesen können Sie einige Impulse für sich und ihre Methoden gewinnen.

Die digitale Transformation ist unausweichlich. Kein Unternehmen wird die Entscheidung überleben, sich, seine Produkte und Dienstleistungen von der digitalen Transformation fernzuhalten.

Digitalisierung als Erfolgsfaktor

In Umbruchzeiten wie diesen werden stets die Marktverhältnisse neu gemischt. Wer schnell ist, sichert sich die größten Kuchenstücke des neuen Marktes. Wer zögert, gibt Marktanteile ab.

Macht hoch die Tür, die Tor macht weit!
Georg Weissel

Auf welche digitalen Geschäftsmodelle sollte man als »ganz normaler Betrieb« setzen, auf welche nicht? Welche Züge dürfen Unternehmen nicht verpassen? Welches sind in diesen Geschäftsmodellen die für Wertschöpfung relevanten Treiber und Prozesse?

Was bedeutet die digitale Transformation für Führungskräfte und Mitarbeitende, die in den Unternehmen tätig sind? Wenn wir erfolgreich mitspielen wollen im digitalen Zeitalter, sollten wir dann auch anders mit Zielen führen?

12.1 Big mit Big Data

Die Rohstoffe der digitalen Ökonomie werden in Zukunft eine entscheidende Bedeutung für die Wertschöpfung aller Unternehmen einnehmen. Diese sind sicher nicht unter den Bodenschätzen zu finden. Die wertvollsten Rohstoffe der nächsten Jahre sind, was soll es auch anders sein, die Daten.

12.1.1 Daten als Zahlungsmittel

Erinnern Sie sich noch? 2012 schrieben wir alle uns noch hin und wieder Nachrichten per SMS[70]. Dieser Dienst kostete ein paar Cent pro Nachricht und war ein lukrativer Geschäftszweig für Mobilfunk-Unternehmen. Dann setzte das 2009 gegründete Unternehmen WhatsApp zum Überholvorgang an. Es bot lediglich die Möglichkeit zur Nutzung des Internets für Nachrichten. Ruckzuck war das Geschäft von Telekom, Vodafone und Co. weg vom Fenster.

Warum tat WhatsApp das eigentlich? WhatsApp ist für den Nutzer kostenlos. Auch Facebook, zu dem WhatsApp nach Zahlung vom 19 Milliarden US-Dollar mittlerweile gehört, ist und bleibt kostenlos, wie Mark Zuckerberg immer betont. Ist es natürlich nicht: Der Preis sind die Daten. Mit diesem Rohstoff bezahlt der Kunde den von ihm genutzten Service.

Kosten los?
Das war im Geschäftsmodell der SMS-Anbieter nicht vorgesehen. Da zahlte der Nutzer in Euro und Cent. Das erschien ihm erst einmal teurer als WhatsApp. Als Kunde von WhatsApp bzw. Facebook zahlt man auf vielfältige Weise: mit den Daten zur eigenen Person, mit den Inhalten seiner Nachrichten, mit seinen Nutzungs-, Bewegungs- und Verhaltensdaten und sogar mit den Daten von Dritten, etwa denjenigen, die man im Smartphone unter seinen Kontakten abgespeichert hat.

Dieser Rohstoff wiederum wird monetarisiert. Entweder unmittelbar nach Art der »Steuer-CDs«, nur legaler. Oder mittelbar, indem hieraus Services entwickelt werden, die verkauft werden können. Bekanntlich erzielt Facebook seine Einnahmen primär aus Werbung, die anhand der Nutzerdaten extrem zielgruppengenau ausgerichtet werden kann.

Ein währungsfreies und – solange Regierungen das Zahlen mit Daten noch nicht als steuerbar ansehen – sogar von Steuern befreites Tauschgeschäft: Bei Facebook können wir Freundschaften knüpfen und pflegen, alle Freunde über unsere Aktivitäten und Gefühle auf dem Laufenden halten und vieles, vieles mehr. Dafür geben wir Daten über uns her, die die meisten Menschen nicht mal den Behörden ihres Landes zu geben bereit wären.

Ich zahl' mit deinem guten Namen
Dagegen wehrt sich mancher mit Händen und Füßen, aber so ist es und so wird es weitergehen. Ich kenne Menschen, die alles tun, um niemandem und nirgendwo ihre persönlichen Daten zur Verfügung zu stellen.

70 SMS ist die Abkürzung für Short Message Service, ein Dienst zu Übermittlung von auf 160 Zeichen beschränkten Nachrichten.

!

Praxisfall: Benny rückt seine Daten nicht heraus

Benny beispielsweise besitzt weder Mobiltelefon noch sonst irgendetwas in dieser Richtung. Er zahlt auch immer bar. »Ich gehe nie online. Über mich kursiert auf dieser Welt nicht ein einziger Datensatz. Das Internet weiß nichts über mich!« sagt er und schüttelt seine langsam ergrauende Flower-Power-Mähne.

Wirklich nicht? Schauen wir mal hin: Auf die Kontakte im Smartphone seiner digital nativen Tochter Jenny haben diverse Apps und die dahinterstehenden Unternehmen per se Zugriff. WhatsApp speichert das gesamte Adressbuch jedes Nutzers auf seinem Server.

Dort ist Bennys Festnetznummer unter Papa abgespeichert, so wie die Kontaktdaten seiner Exfrau unter Mama. Damit sind die Verwandtschaftsbeziehungen bereits transparent. Denn seiner Telefonnummer sind sein Name, seine Adresse und alle anderen Daten, die er dem Festnetzbetreiber nennen musste, zugeordnet. Geburtsdatum und -ort beispielsweise – und seine Bankdaten, die er bei der monatlichen Überweisung der Gebühren benutzt.

Wird er – zumal er gar nicht »im Internet ist« – verhindern können, dass Jenny bei »Insta« (Instagram gehört übrigens auch zu Facebook) ein Foto von dem letztwöchigen Segeltörn mit Papa postet? Sicher nicht. So erfährt Big Brother, wie Benny aussieht und welches sein Hobby ist. Indem Jenny ihrem Freund per WhatsApp schreibt, dass sie heute nach der Arbeit Papa im Krankenhaus besuchen wird, weil er an der Prostata operiert wird, entgeht der Datenkrake auch dies nicht.

Verwandtschaftsbeziehungen, Alter, Hobbies, Krankheiten – alles im Netz. Aber die Transparenz geht viel weiter: Was erfährt »das Internet« mithilfe seiner Mitarbeitenden, die ihn in ihrem Smartphone unter »Chef« gespeichert haben oder mithilfe seiner Freunde? Durch Versicherungen, die er abgeschlossen hat, durch Miet- und Kaufverträge, durch Reisebuchungen? Benny hat keine Chance. Andere nutzen Services und bezahlen dafür mit seinen Daten.

Google bietet das stets aktuellste Navigationssystem und schießt die Verkehrsnachrichten sämtlicher Radiosender ins Nirvana der Bedeutungslosigkeit. Dafür sammelt es die Daten der Verkehrsteilnehmer: Stehen diese im Stau oder fahren sie zügig? Google ermittelt hieraus Anfang und Ende von Staus und leitet sofort alle um, die den entsprechenden Service benutzen.

Service gegen Daten

Im Gegenzug stellen die Nutzer Google all ihre Bewegungsdaten zur Verfügung: Gehen sie bei dem schicken Italiener essen oder im Gasthaus zur Goldenen Möwe, steuern sie ALDI oder REWE zum Einkauf an, übernachten sie in einer Pension oder auf 5-Sterne-Level? All das ermöglicht Google, gewisse Schlüsse über die Einkommensverhältnisse des Users zu ziehen. Wohin fahren sie zur Arbeit und wohin in ihrer Freizeit? Selbst welches Auto sie fahren, weiß Google spätestens nach der ersten Inspektion.

Auch Paypal sammelt Daten über Konsumgewohnheiten und bietet dafür Rabatte, die sie selbst nicht einmal tragen. Eine App bietet Fernfahrern »für gefahrene Kilometer« Prämien wie einen Kaffee oder einen Snack an diversen Raststätten. Zum Nachweis haben sie nur die Lieferscheine abzufotografieren. In klaren Worten: Wer sich als LKW-Fahrer dort registriert, zahlt das Würstchen mit Unternehmensgeheimnissen.

Daten sind also zum einen ein Zahlungsmittel. Es ist keineswegs erforderlich, dass dies stets personenbezogene Daten sind wie in den Beispielen dieses Kapitels. Auch auf anderen Daten lassen sich lukrative Geschäftsmodelle aufbauen.

Ohne Daten keine AI

AI, künstliche Intelligenz, die wir in Kapitel 10.2.2 zum Thema gemacht haben, basiert auf Daten. Was für den Erfolg des jeweiligen Algorithmus entscheidend ist und damit für den Wert des Unternehmens, das ihn entwickelt hat:

- Wie viele relevante Daten sind vorhanden bzw. können erhoben werden?
- Wie schnell und zielgerichtet können diese Datenmassen verarbeitet und zu Erkenntnissen aufbereitet werden?

12.1.2 Daten als Werttreiber

Der Wert von Facebook ist enorm. Und mit jeder Nachricht, die über Facebook versendet wird, steigt der Rohstoffschatz des Unternehmens. Jeder Post erhöht den Unternehmenswert.

Es geht also um den Besitz und die Verwertung des Rohstoffs. Nur für Facebook und die Unternehmen der digitalen Branche? Mitnichten. Darum geht es auch beispielsweise bei Automobilunternehmen, die am Geschäft mit selbstfahrenden Autos teilhaben wollen. Und welcher Autobauer will das nicht: Sich dieser Entwicklung zu verschließen, käme der gezielten Vorbereitung des Unternehmensendes gleich.

Jetzt Ihr Unternehmen

Ganz zwangsläufig geht es im folgenden Schritt um die Hersteller anderer Produkte. Wer beispielsweise als Hersteller von Kaffeemaschinen seine Marktposition ausbauen und seine Geräte erfolgreicher platzieren möchte, erreicht dies nur durch Differenzierung. AI bietet ihm diese Chance.

Ein Beispiel: Was halten Sie von einer selbstkochenden Kaffeemaschine am Arbeitsplatz? Es bedarf wenig, um diese schon morgen auf den Markt zu bringen: Über das Herannahen des Besitzers wird die Maschine durch die – vom Smartphone ohnehin ständig gesendeten – Positionsdaten informiert. Ohne dass der Besitzer eine Handlung ausführt, setzt die Maschine dann einfach schon mal eine Kanne für ihn auf.

Services durch Daten

Das ist zweifellos nur ein Beispiel für zehntausend schon erdachte und für zehn Millionen noch nicht erdachte Innovationen in produzierenden oder Dienstleistungen erbringenden Branchen. Für den in die Zukunft blickenden Teil C eines Buchs, dass sich mit der Praxis von Zielvereinbarungen befasst, soll das genügen.

Statement Prof. Dr. Arnold Weissman

Wirkliche Führung hilft Unternehmen, sich auf den Kundennutzen und auf Innovation zu fokussieren. Der Mitarbeiter bedient nicht den Vorgesetzten, sondern den Kunden.
Prof. Dr. Arnold Weissman
Weissman & Cie.

!

Sie nehmen aber aus meinen Ausführungen bitte mit: Auch die ganz klassischen, produzierenden Unternehmen, die gestern noch nicht viel mit Daten am Hut hatten, werden nicht vermeiden könne, sich zu digitalisieren – sofern sie ihre Marktanteile halten oder ausbauen wollen. Alle Unternehmen, alle Branchen werden in Kürze digital(er). Admiräle, die das nicht erkennen, steuern ihre Flotte geradewegs ins nasse Grab.

Internet of Things

Das Internet steht nicht nur Menschen zur Benutzung offen. Wie die Kaffeemaschine mit dem Smartphone, so werden künftig immer mehr Geräte über das Internet miteinander kommunizieren. Das Internet of Things (IoT) beschreibt diese Vernetzung von Objekten. Längst sind mehr Gegenstände durch das Internet verbunden als Menschen.

Das Produkt tritt in den Hintergrund, der datenbasierte (Zusatz-) Service wird entscheidender. Das Produkt wandelt sich zu einer mehr oder weniger unbedeutenden Hardware, die eine Servicenutzen schaffende Software beherbergt und sie über Sensoren mit Daten versorgt.

Besitz nur selektiv

Dafür ist ein weiterer Zukunftstrend verantwortlich: Besitz von Produkten ist in vielen Bereichen nicht mehr etwas, mit denen Menschen ihren Status untermauern. Gesammelt wird schon lange nichts mehr: Die Sammler von Briefmarken, einst die Aktie des kleinen Mannes, sind bereits so gut wie ausgestorben.

Vor einigen Jahren habe ich Digital Immigrant[71] all meine Cassetten (ja!), Platten und CD's digitalisiert und auf eine Festplatte gezerrt, um meine für teuer Geld gekaufte Musiksammlung auf eine neue, digitale Bewusstseinsstufe zu hieven.

Mein Sohn, Digital Native[72], hielt dies schon damals für Unsinn: Musik besitzt man nicht mehr. Er hat recht behalten. Es ist doch alles im Netz und jederzeit verfügbar. (Zum Glück waren bei meiner Digitalisierungsaktion ein paar Cassetten dabei, in den

71 Als »Digitale Einwanderer« werden Menschen bezeichnet, die nicht mit digitalen Technologien aufgewachsen ist und sich deren Benutzung im Erwachsenenalter (mühsam!) angeeignet haben.

72 Der »Digitale Ureinwohner« ist mit digitalen Technologien aufgewachsen.

80ern von befreundeten DJs handgemixt, für die das nicht gilt. Noch nicht – denn ich müsste sie ja nur selbst hochladen.)

Mein Auto, mein Haus, mein Boot!
Sparkasse

Selbst das lange heilige Auto verliert seine Eigenschaft als Statussymbol. Gerade in den Ballungsräumen weiß ja ohnehin keiner mehr wohin damit, wenn es gerade – wie meistens – nur herumsteht. Pay per Use bietet Nutzungsmöglichkeit ohne Besitzpflicht. Mit Car Sharing werden Autos geteilt, mit Airbnb Häuser und Wohnungen. Es ist heute nicht mehr erforderlich zu besitzen, was wir nutzen möchten.

Nutzen schlägt Besitz
Die Tendenz geht deutlich dahin, dass ein Gros der Menschen ihr Leben mit Erlebnissen, Erfahrungen und nutzenbringenden Services mit Wert erfüllen wollen, und weniger durch den Besitz von Dingen.

! **Tipp: Digitale Geschäftsideen sind kopierfähig!**

Sie haben ein Produkt und überlegen, wie Sie Ihre Marktposition verbessern, sich von Ihren Wettbewerbern abheben und in der Digitalen Welt zukünftig Geschäft machen werden? Vielleicht gelingt es Ihnen, den Gedanken der Sharing Economy zu übertragen. Oder das Pay-per-Use-Modell. Angenommen, Ihre Firma stellt Kaffeemaschinen her, verschiedene Geräte vom Heim- bis zum Großverbraucher. Was halten Sie davon, das Geschäftsmodell der Mobiltelefone zu kopieren?
Ihrem Kunden buchen Sie eine monatliche Gebühr von 2 bis 5 EUR für das zur Verfügung gestellte Gerät ab, außerdem einen Betrag für jeden Kaffee, den er sich kocht. Sie binden die Maschine ins IoT ein, um die Anzahl der Kaffees zu ermitteln. Dann wird Ihnen die Maschine auch verraten, wann die Bohnen zur Neige gehen, ob ein Defekt vorliegt und wann Sie einen Techniker losschicken – vorausgesetzt, der Kunde hat den Wartungsservice für 5 EUR pro Monat direkt mitgebucht.

Wenn das Produkt an sich immer weniger zählt und der Nutzen, den die innewohnende Software bietet, immer mehr, dann ist die unausweichliche Folge: Ohne Internetanbindung, ohne Einbindung in das IoT, ohne Apps, ohne Daten, ohne Services, wird jedes Produkt über kurz oder lang unverkäuflich. Das gilt genauso im B2B- wie im B2C-Geschäft. Wir haben unsere Produkte so zu gestalten, dass sie sich vernetzen, relevante Daten erfassen und übertragen können. Jetzt.

Zwischenfazit: Daten sowie deren Erhebung und Verwertung, nehmen zum einen bei der Optimierung der Prozesse in der Produktion einen hohen Stellenwert ein. Ob durch ein an Maschinen angeschlossenes Industrial Analytics System oder mithilfe eines die menschlichen Arbeitsabläufe analysierenden Hitachi-Roboters: Die Steigerung der Produktivität ist ein wettbewerbsentscheidender Aspekt. Zum anderen können wir Kunden damit genau den Nutzen offerieren, der sie zum Erwerb unseres Produkts bewegt.

Performance Management mit Digitalzielen

Da das Thema Datenerhebung und -verarbeitung bereits auf kurze Sicht in alle Bereiche des Unternehmens hineingreift, werden wir Führungskräfte mehr und mehr zu Leitungen von Digital-Abteilungen. Dann werden wir auch Vorgehensweisen aus dem Bereich der Softwareentwicklung in unsere Art und Weise des Führens mit Zielen zu integrieren haben. Das folgende Kapitel wird uns mit diesen vertraut machen.

Wir ersehen anhand all dieser Entwicklungen und Umbrüche: »Wer zu spät kommt, den bestraft das Leben.« Wahre Worte von Michail Gorbatschow, die er im Zusammenhang mit einem bedeutsamen Umbruch gesagt haben soll. Geschwindigkeit zählt. Wer schnell ist, macht das Geschäft. Die anderen bekommen ihre Strafe: Kodak für den nicht erkannten Trend zu Digitalkameras, Nokia für die verschlafene Entwicklung hin zu Smartphones, Quelle für die verpassten Chancen des Web Business.

Performance Management mit Speedzielen

Der Fall Ihres Unternehmens wird tief sein, wenn ein kleines Start-up oder ein neuer Wettbewerber aus China dem Kunden das gleiche Produkt bietet wie Sie, aber mit einem entscheidenden Zusatznutzen, der auf gesammelten und verwerteten Daten beruht. Oder gar Google? Google hat schon aktiv in den Smartphone-, Biotechnik-, Notebook-, Automobil- und Uhrenmarkt eingegriffen: Warum sollte Ihre Branche nicht auch bald an der Reihe sein? Sie haben es in der Hand, ob Sie solchen Wettbewerbern die Türe vor der Nase zumachen wollen oder nicht. Aber wenn Sie es tun wollen, dann tun Sie es schnell.

Statement Anne M. Schüller !

In unserer wissensbasierten Hochgeschwindigkeitszukunft braucht es Originalität, Improvisationstalent und Lust auf Experimente. Permanente Vorläufigkeit ist die neue Normalität. Unerwartete Ereignisse lauern an jeder Ecke. Wir wissen nicht, ob oder wann sie kommen, doch wenn, dann kommen sie schnell. Nur die wendigen, flinken, pfiffigen, jederzeit anpassungsfähigen Marktplayer werden das überleben. In diesem Kontext sind Jahresplanungen unbrauchbar. Das Verfolgen von strikten Planvorgaben und Dienst nach Vorschrift sind das letzte, was in diesem Fall hilft.

Anne M. Schüller

Managementdenkerin, Keynote-Speaker und Bestsellerautorin

Geschwindigkeit und Perfektion stehen naturgemäß im Widerspruch. Mitarbeitende, die sorgfältig und genau vorgehen, die ihre Arbeitsergebnisse zweimal prüfen und gegebenenfalls korrigieren, haben einen geringeren Fehlerquotienten als die, die viel schaffen in kurzer Zeit. Doch schnell zu handeln und Markteintrittsbarrieren zu errichten ist heute spielentscheidender, als mit der perfekten Lösung auf den Markt zu kommen. Denn dann hat der Kunde schon beim Marktbegleiter gekauft. Führung nimmt Speedziele in den Fokus. Im digitalen Zeitalter wird gesprintet, nicht gejoggt.

Performance Management mit Fehlertoleranz

Im digitalen Zeitalter ein Geschäft zu erfolgreich betreiben, das bedeutet insbesondere, von Perfektionismus Abschied zu nehmen. Das fällt uns hierzulande zweifellos besonders schwer. Perfektion war das, womit wir aus dem zur Kennzeichnung für Minderwertigkeit gedachten »Made in Germany« ein Qualitätssignal gemacht haben.

Da Produkte und Services ständig weiterentwickelt und an sich veränderndes Nutzungsverhalten der Kunden angepasst werden, sind diese ohnehin nie perfekt. Höchstens für einen Augenblick. Sowohl die Zielvereinbarung als auch die Zielerreichung werden in der digitalen Welt viel, viel fehlertoleranter.

Performance Management mit Lean-Verfahren

Erfolgreiche Unternehmen bringen halbwegs fertige, teils unausgereifte Produkte auf den Markt: Minimal Viable Products, kurz MVP. Um nicht das Image von Unternehmen und Marke zu beschädigen, stellen Sie es einem limitierten, treuen Kundenkreis zur Verfügung, den Early Adoptern. Das sind technikaffine, fehlertolerante und neuem aufgeschlossen gegenüberstehende Tester von Vorversionen, die Beta-Tester.

Dafür, dass sie die ersten sind, die ein solches Produkt in den Händen halten dürfen, tragen sie erkannte Fehler und Probleme nicht an die Öffentlichkeit, sondern Ihren Produktentwicklern zu. Ist das Produkt dann halbwegs okay, sollten Sie es bereits auf den Markt bringen.

Performance Management mit Iterationen

Haben Sie weiterhin ein aufmerksames Ohr für das Feedback der Kunden und nutzen Sie es für Weiterentwicklungen und Fehlerbeseitigungen. Durch die Internetanbindung des Gegenstands lässt sich ja jedes Softwareupdate mühelos aufspielen, selbst wenn das Gerät selbst schon beim Kunden steht.

Mit diesem Lean Product-Start-up Verfahren realisieren Sie drei Vorteile für sich:

1. Indem Sie Kunden mitgestalten lassen, schaffen Sie starke Kundenbindungen[73].
2. Indem Sie die Intelligenz der Kunden und deren Perspektiven, Wissen und Erfahrungen in den Entwicklungsprozess einbeziehen, wird das Ergebnis besser.
3. Indem Sie Produkte und Services frühzeitig platzieren, machen Sie Marktbegleitern die Türe zu.

73 Aus dem Changemanagement kennen wir die Regel Kurt Lewins, »vom Problem Betroffene zu an der Lösung Beteiligte zu machen«. Denn damit steigt die Bindung der Personen an die Lösung, sie wird eher akzeptiert und weit besser umgesetzt als die gleiche Lösung, wenn sie von oben vorgegeben worden wäre. Dieser Mechanismus wirkt auch hier.

Das Führen mit Zielen wird sich unter solchen Vorzeichen zu verändern haben. Es ist im ersten Schritt wichtig, die Zielkaskade des Unternehmens enorm zu beschleunigen. Hier kann die Ein-Tag-Kaskade [Kapitel 7.2] sicher hilfreiche Dienste leisten.

Lean Zielvereinbarung

Zum andern sind auch die auf einer Ebene ablaufenden Zielvereinbarungsprozesse – passend zum Produktentwicklungsverfahren – sehr schlank zu gestalten. Doch weiterhin sind die zentralen Elemente zu er- bzw. bearbeiten: die Ziele selbst mit ihren vier Elementen, die KAP und auch die AAP. Gerade, wenn wir in unseren Zeiten erfolgreich sein wollen, brauchen wir viele gute Alternative Aktions-Pläne in der Schublade.

Doch die Planung wird, wenn die Adaption von veränderten Kundenwünschen, technologischen Entwicklungen und Marktfriktionen im Verlauf der Produkt- bzw. Serviceentwicklung vorgesehen ist, sicher nicht so detailliert erfolgen wie in Kapitel 8.1.4 beschrieben.

Praxisfall: Ziele im Bereich der Geschäftsmodell-Entwicklung !

Für firmeninterne Entwicklungszentren betonen Hentrich und Pachmajer (2016): »Inkubatoren werden nicht an harten Business-Cases gemessen, sie brauchen auch keine Umsatzziele. Hier können Geschäftsideen schnell umgesetzt werden und sich in einem geschützten Raum zur Reife entwickeln. [...] Ein Ziel für einen Inkubator könnte lauten: Generiere mir jeden Monat 20 neue Ideen für ein digitalisiertes Geschäftsmodell, zusätzlich sollten zwei, drei Pilotprojekte gestartet werden.«

Performance Management mit digitalen Projektzielen

In den Besitz von relevanten Daten zu kommen und diese mit Blick auf ein mögliches Geschäft in kürzester Zeit zu verwerten, ist im digitalen Zeitalter der zentrale, wertschöpfende und monetarisierbare Aspekt. Für Zielvereinbarungen bedeutet das höhere Fehlertoleranz, dafür geringere Entwicklungsdauer.

Es ist absehbar, dass die Arbeit unserer Mitarbeitenden zukünftig weit mehr als heute darin bestehen wird, Projekte erfolgreich zu bewältigen. Um unsere Mitarbeitenden wirksam mit Projektzielen zu führen, bietet sich uns die Methode der Projektbewertung an. Werfen Sie ruhig noch einmal einen Blick in Kapitel 5.11, wenn Sie künftig vermehrt Projekte steuern werden.

Projektziel Zeit

Um im digitalen Zeitalter erfolgreich zu sein, haben wir beim Führen mit Projektzielen den Fokus unserer Mitarbeitenden vornehmlich auf die Triangel-Ecke »Zeit« zu richten. Hier spielt schließlich die Musik! Zu diesem Zweck nutzen wir bei der Operationalisierung der Projektziele die Möglichkeit, den Faktor höher zu gewichten.

Bezüglich des Nutzens (Scope) haben wir die Methode der Festlegung von Kriterien kennengelernt [Kapitel 5.6]. Diese ist einfach anzuwenden, macht jedoch nur Sinn, wenn sich die zu erfüllenden Kriterien nicht ständig ändern.

Projektziel Nutzen
Es ist anzunehmen, dass diese zu Projektbeginn oftmals noch gar nicht so ganz genau feststehen, da der Kriterienkatalog kontinuierlich mithilfe des Kundenfeedbacks erweitert oder auch verkürzt wird. In diesen Fällen bietet sich an, den Faktor Scope mithilfe der Methode der Zufriedenheitsbefragung [Kapitel 5.10] abzubilden. Das dürfte in den meisten Fällen die sinnvollste Vorgehensweise sein, zumal wir dann ohnehin in ständigem Kontakt mit den Nutzern stehen.

Der Faktor Zeit bzw. Geschwindigkeit führt uns zu einem weiteren Aspekt. Wir rechnen damit, dass sich die Zeiträume, die wirklich mit halbwegs tolerabler Sicherheit überschaubar sind, mehr und mehr verkürzen. Ob Admiral oder Kapitän: Wir steuern unsere Schiffe durch einen Nebel, der für die nächste Zeit erst einmal immer dichter wird.

Führen mit Zielen auf Sichtweite
Wenn wir Prinzip #9 »Zielperiode ≤ absehbarer Zeitraum« ernst nehmen, kann dies nur eine drastische Verkürzung der Zielperioden zur Folge haben. Folgerichtig schwenken immer mehr Unternehmen um zu kürzeren, flexiblen und von jeder Führungskraft für die direkten Mitarbeitenden individuell bestimmbaren Zielperioden.

Mir ist klar, dass der letzte Satz all jenen Personalleitungen, in deren Bereich die mit Zielvereinbarung verkoppelte Bonus-, Tantieme- und Prämiensysteme abgerechnet werden, das Blut in den Adern gefrieren lässt. Aber der Zusatzaufwand ist unvermeidlich, wenn wir diesem Führungsinstrument nicht schleichend die Wirksamkeit entziehen wollen.

Agilität ist das, was im digitalen Zeitalter zählt. Alles, was Unternehmen, Bereiche, Teams und Mitarbeitende daran hindert, agiler zu werden, wird entweder auch agil gemacht oder – falls Sie den Aufwand scheuen – über Bord geworfen.

12.2 Agiles Führen mit Zielen

Agilität ist etwas, womit sich die Softwareentwickler bereits vor vielen Jahren auseinandergesetzt haben: Agile Software Development. Heute ist »Agile« mitsamt seinen Prinzipien und Werten für viele Menschen eher eine Art Weltanschauung, ein Lebensstil oder ein Glaubensbekenntnis. Es ist meiner Ansicht nach nur eine Frage der Zeit, bis es zur Gründung einer entsprechenden Partei kommen wird, die vielleicht »Die Agilen« heißen wird.

Agiles Arbeiten in Parlamenten, das ist eigentlich keine uninteressante Vorstellung. Wobei Angela Merkel als Kanzlerin der Bundesrepublik Deutschland ja durchaus agile Aspekte in ihre Vorgehensweisen einfließen ließ. Von Atomausstieg oder Abschaffung der Wehrpflicht beispielsweise stand nichts im CDU-Parteiprogramm – dem Papier, das wir als Kriterienliste und Agilisten als Product-Backlog bezeichnen würden. Sie wurde inkrementell und orientiert an Wählerwünschen ergänzt, sodass der Nutzen (Scope) für die Kanzlerin gesteigert wurde.

Agilisten aller Länder, vereinigt euch

Andere Menschen ersehen in Agile eine Möglichkeit, schneller Projekte abzuwickeln und neue Geschäftsmodelle aufs Gleis zu setzen. Fast jedes Buch über Agile beginnt mit dem Agilen Manifest und auch dieses Kapitel soll keine Ausnahme bilden.

Im Jahre 2001 verabschiedeten 17 Softwareentwickler die Werte des Agile Software Development im Agilen Manifest:

Manifest für Agile Softwareentwicklung !

»Wir erschließen bessere Wege, Software zu entwickeln, indem wir es selbst tun und anderen dabei helfen. Durch diese Tätigkeit haben wir diese Werte zu schätzen gelernt:

- Individuen und Interaktionen mehr als Prozesse und Werkzeuge
- Funktionierende Software mehr als umfassende Dokumentation
- Zusammenarbeit mit dem Kunden mehr als Vertragsverhandlung
- Reagieren auf Veränderung mehr als das Befolgen eines Plans

Das heißt, obwohl wir die Werte auf der rechten Seite wichtig finden, schätzen wir die Werte auf der linken Seite höher ein.«

Wenn wir damit die zum Ende des Kapitels 10 zusammengefassten Erkenntnisse über das Führen mit Zielen im digitalen Zeitalter und den Leitgedanken der Buchteile A und B vergleichen, gibt es doch einige Übereinstimmungen.

Wie agil sind unsere Methoden?

So korrespondiert der erste Punkt doch enorm mit unserem 1. Leitsatz, dass Zielvereinbarungen Ergebnisse eines Austauschs unter Experten über die Gestaltung einer erfolgreichen Zukunft sind. Der gesamte Zielvereinbarungs- und Zielerreichungsprozess richtet sich primär auf die optimale Gestaltung der Interaktionen zwischen der Führungskraft und den Mitarbeitenden bzw. unter den Mitarbeitenden. Beginnend mit dem ersten Schritt, der Verteilung der Ziele, steht der Mitarbeitende als Individuum über alle zehn Stufen der beiden Prozesse im Vordergrund.

! **Statement Britta Redmann**

Was ist bei agilen Zielen und Zielvereinbarungen zu beachten? Es zeigt sich gerade bei Agilität, dass es ganz entscheidend auf eine vertrauensvolle Zusammenarbeit ankommt. Ein offener, ehrlicher, angstfreier, vertrauensvoller Umgang ist eine Voraussetzung dafür, dass agile Performance-Instrumente greifen. Je mehr sich Mitarbeitende auf einen verbindlichen Prozess verlassen können und gewiss sind, dass ihre Rechte gewahrt werden, desto stärker ist ihr Vertrauen und desto leichter können sie sich auf diesen Prozess einlassen. Die Einhaltung rechtlicher Vorgaben und die Vereinbarung klarer Regeln unterstützt dabei eine offene Kultur, die gleichzeitig auch Verbindlichkeit und Verlässlichkeit bietet.
Britta Redmann
Rechtsanwältin und Autorin des Buchs »Vergütungssysteme gestalten: agil, rechtssicher und nicht-monetär«, erschienen bei Haufe

Den zweiten Wert könnten wir, um ihn von der Software zu lösen, für das Performance Management in Verbindung zu unserem Prinzip #12 »So viel Dokumentation wie nötig, so wenig Dokumentation wie möglich« bringen. Der dritte und vierte Wert spiegelt sich in den Erkenntnissen des vorigen Kapitels wider, der letztgenannte Wert zudem in dem Prinzip #8 zur Flexibilität der KAP[74] bzw. in der Einsatzfähigkeit der AAP.

Geschwindigkeit zählt

Agile entstand aufgrund der Erkenntnis, dass die Wasserfallmethode – nicht verwandt mit unserer Zielkaskade – zu zäh und zu unflexibel ist, um den Anforderungen an marktfähige Software zu genügen. Agile will die Antwort geben auf VUCA, auf den zunehmenden Nebel der Unsicherheit bezüglich zukünftiger Veränderungen. Agile nimmt allein die nahe Zukunft in den Fokus.

Kanban ist eine agile Methode, die primär in produzierenden Bereichen eingesetzt wird. Scrum hingegen ist der bekannteste und am weitesten verbreitete Methodenrahmen (»Framework«) der digital-agilen Welt. Wenn Sie Scrum kennen, werden Sie sehr gut abschätzen können, in welche Richtung die Reise für das agile Performance Management geht.

12.2.1 Arbeiten mit Scrum

Scrum sieht drei Rollen vor: den Scrum Master, den Product Owner und das Team. Unter den Rollen werden Aufgaben aufgeteilt, aber es gibt keine Hierarchie. Jeder übernimmt zeitweilig Führungsaufgaben – natürlich auf Augenhöhe.

74 Einen Überblick über alle Leitsätze und Prinzipien finden Sie am Buchende in den Kapiteln 13 (Leitsätze des Führens mit Zielen) und 14 (Prinzipien für das Führen mit Zielen).

Der Scrum Master steuert den Prozess. Er achtet auf die Einhaltung der Scrum-Regeln, kontrolliert und unterstützt das Team in Prozessfragen. Zudem beseitigt er Hemm- und Hindernisse, die außerhalb des Einflussbereichs des Teams liegen.

Drei Rollen der Führung

Der Product Owner setzt den Leitstern, die Produktvision. Er trägt die Verantwortung für die Wirtschaftlichkeit des Projekts, definiert das Projektziel und pflegt das Product Backlog, eine Kriterienliste von Items, die das fertiggestellte und wirtschaftlich verwertbare Produkt zu erfüllen hat. Er setzt Prioritäten und wählt diejenigen Items aus, die in der nächsten Umsetzungsphase (Sprint) des Teams umgesetzt werden sollen. Das Product Backlog ist somit in steter Veränderung, da Items abgehakt aber auch kundenseitig hinzugefügt werden können.

Das Team macht, wie soll es auch anders sein, die Arbeit. Es erstellt beim Sprint Planning auf der Basis des Selected Backlog zum einen das Sprintziel und zum anderen die Liste (Sprint Backlog) der Arbeitsaufgaben für den nächsten Sprint – und arbeitet diese ab. Das Team besteht aus fünf bis neun Personen, wobei alle für den Projekterfolg erforderlichen Kompetenzen vertreten sind.

Nichts ist besonders schwer, wenn du es in kleine Aufgaben teilst.
Henry Ford

Das Team ist ermächtigt, seine Arbeit im Verlaufe eines Sprints selbst zu organisieren. Diese Sprints sind die kleinen Schritte zum Projektziel, wobei der Zeitrahmen stets konstant bleibt. Üblich sind Iterationen von 14 Tagen, in denen das Team zum inkrementellen Wachsen und Werden des Projektergebnisses beiträgt.

Transparenz und Kontrolle

Die Sprint Goals – ja, so soll es sein – bleiben für den Verlauf des Sprints fest, ohne Wenn und Aber. Wer welche Tasks erledigt und in welcher Reihenfolge, bestimmt das Team. Hierzu findet täglich ein auf 15 Minuten begrenztes Teammeeting statt, das Daily Scrum. Jedes Teammitglied gibt den anderen Teammitgliedern im Stehen die Antworten auf drei Fragen:

1. Was habe ich seit dem letzten Daily Scrum erreicht?
2. Was nehme ich mir für die Zeit bis zum nächsten Daily Scrum vor?
3. Welche Hemm- und Hindernisse bestehen, für die ich Unterstützung benötige?

Damit herrscht für jeden der Mitarbeitenden Klarheit, was jeder andere derzeit macht und wo das Team im Prozess steht.

Commitment und Motivation
Im Vordergrund steht Freiwilligkeit: Jeder Einzelne entscheidet, welche offenen Aufgaben des Sprint Backlogs er übernimmt. Indem sich jedes Teammitglied gegenüber den Kollegen – und nicht etwa gegenüber dem Vorgesetzten – täglich zur Erledigung bestimmter Aufgaben verpflichtet, wird ein starkes Verantwortungsgefühl und eine hohe Umsetzungsrate erzielt.

Ein wichtiges Element zur Motivation ist das Burn-down-Chart, bei dem der Erledigungsgrad im Hinblick auf das Gesamtprojekt dargestellt wird: auf der horizontalen Achse wird die Zeit, auf der vertikalen die Anzahl der noch offenen Punkte abgetragen. Sobald der Graph die x-Achse schneidet, ist das Projektziel erreicht.

Kunden-Interaktion
Nach jedem Sprint erfolgt ein »Sprint Review«, bei dem der erreichte Stand vor Kunde und Product Owner präsentiert wird. Hier kann sich das Team »Zwischenlorbeeren« abholen. Der Kunde kann hier aber auch das Product-Backlog um als relevant erkannte Features ergänzen. Aus diesem Grunde wird vielfach auch ein Burn-up- statt dem Burn-down-Chart eingesetzt, um den sich verändernden Scope deutlich zu machen (Hoogendoorn, 2013).

Retrospektiven schaffen dem Team den Rahmen, um den jeweils vorhergehenden Sprint zu reflektieren, um sich gegenseitig Feedback zu geben und um konkrete Maßnahmen abzuleiten, mit denen sich das Team selbst weiter verbessert.

Vom Team nicht lösbare Leistungshemmnisse und -hindernisse werden bei Scrum als Impediments bezeichnet. Sie werden vom Scrum Master im Impediment Backlog gesammelt und den jeweils Verantwortlichen zur Beseitigung weitergeleitet.

Scrum sieht sich als einen Methodenrahmen, in dem die Mitglieder eines Teams in eine hohe Anzahl an Interaktionen untereinander und nach außen gebracht werden, damit externe Veränderungen aufgenommen und berücksichtigt werden. Und damit die gesamte Teamperformance steigt (Sutherland, 2014). Ich möchte aus der Erfahrung heraus ergänzen: So es denn will.

12.2.2 Führen in agilen Strukturen

Der Mitarbeitende ist bei Scrum nicht einem Vorgesetzten unterstellt, sondern unterwirft sich einem Team und verpflichtet sich dazu, für dessen Erfolg seinen Beitrag zu leisten. Individuelle Interessen treten gegenüber den kollektiven zurück. »Von der privaten Sphäre bleibt bei der Agilen Softwareentwicklung ohnehin nicht viel übrig« (Grund, 2015).

Die Performance Management- und Führungsaufgaben werden auf die drei Rollen verteilt. Das Team erhält eine klare Zielvorgabe und übernimmt die Verantwortung für die Umsetzung. Aus Mitarbeiterführung wird bei agilen Methoden direkt zweimal Teamführung: einerseits Führung des Teams und andererseits Führung des Einzelnen durch das Team.

Im Vordergrund steht für den Einzelnen die Führung durch das Team. Damit das Ziel erreicht wird, erfolgt eine Aufteilung zunächst in Sprintziele, dann noch kleiner und tätigkeitsorientierter in individuelle Tagesaufgaben.

Das Team als Vorgesetzter

Das Team achtet darauf, dass jeder einen Schritt nach dem anderen macht, immer weitergeht und nie stehenbleibt. Es sich in der Teamhängematte zulasten der anderen gemütlich zu machen, wie in Kapitel 8.3.2 angeführt, ist unter Einsatz von Scrum kein leichtes Unterfangen.

Sie haben sicherlich erkannt, bei welchen Interaktionen sich bekannte Elemente wiederfinden. In Sprint Plannings laufen beispielsweise enorm verkürzte Zielvereinbarungsprozesse ab, in den Daily Scrums die Fortschrittskontrolle im Zielerreichungsprozess, in den Reviews und Retrospektiven werden die Elemente des Zielerreichungsgesprächs umgesetzt. Alles natürlich umverteilt, umgeschichtet und in enorm reduzierter Form.

Der Mitarbeitende hat die Möglichkeit, Verantwortung zu übernehmen, mitzuentscheiden, von anderen zu lernen, sich für das Team einzubringen und soziale Anerkennung zu erhalten. Auf der anderen Seite der gleichen Münze steht der Verzicht auf individuelle Titel und den Stolz auf ein Ergebnis, das man alleine erzielt hat.

Wer mehrt die Potenziale?

Unter Agilisten ist umstritten, ob es bei funktionierenden Teams einer zusätzlichen disziplinarischen Vorgesetztenfunktion bedarf. Es gibt zweifellos eine Menge Teams und auch einzelne Betriebe, die ohne Management ganz passabel performen.

Was bei Scrum fehlt, ist indes einer, der sich um die Entwicklung der Potenziale der Mitarbeitenden kümmert. Ich zweifle nicht daran, dass das Voneinander-Lernen, wie es bereits im Extreme Programming und vielen anderen Ansätzen umgesetzt wurde, eine der besten Maßnahmen der Personalentwicklung ist. Aber ich bezweifle, dass das Lernen im Team und die Retros sämtliche Entwicklungsmaßnahmen ersetzen können.

Vorgesetzte in Agile

Liebe Führungskraft, wo werden Sie sich künftig wiederfinden? Als Talentbegleitung, als Manager und Netzwerkorganisator in einer Struktur aus vernetzten Teams, als coachender Scrum Master oder als Product Owner? Oder in einer ganz anderen Rolle? Ihr

Know-how über das Performance Management mit Zielen wird Ihnen offensichtlich auch in der agilen Welt sehr nützlich sein.

Und falls Sie in eher, wie die Agilisten sagen, klassischen Unternehmensstrukturen arbeiten, haben Sie sicher auch aus dem Ausflug dieses Buchs ins agile Land ein paar umsetzungswürdige Gedanken mitgenommen, die Sie nutzen können.

Mir persönlich gefällt in Agile insbesondere die Transparenz der Team- und Einzelleistungen in Verbindung mit der kontinuierlich aktuellen Visualisierung der Fortschritte. Es ist ein motivierendes Vorgehen, das sich auch in klassischen Unternehmen leicht umsetzen lässt.

HR in Agile

Personalleiter und Personalleiterinnen unter den Lesern überdenken vielleicht gerade die Nutzung von Agile für die personalstrategischen Projektziele. Aus der Erfahrung: Ja, ein bitte sehr wohlwollend prüfenswerter Gedanke! Eine agile HR zahlt auch auf die Arbeitgeberattraktivität ein, sofern Sie agile Zielkandidaten des Entwicklungsumfelds im Fokus haben.

Gerade Employer-Branding- oder Personalmarketing-Projekte sind prädestiniert für Agile, zumal die dortigen Mitarbeitenden neuen Dingen in der Regel sehr aufgeschlossen gegenüberstehen. Mit Career Websites, Social Media Auftritt und Active Sourcing bewegen sie sich ohnehin ständig in der digitalen Welt.

In einem digitalen Unternehmen wie beispielsweise Runtastic ist natürlich undenkbar, dass nicht alle Bereiche des Unternehmens bis hin zum Personalmanagement, nach agilen Werten und Grundsätzen arbeiten (Cortinovis/Huyke, 2014). In solchen Firmen versteht sich das gesamte Unternehmen als ein agiles Projekt, das aus ebenso agilen Teilprojekten besteht.

Bonussysteme in Agile

Ja, und die an Zielvereinbarung gekoppelten Bonussysteme? Bei Google lautet die Devise »Pay unfairly!« (Bock, 2015) Gemeint ist hiermit performanceorientiert und somit ungleich – nicht wirklich ungerecht.

Agilisten, sofern sie diese extrinsische, niedere Form der Belohnung nicht ohnehin kategorisch ablehnen, verweisen auf die Projektziele. In Agile werden Projekt-Teamzielvereinbarungen getroffen. Diese können nach den hier im Buch vorgestellten Methoden quantifiziert und mit monetären Beträgen in Verbindung gebracht werden.

Zwangsläufig ist im zweiten Schritt zu regeln, wie die Verteilung unter den Teammitgliedern erfolgt. Der durch das Team erwirtschaftete Topf könnte beispielsweise an

Erfolgsbeiträgen orientiert verteilt werden, abgebildet durch die vom jeweiligen Mitarbeitenden erledigten und vorab mit Gewichtungspunkten versehenen Aufgaben. Die Bepunktung erfolgt zumeist ohnehin im Rahmen der Projektschätzung, auch in agilen Frameworks.

Selbstorganisation konsequent

Eine weitere Möglichkeit ist, auch den Topf der Selbstorganisation zu überlassen. Warum soll das Team nicht selbst festlegen, wer wie viel Prozent zum Projekterfolg beigetragen hat?

Denken Sie auch einmal über die Umstellung Ihres Zielvereinbarungssystems auf das Verfahren der Zieloptimierung nach. Ob im agilen Kontext oder ohne: Ein Mechanismus, bei dem die Führungskräfte beginnend mit der Unternehmensleitung nur die Zielrichtungen blitzschnell kaskadieren und aus der Organisation Angaben über erreichbare Zielhöhen sowie die zur Realisierung geplante Maßnahmen zurückerhalten, kann so falsch nicht sein.

Wir kommen über kurz oder lang nicht umhin, die Zielperioden unserer Bonussysteme von der üblichen Geschäftsjahr-Zielperiode zu lösen. Das Geschäftsjahr ist zweifellos die bedeutsamste Periode des Unternehmens. Das ist insbesondere auf externe Faktoren zurückzuführen, insbesondere handels- und steuerrechtliche Vorschriften. Doch innen im Unternehmen wird nach anderen Rhythmen getanzt.

Unternehmensführung in Agile

Als Mitglied der Unternehmensleitung denken Sie womöglich gerade darüber nach, wie viel Agile sie sich auf kurze, mittlere und lange Sicht im Unternehmen vorstellen können. Gar nicht? Wird sich Agile auf einzelne Softwareprojekte im Betrieb beschränken? Oder in einzelnen, der digitalen Ökonomie nahestehenden Bereichen pilotiert? Oder entwickeln Sie gerade die Vision eines von Kopf bis Fuß auf Agile eingestellten Unternehmens?

Statement Dr. Harald Mahrer !

Mein Anspruch ist es, Mitarbeiterinnen und Mitarbeiter zu motivieren und sie dabei zu unterstützen, aus eigenem Antrieb Höchstleistungen zu erbringen. Daher wird Performance Management auch in der Wirtschaftskammer Österreich aktiv gelebt. Denn ob in Organisationen oder Unternehmen – nur durch Exzellenz gelingt es, Kundinnen und Kunden vom Nutzen der eigenen Leistung zu überzeugen und sich vom Mitbewerb abzuheben. Dazu braucht es klare, individuell vereinbarte Ziele mit messbaren Etappen. Gleichzeitig müssen diese smarten Ziele in einer sich verändernden, digitalisierten Welt immer wieder adaptiert und nachgebessert werden. Gelingt dies, so bin ich überzeugt, dass agiles Performance Management dazu führen wird, auch als Gesamtorganisation bestens zu »performen«.
Dr. Harald Mahrer
Präsident der Wirtschaftskammer Österreich (WKÖ)

Die richtige Antwort ist sicher nicht ganz unabhängig von der bestehenden Kultur, von dem betriebenen Geschäft und einer Reihe weiterer Faktoren. Sicher haben in der digitalen Ökonomie erfolgreich tätige, agile Unternehmen einen Abstrahleffekt. Wer hier als Zulieferbetrieb fungiert, wird sich so auszurichten haben, wie es der Kunde auch bei sich selbst tut und schätzt.

Vernetzung fördern

Für viele Unternehmen könnte die insgesamt stärkere Vernetzung der Schlüssel sein, mit durchlässigen Hierarchien und durchbohrten Silomauern. Beispielsweise ohne Pflicht zur Einhaltung des Dienstwegs – oder gar mit Pflicht zur Nutzung des »kleinen Dienstwegs«? Der war ja schon immer der effektivste und effizienteste.

»Solche Erfahrungen machen auch meine Studenten, nachdem sie ihre erste Praktikumsluft geschnuppert haben. [...] Viele Praktikanten sind geschockt von den bürokratischen Geißelungen in den Unternehmen (›Alles musste man mit denen da oben abstimmen und dann hatte man, bis die Antwort kam, für eine Woche nichts zu tun‹) und davon, wie abgestumpft die Angestellten diese Situation hinnahmen (›Für die war das alles normal; die haben dann eine Woche nur so getan, als würden sie arbeiten‹).« (Schermuly, 2016).

Selbst Facebook und Alphabet sind nur teil-agil strukturierte und geführte Unternehmen. Aber sie sind agil als Ganzes: Facebook hat als Datingplattform für amerikanische Studenten angefangen, Google als Suchmaschine. Offenbar haben beide Unternehmen externe Veränderungen adaptiert und ihren Scope durchaus agil verschoben.

Fokus auf IT und HR

Wie Sie auch entscheiden, welchen Weg Sie auch gehen werden, verschieben Sie die drei dicken Brocken aus Teil C nicht auf morgen. Packen Sie die Themen Digitale Transformation, Remote Performance Improvement und Arbeitgeberattraktivität an. Diese drei Faktoren sichern nicht mehr nur die Wettbewerbs-, sondern auch die Existenzfähigkeit.

Die 80er und 90er Jahre war die große Zeit von Marketing und Vertrieb, die 00er und 10er die von Finanzen und Controlling. Die nächsten Jahre werden von IT und HR geprägt. Verstärken Sie Ihre Kompetenzen auf C-Level, lassen Sie diese beiden Funktionsbereiche, die vorher zuvor selten mit Vorstandsposten bedacht wurden, als Chief Information Officer und Chief Digital Officer bzw. Chief Human Resources Officer und Chief People Officer in die erste Ebene der Unternehmen einrücken.

Kultur authentisch leben

Und halten Sie Ihre Unternehmenskultur im Blick. Diesen weichen Faktor prägen Sie. Auch wenn Sie ihn nicht aktiv managen, gestalten Sie damit die Kultur im Betrieb.

»Culture eats strategy for breakfast« soll Peter F. Drucker gesagt haben. Ob Ihre Führungskräfte sich dem Leadership und Performance Management widmen, sich dafür von Verantwortung und damit von operativen Tätigkeiten aus dem Bereich ihrer Mitarbeitenden entlasten, haben Sie in der Hand: Durch Vorleben, aber auch durch das Etablieren entsprechender Methoden.

Beziehen Sie in Ihre Überlegungen auch ein, die bestehenden Werte bottom-up überarbeiten zu lassen. In den meisten Unternehmen sind diese auf Hochglanzpapier gedruckt und es doch nicht wert, weil zu aalglatt formuliert, zu austauschbar und zu unglaubwürdig. Zeigen Sie auf, was die Unternehmenskultur tatsächlich authentisch widerspiegelt.

Sinn vermitteln !

Neben dem Purpose und dem Mission Statement lohnt sich auch ein kritischer Blick auf die Vision. Sind diese Statements zusammen in der Lage, den Menschen im Unternehmen eine Richtung und ihrem Tun einen Sinn aufzuzeigen? Falls nicht, nehmen Sie das Thema auf die Agenda. Auf Ihre oder auf die Ihres frischgebackenen Chief Human Resources Officers.

Denken Sie hierbei auch einmal über den Wert »Transparenz« nach. Wenn draußen viel VUCA-Nebel herrscht, können Sie mit interner Transparenz ihre Belegschaft für sich gewinnen. Erinnern Sie sich an die Frage, die Kinder immer bei längeren Autofahrten stellen. Was die Mitarbeitenden wirklich wissen wollen, ist doch: Wo soll es hingehen? Wo sind wir bereits? Wie weit ist es noch?

Zielvereinbarung in Agile

Google hat ein 360°-Feedbacksystem etabliert und auch Zielvereinbarungen mit Objectives und Key Results (OKR) – komplett transparent bis zum CEO.

Statement Colette Rückert-Hennen !

In einer immer komplexeren (Arbeits-)Welt müssen Mitarbeitende neue Kompetenzen entwickeln – und haben gleichzeitig auch neue Anforderungen an ihre berufliche Tätigkeit. Dazu gehören mehr Eigenverantwortung, Gestaltungsspielraum und Autonomie. Das Führen über agile Ziele und OKRs, wobei die Mitarbeitenden in den Prozess der Zielerarbeitung eingebunden sind, trägt genau dazu bei. Und führt so nicht nur zu mehr Zufriedenheit, sondern auch zu mehr Motivation und besseren Ergebnissen. Als HR sehen wir uns hier sowohl in einer Vorbildfunktion als auch in einer Unterstützerrolle, um neue Methoden wie die agilen OKRs auszuprobieren und zu etablieren. Mit der dadurch gewonnenen Expertise und Erfahrung unterstützen wir die anderen Bereiche des Unternehmens und tragen so zur Performance der gesamten Organisation bei.
Colette Rückert-Hennen
Personalvorständin und Arbeitsdirektorin, EnBW AG

Aber an beides ist bei Google kein Bonus geknüpft, damit dieser keine negativen Rückwirkungen entfaltet. Möchten Sie wissen, was sich hinter Googles OKR[75] verbirgt? Es erhebt den Anspruch, ein agiles Framework zu sein und tritt auch entsprechend auf.

! **Definition: Objectives und Key Results (OKR)**

Objectives and Key Results bezeichnet ein agiles Ziel-Framework zur Steuerung von Organisationen, Teams und Mitarbeitenden, wobei auf der Basis der Jahresziele der Organisationsleitung über die gesamte Organisation hinweg Ziele vereinbart und von Teams operativ realisiert werden.

Im ersten Schritt werden Jahresziele auf Unternehmensleitungsebene entwickelt, die als Midterm Goals bezeichnet werden. Auf Führungskraft-Team-Ebene findet dann der sogenannte OKR-Zyklus statt. Eine Zielkaskade ist originär nicht vorgesehen, was ein hohes Bildungsniveau aller Beteiligten voraussetzt. Im zweiten Schritt werden die Objectives und die Key Results in einem OKR Planning Workshop mit allen Mitarbeitenden des Teams vereinbart. Dazu passende Aktivitäten finden sich in der OKR-Liste wieder.

»If the objective asks, ›What do we want to do?‹ the key result asks, ›How will we know if we've met our objective?‹ [...] Using our example objective of ›Design a compelling website that attracts people to OKRs.‹ [...] Here are our key results [...]:

- 20 percent of visitors return to the site in one week.
- 10 percent of visitors inquire about our training and consulting services.

The high-wire act you must balance with key results is making them difficult enough to force a good deal of intellectual sweat to achieve, but not so challenging as to demoralize your team because they appear impossible« (Niven/Lamorte, 2016).

Die Umsetzungsperiode ist zunächst auf ein Quartal beschränkt. Während dieser Zeit findet wöchentlich ein 15-minütiges OKR Weekly statt, in dem die Mitarbeitenden ihre Leistungen und Zwischenergebnisse gegenüber den Kollegen transparent machen. Am Ende der drei Monate erfolgt als Schritt Nr. 3 ein OKR Review, bei dem die Erreichung der Key Results für das Quartal festgestellt wird.

Leistungskontrolle und Qualitätssicherung

Dem schließt sich eine Retrospektive an, um voneinander zu lernen und sich zu verbessern. Falls die Jahres-Objectives anzupassen oder zu korrigieren sind, erfolgt dies in einer kurzen Session im Anschluss. Zur Qualitätssicherung ist ein OKR-Master vorgesehen, der den Prozess begleitet, die Akteure unterstützt und auf die Einhaltung der Regeln achtet (Lobacher et al., 2017b).

75 Ursprünglich wurde OKR von Intel entwickelt.

Ich vermute schwer, dass Ihnen hiervon einiges nicht so ganz unbekannt vorgekommen ist. An dem Beispiel von Niven und Lamorte ist gut erkennbar: Die Key Results stellen die Zielhöhe, die Messgröße und implizit eine Zielrichtung bereit. Das Objective bildet eine den Key Results übergeordnete Maßnahme (»What do we want to *do*?«). In der OKR-Liste sind die einzelnen Tätigkeiten oder Einzelschritte zu finden, um die Key Results zu erreichen, optimalerweise als KAP ausformuliert.

Also ist auch OKR nur alter Wein in neuen Schläuchen? Oder sogar ein Rückschritt? Ja und nein. Google hat sich aus all dem, was durchaus bereits bekannt und woanders schon bewährt ist, ausschließlich die für die eigene Unternehmenskultur passenden Elemente herausgesucht und neu zusammengefügt. Die Zieloptimierung beseitigt das von Niven und Lamorte angesprochene Problem des »high wire acts« und stellt daher ein hoch interessantes, ergänzendes Element für OKR dar.

Man muss das Rad nicht neu erfinden. Wie Google sollte sich jedes Unternehmen aus allem die Rosinen herauspicken und seinen eigenen Weg des Performance Managements mit Zielen finden.

So, wie Sie es gemacht haben, beim Lesen dieses Buchs.

Fazit dieses Kapitels !

- Kein Unternehmen wird die Entscheidung überleben, sich, seine Produkte und Dienstleistungen aus der Digitalisierung herauszuhalten.
- Digitalisierung spielt eine zentrale Rolle für die Optimierung der Geschäftsprozesse und für marktrelevante, am Kundennutzen orientierte Alleinstellungsmerkmale.
- Entscheidend für den Erfolg von Unternehmen ist, wie viele relevante Daten es sich beschaffen und wie schnell es diese zielgerichtet auswerten kann.
- Geschwindigkeit ist in der schnelllebigen digitalen Ökonomie relevanter als die – ohnehin nur für Augenblicke bestehende – Perfektion.
- Das Agile Manifest folgt in weiten Teilen den Logiken der Buchteile A und B sowie den hier definierten Leitsätzen und Prinzipien.
- Der Scrum-Methodenrahmen setzt auf die Selbstorganisation und Selbstkontrolle von Teams. Der Mitarbeitende übernimmt gegenüber dem Team die Verantwortung für die Umsetzung von Maßnahmen. Transparenz ermöglicht eine kontinuierliche Performance-Kontrolle.
- Agile Methoden sind nicht nur für IT-Bereiche, sondern alle Unternehmensbereiche sinnvoll, in denen Projekte eine bedeutsame Rolle spielen.

Wie mit Zielen führen? !

- Da Führungskräfte mehr und mehr zu Leitungen von Digital-Abteilungen werden, haben Sie auch Methoden aus dem Bereich der Softwareentwicklung in ihre Art und Weise des Führens mit Zielen zu integrieren.
- Die Zielkaskaden des Unternehmens sind, beispielsweise durch Ein-Tages-Kaskaden, enorm zu beschleunigen.

- Zielperioden sind enorm zu verkürzen, gegebenenfalls kann eine Zerlegung in Zieletappen oder Sprintziele erfolgen.
- Die Umsetzungsgeschwindigkeit von KAP ist bedeutsamer als deren Perfektion.
- KAP und AAP werden noch während der Umsetzung iterativ den Anforderungen angepasst. Dadurch sinken die an die Genauigkeit der Planung zu stellenden Anforderungen.
- Wenn sie neue Geschäftsfelder betreten, nutzen Unternehmensleitungen und Führungskräfte Pilotprojekte und Lean-Startup-Verfahren.
- Führungskräfte führen zunehmend mit Projektzielen (Zeit, Nutzen, Budget). Die Zeit wird dabei ein höchst bedeutsamer Faktor. Der Nutzen wird über Zufriedenheitswerte gemessen oder über eine veränderbare Kriterienliste bzw. ein Product Backlog.
- Bonussysteme können auch in agilen Frameworks Einsatz finden, wobei die Zieloptimierung bei der Zielhöhenfindung des Teams eine herausragende Bedeutung einnimmt.
- Bei dem Scrum-Methodenrahmen werden Performance Management- und Führungsaufgaben auf drei Rollen verteilt. Ziele werden nicht vereinbart, sondern vorgegeben. Individualziele entfallen zugunsten von Teamzielen. Es erfolgt eine intensive Prozess- und Qualitätskontrolle bezüglich der Ziele und der Maßnahmenumsetzung.
- Bei dem OKR-Framework wird die Zielperiode in dreimonatige Unter-Zielperioden aufgeteilt. Ziele und Maßnahmen werden in Team-Workshops festgelegt, wobei die Ziele nur bis zum Ende des Dreimonatszeitraums unveränderlich bleiben.

Teil D: Methoden, Zitate, Leitsätze, Prinzipien, Statements, Definitionen

13 Übersicht zu den Methoden und Tools

In den Teilen A bis C haben wir uns die folgenden Methoden, Techniken und Instrumente angesehen:

Methode	Kapitel
Zwei Performance-Dimensionen der Wolf'schen Zwiebel	2
Drei Stationen der Performance Management-Spirale	2
Drei Aspekte des Potenzials	2.1.1
Drei Faktoren der Zuständigkeit	2.1.1
Drei Elemente der Führung	2.4.1
Zwei Ansatzpunkte für Erfolgsoptimierung	2.2.1
Vier Möglichkeiten zur Potenzialsteigerung	3.1.3
Zwei-Säulen-Zielvereinbarung	4.1
Vier Elemente eines Ziels	4.2
Vier Wirkrichtungen für die Zielrichtung	4.2.1
Drei Kategorien für Zielrichtungen	4.2.1
Vier Dimensionen der Konkreten und Alternativen Aktions-Pläne	4.3
Vier KAP-Typen	4.3.1
Zwei AAP-Typen	4.3.2
Elf Messmodelle für qualitative Ziele	5
Dreieck des Projektmanagements	5.11
Drei bonusrelevante Grundmodelle inklusive der Zieloptimierung	6
Ein-Tag-Unternehmenszielkaskade	7.2
Fünf-Stufen-Zielvereinbarungsprozess	8.1
Fünf Kriterien für Zielnehmende	8.1.1
Zehnstufige Motivkette	8.1.2
Fünf-Stufen-Zielerreichungsprozess	8.2
Drei Normstrategien für Individual- und Teamzielvereinbarung	8.3.3
Sechs Grundsätze zur Stärkung von Vertrauen und Verantwortungsbewusstsein	11.1.1
Zehn-Sätze-Regel für die Entscheidung über ein Onlinemeeting	11.2.1
Vier-mal-vier-Matrix der Mitarbeiterbindung	11.3.2

Methode	Kapitel
Drei Kernpunkte zur Strukturierung von Team-Onlinemeetings	11.2.2
Drei Führungsrollen in agilen Strukturen	12.2.1
Drei Leitfragen für Umsetzungsmeetings von Teams (Daily Scrum)	12.2.1
Drei Schritte im Zyklus von Objectives and Key Results	12.2.2

Tab. 28: Methodenübersicht zu Teil A, B und C.

14 Zitate zum Thema Ziele

Zukunft ist kein Schicksalsschlag, sondern die Folge der Entscheidungen, die wir heute treffen.
Franz Alt

Ein Visionär hat mehr Gefolgschaft als alle Divisionäre.
Emil Baschnonga

Bei der Eroberung des Weltraums sind zwei Probleme zu lösen: die Schwerkraft und der Papierkrieg. Mit der Schwerkraft wären wir fertig geworden.
Wernher von Braun

Wer hohe Türme bauen will, muss lange beim Fundament verweilen.
Anton Bruckner

Wie du gesät hast, so wirst du ernten.
Marcus Tullius Cicero

Es ist besser die richtige Arbeit zu tun (= Effektivität), als eine Arbeit nur richtig zu tun (= Effizienz).
Peter F. Drucker

Ein Ziel ohne einen Termin ist nur ein Traum.
Milton Hyland Erickson

Nichts ist besonders schwer, wenn du es in kleine Aufgaben teilst.
Henry Ford

Wer sich seine Zukunft ausmalt, sollte kräftige Farben nehmen.
Helmut Glaßl

Auch aus den Steinen, die man uns in den Weg legt, lässt sich Schönes bauen.
Johann Wolfgang von Goethe

Nach dem Spiel ist vor dem Spiel.
Sepp Herberger

Möge die Macht mit dir sein.
Obi-Wan Kenobi

Entscheidend ist, was hinten rauskommt.
Helmut Kohl

Wer liebt was er tut, wird nie mehr in seinem Leben arbeiten!
Konfuzius

Gib mir 6 Stunden einen Baum zu fällen und ich werde die ersten 4 mit dem Schärfen der Axt verbringen.
Abraham Lincoln

Man hilft den Menschen nicht, wenn man für sie tut, was sie selbst tun können.
Abraham Lincoln

Wer das Ziel nicht kennt, wird den Weg nicht finden.
Christian Morgenstern

Gib mir die Hand, ich bau dir ein Schloss aus Sand, irgendwie, irgendwo, irgendwann
Nena

Zum Erfolg gibt es keinen Lift. Man muss die Treppe benützen.
Emil Oesch

Wer aufhört, besser zu werden, hat aufgehört, gut zu sein.
Philip Rosenthal

Wenn Du ein Schiff bauen willst, dann trommle nicht Männer zusammen um Holz zu beschaffen, Aufgaben zu vergeben und die Arbeit einzuteilen, sondern entzünde die Sehnsucht der Männer nach dem weiten, endlosen Meer.
Antoine de Saint-Exupery

Nicht können ist der Vorwand, nicht wollen ist der Grund.[76]
Seneca

Mein Auto, mein Haus, mein Boot!
Sparkasse, 1995

Gibt es etwa eine bessere Motivation als den Erfolg?
Ion Tiriac

76 Oder, als deutsche Redewendung: »Herr Kannnicht wohnt meistens in der Willnichtstraße«.

Nachdem wir das Ziel endgültig aus den Augen verloren hatten,
verdoppelten wir unsere Anstrengungen
Mark Twain

Wenn du immer wieder das tust,
was du immer schon getan hast,
wirst du immer wieder das bekommen,
was du immer schon bekommen hast.
Paul Watzlawick

Bei Ausreden ist die Welt voller Erfinder.
Hugo Wiener

Macht hoch die Tür, die Tor macht weit!
Georg Weissel, 1623

15 Leitsätze des Führens mit Zielen

1. Leitsatz
Zielvereinbarungen verstehen wir als Ergebnisse eines Austauschs unter Experten über die Gestaltung einer erfolgreichen Zukunft.

2. Leitsatz
Wir wissen und berücksichtigen, dass jeder Mensch anders ist.

3. Leitsatz
Es gibt keine Art zu führen, die immer die richtige ist.

4. Leitsatz
Führung ist Performance Improvement.

5. Leitsatz
Die Unternehmensleitung arbeitet am Unternehmen, nicht im Unternehmen.

6. Leitsatz
Zielvereinbarung bedeutet Lust, nicht Last.

7. Leitsatz
Die Führungskraft arbeitet an und mit ihrem Team, nicht statt ihrem Team.

16 Prinzipien für das Führen mit Zielen

Prinzip #1
Ein gutes Zielvereinbarungsgespräch dauert höchstens 15 Minuten.

Prinzip #2
Wer fragt, führt.

Prinzip #3
Führungskräfte geben Hilfe, indem sie Hilfe zur Selbsthilfe geben (und Mitarbeitenden die Aufgaben nicht aus der Hand nehmen).

Prinzip #4
Zielvereinbarung ist das Ergebnis eines Zielvereinbarungsprozesses.

Prinzip #5
Führen heißt, in Zielen zu denken.

Prinzip #6
Eine Zielvereinbarung umfasst Ziele und Maßnahmen.

Prinzip #7
Ziele sind fest, KAP bleiben flexibel.

Prinzip #8
KAP-Ergebnisse ≥ Zielhöhe

Prinzip #9
Zielperiode ≤ absehbarer Zeitraum

Prinzip #10
Wer die Maßnahmen für die Zielerreichung umsetzen wird, übernimmt die Verantwortung für die Zielerreichung.

Prinzip #11
Der Fokus der Zielvereinbarung liegt auf den

a) Aktivitäten
b) des Mitarbeitenden in der
c) Zukunft.

Prinzip #12
So viel Dokumentation wie nötig, so wenig Dokumentation wie möglich.

Prinzip #13
Zielerreichung ist das Ergebnis eines Zielerreichungsprozesses.

17 Verzeichnis der Gastkommentatoren

	Kapitel
1. Barth, Hubert – Vorsitzender der Geschäftsführung, Ernst & Young GmbH Wirtschaftsprüfungsgesellschaft	3.1 und 7.1
2. Braun, Dr. Gerhard F. – Präsident der Landesvereinigung Unternehmerverbände Rheinland-Pfalz (LVU)	7
3. Buhr, Andreas – Unternehmer, Redner, Autor	11.3
4. Burkhard, Oliver – Mitglied des Vorstands und Arbeitsdirektor, thyssenkrupp AG	4.3.2
5. Dreyer, Malu – Ministerpräsidentin von Rheinland-Pfalz	2
6. Eidens, Dietmar – Chief Human Resources Officer, Merck	2
7. Eschborn, Jochen – Vorstand, E.L.V.I. S. Europäischer Ladungs-Verbund Internationaler Spediteure AG	8.1.1
8. Falkenberg, Lucia – CPO, eco – Verband der Internetwirtschaft e. V.	11.2.1
9. Fritz, Stefan – Geschäftsführender Gesellschafter, mit-unternehmer.com Beratungs-GmbH	6
10. Gerlach, Ingrid – 1. Vorsitzende im geschäftsführenden Vorstand des Verbandes medizinischer Fachberufe e. V.	8.3.1
11. Gerpott, Prof. Dr. Fabiola H. – Chair of Leadership, WHU – Otto Beisheim School of Management	5.9
12. Gleich, Prof. Dr. Ronald – Professor for Management Practice & Control, Frankfurt School of Finance & Management gGmbH; Academic Director, Center for Performance Management & Controlling	8.2.3
13. Hametner, Isabell – Senior Vice President Human Resources, OMV Group	10.2.2
14. Elster, Harald, StB/WP – Ehrenpräsident, Deutscher Steuerberaterverband	4.3
15. Kohl-Boas, Frank – Leiter Personal und Recht, Zeitverlag Gerd Bucerius GmbH & Co. KG	4.2.1
16. Kramarsch, Michael H. – Gründer & Managing Partner hkp/// group	8.1.2
17. Kreisz, Ildiko – Head of HR für Deutschland, Österreich, Schweiz und Russland, Accenture	2.1.1
18. Lebrenz, Prof. Dr. Christian – Hochschule Koblenz – Fachbereich Wirtschaftswissenschaften	9
19. Limbeck, Martin – Geschäftsführer, LIMBECK GROUP	4.2.4
20. Maassen, Oliver – Chief Human Resources Officer (CHRO), Arbeitsdirektor und Mitglied der Gruppengeschäftsführung, Trumpf GmbH & Co. KG	2.1
21. Mahrer, Dr. Harald – Präsident der Wirtschaftskammer Österreich (WKÖ)	12.2.2

	Kapitel
22. Metzmaier, Ralf – Group TRG Director, Prokurist und Betriebsleiter Group Operations Service Practices, Computacenter AG & Co oHG	11.2.2
23. Meyer, Tobias, StB/WP – Sprecher der Geschäftsführung und Partner, Treuhand Hannover GmbH Steuerberatungsgesellschaft	3 und 7.3
24. Nickel, Susanne M.A. – Top100-Speakerin, Management-Beraterin, Rechtsanwältin und Mediatorin	11.2
25. Olesch, Prof. Dr. Gunther – Chief Representative, Phoenix Contact GmbH & Co. KG	11.1.1
26. Pfläging, Niels – Führungsexperte, Gründer des BetaCodex Network, Geschäftsführer der Red42 GmbH	4.2.3
27. Pidun, Prof. Dr. rer. pol. Tim, MBA – Wirtschaftsinformatik insb. Digitale Verwaltung, Hochschule für Technik und Wirtschaft Dresden	5
28. Radermacher, Prof. Dr. Dr. Dr. h.c. Franz J. – Professor (em.) für Informatik, Universität Ulm; Vorstand des Forschungsinstituts für anwendungsorientierte Wissensverarbeitung/n (FAW/n), Ulm; Mitglied des Club of Rome	6.3 und 7.2
29. Redmann, Britta – Rechtsanwältin und Autorin des Buchs »Vergütungssysteme gestalten: agil, rechtssicher und nicht-monetär«	12.2
30. Reif, Marcus K. – Personalleiter, People-Manager, Speaker und Blogger	5.2
31. Rückert-Hennen, Colette – Personalvorständin und Arbeitsdirektorin, EnBW AG	12.2.2
32. Schöwe, Norma – Geschäftsführerin, Deutsche Gesellschaft für Personalführung e. V.	11.3.2
33. Schüller, Anne M. – Managementdenkerin, Keynote-Speaker und Bestsellerautorin	12.1.2
34. Seiler, Martin – Vorstand Personal und Recht, Deutsche Bahn AG	4.3
35. Wagner, Jens – Responsibility for Corporate Human Resources, Robert Bosch GmbH	10.1.2
36. Weißenrieder, Jürgen – Geschäftsführender Gesellschafter, WEKOS Personalmanagement GmbH	8.1
37. Weissman, Prof. Dr. Arnold – Weissman & Cie.	2.4.2, 3.2 und 12.1.2
38. Weste, Julian – Geschäftsführer PLUSCARD GmbH	8.1.2
39. Wildemann, Univ.-Prof. Dr. Dr. h.c. mult. Horst – Inhaber, Geschäftsführer und Gründer, TCW Transfer-Centrum für Produktions-Logistik und Technologie-Management; Institutsleiter, Forschungsinstitut für Unternehmensführung, Logistik und Produktion	8.1.5
40. Windau, Peter von – Ehem. Seniorpartner, Roland Berger Strategy Consultants; Gründer, Deutsche Gesellschaft für Mittelstandsberatung; Gründer und heutiger Beirat, Deutsche Juniorenakademie	4.2.3 und 8.3.1

18 Verzeichnis der Definitionen

Anreizsystem

Als Anreizsystem wird ein strukturiertes und systematisches Vorgehen des Arbeitgebers bezeichnet, welches orientiert an den Bedürfnissen und Motiven der Empfänger materielle und immaterielle Anreize, positive Anreize (Belohnungen) und negative Anreize (Sanktionen) sowie extrinsische und intrinsische Anreize mit der Absicht nutzt, die Motivation der Mitarbeitenden zu fördern sowie deren Leistungsverhalten in Richtung der Organisationsziele zu steuern.

Erfolg

Erfolg bezeichnet den Wert eines Arbeits- oder Tätigkeitsergebnisses von Mitarbeitenden, Teams, bestimmten Gruppen von Beschäftigten oder aller Beschäftigten einer Organisation, wobei sich der Wert des Ergebnisses an dem Grad der Realisierung von zuvor festgelegten Zielen bemisst.

Erfolgsanreiz

Ein Erfolgsanreiz bezeichnet einen materiellen oder immateriellen Stimulus, der (intrinsisch) in einem Menschen oder (extrinsisch) außerhalb des Menschen entsteht und der diesen im Falle einer zutreffenden Ansprache der Bedürfnisse und Motive zum Erzielen von Erfolgen bewegt.

Erfolgsorientierte Vergütung

Erfolgsorientierte Vergütung bezeichnet eine Gruppe von variablen Vergütungsformen, bei denen die Höhe der Vergütung anhand der vom Vergütungsempfänger erbrachten Erfolge ermittelt wird, wobei sich der Erfolg an dem Grad der Realisierung von zuvor festgelegten Zielen bemisst.

Konkreter Aktions-Plan

Konkrete Aktions-Pläne (KAP) bezeichnen denjenigen Teil der Zielvereinbarung, der die präzise Planung von Maßnahmen und Aktivitäten umfasst, mit denen die Zielnehmenden - einzelne Personen oder Teams - zum Zeitpunkt der Zielvereinbarung das Ziel zu erreichen beabsichtigen.

Leadership

Leadership (synonym Führung von Mitarbeitenden oder schlicht Führung) bezeichnet das Ausrichten der Leistung der Mitarbeitenden auf Erfolge, das Begleiten der Prozesse der Leistungserbringung sowie das hierfür erforderliche Binden, Weiterentwickeln, Entfalten und Nutzen der Potenziale von Mitarbeitenden.

Leistung
Als Leistung wird das Erbringen eines Arbeitseinsatzes in Form von Energieaufwand des Arbeitnehmers, eines Teams, einer bestimmten Gruppe von Beschäftigten oder aller Beschäftigten einer Organisation bezeichnet.

Leistungsanreiz
Ein Leistungsanreiz bezeichnet einen materiellen oder immateriellen Stimulus, der (intrinsisch) in einem Menschen oder (extrinsisch) außerhalb des Menschen entsteht und der diesen im Falle einer zutreffenden Ansprache der Bedürfnisse und Motive zum Erbringen von Leistung bewegt.

Leistungsbeurteilung
Als Leistungsbeurteilung wird die systematische und strukturierte Bewertung des gezeigten Leistungseinsatzes (Input) und der erreichten Leistungsergebnisse (Output) eines Mitarbeitenden oder eines Teams in einer festgelegten, zurückliegenden Zeitperiode verstanden, die durch den Beurteilenden (zumeist der/die direkte Vorgesetzte), oftmals unter Zuhilfenahme von Selbsteinschätzungen und Bewertungen Dritter, erfolgt.

Leistungsorientierte Vergütung
Leistungsorientierte Vergütung bezeichnet eine Gruppe von variablen Vergütungsformen, bei denen die Höhe der Vergütung anhand der vom Vergütungsempfänger erbrachten Leistung ermittelt wird.

Management by Objectives
Management by Objectives and Self-Control (Führen durch Ziele und Selbst-Steuerung) bezeichnet eine Methode zur Steuerung von Unternehmen, Unternehmensbereichen, Teams und Mitarbeitenden, wobei die Unternehmensziele mithilfe eines Zielsystems in Teilziele und Unterziele aufgespalten und ebenenweise zu genau denjenigen Teams und Mitarbeitenden transportiert und mit diesen auf partizipative Weise verbindlich vereinbart werden, die das jeweilige Teil- oder Unterziel operativ realisieren werden.

Messgröße (Zielmessgröße)
Die Messgröße als Element eines Ziels bezeichnet, auf welche Weise die Zielrichtung operationalisiert wird, wobei die Zielmessgröße durch präzise Aussagen zu Messverfahren, Maßeinheit und Datenquelle auch für Dritte nachvollziehbar definiert wird.

Objectives und Key Results (OKR)
Objectives and Key Results bezeichnet ein agiles Ziel-Framework zur Steuerung von Organisationen, Teams und Mitarbeitenden, wobei auf der Basis der Jahresziele der

Organisationsleitung über die gesamte Organisation hinweg Ziele vereinbart und von Teams operativ realisiert werden.

Performance
Performance umfasst als Oberbegriff zum einen die erbrachte Arbeitsleistung (Input) und zum anderen die erzielten Ergebnisse und Erfolge als Output eines Mitarbeitenden, eines Teams, einer bestimmten Gruppe von Beschäftigten oder aller Beschäftigten einer Organisation.

Performance Management
Performance Management bezeichnet Prozesse und Methoden zur Umsetzung der Strategie einer Organisation, die es auf jeder Ebene ermöglichen, (1) auf die Organisationsziele ausgerichtete Teamziele und individuelle Ziele zu definieren und zu kommunizieren, (2) die mit Blick auf diese Ziele umzusetzenden Maßnahmen zu planen und zu koordinieren, (3) die hierfür nötigen Potenziale aufzubauen und einzusetzen, (4) die erforderlichen Rahmenbedingungen zu schaffen und zu sichern, (5) die sich bietenden Chancen zu nutzen und Risiken zu managen, (6) die Leistungserbringung zu steuern und zu begleiten, (7) die erzielten Ergebnisse zu messen, zu bewerten und (8) zur Beurteilung des Erfolgs mit den zuvor gesetzten Zielen zu vergleichen.

Potenzial
Das Leistungspotenzial (kurz: Potenzial, synonym: Leistungsvermögen) eines Mitarbeitenden bezeichnet den individuellen Erfüllungsgrad aller Anforderungen an Qualifikationen und Kompetenzen im Sinne von Kenntnissen, Fähigkeiten und Fertigkeiten, die zur Erledigung der Aufgaben und zum Erreichen der Ziele der bekleideten Stelle, Funktion oder Rolle erforderlich sind. Das Potenzial eines Teams oder einer Organisation ist als Gesamtheit der Leistungspotenziale der Teammitglieder bzw. der Beschäftigten zu verstehen.

Provision
Die Provision bezeichnet eine Form des erfolgsabhängigen Arbeitsentgelts, wobei die absolute Provisionshöhe mithilfe eines vorab festgelegten Prozentsatzes aus der wertmäßigen Höhe des vom Provisionsempfänger erzielten Erfolgs ermittelt wird.

Vergütungsfaktor
Als Vergütungsfaktor werden Faktoren bezeichnet, die eine Vergütung auslösen, deren Höhe bestimmen oder die turnusmäßige Anpassung der Vergütung regeln.

Ziel
Ziel bezeichnet ein angestrebtes Ergebnis im Sinne eines Zustands, Orts oder Punkts, wobei das Ziel ebenso unveränderlich wie konkret durch die inhaltliche Zielrichtung (inklusive deren Beibehaltung, Senkung oder Steigerung), die quantitative Zielhöhe

oder das qualitative Zielniveau (jeweils samt – im Falle relativer Ziele – einem Bezugswert bzw. Vergleichswert), die Messgröße (inklusive Maßeinheit und Messverfahren), die Zielperiode (für Zielerreichung vorgesehene zeitliche Dauer) beschrieben wird und mithilfe der Gesamtheit aller auf das Ziel gerichteten Leistungen (Input, Ressourceneinsatz) erreicht werden kann. Als Erfolg gilt, wenn das Ergebnis mit dem formulierten Ziel übereinstimmt.

Zieloptimierung
Zieloptimierung bezeichnet eine Methode zur Verbindung von variabler Vergütung an die Festlegung und Erreichung von Zielen, um die Qualität der Zielfestlegungsgespräche und das Niveau der festgelegten Zielhöhen zu optimieren.

Zielhöhe/Zielniveau
Als Zielhöhe eines quantitativ messbaren Ziels oder als Zielniveau eines qualitativ skalierbaren Ziels wird die angestrebte Ausprägung der Ziel-Messgröße bezeichnet, wobei im Falle von relativen Zielhöhen und Zielniveaus ein Bezugswert als Vergleichsmaßstab enthalten ist.

Zielperiode
Die Zielperiode bezeichnet den Zeitraum, der für das Erreichen des vereinbarten Ziels zur Verfügung steht, wobei die Zielperiode als Zeitdauer, als Zeitraum oder als (End-) Zeitpunkt angegeben werden kann.

Zielrichtung
Die Zielrichtung als das zentrale Element eines Ziels beschreibt den konkreten Zielinhalt, das betreffende Zielobjekt sowie die beabsichtigte Auswirkung.

Zielvereinbarung
Als Zielvereinbarungen werden Übereinkünfte zwischen Zielgebenden (zumeist Vorgesetzte) und Zielnehmenden (zumeist einzelne Mitarbeitende oder Teams) über die von den Zielnehmenden zu erreichende Ziele bezeichnet, wobei die beabsichtigte Zielrichtung, die den Zielerreichungsgrad widerspiegelnde Messgröße, die angestrebte Zielhöhe bzw. – bei qualitativen Zielen – das Zielniveau, ggfs. ein Bezugswert bei relativen Zielen, die Zielperiode sowie geeignete Maßnahmen der Zielnehmenden und von Zielgebenden zu schaffende Rahmenbedingungen für beide Seiten verbindlich vereinbart werden.

Zielvereinbarungsgespräch
Als Zielvereinbarungsgespräche werden die den Zielvereinbarungsprozess abschließenden und den Zielerreichungsprozess einleitende Dialoge zwischen den Zielgebenden (zumeist den Vorgesetzten) und den Zielnehmenden (zumeist einzelnen Mitarbeitenden oder Teams) bezeichnet, in deren Verlauf eine Zielvereinbarung mit Zielen und Konkreten Aktions-Plänen abgeschlossen wird.

Ein dickes Dankeschön

Bitte lassen Sie mich an dieser Stelle denen danken, die mich bei diesem Buch unterstützt haben. Mir ist durchaus bewusst, dass mein gesamter Erfahrungsschatz allein auf den Tätigkeiten für unzählige Unternehmen beruht, von global aufgestellten Konzernen über traditionsbewusste Mittelständler bis zu energiegeladenen Start-ups.

Der erste Dank gebührt daher meinen Kunden: Dafür, dass sie mir Vertrauen schenken und mich mit meinem Team für Rat und Tat zu sich holen. Mein ganz großer Dank geht zudem an die 40 führenden Experten aus Wirtschaft, Wissenschaft und Politik, die dieses Buch exklusiv um ihre persönlichen Empfehlungen, Erfahrungen und Perspektiven bereichert haben.

Für unschätzbare fachliche Unterstützung im Bereich der Führungspsychologie danke ich vor allem Sandra-Bianca Schmidt-Arndt. Bei Jochen Kraft, meines Erachtens einer der begnadetsten Führungskräftetrainer hierzulande, möchte ich mich für die wertvollen Impulse zu Teil B und die Co-Produktion des Kapitels 9 bedanken. Ein besonderer Dank geht an die junge Künstlerin Joyce Siebert, die dieses Buch mit beeindruckenden Illustrationen aufgewertet hat.

Ulrich Leinz danke ich für das sorgfältige Lektorat, Jutta Thyssen und Anne Rathgeber für das professionelle Produktmanagement. Für unermüdlichen Einsatz bei der Prüfung von Inhalt, Verständlichkeit, Rechtschreibung und Grammatik bin ich Sandra Wagner zu großem Dank verpflichtet.

Was kann ich besser machen?

Vor allem aber danke ich Ihnen, lieber Leser, für Ihr Vertrauen. Sie wollten bewährte Methoden und neue Impulse aus diesem Buch für sich mitnehmen. Ich wünsche mir, dass Sie ausreichend fündig geworden sind und dass Ihnen das Lesen genauso viel Freude bereitet hat wie mir das Schreiben. Sollten Sie zu der Überzeugung gekommen sein, dass sich das Lesen nicht gelohnt hat, sagen Sie es mir bitte.

Fühlen Sie sich herzlich eingeladen, bei Unklarheiten, Widersprüchen, Ergänzungen und Zustimmungen mit mir in Dialog zu treten: Gern per E-Mail oder Telefon[77], bei einem meiner Vorträge oder bei den von der Haufe Akademie organisierten Führungskräftetrainings zum Thema »Führen mit Zielen« und »Agiles Performance Management«.

77 Mailgw@wolfgunther.de, Telefon +49 (0)202 / 277 5000

Sollten Sie nach Lektüre dieses Buchs jedoch der Ansicht sein, dass sich das Lesen gelohnt hat, sagen Sie es bitte allen, die ebenfalls von diesem Buch profitieren sollen.

Achtung: Werbung!
Falls Sie mehr als 20 Exemplare dieses Buchs anschaffen wollen, etwa als Jahresabschluss-Präsent oder Handreichung für die Führungskräfte Ihres Unternehmens, setzen Sie sich gerne mit dem Corporate-Books-Team bei Haufe (https://corporate-publishing.haufe.de/) in Verbindung.

Abb. 36: Personalisiertes Buch (Cover)

Sie können dieses Buch sogar personalisieren lassen. Auf dem Cover erscheint im Untertitel ein von Ihnen frei wählbarer Text, der auch den Namen des jeweiligen Empfängers enthalten kann. So hält der Beschenkte ein einmaliges Werk in den Händen, das speziell für ihn gedruckt wurde. Wie kann man Wertschätzung für seine Führungskräfte besser ausdrücken?

Literaturverzeichnis

1. European Outdoor Training Center (1. EOTC): Zielorientierung. Outdoortraining-Module zur Verbesserung der Ergebnis- und Erfolgsorientierung. https://training-outdoor.de/outdoor-trainingsinhalte/zielorientierung/ (abgerufen am 24.02.2021).

Aging Analytics (2014): Deep Knowledge Venture's Appoints Intelligent Investment Analysis Software VITAL as Board Member. Presssemitteilung vom 13.05.2014. https://www.prweb.com/releases/2014/05/prweb11847458.htm (abgerufen am 24.02.2021).

Bibliographisches Institut GmbH (2021): Wörterbuch virtuell. https://www.duden.de/rechtschreibung/virtuell (abgerufen am 24.02.2021).

Birkner, Guido (2016): One Size does not fit all. https://www.totalrewards.de/kultur/unternehmenskultur/one-size-does-not-fit-all-62442/ (abgerufen am 24.02.2021).

Bock, Laszlo (2015): Work Rules! Insights from Inside Google That Will Transform How You Live and Lead. New York: Hachette.

Bundesministerium für Arbeit und Soziales (2016): Neue Arbeitsmarktprognose 2030 vorgestellt. Einwanderung und Digitalisierung bieten große Chancen für Arbeitsmarkt der Zukunft. Pressemitteilung vom 16.07.2016. https://www.bmas.de/DE/Service/Presse/Meldungen/2016/arbeitsmarktprognose.html (abgerufen am 14.02.2021)

Cortinovis, Stefanie/Huyke, Berit (2014): Veränderung als Normalzustand. In: Personalmagazin 11, S. 22-24.

Gallup (2019): Engagement Index Deutschland 2019. Berlin: Gallup.

Geiger, Joachim (2014): Motivation für Azubis. https://www.firmenauto.de/dienstwagen-fuer-azubis-motivation-fuer-azubis-6577142.html (abgerufen am 24.02.2021)

Greenleaf, Robert K. (2002): Servant Leadership. A Journey into the Nature of Legitimate Power and Greatness (25th anniversary ed.). New York: Paulist.

Grund, Matthias (2015): Agile Softwareentwicklung als paradigmatisches Beispiel für eine neue Organisation von technischer Wissensarbeit. In: T. Sattelberger, Thomas/Welpe, Isabell/Boes, Andreas (Hrsg.): Das demokratische Unternehmen. Neue Arbeits- und Führungskulturen im Zeitalter digitaler Wirtschaft. Freiburg: Haufe.

Haderlein, Noemi (2021): XYZ – Generationen auf dem Arbeitsmarkt. https://www.absolventa.de/karriereguide/berufseinsteiger-wissen/xyz-generationen-arbeitsmarkt-ueberblick (abgerufen am 24.02.2021).

Hentrich, Carsten/Pachmajer, Michael (2016): d.quarks. Der Weg zum digitalen Unternehmen. Hamburg: Murmann.

Hitachi (2021): Ist Ihr nächster Kollege ein Roboter? https://social-innovation.hitachi/de-de/stories/technology/your-next-co-worker-robot (abgerufen am 24.02.2021)

Hoogendoorn, Sander (2013): Das kleine Agile-Buch. München: Pearson.

Institut für Arbeitsmarkt- und Berufsforschung der Bundesagentur für Arbeit IAB (2021): Job-Futuromat. https://job-futuromat.iab.de/ (Abruf am 24.02.2021).

IPSoft (2017): FuturaCorp. Artificial Intelligence and the Freedom to be Human. New York: IPSoft.

Kemp, Thomas (2014): OKR – Googles Wunderwaffe für den Unternehmenserfolg oder: Raus aus der Komfortzone. https://t3n.de/news/okr-google-wunderwaffe-valley-ziele-530092/ (abgerufen am 24.02.2021).

Knop, Carsten (2015): Künstliche Intelligenz. Das klügste Hirn wird verlieren. https://www.faz.net/aktuell/wirtschaft/stephen-hawking-prophezeit-den-super-computer-13607146.html (abgerufen am 24.02.2021)

Kohn, Alfie (1999): Punished by Rewards. The Trouble with Gold Stars, Incentive Plans, A's, Praise, and Other Bribes. Boston – New York: Houghton Mifflin.

Lobacher, Patrick/Jacob, Christian/Haag, Julia/Fellermeier, Ramona (2017a): Agiles Zielmanagement und modernes Leadership mit Objectives & Key Results. Victoria, British Columbia: Leanpub.

Lobacher, Patrick/Jacob, Christian/Haag, Julia (2017b): Agile Führung mit Zielen. In: Personalmagazin 05, S. 34–37.

Maaß, Stephan (2015): Das ist das Ende des fiesen Rauskegelns aus der Firma. https://www.welt.de/wirtschaft/karriere/article146034024/Das-ist-das-Ende-des-fiesen-Rauskegelns-aus-der-Firma.html (abgerufen am 24.02.2021).

Meck, Georg (2015): Bosch-Chef: Geld kann demotivierend wirken. https://www.faz.net/aktuell/wirtschaft/bosch-chef-volkmar-denner-schafft-boni-ab-13812475.html (abgerufen am 24.02.2021).

NeXR Technologies (2020): NeXR Studie 2020. Digitale Meeting-Kultur. Berlin: NeXR Technologies.

Nickel, Susanne/Keil, Gunhard (2021): Führen auf Distanz. Freiburg: Haufe.

Niven, Paul R./Lamorte, Ben (2016): Objectives and Key Results. Driving Focus, Alignment, and Engagement with OKRs. Hoboken: Wiley.

Nowotny, Valentin (2016): Agile Unternehmen. Nur was sich bewegt, kann sich verbessern. Göttingen: Business Village.

Papp, Frédéric (2016): Martin Scholl: Noten für Mitarbeiter sind für uns wertlos. https://www.finews.ch/news/banken/25468-martin-scholl-zürcher-kantonalbank-zkb-mitarbeiter-bewertung-leistung-boni (abgerufen am 24.02.2021).

Pidun, Tim/Croenertz, Oliver (2016): A Performance Management Software integrating the concept of Visibility of Performance. In: International Journal of Information System Modeling and Design (IJISMD), Volume 7, Issue 4, S. 17-30.

Pfläging, Niels (2011): Führen mit flexiblen Zielen. Frankfurt: Campus.

Ross, Alec (2016): Die Wirtschaftswelt der Zukunft. Wie Fortschritt unser komplettes Leben umkrempeln wird. Kulmbach: Plassen/Börsenmedien.

Schermuly, Carsten C. (2016): New Work. Gute Arbeit gestalten. Freiburg: Haufe.

Schüller, Anne M./Steffen, Alex T. (2019): Die Orbit Organisation. In 9 Schritten zum Unternehmensmodell für die digitale Zukunft. Offenbach: Gabal.

Schüller, Anne M. (2020): Querdenker verzweifelt gesucht. Warum die Zukunft in den Händen unkonventioneller Ideengeber liegt. Offenbach: Gabal.

Sutherland, Jeff (2014): Scrum. The Art of Doing Twice of the Work in Half the Time. New York: Crown Business.

trendence (2021) Top-Arbeitgeber Ranking. https://www.arbeitgeber-ranking.de/ (abgerufen am 24.02.2021).

Watzlawick, Paul (2015): Man kann nicht nicht kommunizieren. Das Lesebuch. 2. Auflage. Bern: Hogrefe.

Wolf, Gunther (2014): Employer Branding. In vier Schritten zur erfolgreichen Arbeitgebermarke. Hamburg: Dashöfer.

Wolf, Gunther (2015): Die SWOT-Analyse. Erfolg im strategischen Controlling. Hamburg: quayou.

Wolf, Gunther (2016a): Erfolgreiches Konfliktmanagement. Konflikte analysieren, Spannungen nutzen, Konflikte lösen. 3. Auflage. Hamburg: Dashöfer.

Wolf, Gunther (2016b): Meetings und Besprechungen effizient und effektiv gestalten. Einfache Methoden, Techniken und Checklisten für ergebnisreiche Sitzungen. 3. Auflage. Hamburg: Dashöfer.

Wolf, Gunther (2019): Variable Vergütung. Genial einfach Unternehmen steuern, Führungskräfte entlasten und Mitarbeiter begeistern. 6., vollständig überarbeitete und erweiterte Auflage. Hamburg: Dashöfer.

Wolf, Gunther (2020): Mitarbeiterbindung. Strategie und Umsetzung im Unternehmen. Ausgezeichnet mit dem Deutschen Managementbuchpreis. 4. Auflage. Freiburg: Haufe.

ZKB Zürcher Kantonalbank (2017): Geschäftsbericht zum Geschäftsjahr 2016, Zürich: ZKB.

Abbildungsverzeichnis

Tabellenverzeichnis

Stichwortverzeichnis

D

E

F

G

H

I

J

K

L

M

N

O

P